中国科学院教材建设专家委员会规划教材
全国高等医学院校规划教材

案例版™

供临床、预防、基础、口腔、麻醉、影像、药学、检验、护理、法医等专业使用

基础化学

第2版

主　　编　席晓岚
副 主 编　龙建君　李东辉　任群翔
　　　　　胡春弟　马丽英
编　　者　(按姓氏笔画为序)
　　　　　马丽英　王安俊　龙建君
　　　　　冯　宇　任群翔　刘　海
　　　　　孙　莲　李东辉　沈云修
　　　　　胡春弟　姚建华　高　静
　　　　　席晓岚　章小丽

科学出版社
北　京

图书在版编目（CIP）数据

基础化学：案例版／席晓岚主编．—2版．—北京：科学出版社，2011．9
中国科学院教材建设专家委员会规划教材·全国高等医学院校规划教材
ISBN 978-7-03-032077-3

Ⅰ．基…　Ⅱ．席…　Ⅲ．化学-医学院校-教材　Ⅳ．06

中国版本图书馆CIP数据核字（2011）第166187号

责任编辑：邹梦娜　胡治国／责任校对：张怡君
责任印制：赵　博／封面设计：范璧合

科学出版社 出版
北京东黄城根北街16号
邮政编码：100717
http://www.sciencep.com

三河市骏杰印刷有限公司印刷
科学出版社发行　各地新华书店经销

*

2007年8月第　一　版　　开本：850×1168　1/16
2011年8月第　二　版　　印张：16 1/2　插页：1
2017年5月第十三次印刷　　字数：514 000

定价：34.80元

如有印装质量问题，我社负责调换

第2版前言

根据中国科学院教材建设专家委员会和科学出版社组织编写五年制临床医学专业第2轮规划教材的有关精神，本人组织修订、编写了案例版《基础化学》第2版教材。

第2版的编写认真总结了《基础化学》第1版教材在各教学单位使用的经验，保持第1版的特色，遵循培养21世纪具有全面创新的医学人才，适应高等医学教育改革和发展，根据临床专业的培养目标并突出“思想性、科学性、先进性、启发性和适用性”的要求，在教材上力求做到注重基础、突出重点、内容适当、条理清楚、利于自学的特点。

本书采用国家法定计量单位及《中华人民共和国标准3102.93》所规定的符号，选用国际通用数据及规范的化学名词术语。

本教材每章配有一定量的典型习题和参考答案，同时附“知识拓展”等内容，便于学生了解学科间的联系和交叉，同时开阔学生视野，激发学习兴趣。本书可供高等医学院校的临床、预防、基础、口腔、麻醉、影像、药学、检验、护理、法医等专业的本科生使用。使用教材时，可根据各院校具体情况，在保证课程基本要求的前提下对内容斟酌取舍。本书的编写顺序只供参考，可根据需要进行调整。

参加编写工作的有：席晓岚（贵阳医学院 第一章、第十章），姚建华（贵阳医学院 第二章），马丽英（滨州医学院 第三章），任群翔（沈阳医学院 第四章），刘海（新疆医科大学 第五章），王安俊（遵义医学院 第六章），胡春弟（咸宁学院 第七章），高静（牡丹江医学院 第八章），孙莲（新疆医科大学 第九章），冯宇（辽宁医学院 第十章），沈云修（滨州医学院 第十一章），章小丽（昆明医学院 第十二章），李东辉（辽宁医学院 第十三章），龙建君（遵义医学院 第十四章）。

在编写过程中，参考了部分已出版的高等院校教材和有关著作，在此向有关作者和有关出版社表示衷心感谢。同时也对本书第1版的编委胡雪梅老师表示感谢。

由于编者学识、水平有限，本书虽然多次修改，仍难免有错误和不当之处，恳切希望专家和同行给予批评指正。

编　者

2011年6月

第1版前言

基础化学是医学院校医学专业学生的一门重要的必修基础课程，它包括了无机化学、分析化学和物理化学的一些基础知识和基本原理，它为后续课程的学习及以后从事医学研究等打下必要的基础。为适应高等医学教育改革，培养21世纪具有创新精神的医学人才，本教材针对医学各专业本科生对化学基本知识、基本技能的要求，定位在医学院校普通五年制医学类各专业，有较强的针对性和适用性。在坚持教材科学性、先进性、系统性的前提下，力图在课程上有所创新，力争做到内容精练、注重基础、突出重点，分散难点，利于自学，同时突出化学与医学、生物学、药学的有机结合，介绍化学在医学中的应用并适当反映相关知识的新成就。

本书在立足"三基"特性的同时，还在每章后附有"知识拓展"，所选内容以本章介绍的知识展开，某一知识点在医学上的应用、重大学科发现的研究、学科最新信息、科学研究的前沿发展动向，目的是使学生了解学科间的联系和交叉，同时开阔学生视野，激发学习兴趣，拓宽知识面，培养创新人才。

教材使用时，可根据各院校具体情况，在保证课程基本要求的前提下进行取舍。本书采用国家法定计量单位及《中华人民共和国标准3102.93》所规定的符号及化学名词。

参加编写工作的有：席晓岚（贵阳医学院，第1章、第5章），姚建华（贵阳医学院，第2章），马丽英（滨州医学院，第3章），任群翔（沈阳医学院，第4章），刘海（新疆医科大学，第5章），胡雪梅（成都医学院，第6章），胡春弟（咸宁学院，第7章），高静（牡丹江医学院，第8章），董丽（新乡医学院，第9章、第10章），冯宇（辽宁医学院，第10章），沈云修（滨州医学院，第11章），章小丽（昆明医学院，第12章），李东辉（辽宁医学院，第13章），龙建君（遵义医学院，第14章），徐科（贵阳医学院，附录及部分章节整理）。

本书在编写过程中，参考了部分已出版的高等院校教材和有关著作，在此向有关作者和有关出版社一并致谢。同时各参编院校也给予支持和大力协助，科学出版社对本书的编写给予了帮助和指导，使本书得以顺利完成。编者对此表示衷心感谢。

由于编者学识、水平有限，教材中难免有错误和不当之处，恳切希望专家和同行及使用本教材的教师和同学提出宝贵意见，以便修正。

编　者

2007年5月

目　录

第一章　绪　　论

第一节　基础化学课程在医学中的重要意义

一、化学在医学中地位与作用

化学是在原子、分子层次上研究物质的组成、结构、性质、变化规律及其变化过程中的能量关系的一门基础科学，是自然科学中的一个重要分支。随着科学的发展，人类从物质的内部结构上认识和改造物质世界，特别是利用化学的方法和原理认识生命现象和生命的过程已成为可能。

化学的历史发展大致可以分为三个时期。

古代和中古代时期，人类在炼金术、炼丹术、医药学的实践中获得了初步的化学知识，此时化学尚未作为一门科学。

17 世纪后半叶到 19 世纪末为近代化学时期，在这一时期，科学元素论和原子-分子论相继提出，元素周期律的发现，碳的四面体结构和苯的六元环结构的建立，原子量（现称为相对原子质量）的测定和物质成分的分析方法的确定，促进了无机化学、有机化学、物理化学和分析化学四大基础学科相继建立，化学实现了从经验到理论的重大提升，真正成为一门独立的学科。

20 世纪开始是现代化学时期，是取得巨大成就的时期，无论在化学的理论、研究方法、实验技术以及应用方面都发生了深刻的变化，从而使化学研究的范围不断地扩大，化学的进步更加迅速，原有的四大基础学科已容纳不下发展的新事物，从而衍生出许多新的化学分支，如高分子化学、核化学、放射化学、生物化学和药物化学等。化学还与其他学科交叉形成多种边缘学科，如环境化学、农业化学、医学化学、材料化学、地球化学、计算化学等。化学已被公认为是一门**中心科学**（central science），同时化学与其他学科的联系也愈来愈密切，并促进其他学科如农业学、电子学、生物学、药学、环境科学、计算机科学、工程学、地质学、物理学、冶金学等的发展。

化学与医学的关系是密不可分的。我国明代的李时珍所著的《本草纲目》被西方称为“东方医药学巨典”。书中记载了 266 种无机药物，它不仅是一本药学的巨典，也是一个化学的宝库。利用药物治疗疾病是化学对医学和人类文明的一大贡献。1800 年，英国化学家 Davy H 发现了 N_2O 的麻醉作用，后来麻醉作用更加有效的乙醚被发现，麻醉剂成功地应用于外科手术和牙科手术。1909 年德国化学家合成了治疗梅毒的特效药物胂凡纳明。1932 年，德国科学 Domagk G 找到一种偶氮磺胺染料 Prontosil，使一位患细菌性血中毒的孩子得以康复。之后化学家先后制备出了抗生素、抗病毒药物及抗肿瘤药物数千种，抑制了无数种危害人类健康和生命的疾病，使人们的生存质量得到提高。同时也促进了现代药物业的发展。

现代化学和现代医学的关系更加密切。医学的主要任务是研究人体中生理、心理和病理现象的规律，从而寻求预防、诊断和治疗疾病的有效方法，以保障人类健康。这些都离不开化学。例如，研究生命活动的生物化学就是从无机化学、有机化学和生理学发展起来的。它利用化学的原理和方法，研究人体各组织的组成、亚细胞结构和功能、物质代谢和能量变化等生命活动。20 世纪开始化学家们对生物小分子如糖、血红蛋白、维生素进行了研究。20 世纪 50 年代后对生物大分子核酸和蛋白质的了解取得了一系列的突破，由此形成了结构生物学和分子生物学。分子生物学的发展使人们对生命的了解深入到分子水平，对医学和其他相关的生物学科产生了重大影响，特别是围绕基因的一系列的研究。化学家和生物学家联手证明了作为生物遗传因子的**基因**（gene）就是脱氧核糖核酸分子（DNA）。现在人们用先进的化学方法来测定基因的分子结构，并通过改变这些结构以制造不同的基因。这一成就将为人类抵抗遗传疾病及恶性肿瘤等目前无法治愈的疾病提供可靠的方法，对根治人类所有疾病和延长人类寿命展示了光明的前途。另外，化学中发展起来的各种**色谱分离技术**（chromatography）对疾病的诊断提供了强有力的方法，因此，化学的研究对生命科学有着极大的推动作用。

由此可见,化学对于医学专业的学生尤其重要。在国内外的高等医学教育中,历来都将化学作为重要的基础课之一,美国化学家 Breslow R 指出,“考虑到化学在了解生命中的重要性和药物化学对健康的重要性,在医务人员的正规教育中包括不少化学课程一事就不足为奇了。……今天的医生需要为化学在人类健康中起着更大作用的明天做好准备。”

基础化学的内容是根据医学专业的特点选定的,主要从无机化学、分析化学、物理化学的基本内容中选择,包括各种水溶液的性质、有关理论和应用,化学反应的基本原理及其应用,物质结构与性质的关系,滴定分析和分光光度分析等。同时通过实验课的训练,让学生掌握基本操作技能,建立定量概念,培养严谨的科学态度,进而灵活运用,提高综合分析问题、解决问题的能力以及创新精神。通过基础化学的学习使学生掌握与医学相关的现代化学基本概念、基本原理及其应用的知识,为学生学习后续的有机化学、生物化学、生理学等课程打下较广泛和较深入的基础。

二、学习基础化学的方法

大学的教学方法与中学截然不同,大学讲授的特点是重点突出,每个章节中有精有简,有调整和补充,基础化学的内容较多,教学的进度也较快。因此,学生必须具备自学的能力,应尽快适应大学的课程内容和教学规律,掌握学习的主动权。在掌握各学科课程的基础知识和基本技能的同时,养成高效率的学习方法,培养较强的自学能力,提高发现问题、分析问题和解决问题的能力。

基础化学是医学专业一年级第一学期开设的一门基础课。根据其课程的特点,可以采取以下方法学习:

(1) 要学好基础化学,必须做好预习。在每一章教学之前、最好通篇浏览一下整章内容,以求对这章全貌有一些认识,对内容的重点和知识的难点有一定了解。老师上课时,特别要注意自己在预习时未理解的问题。听课时还应适当做些笔记,记下讲课中的重点内容,课后整理笔记,以保证每节课的内容都能理解。

(2) 各章节中的一些基本概念及基本原理要认真地理解其含义,同时注意所适用的范围。对于难于理解的基本理论及抽象概念要反复地思考。

复习时用分析对比和联系归纳的方法,将一些同一原理及相似的概念内容列在一起,从不同的侧面加深理解;用对比的方法弄懂相似概念的本质和区别;同时要在理解的基础上,记忆一些基本概念、基本原理和重要公式,努力做到熟练掌握、灵活运用、融会贯通。

(3) 在复习的基础上多做练习有利于深入理解、掌握和巩固课程内容。要重视书本例题和解习题过程中的分析方法和技巧,努力培养独立思考和分析问题、解决问题的能力。在解题前,首先了解该题的问题与课文中的哪些内容、哪些基本概念及公式有关,题中提供了哪些已知条件,用已知的条件寻找求解的思路。

另外,多阅读参考资料,以扩大自己的知识面。

(4) 必须重视基础化学实验,实验课是基础化学课程的重要组成部分,是理解和巩固课程内容,学习科学实验方法,培养动手能力的重要环节。在实验前一定要预习实验内容,应做到清楚实验原理,了解实验目的,明确实验步骤。实验中认真观察实验现象并做好记录,实验完毕要认真处理实验的数据、分析实验现象和问题,得出正确结论,最后完成好实验报告。通过实验,应培养严谨求实的科学态度,锻炼科学研究的基本技能。

第二节　法定计量单位

法定计量单位是政府以法令形式,规定在全国采用的计量单位。我国从 1984 年开始全面推行以国际单位制为基础的法定计量单位。我国的法定计量单位是在国际单位制的基础上制定的,它包括了国际单位制单位和国家选定的与国际单位制并用的非国际单位制单位。

1948 年第 9 届国际计量大会(CGPM)责成国际计量委员会(CIPM)创立一种使所有米制公约国都能接受的科学、简明的实用单位制。1954 年第 10 届 CGPM 决定采用米、千克、秒、安培、开尔文、坎德拉作为新制的基本单位。1960 年第 11 届 CGPM 将以这六个基本单位为基础的单位制命名为“国际单位制”,并用国际符号“SI”表示(SI 是法文 le Systeme International d’ Unités 的缩写)。1971 年第 14 届 CGPM 又决定增加第7个基本单位摩尔(mole)。至此,国际单位制基本构成了现在的完整的形式。

国际单位制由SI单位和SI单位的倍数单位组成。其中SI单位分为SI基本单位和SI导出单位两大部分。SI单位的倍数单位由SI词头加SI单位构成。在实际应用中,基本单位、导出单位以及它们的倍数是单独或交叉或混合或组合使用的。因而,构成了可以覆盖整个科学技术领域的计量单位体系。

我国法定计量单位包括SI基本单位和SI导出单位、SI单位的倍数单位及国家选定的非国际单位制单位。法定计量单位是适用于当今我国文化教育、经济建设以及科学技术各个领域的简单、科学、实用、先进的计量单位体系。本书附录中收录了国际单位制单位及我国法定计量单位。

为了在各学科中具体地、正确地使用国家法定计量单位,"全国量和单位标准化技术委员会"于1983年制定了有关量和单位的15项国家标准,即GB(GB是汉语拼音Guojia Biaozhun的缩写),于1994年7月1日开始实施。它是我国非常重要的基础性强制标准,全国各行业各学科工程技术人员、大专院校师生等必须贯彻执行。本书所用的量和单位均遵照这套标准编写。

第三节 溶液组成标度的表示方法

一种或多种物质以分子、原子或离子状态分散于另一种物质中形成的均匀而又稳定的混合物称为溶液。习惯上,人们把能够溶解其他物质的物质称为**溶剂**(solvent),把被溶解的物质称为**溶质**(solute)。

溶液的性质除与溶质、溶剂的本性有关外,还常与溶液中溶质和溶剂的相对含量有关,溶液的组成标度是指溶液中溶质和溶剂的相对含量。为了实际工作的需要或方便,对溶液的组成标度规定了相应的标准。

一、物质的量

物质的量(amount of substance)是表示微观物质数量的基本物理量。物质B的物质的量用符号n_B表示。基本单位是**摩尔**(mole),单位符号为mol。

摩尔的定义是:摩尔是一系统的物质的量,该系统中所包含的基本单元(elementary entity)数(即微粒数)与0.012kg ^{12}C的原子数目相等。也就是说,只要系统中的基本单元B的数目与0.012kg ^{12}C的原子数目相等,B物质的量就是1mol。

在使用物质的量及其单位摩尔时,应注意的问题:

(1) 摩尔是物质的量的单位,不是质量(mass)的单位。质量的单位是千克,单位符号kg。"物质的量"是一个整体的专用名词,文字上不能分开。

(2) 0.012kg ^{12}C的原子数目是**Avogadro常数**(Avogadro constant)的数值,阿伏伽德罗常数$L=(6.0221367 \pm 0.0000036)\times 10^{23}\ mol^{-1}$,这个数的精确程度是随测量技术水平提高而提高的。可见,摩尔的定义是绝对定义,不随测量技术而改变。

(3) 使用摩尔时,必须用粒子符号、物质的化学式或它们的特定组合来指明基础单元——原子、分子、离子、电子及其他粒子,或这些粒子的特定组合。例如,我们说H、H_2、H_2O、$\frac{1}{2}H_2O$、$\frac{1}{2}SO_4^{2-}$、$(2H_2+O_2)$等的物质的量都是可以的。但是,如果说硫酸的物质的量,含义就不清了,因为没有用化学式指明基本单元,基本单元可能是H_2SO_4或是$\frac{1}{2}H_2SO_4$。我们说1mol的H_2SO_4具有质量98g,1mol的$\frac{1}{2}H_2SO_4$具有质量49g,1mol的$(H_2+\frac{1}{2}O_2)$具有质量18.015g都是正确的。

物质B的物质的量n_B可以通过B的质量和**摩尔质量**(molar mass)求算。B的摩尔质量M_B定义为B的质量除以B的物质的量,即

$$M_B \overset{\text{def}}{=\!=} \frac{m_B}{n_B} \tag{1.1}$$

式中:m_B为物质B的质量,n_B是物质B的物质的量,摩尔质量的单位是千克每摩,符号为$kg \cdot mol^{-1}$。当以$g \cdot mol^{-1}$为单位时,某原子的摩尔质量的数值等于其相对原子质量A_r,某分子的摩尔质量的数值等于其相对分子质量M_r。相对原子质量和相对分子质量的单位是一。式(1.1)中符号$\overset{\text{def}}{=\!=}$意为"按定义等于",在书写定义式时须以此注明。

例 1-1 0.53g Na_2CO_3 的物质的量是多少？

解

$$n(Na_2CO_3) = \frac{m(Na_2CO_3)}{M(Na_2CO_3)} = \frac{0.53g}{106g \cdot mol^{-1}} = 0.0050mol$$

二、物质的量浓度

物质的量浓度（amount-of-substance concentration）用符号 c_B 表示，定义为物质 B 的物质的量 n_B 除以混合物的体积 V。对溶液而言，物质的量浓度定义为溶质的物质的量除以溶液的体积，即

$$c_B \overset{\text{def}}{=\!=\!=} \frac{n_B}{V} \tag{1.2}$$

式中：c_B 为 B 的物质的量浓度，n_B 为物质 B 的物质的量，V 是溶液的体积。

物质的量浓度的 SI 单位是摩每立方米，符号为 $mol \cdot m^{-3}$。由于立方米单位太大，物质的量浓度的单位常以摩每立方分米代替，符号为 $mol \cdot dm^{-3}$，医学上常使用摩每升、毫摩每升及微摩每升这样一些单位，符号分别为 $mol \cdot L^{-1}$、$mmol \cdot L^{-1}$ 及 $\mu mol \cdot L^{-1}$。

物质的量浓度可简称为**浓度**（concentration）。本书采用 c_B 表示 B 的浓度，而用[B]表示 B 的平衡浓度。

在使用物质的量浓度时，必须指明物质的基本单元。如 $c(Na_2CO_3) = 1mol \cdot L^{-1}$，$c\left(\frac{1}{2}Ca^{2+}\right) = 4mmol \cdot L^{-1}$ 等。括号中的化学式符号表示物质的基本单元。基本单元系数不同时，以下列关系换算

$$c(xB) = \frac{1}{x}c(B) \tag{1.3}$$

例 1-2 临床上治疗碱中毒时常用 NH_4Cl 针剂，其规格为每支 20.0ml，含氯化铵（NH_4Cl）0.16g，试计算每支针剂中含 NH_4Cl 的物质的量和该针剂的浓度（单位 $mmol \cdot L^{-1}$）。

解 NH_4Cl 摩尔质量为 $53.5g \cdot mol^{-1}$

$$n(NH_4Cl) = \frac{m(NH_4Cl)}{M(NH_4Cl)} = \frac{0.16g}{53.5g \cdot mol^{-1}} = 3.0 \times 10^{-3}mol$$

$$c(NH_4Cl) = \frac{n(NH_4Cl)}{V} = \frac{3.0 \times 10^{-3}mol \times 1000mL \cdot L^{-1} \times 1000}{20.0mL} = 150mmol \cdot L^{-1}$$

三、质量浓度

质量浓度（mass concentration）用 ρ_B 表示。定义为物质 B 的质量 m_B 除以混合物的体积 V。即

$$\rho_B \overset{\text{def}}{=\!=\!=} \frac{m_B}{V} \tag{1.4}$$

式中：m_B 为 B 的质量、V 是溶液的体积。质量浓度常用的单位为千克每升或克每升，符号为 $kg \cdot L^{-1}$ 或 $g \cdot L^{-1}$ 等。

世界卫生组织提议：在医学上表示体液的组成时，凡体液中是相对分子质量 M_r 已知的物质，均用物质的量浓度。例如人体血液葡萄糖含量正常值，过去习惯表示为 70～100mg%，意为每 100ml 血液含葡萄糖 70～100mg，按法定计量单位应表示为 $c(C_6H_{12}O_6) = 3.9 \sim 5.6mmol \cdot L^{-1}$。对于未知其相对分子质量的物质则使用质量浓度 ρ_B。

物质 B 的质量浓度 ρ_B 与 B 的浓度 c_B 之间的关系为：

$$\rho_B = c_B M_B \tag{1.5}$$

例 1-3 市售冰醋酸密度为 $1.05\mathrm{kg\cdot L^{-1}}$，HAc 的质量分数为 0.91，计算物质的量浓度 $c(\mathrm{HAc})$ 和 $c\left(\frac{1}{2}\mathrm{HAc}\right)$，单位用 $\mathrm{mol\cdot L^{-1}}$。

解 HAc 的摩尔质量为 $60\mathrm{g\cdot mol^{-1}}$，$\frac{1}{2}$HAc 的摩尔质量为 $30\mathrm{g\cdot mol^{-1}}$。

$$c(\mathrm{HAc}) = \frac{0.91\times1.05\mathrm{kg\cdot L^{-1}}\times1000\mathrm{g\cdot kg^{-1}}}{60\mathrm{g\cdot mol^{-1}}} = 16\mathrm{mol\cdot L^{-1}}$$

$$c(\mathrm{HAc}) = \frac{0.91\times1.05\mathrm{kg\cdot L^{-1}}\times1000\mathrm{g\cdot kg^{-1}}}{30\mathrm{g\cdot mol^{-1}}} = 32\mathrm{mol\cdot L^{-1}}$$

四、摩尔分数

摩尔分数(mole fraction)又可称为**物质的量分数**(amount-of-substance fraction)。B 的摩尔分数定义为 B 的物质的量与混合物的物质的量之比，用符号 x_B 表示，单位是 1。即

$$x_B \overset{\mathrm{def}}{=\!=} \frac{n_B}{\sum_i n_i} \tag{1.6}$$

式中：n_B 为 B 的物质的量，$\sum_i n_i$ 为混合物的物质的量。

若溶液由溶质 B 和溶剂 A 组成，则溶质 B 的摩尔分数为

$$x_B = \frac{n_B}{n_A + n_B}$$

式中：n_B 为溶质 B 的物质的量，n_A 为溶剂 A 的物质的量。同理，溶剂 A 的摩尔分数为：

$$x_A = \frac{n_A}{n_A + n_B}$$

显然

$$x_A + x_B = 1$$

例 1-4 将 112g 乳酸钠($NaC_3H_5O_3$)溶于 1.00L 纯水中配成溶液，计算该溶液中的摩尔分数。

解 室温下，水的密度约为 $1000\mathrm{g\cdot L^{-1}}$，$NaC_3H_5O_3$ 的摩尔质量为 $112\mathrm{g\cdot mol^{-1}}$，$H_2O$ 的摩尔质量为 $18\mathrm{g\cdot mol^{-1}}$，则溶液中 $NaC_3H_5O_3$ 的摩尔分数为

$$x(\mathrm{NaC_3H_5O_3}) = \frac{n(\mathrm{NaC_3H_5O_3})}{n(\mathrm{NaC_3H_5O_3}) + n(\mathrm{H_2O})} = \frac{\dfrac{112\mathrm{g}}{112\mathrm{g\cdot mol^{-1}}}}{\dfrac{112\mathrm{g}}{112\mathrm{g\cdot mol^{-1}}} + \dfrac{1.00\mathrm{L}\times1000\mathrm{g\cdot L^{-1}}}{18\mathrm{g\cdot mol^{-1}}}} = 0.018$$

五、质量摩尔浓度

溶质 B 的**质量摩尔浓度**(molality)用符号为 b_B 表示，定义为溶质 B 的物质的量 n_B 除以溶剂的质量 m_A(kg)，即

$$b_B \overset{\mathrm{def}}{=\!=} \frac{n_B}{m_A} \tag{1.7}$$

式中：n_B 为溶质 B 的物质的量，m_A 为溶剂 A 的质量。b_B 的单位是 $\mathrm{mol\cdot kg^{-1}}$。溶质 B 的质量摩尔浓度也可以使用符号 m_B，为避免与质量符号 m 混淆，本书中使用符号 b_B。

由于摩尔分数和质量摩尔浓度与温度无关，因此在物理化学中广为应用。

例 1-5 市售过氧化氢(俗称双氧水)含量 0.30%,密度为 $1.11kg \cdot L^{-1}$。计算该溶液的浓度、质量摩尔浓度、摩尔分数。

解 过氧化氢的摩尔质量 $M(H_2O_2)=34g \cdot mol^{-1}$,溶液的质量 = 溶液体积 × 密度,$m(H_2O)$ = 溶液质量 − $m(H_2O_2)$

$$c(H_2O_2) = \frac{m(H_2O_2)/M(H_2O_2)}{V} = \frac{30.0g/34.0g \cdot mol^{-1}}{100.0ml} = 8.82mol \cdot L^{-1}$$

$$\text{密度} = 1.11kg \cdot L^{-1} = \frac{1.11g}{100mL} = 1.11g \cdot mL^{-1}$$

$$b(H_2O_2) = \frac{n(H_2O_2)}{m(H_2O)} = \frac{30.0g/34g \cdot mol^{-1}}{\left(100mL \times \frac{1.11g}{1mL} - 30g\right) \times \frac{1.0kg}{1000g}} = 11mol \cdot kg^{-1}$$

$$x(H_2O_2) = \frac{\frac{30.0g}{34.0g \cdot mol^{-1}}}{\frac{30.0g}{34.0g \cdot mol^{-1}} + \frac{(100mL \times 1.11g \cdot mL^{-1}) - 30g}{18.0g \cdot mol^{-1}}} = 0.16$$

六、质量分数

物质 B 的**质量分数**(mass fraction),定义为物质 B 的质量 m_B 除以溶液的质量 m,符号为 ω_B,单位是一。即

$$\omega_B \overset{\text{def}}{=\!=} \frac{m_B}{\sum_i m_i} \tag{1.8}$$

式中:m_B 为溶质 B 的质量,m 为混合物(溶液)的质量。

例 1-6 100.0g 铁矿石中含 Fe_2O_3 50.4g,试计算铁矿石中 Fe_2O_3 和 Fe 的质量分数。

解 100.0g 铁矿石中铁的质量为:

$$m(Fe) = m(Fe_2O_3) \times \frac{2M(Fe)}{M(Fe_2O_3)} = 50.4g \times \frac{2 \times 55.85g \cdot mol^{-1}}{159.7g \cdot mol^{-1}} = 35.3g$$

铁矿石中 Fe_2O_3 的质量分数为:

$$\omega(Fe_2O_3) = \frac{m(Fe_2O_3)}{m} = \frac{50.4g}{100.0g} = 0.504$$

铁矿石中 Fe 的质量分数为:

$$\omega(Fe) = \frac{m(Fe)}{m} = \frac{35.3g}{100.0g} = 0.353$$

七、体积分数

物质 B 的**体积分数**(volume fraction),定义为物质 B 的体积 V_B 除以混合前溶质和溶剂的体积 V,符号为 φ_B,单位是一。即

$$\varphi_B \stackrel{def}{=} \frac{V_B}{\sum_i V_i} \tag{1.9}$$

式中：V_B 为溶质 B 的体积，V_i 为混合前各组分的体积。

例 1-7 20℃时，将 70ml 乙醇与 30ml 水混合，得到 96.8ml 乙醇溶液，计算所得乙醇溶液中乙醇的体积分数。

解
$$\varphi(C_2H_5OH) = \frac{V(C_2H_5OH)}{V(C_2H_5OH) + V(H_2O)} = \frac{70ml}{70ml + 30ml} = 0.70$$

知识拓展

医学化学学派

在历史上，医学化学学派不仅是一个重要的生理学派，也是一个重要的化学流派。Paracelsus T (1493—1541)是医学化学学派的首倡者，同时，他也是近代化学的主要奠基人之一。

Paracelsus T 的父亲是位移居瑞士的德国医生。Paracelsus T 受父亲的影响学习医学，后来漫游欧洲学习炼金术和矿物学；终于在意大利获得医学博士学位成为一位优秀的外科医生。但是，从本质上说他是一位医学的改革者。Paracelsus T 仍然相信四元素说。他认为四元素在身体内变为三种要素：盐、硫磺和水银。盐是不挥发和不可燃的要素，水银是可熔和挥发的要素，硫磺是可燃的要素。他把这称为"三基"，并把它们分别比作身体、灵魂和精神。他认为这三种要素的增减决定着机体的健康、疾病、生存和死亡。据说他善于用水银制剂治疗所有旧药都不能治好的疾病。Paracelsus T 雄心很大，但科学成就并不多。他的伟大贡献在于极力主张用化学来推进医学和生理学的发展。虽然他对生理学和化学的具体贡献都微不足道，但他主张从化学的角度研究医学和生理学的思想不久就产生了丰硕的成果，极大地促进了医学生理学和化学的发展。因此成为医学化学学派的奠基人。

另一位杰出人物——Van Helmont J(1579—1644)在神秘的炼金术向化学转变的过程中起着举足轻重的作用。Van Helmont J 的雄心很大程度上是由他的这位信徒实现的。他仔细地研究了 Paracelsus T 的化学著作和医学著作，这使他深信生命基本上是一种化学现象。虽然和他老师一样坚信生命本质是一种化学过程，但是他纠正了他老师不少错误观点。他不相信巴氏倡导的三要素说。他断言真正的元素是空气和水。他的论著《论尿结石》(De Lithiasi)是在大量的化学实验基础上写成的。他非常精确地描述了酒精中酒石的形成过程。他把尿精(碳酸铵溶液)和酒精混合，观察到有白色沉淀生成。Van Helmont J 还从尿中离析出两种固体盐，一种是食盐，另一种大概是磷盐。作为一个化学家，他经常使用天平作定量实验并发现金属能在酸中溶解，其复原后质量并不改变，这实质上包含了物质不灭、质量守恒的思想。通过他自己的实验和著作极大地影响了一大批近代化学家。

Sylvius F(1614—1672)是医学化学派全盛时期的代表人物。他继承了 Paracelsus T 和 Van Helmont J 用化学阐释生命现象的传统并有较大发展。他进一步抛弃了医学化学派中的灵气论和神秘主义倾向，大胆提出生命体的生理学过程和非生命体的化学过程是一回事。从理论上说一切生命现象都可以在实验室里得到再现。为此，他在莱顿大学创立了第一个正规的医学化学实验室，从事生命现象的实验研究。同时通过对酸、碱、盐的研究提出了一种理论，认为酸碱的相互作用决定了生命的健康和疾病。

Summary

Chemistry is a science to study the compositions, structures, properties of the molecules and the energy changing of the chemical reaction. The relationship between chemistry and medical science is very close. It is a basic course for higher medical education.

The contents of this *Basic Chemistry* are suitable for the specialty of medical students including the properties, theories and applications of aqueous solution, the rules and its applications of chemical reactions, the relationships between the structures of the molecules and its properties, the titrimetric analysis and the spectrophotometry. The well studying of the *Basic Chemistry* and its relative aspect with medical science is the foundation for the later studying.

The legal unit system of measurement in our country is based on the international unit system that consists of basic units, derived units and prefixes. The amount-of-substance concentration, the mass concentration, the mole fraction, the molality, the mass fraction and the volume fraction are legal units used to denote the concentration of aqueous solution in this *Basic Chemistry*.

习　题

1. 为什么化学和医学的关系密切,试举例说明。医学专业学生为何须学习化学。

2. 2.0mL 血浆中含 2.4mg 血糖,算血浆中血糖的质量浓度。

[1.2g · L^{-1}]

3. 求 0.01kg NaOH、0.100kg($\frac{1}{2}Ca^{2+}$)、0.100kg($\frac{1}{2}Na_2CO_3$)的物质的量。

[(1) 0.25mol;(2) 4.99mol;(3) 1.89mol]

4. 静脉注射用 KCl 溶液的极限质量浓度为 2.7g · L^{-1},如果在 250ml 葡萄糖溶液中加入 1 安瓿(10ml) 100g · L^{-1}KCl 溶液,所得混合溶液中 KCl 的质量浓度是否超过了极限值?

[3.85g · L^{-1}]

5. 某患者需补充 Na^+ 0.0050mol,应补充 NaCl 的质量是多少?若用生理盐水补充[ρ(NaCl) = 9.0g · L^{-1}],应需生理盐水的体积是多少?

[(1) 2.93g;(2) 325ml]

6. 20℃,将 350g $ZnCl_2$ 溶于 650g 水中,溶液的体积为 739.5mL,求此溶液的物质的量浓度和质量摩尔浓度。

[(1) 3.48mol · L^{-1};(2) 3.95mol · kg^{-1}]

7. 正常人血浆中 Ca^{2+} 和 HCO_3^- 浓度分别是 2.5 mmol · L^{-1}和 27 mmol · L^{-1},化验测得某病人血浆中 Ca^{2+} 和 HCO_3^- 浓度分别是 300 mg · L^{-1}和 1.0mg · L^{-1},试判断该病人血浆中这两种离子的浓度是否正常。

[(1) 7.5mmol · L^{-1};(2) 0.016mmol · L^{-1}]

8. 溶液中 KI 与 $KMnO_4$ 反应,假如最终有 0.508g I_2 析出,以($KI + \frac{1}{5}KMnO_4$)为基本单元,所消耗的反应物的物质的量是多少?

[0.004mol]

9. 将 7.00g 结晶草酸($H_2C_2O_4 \cdot 2H_2O$)溶于 93.0g 水中,求草酸的质量摩尔浓度 $b(H_2C_2O_4)$ 和摩尔分数 $x(H_2C_2O_4)$。

[(1) 0.585 mol · kg^{-1};(2) 0.0104]

(席晓岚)

第二章　稀溶液的依数性

溶质溶解在溶剂中形成溶液，溶解作用使溶质和溶剂的性质都发生了变化。溶液的性质可分为两类：一类决定于溶质的本性，如溶液的颜色、体积、导电性和表面张力等；另一类与溶质的本性无关，主要取决于溶液中所含溶质微粒数的多少，如溶液的蒸气压下降、沸点升高、凝固点降低以及渗透压力等，这类性质具有一定的规律性，但其变化规律只适用于稀溶液，所以统称为**稀溶液的依数性**（colligative properties of dilute solution）。

稀溶液的依数性，对细胞内外物质的交换和运输、临床输液、水及电解质的代谢等问题，具有一定的理论指导意义。本章主要介绍难挥发性非电解质稀溶液的依数性。

第一节　溶液的蒸气压下降

一、蒸　气　压

在一定温度下，将某纯溶剂（如水）置于一密闭容器中，一部分动能较高的水分子将克服液体分子间的引力自液面逸出，成为蒸气分子，形成气相（系统中物理性质和化学性质都相同的组成部分称为相），这一过程称为**蒸发**（evaporation）。同时，气相中的水蒸气分子也会接触到液面并被吸引到液相中，这一过程称为**凝结**（condensation）。开始时，蒸发过程占优势，但随着水蒸气密度的增大，凝结的速率也随之增大，当液体蒸发的速率与蒸气凝结的速率相等时，**气相**（gas phase）与**液相**（liquid phase）达到平衡：

$$H_2O(l) \rightleftharpoons H_2O(g) \tag{2.1}$$

式中：l 代表液相，g 代表气相。这时，水蒸气的密度不再改变，它具有的压力也不再改变。当液相蒸发速率与气相凝结速率相等时，液相和气相达到平衡，此时，蒸气所具有的压力称为该温度下水的饱和蒸气压，简称水的**蒸气压**（vapor pressure），用符号 p 表示，单位是 **Pa**（帕）或 **kPa**（千帕）。蒸气压仅与液体的本性和温度有关，与液体的量以及液面上方空间的体积无关。

蒸气压的大小与液体的本性有关，不同的物质蒸气压不同。一些液体的饱和蒸气压见表 2-1。

表 2-1　一些液体的饱和蒸气压（20℃）

物质	水	乙醇	苯	乙醚	汞
蒸气压/kPa	2.34	5.85	9.96	57.6	1.6×10^{-4}

蒸气压的大小还与温度有关。温度不同，同一液体的蒸气压亦不相同。由于蒸发是一个吸热过程，因此当温度升高时，式（2.1）所表示的液相与气相间的平衡将向右移动，即蒸气压将随温度升高而增大。水的蒸气压与温度的关系见表 2-2。

表 2-2　不同温度下水的蒸气压

T/K	p/kPa	T/K	p/kPa
273	0.6106	333	19.9183
278	0.8719	343	35.1574
283	1.2279	353	47.3426
293	2.3385	363	70.1001
303	4.2423	373	101.3247
313	7.3754	423	476.0262
323	12.3336		

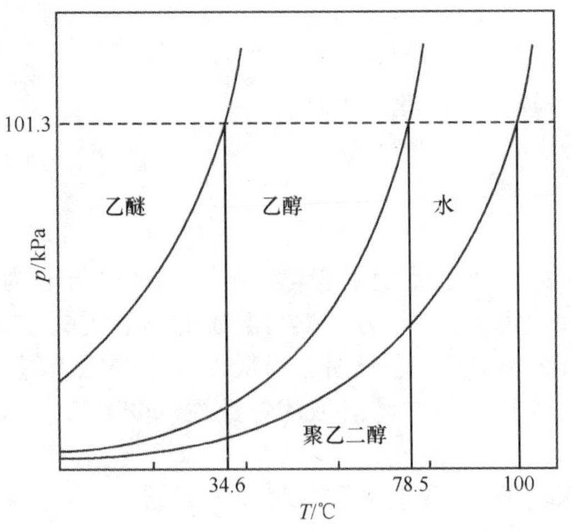

图 2-1　蒸气压与温度的关系图

图 2-1 反映了乙醚、乙醇、水、聚乙二醇等液体的蒸气压随温度升高而增大的情况。

固体直接蒸发为气体，这一现象称为**升华**（sublimation），因此固体也具有一定的蒸气压。大多数固体的蒸气压都很小，只有少数固体如冰、碘、樟脑、萘等有较大的蒸气压。固体的蒸气压也随温度的升高而增大，表 2-3 列出了不同温度下冰的蒸气压。

表 2-3　不同温度下冰的蒸气压

T/K	p/kPa	T/K	p/kPa
248	0.0635	268	0.4013
253	0.1035	272	0.5626
258	0.1653	273	0.6106
263	0.2600		

无论固体还是液体，蒸气压大的称为易挥发性物质，蒸气压小的则称为难挥发性物质。

二、溶液的蒸气压下降——Raoult 定律

实验证明，在相同温度下，当难挥发的非电解质溶于溶剂形成稀溶液后，稀溶液的蒸气压比纯溶剂的蒸气压低。这是因为纯溶剂的部分表面被溶质分子所占据，单位时间内从溶液中蒸发出的溶剂分子数比从纯溶剂中蒸发出的分子数少，因此，平衡时溶液的蒸气压必然低于纯溶剂的蒸气压，这种现象称为溶液的**蒸气压下降**（vapor pressure lowering）。由于溶质是难挥发性的，因此这里所说的溶液的蒸气压实际上是指溶液中溶剂的蒸气压。图 2-2 表示纯溶剂和溶液在密闭容器内蒸发-凝聚的情况。显然，溶液的浓度越大，溶液的蒸气压下降就越多。图 2-3 表示纯溶剂与溶液的蒸气压曲线。

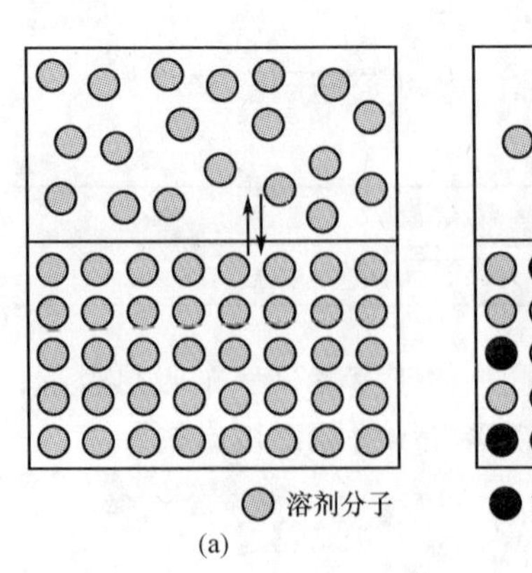

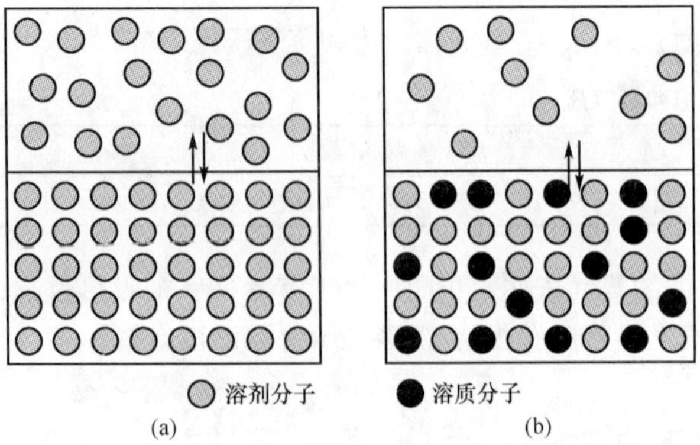

图 2-2　纯溶剂和溶液蒸发-凝聚示意图
（a）纯溶剂蒸发示意图；（b）溶液蒸发示意图

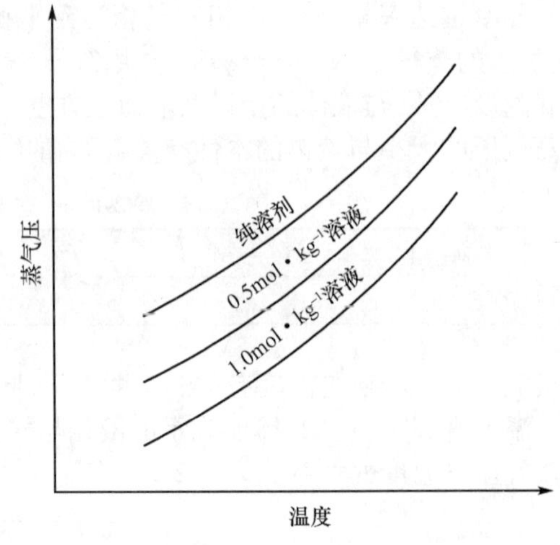

图 2-3　纯溶剂与溶液蒸气压曲线

1887 年，法国化学家 Raoult F M 根据大量实验结果，总结出如下规律：在一定温度下，难挥发性非电解质稀溶液的蒸气压等于纯溶剂的蒸气压乘以溶液中溶剂的摩尔分数。即

$$p = p^0 x_A \tag{2.2}$$

式中：p^0 为纯溶剂的蒸气压，p 为同温度下溶液的蒸气压，x_A 为溶液中溶剂的摩尔分数。

因为 $x_A < 1$，$p < p^0$。对于只有一种溶质的稀溶液，设 x_B 为溶质的摩尔分数，由于

$$x_A + x_B = 1$$

因此

$$p = p^0(1 - x_B)$$
$$p^0 - p = p^0 x_B$$

即

$$\Delta p = p^0 x_B \tag{2.3}$$

式中：Δp 为溶液的蒸气压下降。式(2.3)表明，在一定温度下，难挥发性非电解质稀溶液的蒸气压下降与溶液中溶质的摩尔分数成正比，而与溶质的本性无关。这是 Raoult 定律的另一数学表达式。

在稀溶液中，溶质的物质的量 n_B 远远小于溶剂的物质的量 n_A，所以

$$x_B = \frac{n_B}{n_A + n_B} \approx \frac{n_B}{n_A} = \frac{n_B}{m_A/M_A}$$

$$\Delta p = p^0 \frac{n_B}{m_A/M_A} = p^0 M_A \frac{n_B}{m_A} \tag{2.4}$$

式中：m_A 为溶剂的质量（单位：kg），M_A 为溶剂的摩尔质量（单位：$kg \cdot mol^{-1}$）。设溶液的质量摩尔浓度为 b_B，则

$$b_B = \frac{n_B}{m_A} \tag{2.5}$$

由式(2.4)和式(2.5)得

$$\Delta p = p^0 M_A b_B = K b_B \tag{2.6}$$

在一定温度下，p^0 为一定值，$p^0 M_A$ 为一常数，用 K 表示。式(2.6)表明稀溶液的蒸气压下降与溶液的质量摩尔浓度成正比，是 Raoult 定律的另一种表示式。它说明了难挥发性非电解质稀溶液的蒸气压下降只与一定量的溶剂中所含溶质的微粒数有关，而与溶质的本性无关。

例 2-1 已知 20℃时水的饱和蒸气压为 2.338kPa，将 3.00g 尿素[$CO(NH_2)_2$]溶于 100g 水中，试计算该溶液的质量摩尔浓度和蒸气压。

解 尿素的摩尔质量 $M = 60.0g \cdot mol^{-1}$，溶液的质量摩尔浓度为

$$b[CO(NH_2)_2] = \frac{3.00g}{60.0g \cdot mol^{-1}} \times \frac{1000g \cdot kg^{-1}}{100g} = 0.500mol \cdot kg^{-1}$$

H_2O 的摩尔分数

$$x(H_2O) = \frac{\dfrac{1000g}{18g \cdot mol^{-1}}}{\dfrac{1000g}{18g \cdot mol^{-1}} + 0.500mol} = 0.991$$

尿素溶液的蒸气压

$$p = p^0(H_2O)x(H_2O) = 2.338kPa \times 0.991 = 2.32kPa$$

第二节 溶液的沸点升高与凝固点降低

一、溶液的沸点升高

（一）液体的沸点

液体的**沸点**（boiling point）是液体的蒸气压等于外压时的温度。液体的**正常沸点**（normal boiling point）是指外压为标准大气压即 100kPa 时的沸点。例如水的正常沸点为 373.15K。通常情况下，没有注明压力条件的沸点都是指正常沸点，简称沸点。

液体的沸点，随着外界压力的改变而改变。这种性质，常被应用于实际工作中。例如，采用减压蒸馏或减压浓缩的方法提取和精制物质，尤其是对热不稳定的物质。又如，医学上常见的高压灭菌法，即在密闭的高压消毒器内加热，对热稳定的注射液和对某些医疗器械、敷料消毒灭菌。

(二) 溶液的沸点升高

实验证明,溶液的沸点高于纯溶剂的沸点,这一现象称为溶液的**沸点升高**(boiling point elevation)。溶液沸点升高的原因是溶液的蒸气压低于纯溶剂的蒸气压。在稀溶液的沸点升高和凝固点下降示意图(图 2-4)中,AA′表示纯水的蒸气压曲线,BB′表示稀溶液的蒸气压曲线。从图中曲线可以看出,溶液中水的蒸气压在任何温度下都低于同温度下纯水的蒸气压,所以 BB′处于 AA′的下方。当温度为 373.15K 时,纯水的蒸气压等于 100kPa,纯水开始沸腾,温度 $T_b^0 = 373.15\text{K}$ 是纯水的沸点。因为溶液的蒸气压低于纯溶剂的蒸气压,此时溶液的蒸气压低于 100kPa,溶液并不沸腾,只有将温度升高到 T_b 时,溶液的蒸气压等于外压 100kPa,溶液才沸腾,T_b 为溶液的沸点。此时,溶液的沸点 T_b 高于纯溶剂(水)的沸点 T_b^0,溶液的沸点升高 ΔT_b,$\Delta T_b = T_b - T_b^0$。溶液越浓,其蒸气压下降越多,沸点升高就越多,即稀溶液的沸点升高与蒸气压下降成正比:

$$\Delta T_b = K'\Delta p$$

根据 Raoult 定律

$$\Delta p = Kb_B$$

所以

$$\Delta T_b = K'Kb_B = K_b b_B \tag{2.7}$$

式中:K_b 称为溶剂的沸点升高常数,它只与溶剂的本性有关。表 2-4 列出了常见溶剂的沸点及 K_b 值。

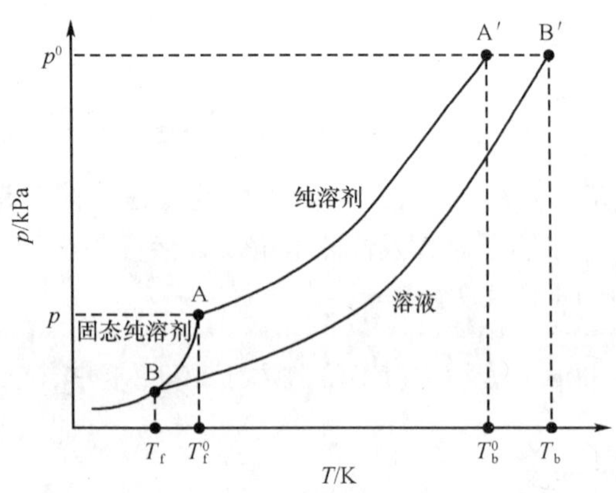

图 2-4 稀溶液的沸点升高和凝固点降低

表 2-4 常见溶剂的沸点(T_b^0)及沸点升高常数(K_b)

溶剂	T_b^0/℃	K_b/(K·kg·mol^{-1})
萘	218	5.80
乙酸	118	2.93
水	100	0.512
苯	80	2.53
乙醇	78.4	1.22
四氯化碳	76.7	5.03
氯仿	61.2	3.63
乙醚	34.7	2.02

从式(2.7)可以看出,在一定条件下,难挥发性非电解质稀溶液的沸点升高只与溶液的质量摩尔浓度成正比,而与溶质的本性无关。

二、溶液的凝固点降低

(一) 纯液体的凝固点

凝固点(freezing point)是物质的固相与它的液相两相平衡时的温度。纯溶剂和它的固相平衡时的温度就是该溶剂的凝固点 T_f^0,在此温度下,液相的蒸气压与固相的蒸气压相等。纯水的凝固点(273.15K)又称为冰点,在此温度时水和冰的蒸气压相等。

曲线(1)为纯水的理想冷却曲线。从 a 点处无限缓慢地冷却,达到 b 点(273.15K)时,水开始结冰。在结冰过程中温度不再变化,曲线上出现一段平台 bc,此时液体和晶体平衡共存。如果继续冷却,全部水将结成冰,然后温度再下降。在冷却曲线上,这个不随时间而变的平台相对应的温度 T_f^0 称为该液体的凝固点。

曲线(2)是实验条件下水的冷却曲线。因为实验做不到无限缓慢地冷却,而是较快速强制冷却,在温度降到 T_f^0 时不凝固,出现过冷现象。一旦固相出现,温度又回升而出现平台。

(二) 溶液的凝固点降低

图 2-5 中的曲线(3)是溶液的理想冷却曲线。与曲线(1)不同,当温度由 a 点处冷却,达到 T_f 时,溶液中才开始结冰,$T_f < T_f^0$。随着冰的结出,溶液浓度不断增大,溶液的凝固点也不断下降,于是 bc 并不是一段平台,而是一段缓慢下降的斜线。因此,溶液的凝固点是指刚有溶剂固体析出(即 b 点)的温度 T_f。

曲线(4)是实验条件下溶液的冷却曲线。可以看出,适当的过冷使溶液凝固点的观察变得容易(温度降到 T_f 以下 b′点又回升的最高点 b)。

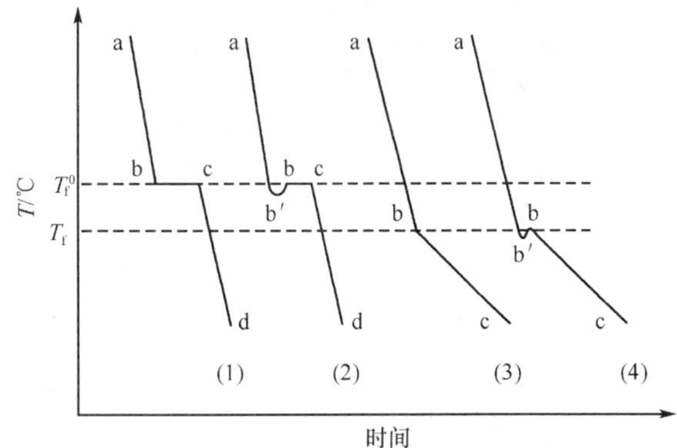

图 2-5 水和溶液的冷却曲线

实验证明,溶液的凝固点总是低于纯溶剂的凝固点,这一现象称为溶液的**凝固点降低**(freezing point depression)。溶液的凝固点降低也是由溶液的蒸气压下降而引起的。如图 2-4 所示,AB 表示冰的蒸气压曲线,AB 与 AA′相交于 A 点,此时冰和水两相平衡共存,A 对应的温度即纯水的凝固点 T_f^0 = 273.15K,但在 273.15K 时水溶液的蒸气压低于纯水的蒸气压,这时溶液与冰不能共存,冰将融化,即溶液在 273.15K 时不能结冰。若温度继续下降,由于冰的蒸气压比溶液的蒸气压随温度降低得更快,当温度降至 T_f 时,冰和溶液的蒸气压相等,此时,冰和溶液共存,这个平衡温度 T_f 就是溶液的凝固点。溶剂的凝固点与溶液的凝固点之差($T_f^0 - T_f$)就是溶液的凝固点降低 ΔT_f。

对于稀溶液而言,溶液的凝固点降低 ΔT_f 与溶液的蒸气压下降 Δp 成正比

$$\Delta T_f = K''\Delta p$$

而

$$\Delta p = Kb_B$$

所以

$$\Delta T_f = K''Kb_B = K_f b_B \tag{2.8}$$

表 2-5 常见溶剂的凝固点(T_f^0)及凝固点降低常数(K_f)

溶剂	T_f^0/℃	K_f/(K·kg·mol^{-1})
萘	80	6.90
乙酸	17	3.90
苯	5.5	5.10
水	0.0	1.86
四氯化碳	-22.9	32.0
乙醚	-116.2	1.80

式中:K_f 称为溶剂的凝固点降低常数,它只与溶剂的本性有关。表 2-5 列出了一些溶剂的凝固点 T_f^0 及 K_f 值。

从式(2.8)可以看出,难挥发性非电解质稀溶液的凝固点降低与溶液的质量摩尔浓度成正比,而与溶质的本性无关。

通过测定溶液的沸点升高和凝固点降低都可以推算溶质的摩尔质量(或相对分子质量)。但在实际工作中,多采用凝固点降低法。因为大多数溶剂的 K_f 值大于 K_b 值,因此同一溶液的凝固点降低值比沸点升高值大,因而灵敏度高且相对误差小。而且溶液的凝固点测定是在低温下进行的,不会引起生物样品的变性或破坏,溶液浓度也不会变化,因此,在医学和生物科学实验中凝固点降低法的应用更为广泛。

由式(2.8),实验测定溶液的凝固点降低值 ΔT_f,即可计算溶质的摩尔质量

$$\Delta T_f = K_f b_B = K_f \frac{m_B/M_B}{m_A}$$

所以

$$M_B = K_f \frac{m_B}{\Delta T_f \cdot m_A} \tag{2.9}$$

式中:m_B 为溶质的质量(单位为 g),m_A 为溶剂的质量(单位为 kg),M_B 为溶质的摩尔质量(单位为 g·mol^{-1})。

例 2-2 将 1.486g 谷氨酸[$HOOCCH_2CH_2CH(NH_2)COOH$]溶于 100g 水中,测得此溶液的凝固点降低值 ΔT_f 为 0.188K,试求谷氨酸的相对分子质量。

解 水的 K_f = 1.86K·kg·mol^{-1},根据式(2.9)有

$$M[\text{谷氨酸}] = 1.86\text{K}\cdot\text{kg}\cdot\text{mol}^{-1} \times \frac{1.486\text{g}}{0.188\text{K} \times 100\text{g}} \times 1000\text{g}\cdot\text{kg}^{-1} = 147\text{g}\cdot\text{mol}^{-1}$$

所以,谷氨酸的相对分子质量为 147。

利用凝固点降低原理,可制作防冻剂和冷冻剂。在严寒的冬天,为防止汽车水箱冻裂,常在水箱中加入甘油或乙二醇以降低水的凝固点,防止水因结冰体积膨大而引起水箱胀裂。在实验室中,常用食盐和

冰的混合物作制冷剂，可使温度降至 $-22℃$，用氯化钙和冰混合，可使温度降至 $-55℃$。在水产事业和食品贮藏及运输中，广泛使用食盐和冰混合而成的冷却剂。

第三节 溶液的渗透压力

一、渗透现象与渗透压力

若在浓的蔗糖溶液的液面上小心地加一层清水，在避免任何机械振动的情况下静置一段时间，由于分子本身的热运动，则蔗糖分子将由溶液层向水层扩散，同时，水分子也将从水层向溶液层扩散，直至浓度均匀为止。这种物质从高浓度区域向低浓度区域的自动迁移过程叫**扩散**(diffusion)。

若用一种**半透膜**(semipermeable membrane)把蔗糖溶液和纯水隔开，如图 2-6(a)所示。半透膜只允许某些物质透过，而不允许另一些物质透过，动物的肠衣、动植物的细胞膜、毛细血管壁、人工制备的羊皮纸、火棉胶等等，都具有半透膜的性质。用一种只允许水分子自由透过而蔗糖分子不能透过的半透膜将蔗糖溶液与纯水隔开，并使其液面在同一水平上。一段时间后，可以看到蔗糖溶液一侧液面上升，说明水分子不断地通过半透膜从纯水转移到蔗糖溶液中。这种溶剂分子透过半透膜进入溶液的过程称为**渗透作用**，简称**渗透**(osmosis)。

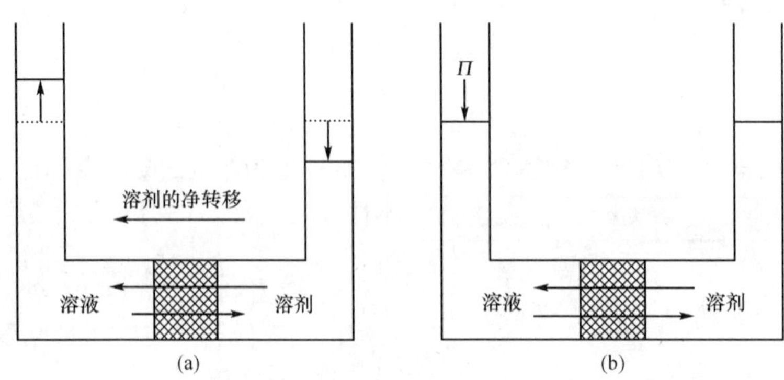

图 2-6 渗透现象与渗透压力

(a) 渗透现象；(b) 渗透压力

渗透现象的产生，是由于膜两侧单位体积内溶剂分子数不相等，单位时间内由纯溶剂进入溶液的溶剂分子数要比由溶液进入纯溶剂的溶剂分子数多，膜两侧渗透速度不同，其结果是溶液一侧的液面上升。因此，渗透现象的产生必须具备两个条件：一是有半透膜存在；二是膜两侧单位体积内溶剂分子数不相等。由此，我们可以知道，渗透现象不仅在溶液和纯溶剂之间可以发生，在浓度不同的两种溶液之间也可以发生。渗透的方向总是溶剂分子从纯溶剂向溶液或是从稀溶液向浓溶液进行渗透。

由于渗透作用，在上述实验过程中蔗糖溶液的液面上升，随着溶液液面的升高，静水压增大，水分子从溶液进入纯水的速度加快。当静水压增大至一定值后，单位时间内从膜两侧透过的溶剂分子数相等，渗透作用达到平衡，称为渗透平衡。

如图 2-6(b)所示，为了使渗透现象不发生，必须在溶液液面上施加一额外的压力。国家标准规定：为维持只允许溶剂分子通过的膜所隔开的溶液与溶剂之间的渗透平衡而需要在溶液液面上施加的超额压力等于**渗透压力**(osmotic pressure)。渗透压力用符号 Π 表示，单位为 Pa 或 kPa。如果被半透膜隔开的是两种不同浓度的溶液，为阻止渗透现象发生，应在浓溶液液面上施加一额外压力，实验证明，此压力是浓溶液与稀溶液的渗透压力之差。

若选用一种高强度且耐高压的半透膜将溶液和纯溶剂隔开，在溶液液面上施加大于渗透压力的外压，则溶液中将有更多的溶剂分子通过半透膜进入溶剂一侧，这种使渗透作用逆向进行的过程称为**反向渗透**(reverse osmosis)。反向渗透常用于从海水中提取淡水及三废治理中处理污水。

二、溶液的渗透压力与浓度及温度的关系

1886 年，荷兰物理学家 van't Hoff 提出：难挥发性非电解质稀溶液的渗透压力可用与理想气体状态方

程相似的方程表示。

$$\Pi V = n_B RT \tag{2.10}$$

$$\Pi = c_B RT \tag{2.11}$$

式中：Π 为溶液的渗透压力（kPa）；n_B 为溶液中溶质的物质的量（mol）；V 是溶液的体积（L）；c_B 为溶液的物质的量浓度（$mol \cdot L^{-1}$）；T 为绝对温度（K）；R 为气体常数（$8.314J \cdot K^{-1} \cdot mol^{-1}$）。

van't Hoff 公式的意义：在一定温度下，稀溶液渗透压力的大小仅与单位体积溶液中溶质微粒数的多少有关，而与溶质的本性无关。因此，渗透压力也是稀溶液的一种依数性。

对于稀水溶液来说，其物质的量浓度与质量摩尔浓度近似相等，即 $c_B \approx b_B$，因此，式（2.11）可改写为

$$\Pi \approx b_B RT \tag{2.12}$$

例 2-3 将 3.42g 蔗糖（$C_{12}H_{22}O_{11}$）溶于水，配制成 100.0ml 溶液，求该溶液在 37℃时的渗透压力。

解 $M(C_{12}H_{22}O_{11}) = 342g \cdot mol^{-1}$

$$c(C_{12}H_{22}O_{11}) = \frac{3.42g}{342g \cdot mol^{-1} \times 0.10L} = 0.100mol \cdot L^{-1}$$

$$\Pi = c_B RT = 0.100mol \cdot L^{-1} \times 8.314kPa \cdot L \cdot K^{-1} mol^{-1} \times 310.15K = 258kPa$$

通过实验测定难挥发性非电解质稀溶液的渗透压力，可以推算溶质的摩尔质量（或相对分子质量）。

$$\Pi V = n_B RT = \frac{m_B}{M_B} RT$$

所以

$$M_B = \frac{m_B}{\Pi V} RT \tag{2.13}$$

式中：m_B 为溶质的质量（g），M_B 为溶质的摩尔质量（$g \cdot mol^{-1}$）。

此法主要用于测定高分子物质（如蛋白质）的相对分子质量。例如，浓度为 $1.00 \times 10^{-4} mol \cdot kg^{-1}$ 的某高分子化合物溶液的凝固点降低值 ΔT_f 为 1.86×10^{-4}K，一般已无法进行测量，而该溶液的渗透压力 Π 为 0.226kPa，还能较准确地测量。因此，常用渗透压力法测定高分子化合物的相对分子质量。但是，测定小分子溶质的相对分子质量用测定渗透压力的方法则相当困难，故多用凝固点降低法测定。

例 2-4 将 5.00g 鸡蛋白配制成 1L 溶液，在 298.15K 时，测得该溶液的渗透压力为 306Pa，求此鸡蛋白的相对分子质量。

解 $M(\text{鸡蛋白}) = \dfrac{5.00g \times 8.314kPa \cdot L \cdot K^{-1} \cdot mol^{-1} \times 298.15K}{0.306kPa \times 1.00L} = 4.05 \times 10^4 g \cdot mol^{-1}$

由计算结果可知，该鸡蛋白的相对分子质量为 4.05×10^4。

三、稀溶液的依数性

难挥发性非电解质稀溶液的蒸气压降低、沸点升高、凝固点降低和渗透压力都与一定量的溶剂中所含溶质的物质的量成正比，即与溶质的微粒数成正比，而与溶质的本性无关，这些性质统称为稀溶液的依数性。

稀溶液的依数性之间有着内在联系，可以相互换算。由于是稀溶液，可以认为质量摩尔浓度 b_B 与物质的量浓度 c_B 近于相等。因此

$$\frac{\Delta p}{K} = \frac{\Delta T_b}{K_b} = \frac{\Delta T_f}{K_f} = \frac{\Pi}{RT} = b_B \tag{2.14}$$

$$\Pi = \frac{\Delta T_f}{K_f} RT \tag{2.15}$$

通过实验测定稀溶液的凝固点降低值，可计算该溶液的渗透压力。

稀溶液的依数性只适用于难挥发性非电解质的稀溶液。对于非电解质稀溶液来说，只要各溶液物质的量浓度相同，则单位体积内溶质的微粒数相同，其渗透压力等依数性质的变化也相同，完全符合稀溶液

定律。但是,电解质溶液则不一样,由于电解质在溶液中发生解离,单位体积溶液中溶质的微粒(分子和离子)数比相同浓度的非电解质溶液多,电解质稀溶液依数性的实验测定值与理论计算值之间存在着较大的偏差。因此,在计算电解质稀溶液的依数性时,其公式中应引入一个校正因子 i。沸点升高、凝固点降低和渗透压力的公式应改写为

$$\Delta T_b = iK_b b_B \tag{2.16}$$

$$\Delta T_f = iK_f b_B \tag{2.17}$$

$$\Pi = ic_B RT \approx ib_B RT \tag{2.18}$$

这样计算才能比较符合实验结果。校正因子 i 的数值,严格说来应由实验测得,但由于强电解质在溶液中完全解离,对于强电解质的稀溶液来说,可忽略阴、阳离子间的相互影响,则 i 值就近似等于一"分子"电解质解离出的粒子个数。例如,AB 型强电解质(KCl、$CaSO_4$、$NaHCO_3$ 等)及 AB_2 或 A_2B 型强电解质($MgCl_2$、Na_2SO_4 等)的校正因子 i 分别为 2 和 3。

例 2-5 临床上常用的生理盐水是 $9.0g \cdot L^{-1}$ 的 NaCl 溶液,求该溶液在 310.15K 时的渗透压力。

解 NaCl 在稀溶液中完全解离,$i=2$,$M(NaCl)=58.5g \cdot mol^{-1}$,则

$$\Pi = ic_B RT = \frac{2 \times 9.0g \cdot L^{-1} \times 8.314kPa \cdot L \cdot K^{-1} \cdot mol^{-1} \times 310.15K}{58.5g \cdot mol^{-1}} = 7.9 \times 10^2 kPa$$

四、渗透压力在医学上的意义

(一)渗透浓度

稀溶液的渗透压力是依数性,它仅与溶液中溶质粒子的浓度有关,而与溶质的本性无关。我们把溶液中能产生渗透效应的溶质粒子(分子、离子等)统称为渗透活性物质。渗透活性物质的物质的量除以溶液的体积称为溶液的**渗透浓度**(osmolarity),单位为 $mol \cdot L^{-1}$ 或 $mmol \cdot L^{-1}$。根据 van't Hoff 定律,在一定温度下,对于任一稀溶液,其渗透压力与溶液的渗透浓度成正比。因此,医学上常用渗透浓度来比较溶液渗透压力的大小。

例 2-6 计算 $50.0g \cdot L^{-1}$ 葡萄糖溶液、生理盐水的渗透浓度(用 $mmol \cdot L^{-1}$ 表示)。

解 $M(C_6H_{12}O_6)=180g \cdot mol^{-1}$,$50.0g \cdot L^{-1}$ 葡萄糖溶液的渗透浓度为

$$c = \frac{50.0g \cdot L^{-1} \times 1000mmol \cdot mol^{-1}}{180g \cdot mol^{-1}} = 278mmol \cdot L^{-1}$$

$M(NaCl)=58.5g \cdot mol^{-1}$,生理盐水的渗透浓度为

$$c = 2 \times \frac{9.0g \cdot L^{-1} \times 1000mmol \cdot mol^{-1}}{58.5g \cdot mol^{-1}} = 308mmol \cdot L^{-1}$$

表 2-6 列出了正常人血浆、组织间液和细胞内液中各种渗透活性物质的渗透浓度。

表 2-6 正常人血浆、组织间液和细胞内液中各种渗透活性物质的渗透浓度

渗透活性物质	血浆中浓度/($mmol \cdot L^{-1}$)	组织间液中浓度/($mmol \cdot L^{-1}$)	细胞内液中浓度/($mmol \cdot L^{-1}$)
Na^+	144	137	10
K^+	5.0	4.7	141
Ca^{2+}	2.5	2.4	
Mg^{2+}	1.5	1.4	31
Cl^-	107	112.7	4.0
HCO_3^-	27	28.3	10
HPO_4^{2-}、$H_2PO_4^-$	2.0	2.0	11
SO_4^{2-}	0.5	0.5	1.0

续表

渗透活性物质	血浆中浓度/(mmol·L^{-1})	组织间液中浓度/(mmol·L^{-1})	细胞内液中浓度/(mmol·L^{-1})
磷酸肌酸			45
肌肽			14
氨基酸	2.0	2.0	8.0
肌酸	0.2	0.2	9.0
乳酸盐	1.2	1.2	1.5
三磷腺苷			5.0
一磷酸己糖			3.7
葡萄糖	5.6	5.6	
蛋白质	1.2	0.2	4.0
尿素	4.0	4.0	4.0
c_{os}	303.7	302.2	302.2

(二) 等渗、低渗和高渗溶液

渗透压力相等的溶液称为**等渗溶液**(isotonic solution)。渗透压力不相等的溶液,相对而言,渗透压力高的称为**高渗溶液**(hypertonic solution),渗透压力低的则称为**低渗溶液**(hypotonic solution)。

在临床医学上,溶液的等渗、低渗和高渗是以血浆的渗透压力为标准来衡量的。从表 2-6 可知,正常人血浆的渗透浓度为 303.7mmol·L^{-1},所以临床上规定,凡渗透浓度在 280~320mmol·L^{-1}范围内的溶液称为等渗溶液;渗透浓度低于 280mmol·L^{-1}的溶液称为低渗溶液;渗透浓度高于 320mmol·L^{-1}的溶液称为高渗溶液。生理盐水(9.0g·L^{-1}的 NaCl 溶液)和 12.5g·L^{-1}的 $NaHCO_3$ 溶液是临床上常用的等渗溶液。但是,在实际应用时,个别略低于或略高于此范围的溶液,在临床上也看做是等渗溶液,如 50.0g·L^{-1}的葡萄糖溶液和 18.7g·L^{-1}的乳酸钠溶液。

体液渗透压力的高低对人体的生理功能起着重要作用,现以红细胞在低渗、高渗和等渗溶液中的形态变化为例加以说明。

若将红细胞置于稀 NaCl 溶液(如 5.0g·L^{-1})中,在显微镜下观察,可以看到红细胞逐渐膨胀,最后破裂,释放出红细胞内的血红蛋白将溶液染成红色,这种现象医学上称之为**溶血**(hemolysis)[图 2-7(b)]。产生这种现象的原因是细胞内溶液的渗透压力高于细胞外液,细胞外液的水向细胞内渗透所致。

图 2-7 红细胞在不同浓度 NaCl 溶液中的形态变化

(a) 浓度 =9.0g·L^{-1};(b) 浓度 <9.0g·L^{-1};(c) 浓度 >9.0g·L^{-1}

若将红细胞置于较浓的 NaCl 溶液(如 15g·L^{-1})中,在显微镜下观察可见红细胞逐渐皱缩[图 2-7(c)],皱缩的红细胞互相聚结成团,若此现象发生于血管中,将产生"栓塞"。产生这种现象的原因是细胞内溶液的渗透压力低于细胞外液,红细胞内的水向细胞外渗透所致。

若将红细胞置于生理盐水(9.0g·L^{-1}的 NaCl 溶液)中,从显微镜下观察,红细胞既不会膨胀,也不会皱缩,维持原来的形态不变[图 2-7(a)],这是由于生理盐水和红细胞内液的渗透压力相等,细胞内外液处于渗透平衡状态。

从以上实例可知,溶液渗透压力的高低直接影响着置于其中的红细胞的存在形态,溶液渗透压力过高或过低都会使细胞活性遭到破坏，只有等渗溶液才能维持细胞的正常活性，保持正常的生理功能。所以在临床上，当病人需要大剂量补液时，一般要用等渗溶液。但是，也有使用高渗溶液的情况，如500g·L^{-1}的葡萄糖溶液，就是常用的高渗溶液之一，只是在使用时，应采用小剂量、慢速度的注射，这样浓溶液会被体液逐渐稀释和吸收，不致引起局部高渗，否则将会产生不良后果。

例 2-7 试计算12.5g·L^{-1}碳酸氢钠($NaHCO_3$)溶液的渗透浓度。若将红细胞置于此溶液中，试问红细胞形态如何？

解 $M(NaHCO_3)=84\ g\cdot mol^{-1}$，则碳酸氢钠溶液的渗透浓度为

$$2\times\frac{12.5g\cdot L^{-1}}{84g\cdot mol^{-1}}=0.298mol\cdot L^{-1}=298mmol\cdot L^{-1}$$

由于该碳酸氢钠溶液属于等渗溶液，因此红细胞在其中形态正常。

（三）晶体渗透压力和胶体渗透压力

在血浆等生物体液中含有电解质（如NaCl、KCl、$NaHCO_3$ 等）、小分子物质（如葡萄糖、尿素、氨基酸等）以及高分子物质（如蛋白质、核酸等）等。在医学上，习惯把电解质和小分子物质统称为晶体物质，它们所产生的渗透压力称为**晶体渗透压力**(crystalloid osmotic pressure)；把高分子物质称为胶体物质，它们所产生的渗透压力称为**胶体渗透压力**(colloidal osmotic pressure)。血浆中胶体物质的含量（约为70g·L^{-1}）虽高于晶体物质的含量（约为7.5g·L^{-1}），但是晶体物质的分子量小，而且其中的电解质可以解离，单位体积血浆中的微粒数较多，而胶体物质的分子量很大，单位体积血浆中的微粒数少，因此，人体血浆的渗透压力主要是由晶体物质产生的。如310.15K时，血浆的总渗透压力约为7.7×10^2kPa，其中胶体渗透压力仅为2.9~4.0kPa。

由于人体内各种半透膜（如毛细血管壁和细胞膜）的通透性不同，晶体渗透压力和胶体渗透压力在维持体内水、盐平衡功能上也各不相同。

细胞膜将细胞内液和细胞外液隔开，并且只让水分子自由通过，而K^+、Na^+等离子却不易通过。因此，晶体渗透压力对维持细胞内、外的水盐平衡起主要作用。如果由于某种原因引起人体内缺水，则细胞外液中盐的浓度将相对升高，晶体渗透压力增大，于是细胞内液的水分子透过细胞膜向细胞外液渗透，造成细胞内失水。若大量饮水或输入过多葡萄糖溶液，则使细胞外液中盐的浓度降低，晶体渗透压力减小，细胞外液中的水分子就向细胞内液中渗透，严重时可产生水中毒。向高温作业者供给盐汽水，就是为了维持细胞外液晶体渗透压力的恒定。

毛细血管壁与细胞膜不同，它可以允许水分子和各种小离子自由透过，而不允许蛋白质等高分子物质透过。因此，胶体渗透压力虽然很小，却对维持毛细血管内外的水盐平衡起主要作用。如果由于某种疾病造成血浆蛋白质减少时，则血浆的胶体渗透压力降低，血浆中的水和盐等小分子物质就会透过毛细血管壁进入组织间液，造在血容量降低而组织间液增多，这是形成水肿的原因之一。因此，临床上对大面积烧伤或失血的病人，除补给电解质溶液外，还要输给血浆或右旋糖酐等代血浆，以恢复血浆的胶体渗透压力并增加血容量。

一般说来，人体血液的渗透压力值较为恒定，而尿液渗透压力值的变化较大。临床检验时，测定尿液的渗透压力值对于评价肾脏功能和作为一些疾病的诊断指标有重要意义。

（四）体液渗透压力的测定

由于直接测定溶液的渗透压力比较困难，而测定溶液的凝固点降低比较方便，因此，临床上对血液、胃液、唾液、尿液、透析液、组织细胞培养液的渗透压力的测定通常是用“冰点渗透压力计”测定溶液的凝固点降低值来推算。

例 2-8 测得人体血液的凝固点降低值$\Delta T_f=0.56K$，求在体温37℃时的渗透压力。

解 水的$K_f=1.86K\cdot kg\cdot mol^{-1}$，根据式(2.15)有

$$\Pi=\frac{\Delta T_f}{K_f}RT=\frac{0.56K}{1.86K\cdot kg\cdot mol^{-1}}\times8.314kPa\cdot L\cdot K^{-1}\cdot mol^{-1}\times310.15K=7.8\times10^2kPa$$

所以人体血液在体温37℃时的渗透压力为7.8×10^2kPa。

知识拓展

透析疗法——肾衰竭的一种治疗方法

透析是指溶质通过半透膜,从高浓度溶液向低浓度方向运动的过程。任何天然的(如腹膜)或人造的半透膜,只要该膜含有使一定大小的溶质通过的孔径,那么这些溶质就可以通过扩散和对流从膜的一侧移动到膜的另一侧。人体内的"毒物"包括代谢产物、药物、外源性毒物,只要其相对分子质量大小适当,就能够通过透析清除出体外。

透析疗法包括血液透析、血液滤过、血液灌流和腹膜透析,分别应用血液透析机、血滤机、血液灌流器和腹膜透析管对病人进行治疗。

血液透析对清除因肾衰竭所产生的有害物质和纠正水电解质酸碱失衡有较好的效果。血液透析常用于治疗急性肾衰竭、慢性肾衰竭和药物中毒,配合肾移植治疗。目前全世界每年有数十万肾衰病在依赖透析维持生活,血透的长期存活率不断提高。人工肾透析治疗急慢性肾衰不失为一种好的方法。

血液滤过是用血滤机对人体血液进行滤过,从而净化血液,治疗急、慢性肾衰和全身水肿、急性肺水肿、脑水肿、糖尿病性尿毒症及不能承受血液透析的尿毒症病人。

血液灌流,开始只用于治疗尿毒症,后经改进,可用于治疗某些酶缺乏症和免疫性疾病。

腹膜透析与血液透析一样,也可用于治疗急、慢性肾衰、电解质平衡紊乱和药物中毒症。

人工肾是一种透析治疗设备。原理是使透析液与病人血液用半透膜隔开,按浓度差相互渗透,使病人的电解质和酸碱度恢复正常,并排出代谢产物,维持病人生命。在透析治疗过程中,患者的血液在中空纤维中向一侧流动,一种称为透析液的水溶液在中空纤维外向相反方向流动。血液中的小分子废物通过血液透析膜(中空纤维壁)进入到透析液中。为了防止某些盐类等有用的物质随着废物离开血液,透析液中的酸碱度和渗透压应与血液中的基本相同。血液从患者臂部或腿部的血管通路流入人工肾,经过人工肾得到净化后,又流回静脉。患者的血液要流经人工肾许多次之后,才能除去大部分的小分子废物。

影响肾脏功能的疾病很多,例如肾炎、肾盂肾炎、肾结核和急、慢性肾衰竭等。这些疾病如果得不到及时诊治,就可能危及生命。人工肾是和肾功能严重衰竭等疾病作斗争的重要武器。

Summary

The colligative properties of dilute solution with nonvolatility and nonelectrolyte concerns only the ratio of the number of particles of solute and solvent, but not the inherent quality of solute. They are vapor pressure lowering, boiling point elevation, freezing point depression and osmotic pressure.

The law of Raoult is an important law about the vapor pressure of solution.

The vapor pressure lowering of the solution leads to its boiling point elevation and its freezing point depression.

Osmotic pressure, inherent characteristic of solution, is equivelent to "excessive pressure". The phenomenon of osmosis produces with two conditions: firstly, the existence of semipermeable membrane; secondly, the difference of osmolarity at the two flanks of membrane. The osmotic direction is solvent molecules come into solution from pure solvent via membrane, or solvent molecules come into concentrated solution from dilute one.

The van't Hoff formula has pointed out the relation of the osmotic pressure and the concentration and temperature.

In the formulas of colligative properties of electrolyte solution, "i" was called the corrected factor. "i" is equal to the number of particles cleaved from one electrolyte molecule.

Medically, solution whose range of osmolarity being from 280mmol · L^{-1} to 320mmol · L^{-1} is called isotonic solution.

The relations of the four colligative properties of dilute solution with nonvolatility and nonelectrolyte connects closely each other.

习　　题

1. 什么叫稀溶液的依数性？难挥发性非电解质稀溶液的四种依数性之间有什么联系？
2. 293.15K 时水的饱和蒸气压为 2.338kPa，将 17.1g 蔗糖（$C_{12}H_{22}O_{11}$）溶于 100g 水中，试计算该溶液的蒸气压。

[2.32kPa]

3. 将 19.0g 某生物碱溶于 100g 水中，测得此溶液的凝固点降低值 ΔT_f 为 0.220K，试求该生物碱的相对分子质量。

[1.61×10^3]

4. 什么叫渗透？渗透压力的定义是什么？渗透现象产生的条件是什么？
5. 在 298.15K 时海水的渗透压约为 3.00×10^6Pa，计算一份与海水等渗的葡萄糖（$C_6H_{12}O_6$）溶液的浓度？

[1.21mol · L^{-1}]

6. 将质量均为 10.0g 的 KNO_3 和 Na_2SO_4 分别溶于 1000g 水中配制成溶液，试通过计算回答，凝固点降低较多的是 KNO_3 溶液还是 Na_2SO_4 溶液？

[KNO_3 溶液]

7. 试通过计算回答，在相同温度下，下列溶液中谁的渗透压力最小？
   (1) 9.0g · L^{-1}NaCl 溶液；
   (2) 0.20 mol · $L^{-1}$$CaCl_2$ 溶液；
   (3) 20.0g · L^{-1} 葡萄糖（$C_6H_{12}O_6$）溶液。

[葡萄糖溶液]

8. 将生理盐水与 50.0g · L^{-1} 葡萄糖溶液各 500mL 混合均匀，试通过计算回答：该混合溶液是等渗溶液、低渗溶液还是高渗溶液？若将红细胞置于此混合溶液中，试问红细胞形态如何？

[等渗溶液；正常]

9. 在 100kPa 时测得某非电解质溶液的沸点为 100.47℃，试求该溶液的凝固点。

[271.44K]

10. 将 1.00g 血红素溶于适量水中，配制成 100ml 溶液，在 293.15K 时，测得溶液的渗透压力为 366Pa，试求血红素的相对分子质量。

[6.66×10^4]

11. 计试算 12.5 g · L^{-1} 乳酸钠（$NaC_3H_5O_3$）溶液的渗透浓度。若将红细胞置于此溶液中，试问红细胞形态如何？

[223mmol · L^{-1}]

（姚建华）

第三章　电解质溶液

电解质(electrolyte)是在水中或在熔融状态下能够导电的化合物。人体体液中,电解质多以离子形式存在,如 Na^+、K^+、Ca^{2+}、Mg^{2+}、Cl^-、HCO_3^-、CO_3^{2-}、HPO_4^{2-}、$H_2PO_4^-$、SO_4^{2-} 等,它们在体液中的存在状态及其含量,直接关系到体液的渗透平衡和酸碱度,并对神经、肌肉等组织的生理、生化功能起着重要的作用。掌握电解质溶液的基本理论,对医学科学的学习是十分重要的。

第一节　强电解质溶液理论

一、电解质的分类

受溶剂分子的作用,电解质在溶液中不同程度地解离为阴阳离子,根据解离程度的差异,一般将电解质分为强电解质和弱电解质。电解质的强弱与溶剂有关,划分强电解质和弱电解质通常是以水为溶剂的。

在水溶液中能够完全解离成离子的化合物称为**强电解质**(strong electrolyte)。从结构上看,强电解质包括离子型化合物(如 KCl、Na_2SO_4)和强极性共价化合物(如 HCl)。在水溶液中,强电解质完全解离成离子,不存在解离平衡。例如

$$KCl \longrightarrow K^+ + Cl^- \text{(离子型化合物)}$$
$$HCl \longrightarrow H^+ + Cl^- \text{(强极性共价化合物)}$$

在水溶液中只能部分解离的化合物称为**弱电解质**(weak electrolyte)。弱电解质一般为极性共价化合物,如 HAc、$NH_3 \cdot H_2O$ 等。它们在水溶液中只有一部分分子解离成离子,这些离子互相吸引又可以重新结合成分子,因而其解离过程是可逆的,在溶液中建立一个动态的解离平衡。例如醋酸的解离

$$HAc \rightleftharpoons H^+ + Ac^-$$

电解质的解离程度可以定量地用解离度来表示。**解离度** α(degree of dissociation)是指在一定温度下,电解质达到解离平衡时,已解离的分子数和原有的分子总数之比。

$$\alpha = \frac{\text{已解离的分子数}}{\text{原有分子总数}} \times 100\% \tag{3.1}$$

解离度 α 可通过测定电解质溶液的依数性如 ΔT_b、ΔT_f 或 Π 等求得。

例 3-1　某电解质 HA 溶液质量摩尔浓度 b(HA)为 $0.1mol \cdot kg^{-1}$,测得此溶液的 ΔT_f 为 0.19K,求该物质的解离度。

解　设该物质的解离度为 α,HA 在水溶液中达到解离平衡时,有

$$\begin{array}{lccc} & HA & \rightleftharpoons & H^+ + A^- \\ \text{平衡时} & 0.1-0.1\alpha & & 0.1\alpha \quad 0.1\alpha \end{array}$$

溶液中所含溶质微粒的总浓度为

$$[HA]+[H^+]+[A^-]=[(0.1-0.1\alpha)+0.1\alpha+0.1\alpha]mol \cdot kg^{-1}=0.1(1+\alpha)mol \cdot kg^{-1}$$

根据 $\Delta T_f = K_f b$ 得

$$0.19K = 1.86K \cdot kg \cdot mol^{-1} \times 0.1(1+\alpha)mol \cdot kg^{-1}$$
$$\alpha = 0.022 = 2.2\%$$

在相同条件下,不同电解质的解离度不同。对于 $0.1mol \cdot kg^{-1}$ 的电解质溶液,通常把解离度大于 30% 的称为强电解质,解离度小于 5% 的称为弱电解质,解离度介于 5% ~30% 的称为中强电解质。在理论上,强电解质在水中完全解离,它们的解离度应为 100%,然而根据溶液的依数性和导电性实验测得的

解离度却小于100%，见表3-1所示。是什么原因造成强电解质在溶液中不完全解离的假象？1923年，Debye P和Hückel E提出了强电解质溶液的离子互吸理论来说明这个问题。

表3-1 几种强电解质的表观解离度（298K，0.1mol·L^{-1}）

电解质	HCl	HNO_3	H_2SO_4	NaOH	KCl	$ZnSO_4$
表观电离度（%）	92	92	61	91	86	40

二、强电解质溶液理论

（一）离子互吸理论

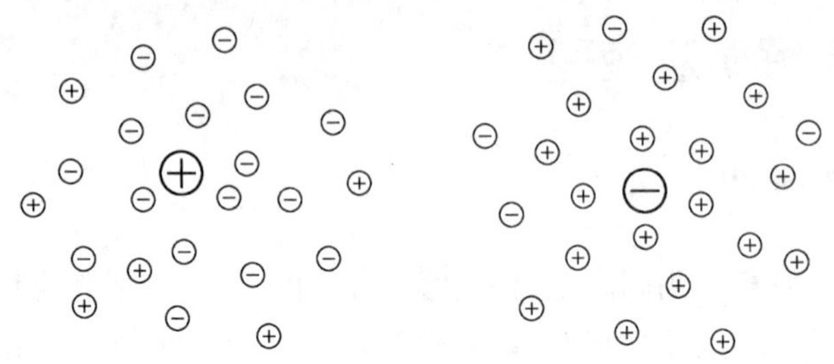
图3-1 离子氛示意图

离子互吸理论（ion interaction theory）认为，强电解质在溶液中是全部解离的，离子之间通过静电力相互作用。不同电荷之间的相互吸引和相同电荷之间的相互排斥，使得离子在溶液中的分布不均匀，形成所谓**离子氛**（ion atmosphere），如图3-1所示。

阳离子周围有一个带负电荷的"离子氛"，阴离子周围又有一个带正电荷的"离子氛"。每一个离子氛的中心离子同时又参与形成另一个中心离子的离子氛。离子不断地运动着，所以离子氛不断形成，又不断受到破坏。离子氛的存在，使得溶液中离子的行动受到了限制。倘若给电解质溶液通电，正离子向负极移动，但它的离子氛却向正极移动。这样，离子迁移的速率显然比没有离子氛时慢一些，这相当于溶液中离子数目的减少。当离子浓度较高时，阴阳离子之间还可以部分缔合形成离子对，离子对的产生会进一步降低自由离子的数目。由于离子氛和离子对的存在，离子之间互相牵制，电解质溶液中的离子不再是独立的自由离子，不能完全自由运动，因此，强电解溶液的导电性比理论上要低一些，用依数性或导电性实验所测得的解离度与理论值之间会存在着一定的偏差。所以，实验测出的解离度并不代表强电解质的实际解离度，故称为"表观解离度"。

（二）活度和活度因子

由于离子之间的相互牵制，强电解质溶液中离子的活动能力降低，因此能够起作用的离子浓度，即离子的有效浓度比理论浓度小。Lewis将离子的有效浓度称为**活度**（activity），它是电解质溶液中实际上能起作用的离子浓度的数值，通常用a_B表示，单位为1。活度a_B与质量摩尔浓度b_B的关系为

$$a_B = \gamma_B \cdot b_B / b^{\ominus} \tag{3.2}$$

式中：γ_B称为溶质B的**活度因子**（activity factor），$b^{\ominus}$为标准质量摩尔浓度（1mol·kg^{-1}）。一般来说，由于$a_B < b_B$，故$\gamma_B < 1$。溶液离子浓度越大，离子之间的距离愈小，离子间的牵制作用愈强，活度与浓度间的差别愈大，活度因子就越小。

当溶液中离子浓度很小，且离子所带的电荷数也较少时，活度接近浓度，即$\gamma_B \approx 1$。对于弱电解质溶液，因其离子浓度很小，一般把弱电解质的活度因子视为1。中性分子也有活度和浓度的区别，不过不像离子的区别那么大，通常把中性分子的活度因子视为1。

在电解质溶液中，由于正、负离子同时存在，单种离子的活度因子不能由实验测定，但可用实验方法测出离子的平均活度因子$\gamma_{\pm}$。

电解质$M_{v_+}A_{v_-}$的离子平均活度因子$\gamma_{\pm}$是其阳离子和阴离子活度因子的几何平均值，即$\gamma_{\pm} = \sqrt[v_+ + v_-]{\gamma_+^{v_+} \cdot \gamma_-^{v_-}}$。式中$\gamma_+$、$\gamma_-$分别是正、负离子的活度因子，$v_+$、$v_-$分别是电解质分子$M_{v_+}A_{v_-}$中所含正、负离子的个数。例如$Na_2SO_4$溶液，$\gamma_{\pm} = \sqrt[3]{\gamma_{Na^+}^2 \cdot \gamma_{SO_4^{2-}}}$。电解质的离子平均活度等于阳离子和阴离子活度的几何平均值。$a_{\pm} = \sqrt[v_+ + v_-]{a_+^{v_+} \cdot a_-^{v_-}}$。

对于1∶1的电解质，$\gamma_{\pm} = \sqrt{\gamma_+ \cdot \gamma_-}$，$a_{\pm} = \sqrt{a_+ \cdot a_-}$。表3-2列出了一些强电解质的离子平均活度因子。

表 3-2 一些强电解质的离子平均活度因子(298K)

$b/(mol \cdot kg^{-1})$	0.001	0.005	0.01	0.05	0.1	0.5	1.0
HCl	0.966	0.928	0.904	0.803	0.796	0.753	0.809
KOH	0.96	0.93	0.90	0.82	0.80	0.73	0.76
KCl	0.965	0.927	0.901	0.815	0.769	0.651	0.606
H_2SO_4	0.830	0.637	0.544	0.340	0.265	0.154	0.130
$Ca(NO_3)_2$	0.88	0.77	0.71	0.54	0.48	0.38	0.35
$CuSO_4$	0.74	0.53	0.41	0.21	0.16	0.068	0.047

(三) 离子强度

实验证明,在稀的电解质溶液中,影响活度因子的主要因素是离子的浓度和离子所带的电荷,路易斯根据这些事实提出了**离子强度**(ionic strength)的概念,其定义为*

$$I \xlongequal{\text{def}} \frac{1}{2}\sum_i b_i z_i^2 \tag{3.3}$$

式中:b_i 和 z_i 分别为溶液中离子 i 的质量摩尔浓度和该离子的电荷数,近似计算时,也可以用 c_i 代替 b_i。

例 3-2 计算下列溶液的离子强度:(1) $0.10mol \cdot kg^{-1}$ $NaNO_3$ 溶液;(2) $0.10mol \cdot kg^{-1}$ Na_2SO_4 溶液;(3) $0.020mol \cdot kg^{-1}$ KBr + $0.030mol \cdot kg^{-1}$ $ZnSO_4$ 溶液。

解 (1) $I = \frac{1}{2}[b(Na^+)z^2(Na^+) + b(NO_3^-)z^2(NO_3^-)]$

$= \frac{1}{2}[(0.10mol \cdot kg^{-1})(+1)^2 + (0.10mol \cdot kg^{-1})(-1)^2] = 0.10mol \cdot kg^{-1}$

(2) $I = \frac{1}{2}[b(Na^+)z^2(Na^+) + b(SO_4^{2-})z^2(SO_4^{2-})]$

$= \frac{1}{2}[(0.20mol \cdot kg^{-1})(+1)^2 + (0.10mol \cdot kg^{-1})(-2)^2] = 0.30mol \cdot kg^{-1}$

(3) $I = \frac{1}{2}[b(K^+)z^2(K^+) + b(Br^-)z^2(Br^-) + b(Zn^{2+})z^2(Zn^{2+}) + bSO_4^{2-})z^2(SO_4^{2-})]$

$= \frac{1}{2}[(0.020mol \cdot kg^{-1})(+1)^2 + (0.020mol \cdot kg^{-1})(-1)^2$

$+ (0.030mol \cdot kg^{-1})(+2)^2 + (0.030 mol \cdot kg^{-1})(-2)^2] = 0.14mol \cdot kg^{-1}$

离子强度 I 反映了离子间作用力的强弱,I 值愈大,离子间的牵制作用愈强,活度因子就愈小;反之,I 值愈小,离子间的牵制作用愈弱,活度因子就愈大。

Debye-Hückel 从电学和分子运动论出发导出了某离子的活度因子与溶液离子强度的关系如下

$$\lg\gamma_i = \frac{-Az_i^2\sqrt{I}}{1+\sqrt{I}} \tag{3.4}$$

式中:z_i 为离子 i 的电荷数,A 为常数,I 是以 $mol \cdot kg^{-1}$ 为单位时的离子强度,在 298.15K 的水溶液中,A 值约等于 0.509。

若求电解质离子的平均活度因子,式(3.4)可改为下列形式

$$\lg\gamma_\pm = \frac{-A|z_+ \cdot z_-|\sqrt{I}}{1+\sqrt{I}} \tag{3.5}$$

式中:z_+ 和 z_- 分别是正、负离子所带的电荷数。

由离子强度和活度因子的关系可知,溶液越稀,离子强度越小,活度系数越大,活度与浓度之间的差

* 根据我国国家标准 GB3102.8-93 的规定,离子强度的定义如式(3.3)。以前也有用物质的量浓度 c 代替质量摩尔浓度者。在计算活度因子时,使用质量摩尔浓度和物质的量浓度,差别不大。

别越小。因此，除特别指明外，对于稀溶液特别是弱电解质的水溶液，一般不考虑活度因子的校正。但在生物体内，离子强度对酶、激素和维生素的功能影响有时不能忽视。

例 3-3 计算 $0.010mol \cdot kg^{-1}$ NaCl 溶液在 25℃ 时的离子强度、活度因子、活度和渗透压。

解 $I = \frac{1}{2}\sum_i b_i z_i^2$

$$= \frac{1}{2}[0.010mol \cdot kg^{-1} \times (+1)^2 + 0.010mol \cdot kg^{-1} \times (-1)^2] = 0.010mol \cdot kg^{-1}$$

$$\lg\gamma_{\pm} = -0.509|z_+ \cdot z_-|\sqrt{I} = -0.509 \times |(+1) \times (-1)| \times \sqrt{0.010} = -0.051$$

$$\gamma_{\pm} = 0.89$$

$$\alpha_{\pm} = \gamma_{\pm} \cdot c = 0.89 \times 0.010mol \cdot kg^{-1} = 0.0089$$

根据 $\Pi = iaRT, i = 2$

$$\Pi = 2 \times 0.0089 \times 8.314J \cdot mol^{-1} \cdot K^{-1} \times 298.15K = 4.41 \times 10^4(Pa) = 44.1kPa$$

实验测得 Π 值为 43.1kPa，与上面计算出的 Π 值比较接近。若不考虑活度，Π 的计算值为 49.6kPa，与实验值相差较大。

第二节 酸碱理论

酸和碱是两类重要的电解质。人们对酸碱的性质、组成及结构的认识是逐步深入的。在化学发展史上，出现过各种不同的酸碱理论，其中比较重要的有酸碱电离理论、酸碱质子理论和酸碱电子理论。1887 年瑞典化学家 Arrhenius SA 根据电解质在水中的解离情况提出了酸碱电离理论，酸碱电离理论认为，在水中能电离出 H^+ 的物质叫做酸，能电离出 OH^- 的物质叫做碱，酸碱反应的实质是 H^+ 与 OH^- 反应生成 H_2O。电离理论成功地揭示了一部分含有 H^+ 和 OH^- 的物质在水溶液中的酸碱性，但它把酸碱限制在能解离出 H^+ 或 OH^- 的物质，把酸碱反应局限于水溶液中，因而无法解释氨水的碱性，也不能说明非水溶剂中的酸碱反应。1923 年丹麦的 Brønsted JN 与英国的 Lowry TM 根据物质与质子的关系提出了酸碱质子理论，同年美国化学家 Lewis GN 根据分子的电子结构又提出了酸碱电子理论。它们克服了电离理论的局限性，为化学的发展做出了积极的贡献。本节主要介绍酸碱质子理论。

一、酸碱质子理论

（一）酸碱的定义

酸碱质子理论（proton theory of acid and base）认为：凡能给出质子（H^+）的物质都是**酸**（acid），凡能接受质子的物质都是**碱**（base）。酸是质子的给予体，常称为质子酸；碱是质子的接受体，常称为质子碱。例如

$$HCl \rightleftharpoons H^+ + Cl^-$$
$$HAc \rightleftharpoons H^+ + Ac^-$$
$$H_2CO_3 \rightleftharpoons H^+ + HCO_3^-$$
$$HCO_3^- \rightleftharpoons H^+ + CO_3^{2-}$$
$$NH_4^+ \rightleftharpoons H^+ + NH_3$$
$$H_3O^+ \rightleftharpoons H^+ + H_2O$$
$$H_2O \rightleftharpoons H^+ + OH^-$$

关系式左边的物质都可以给出质子，所以都是酸；关系式右边的物质都可以接受质子，因而都是碱。酸给出质子变成碱，碱接受质子即为酸，酸碱通过质子可以相互转换，这种转换关系可用下面通式表示

$$HA \rightleftharpoons H^+ + A^-$$

共轭酸　　　共轭碱

表示酸碱之间转化关系的式子称为**酸碱半反应**（half reaction of acid-base）。通过一个质子即可相互转化的酸和碱称为一个**共轭酸碱对**（conjugated pair of acid-base）。在一个酸碱半反应中，一种酸释放一

个质子形成其**共轭碱**(conjugate base),一种碱结合一个质子形成其**共轭酸**(conjugate acid)。由此可见,酸和碱相互依存,又可以互相转化。

(1) 从质子酸碱的概念可以看出:质子酸碱既可以是中性分子(如 H_2CO_3、NH_3),又可以是阴、阳离子(如 CO_3^{2-}、NH_4^+)。相对于酸碱电离理论,质子理论大大扩大了酸碱的范围。

(2) 像 HCO_3^-、H_2O 等,既能给出质子作酸,在另一个酸碱半反应中,又能接受质子作碱的物质称为**两性物质**(amphoteric substance)。H_2O 对于 OH^- 是酸,但对于 H_3O^+ 却是碱;HCO_3^- 对 CO_3^{2-} 是酸,但对 H_2CO_3 却是碱。再如,$H_2PO_4^-$、HPO_4^{2-}、氨基酸等都是两性物质。

(3) 酸碱质子理论中没有"盐"的概念。如 Na_2CO_3,在电离理论中称为盐,而在质子理论中,CO_3^{2-} 为质子碱,Na^+ 是非酸非碱物质,因而 Na_2CO_3 属于质子碱,它的水溶液显碱性。

(二) 酸碱反应的实质

酸碱半反应仅仅表示共轭酸碱之间相互转化的关系,并不代表一个真正的反应。例如 HAc 分子不可能自发地解离为 Ac^- 和氢质子(H^+),因为质子非常小,电荷密度非常大,在溶液中不可能单独存在。但在醋酸水溶液中确实存在 Ac^-,那么,Ac^- 是怎样得到的呢? 欲使酸表现出酸性,成为质子的给予体,必须有一种物质来接受质子,接受质子的物质为碱。当酸将质子转移给碱以后,酸转化为其自身的共轭碱,而碱则转化为其自身的共轭酸,即酸碱之间发生了化学反应。

$$\overset{H^+}{\overbrace{HAc + H_2O}} \rightleftharpoons Ac^- + H_3O^+$$

HAc 将质子转移给 H_2O,HAc 转化成 Ac^-,H_2O 转变成 H_3O^+。如果没有 HAc 与 H_2O 之间的质子转移,则 HAc 就不能发生解离反应。所以说,**酸碱反应的实质是酸碱之间质子的转移**(protolysis reaction)。质子在两种物质之间的转移既可以发生在水溶液中,也可以发生在非水溶剂或气相中,因此酸碱反应并不局限在水溶液中。根据质子理论对酸碱反应的认识,电离理论中水的解离,酸碱的解离,酸碱中和反应,盐类的水解等都可以归结为质子转移的酸碱反应。例如:

$$\overset{H^+}{\overbrace{H_2O + H_2O}} \rightleftharpoons OH^- + H_3O^+$$

$$\overset{H^+}{\overbrace{HCN + H_2O}} \rightleftharpoons CN^- + H_3O^+$$

$$\overset{H^+}{\overbrace{H_2O + NH_3}} \rightleftharpoons OH^- + NH_4^+$$

$$\overset{H^+}{\overbrace{H_2O + Ac^-}} \rightleftharpoons OH^- + HAc$$

$$\overset{H^+}{\overbrace{NH_4^+ + H_2O}} \rightleftharpoons NH_3 + H_3O^+$$

$$\overset{H^+}{\overbrace{HCl(g) + NH_3(g)}} \rightleftharpoons NH_4Cl(s)$$

上述反应中,一种酸和一种碱反应,总是导致一种新酸和一种新碱的生成,因此酸碱之间的质子转移反应可用下面通式表示:

$$HA + B^- \rightleftharpoons A^- + HB$$

在酸碱反应中,存在着争夺质子的过程,其结果必然是强碱夺取强酸的质子,强碱转化为它的共轭酸——弱酸,强酸转化为它的共轭碱——弱碱。也就是说,酸碱反应总是由较强的酸和较强的碱作用,向着生成较弱的酸和较弱的碱的方向进行。相互作用的酸和碱愈强,反应就进行得愈完全。例如

$$HCl + NH_3 \rightleftharpoons NH_4^+ + Cl^-$$

因为 HCl 的酸性比 NH_4^+ 的强,NH_3 的碱性比 Cl^- 的强,所以上述反应强烈地向右方进行。又如

$$Ac^- + H_2O \rightleftharpoons HAc + OH^-$$

HAc 的酸性比 H_2O 的强，OH^- 的碱性比 Ac^- 的强，上述反应明显地偏向左方。

质子理论将电离理论中酸的解离、碱的解离以及盐类的水解等皆归纳为酸碱反应，酸碱反应不仅存在于水中，而且可以发生于非水溶剂或者无溶剂体系中。

（三）酸碱的强度

根据酸碱质子理论，酸或碱的强度是指它们给出质子或接受质子能力的大小。酸释放质子的能力越强，则酸越强；碱接受质子的能力越强，则碱越强。在共轭酸碱对中，酸越容易释放质子，则其共轭碱越不容易接受质子，即酸越强则其共轭碱越弱，反之亦然。例如，HCl 的酸性比 HAc 强，则 Cl^- 的碱性比 Ac^- 弱。NaCl 的水溶液显中性，而 NaAc 的水溶液显碱性。

酸碱强度主要取决于酸碱的本性。例如，在水中，$HClO_4$、HCl 都是强酸，它们几乎全部解离，存在下列反应

$$HClO_4 + H_2O \longrightarrow H_3O^+ + ClO_4^-$$

$$HCl + H_2O \longrightarrow H_3O^+ + Cl^-$$

反应的完成程度很高，可以认为是不可逆反应，$HClO_4$ 和 HCl 将质子全部转移给 H_2O 分子，被拉平到 H_3O^+ 的强度水平，结果使它们在水溶液中的酸强度相同，这种现象称为**拉平效应**（leveling effect）。具有拉平效应的溶剂称为拉平溶剂。水分子是 $HClO_4$、HCl 的拉平溶剂。强酸都可以被水分子拉平到 H_3O^+ 的强度水平。同样的，强碱也可以被水分子拉平到 OH^- 的强度水平。因此，水中最强的酸是 H_3O^+，最强的碱是 OH^-。而对于醋酸分子来说，由于它释放质子的能力较差，水分子不能将其全部拉平到 H_3O^+ 的水平，因而醋酸在水中属于弱酸，只能发生部分解离。

酸碱强度不仅取决于酸碱本身的性质，同时也取决于溶剂释放质子或接受质子的能力。溶剂分子接受质子的能力越强，酸在其中表现的酸性就越强；溶剂分子给出质子的能力越强，则碱在其中表现的碱性就越强。例如 HAc 在水中是弱酸，而在液氨中却是强酸；HNO_3 在水中是强酸，而在醋酸中却是弱酸。将 $HClO_4$、HCl 溶于醋酸中，酸碱反应为

$$HClO_4 + HAc \rightleftharpoons H_2Ac^+ + ClO_4^- \qquad K = 1.3 \times 10^{-5}$$

$$HCl + HAc \rightleftharpoons H_2Ac^+ + Cl^- \qquad K = 2.8 \times 10^{-9}$$

平衡常数显示 $HClO_4$ 是比 HCl 更强的酸。由于 HAc 接受质子的能力比水弱，$HClO_4$、HCl 不能被 HAc 拉平到相同的强度，这种区分酸碱强弱的现象称为**区分效应**（differentiating effect）。具有区分效应的溶剂称为区分溶剂。HAc 是 $HClO_4$、HCl 的区分溶剂。同样，H_2O 是 HNO_3 和 HAc 的区分溶剂。酸碱强度与溶剂的性质有关，因此比较酸碱的强度时，必须固定溶剂，通常所谓酸碱的强度是相对于水溶剂而言的。

通过上面的讨论可知，相对于酸碱电离理论，酸碱质子理论扩大了酸碱及酸碱反应的范围，能说明一些无溶剂或非水溶剂中的酸碱反应，它建立了酸碱强度与质子转移反应之间的关系，并能把酸或碱的强度与溶剂的性质联系起来，直到今天，质子理论仍然是应用最广泛的酸碱理论。

二、酸碱电子理论

（一）酸碱的定义

质子理论优点很多，但也有一定的局限性，它的突出缺陷是把酸局限于能够给出质子的物质，将早已为实验证实的酸性物质如 SO_3、BF_3 等排除在酸的行列之外。1923 年，美国化学家 Lewis GN 提出了**酸碱的电子理论**（electron theory of acid and base），按照这个理论定义的酸碱称为 Lewis 酸碱。电子理论认为，酸是能够接受电子对的物质，是电子对的接受体；碱是能够给出电子对的物质，是电子对的给予体。例如在下列反应中，H^+、Cu^{2+}、BF_3 等是缺电子试剂，可以接受电子对，属于 Lewis 酸；NH_3、F^- 等能够给出电子对，属于 Lewis 碱。

$$H^+ + :NH_3 \rightleftharpoons NH_4^+$$

$$Cu^{2+} + 4(:NH_3) \rightleftharpoons \left[\begin{array}{ccc} & NH_3 & \\ & | & \\ H_3N— & Cu & —NH_3 \\ & | & \\ & NH_3 & \end{array}\right]^{2+}$$

$$\begin{array}{c}F\\|\\F—B—F\end{array} + (:\ddot{F}:)^- \rightleftharpoons \left[\begin{array}{c}F\\|\\F—B—F\\|\\F\end{array}\right]^-$$

Lewis 酸或碱可以是分子、离子或原子团。Lewis 碱与质子碱是一致的,但 Lewis 酸却比质子酸更为广泛。按照电子理论,金属离子都是 Lewis 酸,与金属离子结合的阴离子或中性分子都是 Lewis 碱。Lewis 酸和 Lewis 碱,又称广义酸和广义碱。

(二) 酸碱反应的实质

Lewis 酸碱反应的实质是形成配位键,生成酸碱配合物。以 A 代表酸,: B 代表碱,A: B 表示酸碱配合物,酸碱反应可用下列通式表示。

$$\underset{酸}{A} + \underset{碱}{:B} \rightleftharpoons \underset{酸碱配合物}{A:B}$$

含有配位键的物质普遍存在,所以酸碱配合物包罗的范围非常广泛。按照 Lewis 酸碱理论,Arrhenius 理论所谓的盐类、金属氧化物和各种配合物等大多数无机化合物都是酸碱配合物。除此之外,许多有机化合物也可看作是酸碱配合物。例如,乙醇可看作是由 $C_2H_5^+$(酸)和 OH^-(碱)组成的酸碱配合物,乙酸乙酯可认为是由 CH_3CO^+(酸)和 $C_2H_5O^-$(碱)组成的酸碱配合物,烷烃也可以认为是 H^+ 和烃阴离子(R^-)所形成的酸碱配合物。根据酸碱电子理论,可把酸碱反应分为以下四种类型

酸碱加合反应,如 $Ag^+ + 2NH_3 \rightleftharpoons [H_3N\rightarrow Ag\leftarrow NH_3]^+$

碱取代反应,如 $[Cu(NH_3)_4]^{2+} + 2OH^- \rightleftharpoons Cu(OH)_2 + 4NH_3$

酸取代反应,如 $[Cu(NH_3)_4]^{2+} + 4H^+ \rightleftharpoons Cu^{2+} + 4NH_4^+$

双取代反应,如 $HCl + NaOH \rightleftharpoons NaCl + H_2O$

电子理论对酸碱的定义立足于物质的普遍组成——电子,以电子对的授受说明酸碱的属性和酸碱反应的本质,它摆脱了酸必须含有氢元素的限制,也不受溶剂的束缚,相对于电离理论和质子理论,电子理论扩大了酸碱的范围,并可把酸碱概念用于许多有机反应和无溶剂系统,这是它的优点,其缺点是酸碱概念过于笼统,同时,对酸碱的强弱也不能给出定量的标度。

第三节 水溶液中酸碱质子转移平衡和平衡常数

酸碱的电离理论、质子理论和电子理论各有其优缺点,但目前应用最广泛的仍然是质子理论。根据酸碱质子理论,酸碱反应可以用下式表示

$$\underset{酸_1}{HA} + \underset{碱_2}{B^-} \rightleftharpoons \underset{碱_1}{A^-} + \underset{酸_2}{HB}$$

酸$_1$ 将质子转移给碱$_2$,生成酸$_1$ 的共轭碱(碱$_1$)和碱$_2$ 的共轭酸(酸$_2$)。碱$_1$、酸$_2$ 也是质子酸碱,两者之间也可以发生质子转移,所以说酸碱反应是可逆反应。可逆反应达到平衡后,根据热力学对标准平衡常数的规定,酸碱质子转移反应的平衡常数为

$$K^{\ominus} = \frac{a_{A^-} \cdot a_{HB}}{a_{HA} \cdot a_{B^-}}$$

其中,a_{A^-}、a_{HB}、a_{HA}、a_{B^-} 分别表示平衡时溶液中 A^-、HB、HA、B^- 的活度。稀溶液中,活度与浓度相差不大,用浓度$[A^-]$、$[HB]$、$[HA]$、$[B^-]$代替活度,上式可改写为

$$K^{\ominus} = \frac{[A^-]/c^{\ominus} \cdot [HB]/c^{\ominus}}{[HA]/c^{\ominus} \cdot [B^-]/c^{\ominus}}$$

其中:$c^{\ominus}$表示标准态的浓度($1mol \cdot L^{-1}$),$[A^-]/c^{\ominus}$、$[HB]/c^{\ominus}$、$[HA]/c^{\ominus}$、$[B^-]/c^{\ominus}$为各物质的相对浓度。为方便起见,后面在涉及平衡常数的计算时,$K^{\ominus}$ 用 K 表示,表达式中各物质的平衡浓度用相对浓度表示,酸碱质子转移反应的平衡常数可简化为

$$K = \frac{[A^-][HB]}{[HA][B^-]}$$

K 是酸碱质子转移平衡常数。与其他平衡常数相同。

(1) K 可以表示反应的完成程度,K 值愈大,说明反应进行得愈完全。

(2) 平衡常数与反应的本性及温度有关,在一定温度下,对于给定的反应来说其值一定。

(3) 在平衡常数的表达式中,每一种物质的浓度指的是平衡体系中该物质的总浓度,而不仅仅是某一个反应单独提供的。

一、水的质子自递平衡

(一) 水的质子自递平衡和水的离子积

水分子是一种两性物质,在水分子之间也发生质子转移反应,这种发生在同种分子之间的质子转移反应称为**质子自递反应**(proton self-transfer reaction)。

$$H_2O + H_2O \overset{H^+}{\rightleftharpoons} OH^- + H_3O^+$$

水的质子自递平衡常数为

$$K = \frac{[H_3O^+][OH^-]}{[H_2O][H_2O]}$$

水是极弱的电解质,在整个反应的过程中,水分子浓度基本不变,可以看成是一常数,将它与 K 合并,得

$$K_w = [H_3O^+][OH^-] \tag{3.6}$$

K_w 称为水的**质子自递平衡常数**(proton self-transfer constant),又称**水的离子积**(ion product of water),其数值与温度有关。表 3-3 列出了不同温度下水的 K_w 数值。

表 3-3 K_w 与温度 T 的关系

T/K	273	283	293	298	313	323	333
K_w	1.1×10^{-15}	2.9×10^{-15}	6.8×10^{-15}	1.0×10^{-14}	2.9×10^{-14}	5.5×10^{-14}	9.6×10^{-14}

从表中可以看出,温度变化对 K_w 影响不大,常温下可认为 $K_w=1.0\times10^{-14}$。水的离子积是平衡常数的一种,不仅适用于纯水,也适用于所有稀水溶液。

(二) 水溶液的 pH

水溶液中同时存在 H_3O^+ 和 OH^-,一定温度下,水溶液中的 H_3O^+ 浓度和 OH^- 浓度的乘积是一个常数,水溶液之所以呈现不同的酸碱性,是因为 H_3O^+ 和 OH^- 浓度的相对含量不同。因此,可以利用 $[H_3O^+]$ 或 pH 表示溶液的酸碱性。常温下

中性溶液中: $[H_3O^+]=[OH^-]=1.0\times10^{-7}\text{mol}\cdot\text{L}^{-1}$

酸性溶液中: $[H_3O^+]>1.0\times10^{-7}\text{mol}\cdot\text{L}^{-1}>[OH^-]$

碱性溶液中: $[H_3O^+]<1.0\times10^{-7}\text{mol}\cdot\text{L}^{-1}<[OH^-]$

在生产和科学研究中,经常使用一些 H_3O^+ 浓度很小的溶液,如血清中 $[H_3O^+]=3.98\times10^{-3}\text{mol}\cdot\text{L}^{-1}$,为了书写方便,常用 pH 来表示溶液的酸碱性。pH 为氢离子活度的负对数,即

$$\text{pH} = -\lg a_{H^+} \tag{3.7}$$

在稀溶液中,浓度和活度的数值十分接近,用相对浓度代替活度。则有

$$\text{pH} = -\lg[H_3O^+] \tag{3.8}$$

溶液的酸碱性也可用 pOH 表示,pOH 是 OH^- 离子活度的负对数值

$$\text{pOH} = -\lg a_{OH^-} \text{ 或 } \text{pOH} = -\lg[OH^-] \tag{3.9}$$

在 298.15K 时,水溶液中 $[H_3O^+][OH^-]=1.0\times10^{-14}$,故有 pH + pOH = 14。

当 H_3O^+ 浓度为 $1\sim10^{-14}\text{mol}\cdot\text{L}^{-1}$ 时,pH 范围在 0~14。如果 H_3O^+ 浓度或 OH^- 浓度大于 $1\text{mol}\cdot\text{L}^{-1}$ 时,可直接用 H_3O^+ 或 OH^- 的浓度表示溶液的酸度。

pH 在医学上具有非常重要的作用。生物体中的一些生物化学变化,只能在一定的 pH 范围内才能正常进行,各种生物催化剂——酶也只有在一定的 pH 范围内才有活性。人体的各种体液都有各自的 pH 范围,表 3-4 列出了正常人各种体液的 pH 范围。

表 3-4 人体各种体液的 pH

体液	pH	体液	pH
血清	7.35 ~ 7.45	大肠液	8.3 ~ 8.4
成人胃液	0.9 ~ 1.5	乳汁	6.0 ~ 6.9
婴儿胃液	5.0	泪水	~7.4
唾液	6.35 ~ 6.85	尿液	4.8 ~ 7.5
胰液	7.5 ~ 8.0	脑脊液	7.35 ~ 7.45
小肠液	~7.6		

二、酸碱在水溶液中的质子转移平衡

（一）一元弱酸、弱碱的质子转移平衡

在水溶液中，一元弱酸 HA 与 H_2O 的质子转移反应为：

$$HA + H_2O \rightleftharpoons A^- + H_3O^+$$

反应的完成程度越高，表示酸释放质子的能力越强，酸性越强，因此，可以利用酸与水反应的平衡常数定量地表示酸的强度。

$$K_a(HA) = \frac{[H_3O^+][A^-]}{[HA]} \tag{3.10}$$

K_a 叫做**酸的解离平衡常数**（dissociation constant of acid）又称酸常数。K_a 值愈大，酸性愈强。例如 HAc、NH_4^+ 和 HCN 的 K_a 分别为 1.75×10^{-5}、5.6×10^{-10} 和 6.2×10^{-10}，这三种酸的强弱顺序为 HAc > HCN > NH_4^+。

一元弱碱 A^- 在水溶液中发生下列反应

$$A^- + H_2O \rightleftharpoons HA + OH^-$$

类似地，可以利用碱与水反应的平衡常数定量地表示碱的强度。

$$K_b(A^-) = \frac{[HA][OH^-]}{[A^-]} \tag{3.11}$$

K_b 称为**碱的解离平衡常数**（dissociation constant of base）又叫做碱常数。K_b 值愈大，碱性愈强。

一些弱酸、弱碱的 K_a、K_b 值非常小，为使用方便，也常用 pK_a 或 pK_b 表示酸碱的强弱，pK_a、pK_b 分别是质子酸、碱解离平衡常数的负对数，即

$$pK_a = -\lg K_a\ ;\ pK_b = -\lg K_b \tag{3.12}$$

表 3-5 列出一些常用弱酸的 K_a 和 pK_a 值，更多的数据列在书后附录中。

表 3-5 在水溶液中的共轭酸碱对和 pK_a 值（25℃）

	共轭酸 HA	K_a(aq)	pK_a(aq)	共轭碱 A^-	
	H_3O^+	0.5×10^2	-1.7	H_2O	
	H_2SO_3	1.4×10^{-2}	1.85	HSO_3^-	
	HSO_4^-	1.0×10^{-2}	1.99	SO_4^{2-}	
⇧	H_3PO_4	6.9×10^{-3}	2.16	$H_2PO_4^-$	碱
	HF	6.3×10^{-4}	3.20	F^-	性
	HCOOH	1.8×10^{-4}	3.75	$HCOO^-$	增
酸	HAc	1.75×10^{-5}	4.76	Ac^-	强
性	H_2CO_3	4.5×10^{-7}	6.35	HCO_3^-	⇩
增	H_2S	8.9×10^{-8}	7.05	HS^-	
强	HSO_3^-	6.0×10^{-8}	7.2	SO_3^{2-}	
	$H_2PO_4^-$	6.1×10^{-8}	7.21	HPO_4^{2-}	

续表

	共轭酸 HA	K_a(aq)	pK_a(aq)	共轭碱 A^-	
⇧	HCN	6.2×10^{-10}	9.21	CN^-	碱
	NH_4^+	5.6×10^{-10}	9.25	NH_3	性
酸	HCO_3^-	4.7×10^{-11}	10.33	CO_3^{2-}	增
性	HS^-	1.2×10^{-13}	12.90	S^{2-}	强
增	HPO_4^{2-}	4.8×10^{-13}	12.32	PO_4^{3-}	⇩
强	H_2O	1.0×10^{-14}	14.0	OH^-	

(二) 多元弱酸、弱碱的质子转移平衡

多元弱酸弱碱在水中的质子转移反应是分步进行的，例如 H_3PO_4 为三元弱酸，其质子转移分三步进行，每一步都有相应的质子转移平衡常数。

$$H_3PO_4 + H_2O \rightleftharpoons H_2PO_4^- + H_3O^+, \quad K_{a1} = \frac{[H_2PO_4^-][H_3O^+]}{[H_3PO_4]} = 6.9\times10^{-3}$$

$$H_2PO_4^- + H_2O \rightleftharpoons HPO_4^{2-} + H_3O^+, \quad K_{a2} = \frac{[HPO_4^{2-}][H_3O^+]}{[H_2PO_4^-]} = 6.1\times10^{-8}$$

$$HPO_4^{2-} + H_2O \rightleftharpoons PO_4^{3-} + H_3O^+, \quad K_{a3} = \frac{[PO_4^{3-}][H_3O^+]}{[HPO_4^{2-}]} = 4.8\times10^{-13}$$

在以上各步反应中，反应方程式左边的 H_3PO_4、$H_2PO_4^-$、HPO_4^{2-} 都是酸，它们的解离平衡常数或酸常数分别是 H_3PO_4 的三级解离平衡常数 K_{a1}、K_{a2}、K_{a3}。多元弱酸的解离平衡常数逐级减小，因为从一个带负电荷的离子中解离出一个质子要比从中性分子中解离质子困难得多。

PO_4^{3-} 为三元弱碱，它与水的反应也分三步进行。

$$PO_4^{3-} + H_2O \rightleftharpoons HPO_4^{2-} + OH^-, \quad K_{b1} = \frac{[HPO_4^{2-}][OH^-]}{[PO_4^{3-}]} = 2.1\times10^{-2}$$

$$HPO_4^{2-} + H_2O \rightleftharpoons H_2PO_4^- + OH^-, \quad K_{b2} = \frac{[H_2PO_4^-][OH^-]}{[HPO_4^{2-}]} = 1.6\times10^{-7}$$

$$H_2PO_4^- + H_2O \rightleftharpoons H_3PO_4 + OH^-, \quad K_{b3} = \frac{[H_3PO_4][OH^-]}{[H_2PO_4^-]} = 1.4\times10^{-12}$$

在这些反应中，方程式左边的 PO_4^{3-}、HPO_4^{2-}、$H_2PO_4^-$ 都作为碱，它们的解离平衡常数或碱常数分别是三个反应的平衡常数 K_{b1}、K_{b2}、K_{b3}。多元弱碱的解离平衡常数逐级减小，因为离子所带负电荷越少，接受质子的能力越弱。

(三) 共轭酸碱的解离平衡常数的关系

在一个共轭酸碱对中，酸给出质子的能力越强，则其共轭碱接受质子的能力越弱，即酸越强则其共轭碱越弱。酸的解离平衡常数 K_a 与其共轭碱的解离平衡常数 K_b 之间存在确定的对应关系。例如，在 HA 和 A^- 共存的水溶液中，存在如下质子转移反应：

$$HA + H_2O \rightleftharpoons A^- + H_3O^+$$

$$A^- + H_2O \rightleftharpoons HA + OH^-$$

$$H_2O + H_2O \rightleftharpoons OH^- + H_3O^+$$

体系平衡后，溶液中各种物质平衡浓度之间存在下列关系

$$K_a(HA) = \frac{[H_3O^+][A^-]}{[HA]}$$

$$K_b(A^-) = \frac{[HA][OH^-]}{[A^-]}$$

$$K_w = [H_3O^+][OH^-]$$

三个关系式中[HA]、$[A^-]$、$[H_3O^+]$、$[OH^-]$均相同，将 $K_a(HA)$、$K_b(A^-)$ 相乘得

$$K_a(HA)K_b(A^-) = K_w \tag{3.13}$$

酸的解离平衡常数与其共轭碱的解离平衡常数的乘积等于水的离子积。利用式(3.13),已知酸的解离平衡常数 K_a,就可求出共轭碱的解离平衡常数 K_b,反之亦然。

例 3-4 已知 NH_3 的 K_b 为 1.8×10^{-5},试求 NH_4^+ 的 K_a。

解 NH_4^+ 是 NH_3 的共轭酸,故

$$K_a(NH_4^+) = \frac{K_w}{K_b(NH_3)} = \frac{1.0\times10^{-14}}{1.8\times10^{-5}} = 5.6\times10^{-10}$$

例 3-5 写出 H_3PO_4 各级解离平衡常数(K_{a1}、K_{a2}、K_{a3}、K_{b1}、K_{b2}、K_{b3})之间的关系。

解 $$K_{a1} = \frac{[H_2PO_4^-][H_3O^+]}{[H_3PO_4]},\ K_{a2} = \frac{[HPO_4^{2-}][H_3O^+]}{[H_2PO_4^-]},\ K_{a3} = \frac{[PO_4^{3-}][H_3O^+]}{[HPO_4^{2-}]}$$

$$K_{b1} = \frac{[HPO_4^{2-}][OH^-]}{[PO_4^{3-}]},\ K_{b2} = \frac{[H_2PO_4^-][OH^-]}{[HPO_4^{2-}]},\ K_{b3} = \frac{[H_3PO_4][OH^-]}{[H_2PO_4^-]}$$

K_{a1}、K_{a2}、K_{a3} 分别是 H_3PO_4、$H_2PO_4^-$、HPO_4^{2-} 的酸常数,K_{b1}、K_{b2}、K_{b3} 分别是 PO_4^{3-}、HPO_4^{2-}、$H_2PO_4^-$ 的碱常数。

H_3PO_4 与 $H_2PO_4^-$ 是共轭酸碱,故 H_3PO_4 的酸常数 K_{a1} 与 HPO_4^{2-} 的碱常数 K_{b3} 的乘积等于水的离子积。即 $K_{a1}K_{b3}=K_w$,同理,$H_2PO_4^-$ 与 HPO_4^{2-} 是共轭酸碱,HPO_4^{2-} 与 PO_4^{3-} 是共轭酸碱,所以,$K_{a2}K_{b2}=K_w$,$K_{a3}K_{b1}=K_w$。

例 3-6 已知 H_2CO_3 的 $K_{a1}=4.5\times10^{-7}$,$K_{a2}=4.7\times10^{-11}$,求 CO_3^{2-} 的 K_{b1} 和 K_{b2}。

解 $$K_{a1} = \frac{[HCO_3^-][H_3O^+]}{[H_3CO_3]},\ K_{a2} = \frac{[CO_3^-][H_3O^+]}{[HCO_3^-]}$$

$$K_{b1} = \frac{[HCO_3^-][OH^-]}{[CO_3^{2-}]},\ K_{b2} = \frac{[H_2CO_3][OH^-]}{[HCO_3^-]}$$

K_{a1}、K_{a2} 分别是 H_2CO_3、HCO_3^- 的酸常数,K_{b1}、K_{b2} 分别是 CO_3^{2-}、HCO_3^- 的碱常数。CO_3^{2-} 与 HCO_3^- 为共轭酸碱,HCO_3^- 与 H_2CO_3 为共轭酸碱,故

$$K_{b1} = \frac{K_w}{K_{a2}} = \frac{1.0\times10^{-14}}{4.7\times10^{-11}} = 2.1\times10^{-4}$$

$$K_{b2} = \frac{K_w}{K_{a1}} = \frac{1.0\times10^{-14}}{4.5\times10^{-7}} = 2.2\times10^{-8}$$

(四)酸碱质子转移平衡的影响因素

质子转移平衡是一个动态平衡,它会受到外界因素的影响而发生移动,这些因素包括浓度、同离子效应和盐效应等。

1. 浓度对酸碱质子转移平衡的影响 弱酸 HA 溶于水,与水发生如下反应:

$$HA + H_2O \rightleftharpoons H_3O^+ + A^-$$

平衡建立后,增加溶液中 HA 的浓度,则平衡向 HA 解离的方向移动。在一定温度下,弱电解质 HA 的解离度与 HA 的浓度及解离平衡常数 K_a 有关,设弱酸分子的初始浓度为 c,解离度为 α,则

$$HA + H_2O \rightleftharpoons H_3O^+ + A^-$$

平衡浓度 $c-c\alpha$ $c\alpha$ $c\alpha$

$$K_a = \frac{[H_3O^+][A^-]}{[HA]} = \frac{c\alpha\cdot c\alpha}{c-c\alpha} = \frac{c\alpha^2}{1-\alpha}$$

当 K_a 很小时,反应的完成程度很低,HA 的解离程度很小,$1-\alpha\approx1$

所以 $$K_a = c\alpha^2$$

或 $$\alpha = \sqrt{\frac{K_a}{c}} \tag{3.14}$$

式(3.14)称为**稀释定律**(diluting law),它表示了弱电解质的解离度与浓度之间的关系:一定温度下,弱电解质溶液的浓度越小,其解离度越大,也就是说,稀释有利于弱电解质解离度的提高。需要注意的是,弱酸的解离度提高,并不一定意味着溶液酸度的增加,因为酸度还受到弱电解质浓度的影响。

例3-7 室温下丙酸(CH_3CH_2COOH)的 $K_a = 1.3 \times 10^{-5}$,分别计算 $0.10 mol \cdot L^{-1}$ 和 $0.010 mol \cdot L^{-1}$ 丙酸的解离度及溶液中的$[H_3O^+]$。

解 对于 $0.10 mol \cdot L^{-1}$ 丙酸

$$\alpha_1 = \sqrt{\frac{K_a}{c_1}} = \sqrt{\frac{1.3 \times 10^{-5}}{0.1}} = 0.011 = 1.1\%$$

$$[H_3O^+]_1 = c\alpha_1 = 0.10 mol \cdot L^{-1} \times 0.011 = 1.1 \times 10^{-3} mol \cdot L^{-1}$$

对于 $0.010 mol \cdot L^{-1}$ 丙酸

$$\alpha_2 = \sqrt{\frac{K_a}{c_2}} = \sqrt{\frac{1.3 \times 10^{-5}}{0.010}} = 0.036 = 3.6\%$$

$$[H_3O^+]_2 = c\alpha_2 = 0.010 mol \cdot L^{-1} \times 0.036 = 3.6 \times 10^{-3} mol \cdot L^{-1}$$

2. 同离子效应 在弱电解质溶液中加入与其具有相同离子的强电解质,则解离平衡向左移动,弱电解质的解离度显著降低,这种现象称为**同离子效应**(common ion effect)。例如,在 HAc 溶液中,加入固体 NaAc 时,NaAc 在溶液中全部解离,溶液中 Ac^- 浓度显著增加,从而引起 HAc 解离平衡左移,HAc 的解离度降低,溶液中 H_3O^+ 浓度也相应减少。

$$HAc + H_2O \rightleftharpoons H_3O^+ + \boxed{Ac^-}$$
$$\boxed{Ac^-} + Na^+ \longleftarrow NaAc$$

同理,在氨水溶液中,加入固体 NH_4Cl,NH_4Cl 完全解离,溶液中 NH_4^+ 浓度增加,致使氨水的解离平衡左移,从而降低氨水的解离度,溶液中 OH^- 浓度也相应减少。

$$NH_3 + H_2O \rightleftharpoons OH^- + \boxed{NH_4^+}$$
$$\boxed{NH_4^+} + Cl^- \longleftarrow NH_4Cl$$

例3-8 室温下醋酸的 $K_a = 1.75 \times 10^{-5}$,计算 $0.1 mol \cdot L^{-1}$ 醋酸溶液的解离度;向其中加入固体 NaAc,使溶液中 $c(Ac^-)$ 为 $0.1 mol \cdot L^{-1}$,再求其解离度。

解 (1) 加入 NaAc 以前

$$HAc + H_2O \rightleftharpoons H_3O^+ + Ac^-$$

平衡时 $0.1 - 0.1\alpha$ 0.1α 0.1α

$$K_a = \frac{[H_3O^+][Ac^-]}{[HAc]} = \frac{0.1\alpha^2}{1-\alpha} \approx 0.1\alpha^2$$

$$\alpha = \sqrt{\frac{K_a}{0.1}} = \sqrt{\frac{1.75 \times 10^{-5}}{0.1}} = 0.0132 = 1.32\%$$

(2) 加入 NaAc 以后

$$HAc + H_2O \rightleftharpoons H_3O^+ + Ac^-$$

平衡时 $0.1 - 0.1\alpha$ 0.1α $0.1\alpha + 0.1$

$$K_a = \frac{[H_3O^+][Ac^-]}{[HAc]} = \frac{0.1\alpha \cdot (0.1\alpha + 0.1)}{0.1(1-\alpha)} \approx 0.1\alpha$$

$$\alpha = \frac{K_a}{0.1} = \frac{1.75 \times 10^{-5}}{0.1} = 0.000175 = 0.0175\%$$

3. 盐效应　在弱电解质的溶液中加入不含共同离子的强电解质时，该弱电解质的解离度将会增加，这种现象称为**盐效应**(salt effect)。例如在0.1mol·L^{-1}醋酸溶液中加入固体NaCl，使溶液中c(NaCl)为0.1mol·L^{-1}时，醋酸的解离度由1.32%增至1.68%。其原因是，强电解质的加入使溶液离子强度增加，离子活度减小，根据平衡移动原理，弱电解质的解离平衡向右移动，从而使弱电解质的解离度增加。

发生同离子效应时，必然伴随盐效应的发生，但同离子效应远比盐效应要大得多，当两者共存时，通常可忽略盐效应的影响。

第四节　酸碱溶液pH的计算

电解质中的酸和碱溶于水，可以改变水溶液的酸碱性，根据质子转移反应的平衡关系式可以计算溶液中的[H_3O^+]或pH，在计算过程中可根据具体情况进行合理的近似。

一、一元弱酸、弱碱溶液

在计算溶液的H_3O^+浓度时，允许有5%的相对误差。因此，当两个数相加或相减时，若较大的数大于较小的数20倍以上时，可将较小的数忽略。在5%的相对误差范围内，一元弱酸或弱碱溶液pH的计算，可使用简化公式。例如，在浓度为c_a(mol·L^{-1})的弱酸HA的水溶液中，存在着两种质子转移平衡。

$$HA + H_2O \rightleftharpoons H_3O^+ + A^-,\ K_a = \frac{[H_3O^+][A^-]}{[HA]}$$

$$H_2O + H_2O \rightleftharpoons H_3O^+ + OH^-,\ K_w = [H_3O^+][OH^-]$$

H_3O^+、A^-、OH^-和HA四种物质的浓度都是未知的，要精确求得[H_3O^+]，计算相当麻烦，可考虑下面的近似处理。

(1) HA溶液中的H_3O^+来源于HA和H_2O的解离。HA的酸性比水强，由HA提供的H_3O^+比水提供的多。若HA的强度和浓度足够大，即当$K_ac_a \geqslant 20K_w$时，溶液中的[H_3O^+]将主要来源于HA的解离。忽略水的质子自递平衡，只考虑弱酸解离平衡，则

$$[H_3O^+] = [A^-],\ [HA] = c_a - [H_3O^+]$$

	HA + H_2O	$\rightleftharpoons$	H_3O^+	+ A^-
起始浓度	c_a		0	0
平衡浓度	$c_a - [H_3O^+]$		$[H_3O^+]$	$[H_3O^+]$

$$K_a = \frac{[H_3O^+][A^-]}{[HA]} = \frac{[H_3O^+]^2}{c - [H_3O^+]}$$

整理得

$$[H_3O^+] = \frac{-K_a + \sqrt{K_a^2 + 4K_ac_a}}{2} \tag{3.15}$$

式(3.15)为一元弱酸溶液中计算[H_3O^+]的近似式。

(2) 当$K_ac_a \geqslant 20K_w$，且$c_a/K_a \geqslant 500$时，根据稀释定律式(3.14)，溶液中弱酸HA的解离度极小，$[HA] = c_a - [H_3O^+] \approx c_a$

$$K_a = \frac{[H_3O^+][A^-]}{[HA]} = \frac{[H_3O^+]^2}{c_a - [H_3O^+]} \approx \frac{[H_3O^+]^2}{c_a}$$

$$[H_3O^+] = \sqrt{K_ac_a} \tag{3.16}$$

式(3.16)是计算一元弱酸溶液中[H_3O^+]的最简式。采用最简式计算，误差不大于5%。同理可导出一元弱碱溶液酸度的计算公式，即

当$K_bc_b \geqslant 20K_w$时

$$[OH^-] = \frac{-K_b + \sqrt{K_b^2 + 4K_bc_b}}{2} \tag{3.17}$$

当$K_bc_b \geqslant 20K_w$，且$c_b/K_b \geqslant 500$时

$$[OH^-] = \sqrt{K_bc_b} \tag{3.18}$$

式(3.17)、式(3.18)分别是计算一元弱碱溶液中[OH^-]的近似式和最简式。

例 3-9 计算 0.100mol·L^{-1}HCN 溶液的 pH。

解 HCN 为一元弱酸，$c_a=0.100\text{mol}\cdot\text{L}^{-1}$，查表知 $K_a=6.2\times10^{-10}$

$K_ac_a=6.2\times10^{-11}\geqslant20K_w$，$c_a/K_a=0.100/(6.2\times10^{-10})>500$，可用最简式(3.16)进行计算

$$[H_3O^+]=\sqrt{K_ac_a}=\sqrt{6.2\times10^{-10}\times0.100}\text{mol}\cdot\text{L}^{-1}=7.8\times10^{-6}\text{ mol}\cdot\text{L}^{-1}$$

$$pH=5.11$$

必须注意，只有当弱酸(或弱碱)的 K_ac_a(或 K_bc_b)$\geqslant20K_w$，且同时满足 c_a/K_a(或 c_b/K_b)$\geqslant500$，才能使用最简式进行计算，否则将造成较大的误差。

例 3-10 计算 0.100mol·L^{-1}$CH_2ClCOOH$(一氯乙酸)溶液的 pH($CH_2ClCOOH$ 的 $K_a=1.4\times10^{-3}$)。

解 $CH_2ClCOOH$ 为一元弱酸

$$K_ac_a=1.4\times10^{-3}\times0.100=1.4\times10^{-4}\geqslant20K_w$$

$c_a/K_a=0.100/(1.4\times10^{-3})<500$，应采用近似式(3.15)计算$[H_3O^+]$

$$[H_3O^+]=\frac{-1.4\times10^{-3}+\sqrt{(1.4\times10^{-3})^2+4\times1.4\times10^{-3}\times0.100}}{2}\text{mol}\cdot\text{L}^{-1}=1.1\times10^{-2}\text{mol}\cdot\text{L}^{-1}$$

$$pH=1.95$$

例 3-11 已知 $K_b(NH_3)=1.8\times10^{-5}$，计算 0.100mol·L^{-1}$NH_4Cl$ 溶液的 pH。

解 NH_4Cl 在水溶液中完全解离为 NH_4^+ 和 Cl^-，NH_4^+ 为质子酸，Cl^- 在水中既不能得质子也不能失质子，属于非酸非碱，故可以认为 NH_4Cl 是一元弱酸。NH_3 与 NH_4^+ 为共轭酸碱对，则

$$K_a(NH_4^+)=\frac{K_w}{K_b(NH_3)}=\frac{1.0\times10^{-14}}{1.8\times10^{-5}}=5.6\times10^{-10}$$

$K_ac_a\geqslant20K_w$，$c_a/K_a=0.100/(5.6\times10^{-10})>500$，用最简式(3.16)计算$[H_3O^+]$

$[H_3O^+]=\sqrt{K_ac_a}=\sqrt{5.6\times10^{-10}\times0.100}\text{mol}\cdot\text{L}^{-1}=7.5\times10^{-6}\text{ mol}\cdot\text{L}^{-1}$，$pH=5.13$

例 3-12 已知 $K_a(HAc)=1.75\times10^{-5}$，计算 0.100mol·L^{-1}NaAc 溶液的 pH。

解 NaAc 在水溶液中完全解离为 Na^+ 和 Ac^-，Na^+ 属于非酸非碱，Ac^- 为一元弱碱，故可以认为 NaAc 是一元弱碱，已知 $K_a(HAc)=1.75\times10^{-5}$，HAc 与 Ac^- 为共轭酸碱，则

$$K_b(Ac^-)=\frac{K_w}{K_a(HAc)}=\frac{1.0\times10^{-14}}{1.75\times10^{-5}}=5.8\times10^{-10}$$

$K_bc_b\geqslant20K_w$，$c_b/K_b=0.100/(5.8\times10^{-10})>500$，用式(3.18)计算$[OH^-]$

$$[OH^-]=\sqrt{K_bc_b}=\sqrt{5.8\times10^{-10}\times0.100}\text{mol}\cdot\text{L}^{-1}=7.6\times10^{-6}\text{ mol}\cdot\text{L}^{-1}$$

$$pOH=5.11,\ pH=14-5.11=8.89$$

二、多元弱酸弱碱溶液

多元弱酸的水溶液是一种复杂的酸碱平衡体系，其质子转移反应是分步进行的。例如在 H_2S 的水溶液中

第一步质子转移反应为 $H_2S+H_2O\rightleftharpoons HS^-+H_3O^+$

$$K_{a1}=\frac{[H_3O^+][HS^-]}{[H_2S]}=9.1\times10^{-8}$$

第二步质子转移反应为 $HS^- + H_2O \rightleftharpoons S^{2-} + H_3O^+$

$$K_{a2} = \frac{[H_3O^+][S^{2-}]}{[HS^-]} = 1.1 \times 10^{-12}$$

水的质子自递平衡为 $H_2O + H_2O \rightleftharpoons H_3O^+ + OH^-$

$$K_w = [H_3O^+][OH^-] = 1.0 \times 10^{-14}$$

三个平衡常数表达式中的$[H_3O^+]$都相同，等于上述三个反应所得 H_3O^+浓度的总和。因为 $K_{a1} > K_{a2} > K_w$，所以，在相同浓度下，H_2S 比 HS^-及 H_2O 提供的$[H_3O^+]$多。另外，HS^-是由弱酸 H_2S 解离出来的，浓度很小，同时在同离子效应的影响下，受第一步解离出的 H_3O^+的抑制，HS^-及 H_2O 解离出的 H_3O^+极少。因此可以认为，溶液中的 H_3O^+主要是由第一个反应解离出来的。多元弱酸溶液$[H_3O^+]$的计算可进行如下近似处理。

(1) 当 $K_{a1}c_a \geqslant 20K_w$，可忽略水的质子自递平衡。

(2) 当 $K_{a1}/K_{a2} > 10^2$ 时，溶液中 H_3O^+主要来源于第一步反应，可忽略第二步质子转移反应所产生的 H_3O^+，作一元弱酸处理，此时

$$[H_2S] \approx c(H_2S), [H_3O^+] \approx [HS^-]$$

(3) 若 $c_a/K_{a1} \geqslant 500$，$[H_3O^+]$可按一元弱酸的最简式计算，否则按近似式计算。

综上所述，对于多元弱酸如 H_2CO_3、$H_2C_2O_4$、H_3PO_4 等的水溶液，当 $K_{a1}/K_{a2} > 10^2$，$K_{a1}c_a \geqslant 20K_w$ 时

$$[H_3O^+] = \frac{-K_{a1} + \sqrt{K_{a1}^2 + 4K_{a1}c_a}}{2} \tag{3.19}$$

当 $K_{a1}c_a \geqslant 20K_w$，$K_{a1}/K_{a2} > 10^2$ 且 $c_a/K_{a1} \geqslant 500$ 时

$$[H_3O^+] = \sqrt{K_{a1}c_a} \tag{3.20}$$

多元弱碱如 Na_2CO_3、$Na_2C_2O_4$、Na_3PO_4 的水溶液，情况与多元弱酸类似，即，当 $K_{b1}c_b \geqslant 20K_w$，$K_{b1}/K_{b2} > 10^2$ 时

$$[OH^-] = \frac{-K_{b1} + \sqrt{K_{b1}^2 + 4K_{b1}c_b}}{2} \tag{3.21}$$

当 $K_{b1}c_b \geqslant 20K_w$，$K_{b1}/K_{b2} > 10^2$ 且 $c_b/K_{b1} \geqslant 500$ 时

$$[OH^-] = \sqrt{K_{b1}c_b} \tag{3.22}$$

多元弱酸弱碱溶液中其他物质的浓度，可以根据$[H_3O^+]$或$[OH^-]$及各种解离平衡常数进行计算。

例 3-13 计算 0.10mol · L^{-1}草酸($H_2C_2O_4$)溶液的 pH，并求$[HC_2O_4^-]$，$[C_2O_4^{2-}]$和$[OH^-]$。

解 草酸($H_2C_2O_4$)为二元弱酸，$K_{a1} = 5.6 \times 10^{-2}$，$K_{a2} = 1.5 \times 10^{-4}$，$c_a = 0.10 mol \cdot L^{-1}$；$K_{a1}c_a \geqslant 20K_w$，$K_{a1}/K_{a2} > 10^2$，$c_a/K_{a1} < 500$，可按多元弱酸的近似式(3.19)计算$[H_3O^+]$。

$$[H_3O^+] = \frac{-K_{a1} + \sqrt{K_{a1}^2 + 4K_{a1}c_a}}{2}$$

$$= \frac{-5.6 \times 10^{-2} + \sqrt{(5.6 \times 10^{-2})^2 + 4 \times 5.6 \times 10^{-2} \times 0.10}}{2} mol \cdot L^{-1}$$

$$= 5.2 \times 10^{-2} mol \cdot L^{-1}$$

$$pH = 1.58$$

$$[HC_2O_4^-] = [H_3O^+] = 5.2 \times 10^{-2} mol \cdot L^{-1}$$

$$K_{a2} = \frac{[H_3O^+][C_2O_4^{2-}]}{[HC_2O_4^-]} = [C_2O_4^{2-}]$$

$$[C_2O_4^{2-}] = K_{a2} = 1.5 \times 10^{-4} mol \cdot L^{-1}$$

$$[OH^-] = K_w/[H_3O^+] = 1.92 \times 10^{-13} mol \cdot L^{-1}$$

例 3-14 计算 0.100mol·L^{-1} Na_2CO_3 溶液的 pH，并求[HCO_3^-]，[H_2CO_3]和[H_3O^+]，(H_2CO_3 的 $K_{a1}=4.5\times10^{-7}$，$K_{a2}=4.7\times10^{-11}$)。

解 Na_2CO_3 在水中完全解离为 Na^+ 和 CO_3^{2-}，Na^+ 属于非酸非碱，CO_3^{2-} 为二元弱碱，故可认为 Na_2CO_3 为二元弱碱

$$CO_3^{2-}+H_2O \rightleftharpoons HCO_3^-+OH^-,\ K_{b1}=K_w/K_{a2}=1.0\times10^{-14}/(4.7\times10^{-11})=2.1\times10^{-4}$$

$$HCO_3^-+H_2O \rightleftharpoons H_2CO_3+OH^-,\ K_{b2}=K_w/K_{a1}=1.0\times10^{-14}/(4.5\times10^{-7})=2.24\times10^{-8}$$

$K_{b1}c_b \geqslant 20K_w$，$K_{b1}/K_{b2}>10^2$，$c_b/K_{b1}>500$，按最简式(3.22)计算[$OH^-$]

$$[OH^-]=\sqrt{K_{b1}c_b}=\sqrt{2.1\times10^{-4}\times0.100}=4.6\times10^{-3}\ (mol\cdot L^{-1})$$

$$pOH=2.33$$

$$pH=14.00-2.33=11.67$$

因为 $K_{b1}/K_{b2}>10^2$，相对于第一步来说，第二步解离很弱，所以

$$[HCO_3^-]\approx[OH^-]=4.6\times10^{-3}(mol\cdot L^{-1})$$

由第二步质子传递反应的平衡常数可以计算[H_2CO_3]

$$K_{b2}=\frac{[OH^-][H_2CO_3]}{[HCO_3^-]}=[H_2CO_3]=4.7\times10^{-11}mol\cdot L^{-1}$$

根据以上讨论，对于多元弱酸弱碱溶液可以归纳如下：

(1) 当多元弱酸的 $K_{a1}/K_{a2}>10^2$ 时，可作为一元弱酸求[H_3O^+]；当多元弱碱的 $K_{b1}/K_{b2}>10^2$ 时，可当作一元弱碱求[OH^-]。

(2) 多元弱酸第一步质子转移平衡所得共轭碱的浓度约等于[H_3O^+]，第二步质子转移平衡所得共轭碱的浓度约等于 K_{a2}；多元弱碱第一步质子转移平衡所得共轭酸的浓度约等于[OH^-]，第二步质子转移平衡所得共轭酸的浓度约等于 K_{b2}。如 H_3PO_4 溶液中，[H_3O^+]≈[$H_2PO_4^-$]，[HPO_4^{2-}]≈K_{a2}；Na_3PO_4 溶液中，[HPO_4^{2-}]≈[OH^-]，[$H_2PO_4^-$]≈K_{b2}。

三、两性物质溶液

两性物质有 HCO_3^-、$H_2PO_4^-$、HPO_4^{2-}、NH_4Ac 和氨基酸等，它们在溶液中既能给出质子又能接受质子，其质子转移平衡十分复杂，下面以 $NaHCO_3$ 为例说明两性物质溶液酸度的计算。

假设 $NaHCO_3$ 溶液的浓度为 c，在 $NaHCO_3$ 溶液中存在下列平衡

(1) $HCO_3^-+H_2O \rightleftharpoons H_3O^++CO_3^{2-}$ （HCO_3^- 作酸）

$$K_a=\frac{[CO_3^-][H_3O^+]}{[HCO_3^-]}$$

(2) $HCO_3^-+H_2O \rightleftharpoons OH^-+H_2CO_3$ （HCO_3^- 作碱）

$$K_b=\frac{[H_2CO_3][OH^-]}{[HCO_3^-]}$$

(3) $H_2O+H_2O \rightleftharpoons H_3O^++OH^-$

$$K_w=[H_3O^+][OH^-]$$

其中，K_a、K_b 为两性物质 HCO_3^- 本身的酸常数和碱常数，注意 $K_aK_b \neq K_w$，这是因为 HCO_3^- 自身并不是共轭酸碱对。

以上三个反应是 HCO_3^- 和 H_2O 得失质子的反应。HCO_3^- 失去一个质子得到一个 CO_3^{2-}，得到一个质子得到一个 H_2CO_3；H_2O 失去一个质子得到一个 OH^-，得到一个质子得到一个 H_3O^+。根据得失质子数量相同的原则，得浓度关系式

$$[H_3O^+]+[H_2CO_3]=[CO_3^{2-}]+[OH^-]$$

利用 HCO_3^- 及 H_2O 的解离平衡关系，得到

$$[H_3O^+] = \frac{K_a[HCO_3^-]}{[H_3O^+]} + \frac{K_w}{[H_3O^+]} - \frac{K_b[HCO_3^-]}{[OH^-]}$$

令 $K'_a = K_w/K_b$，上式转换为

$$[H_3O^+] = \frac{K_a[HCO_3^-]}{[H_3O^+]} + \frac{K_w}{[H_3O^+]} - \frac{[H_3O^+][HCO_3^-]}{K'_a}$$

整理得

$$[H_3O^+] = \sqrt{\frac{K'_a(K_a[HCO_3^-] + K_w)}{K'_a + [HCO_3^-]}}$$

一般情况下，HCO_3^- 的酸式解离和碱式解离的倾向都很小。因此，溶液中 HCO_3^- 消耗很少，HCO_3^- 的平衡浓度近似等于其原始浓度，即$[HCO_3^-] \approx c$，代入上式，得到

$$[H_3O^+] = \sqrt{\frac{K'_a(K_a c + K_w)}{K'_a + c}} \tag{3.23}$$

式(3.23)是计算两性物质酸度的近似式。当 $K_a c > 20K_w$，且 $c > 20K'_a$ 时，式(3.23)中，$K_w c + K_w \approx K_w$，$K'_a + c \approx c$，因此

$$[H_3O^+] = \sqrt{K'_a \cdot K_a} \quad 或 \quad pH = \frac{1}{2}(pK'_a + pK_a) \tag{3.24}$$

式(3.24)是计算两性物质溶液酸度的最简式，式中 K_a 是两性物质作为酸时其本身的酸常数，K'_a 是两性物质作为碱时其共轭酸的酸常数。

应该注意，最简式只有在两性物质的浓度不是很小，且水的解离可以忽略的情况下才能应用。其他两性物质水溶液的酸度也可以根据此原则进行计算，关键是选取正确的酸常数。例如对于 $H_2PO_4^-$ 溶液，$K'_a = K_{a1}$，$K_a = K_{a2}$

$$[H_3O^+] = \sqrt{K_{a1} \cdot K_{a2}},\ pH = \frac{1}{2}(pK_{a1} + pK_{a2})$$

这里的 K_{a1}、K_{a2}分别是 H_3PO_4 的第一级和第二级解离平衡常数；对于 HPO_4^{2-} 溶液，$K'_a = K_{a2}$，$K_a = K_{a3}$

$$[H_3O^+] = \sqrt{K_{a2} \cdot K_{a3}},\ pH = \frac{1}{2}(pK_{a2} + pK_{a3})$$

这里的 K_{a2}、K_{a3}分别是 H_3PO_4 的第二级和第三级解离平衡常数。

例 3-15 计算0.10mol·$L^{-1}$$NaHCO_3$ 溶液的 pH。已知 H_2CO_3 的 $pK_{a1} = 6.35$，$pK_{a2} = 10.33$。

解 $NaHCO_3$ 在水中完全解离为 Na^+和 HCO_3^-，Na^+ 为非酸非碱，HCO_3^- 为两性物质，故可认为 $NaHCO_3$ 为两性物质，其共轭酸为 H_2CO_3，$K'_a = K_{a1}$，$K_a = K_{a2}$，因 $cK_a > 20K_w$，且 $c > 20K'_a$，符合最简式(3.24)的计算条件，所以

$$[H_3O^+] = \sqrt{K_{a1} \cdot K_{a2}}$$

$$pH = \frac{1}{2}(pK_{a1} + pK_{a2}) = \frac{1}{2}(6.35 + 10.33) = 8.34$$

例 3-16 计算0.10mol·$L^{-1}$$NH_4Ac$ 溶液的pH。(已知 NH_3 的 K_b 为 1.8×10^{-5}，HAc 的 K_a 为 1.75×10^{-5})

解 NH_4Ac 在水中完全解离为 NH_4^+ 和 Ac^-，NH_4^+ 为一元弱酸，Ac^-为一元弱碱，故可认为 NH_4Ac 为两性物质，其共轭酸为 HAc。$K'_a = K_a(HAc)$，$K_a = K_a(NH_4^+) = K_w/K_b(NH_3) = 1.0 \times 10^{-14}/1.8 \times 10^{-5} = 5.6 \times 10^{-10}$，由于 $cK_a > 20K_w$，且 $c > 20K'_a$，故采用式(3.24)计算

$$[H_3O^+] = \sqrt{K_a(HAc) \cdot K_a(NH_4^+)} = \sqrt{1.75 \times 10^{-5} \times 5.6 \times 10^{-10}} = 1.0 \times 10^{-7} mol \cdot L^{-1}$$

$$pH = 7.0$$

例 3-17 计算0.10mol·L^{-1}氨基乙酸(NH_2CH_2COOH)溶液的pH。

解 氨基乙酸(NH_2CH_2COOH)在水中既可以释放质子作酸,质子转移平衡为

$$NH_2CH_2COOH + H_2O \rightleftharpoons NH_2CH_2COO^- + H_3O^+$$

$$K_a = 1.6 \times 10^{-10}$$

氨基乙酸又能够接受质子作碱,质子转移平衡为

$$NH_2CH_2COOH + H_2O \rightleftharpoons NH_3^+CH_2COOH + OH^-$$

$$K_b = 2.2 \times 10^{-12}$$

由此可见,NH_2CH_2COOH 是两性物质,它的共轭酸为 $NH_3^+CH_2COOH$。

$K_a = 1.6 \times 10^{-10}$,$K'_a = K_w/K_b = 1.0 \times 10^{-14}/(2.2 \times 10^{-12}) = 4.5 \times 10^{-3}$,由于 $cK_a > 20K_w$,且 $c > 20K'_a$,可采用式(3.24)计算。

$$[H_3O^+] = \sqrt{K'_a \cdot K_a} = \sqrt{4.5 \times 10^{-3} \times 1.6 \times 10^{-10}} = 8.5 \times 10^{-7}\text{mol} \cdot \text{L}^{-1}$$

$$\text{pH} = 6.1$$

知识拓展

体液 pH 对药物的存在状态及药效的影响

95%的药物都是弱酸或者弱碱,它们在体内被吸收时,环境的pH对它们的存在状态和药效发挥具有很大的影响。药物在经胃肠道或经皮肤黏膜被吸收时,都必须经过细胞膜。由于细胞膜由磷脂层构成,药物的脂溶性越大则越易经膜吸收。由于中性分子比带电荷的离子的脂溶性强,故容易吸收。弱酸药物在高pH溶液中呈阴离子状态;而在低pH时呈分子状态,所以酸性环境有利于弱酸性药物的吸收。相反的,弱碱性药物在高pH溶液中呈分子状态;而在低pH时呈阳离子状态,所以碱性环境有利于弱碱性药物的吸收。

人体体液有各自不同的pH,如胃液酸度很大,正常成人胃液pH为1.0左右;而肠道内位置不同pH不同,由上而下从pH 2.0到pH 7.6;血液略显碱性,pH 7.4左右;肾内的尿液显酸性,通常pH在4.5~7.0。当口服弱酸性药物如阿司匹林($pK_a = 3.5$)时,它能够迅速被胃及小肠上段吸收,这是因为它在胃液及小肠上段解离程度很小,绝大部分以分子的形式存在。当它与碳酸氢钠同服时,胃及小肠上部pH增高,药物解离程度增大,吸收减少。体液pH越大,酸性药物被吸收的程度越小。例如阿司匹林在pH=3.6~4.3,4.7~5.0,5.2~6.0,6.0~7.6的四段不同pH范围小肠内被吸收的比率分别约为62%,36%,35%,5%。弱碱性有机药物,在胃液中高度质子化,不易被细胞膜吸收,然而在肠道内解离较少,能较好地透过细胞膜被吸收。体液pH越大,碱性药物被吸收的程度越大。例如奎宁($pK_b = 5.6$)在上述四段不同pH范围小肠内被吸收的比率分别约为9%,11%,41%,54%。但由于碱性药物在到达肠道并被吸收之前,须与胃酸接触较长时间(几个小时)而趋于被破坏,这就是碱性口服药物药效较低的原因之一,也是许多弱碱性药物常采用注射给药的原因之一。

Summary

Substances that dissociate or ionize in water to produce cations and anions are electrolytes; those not are called nonelectrolytes. The strong electrolytes completely dissociate in aqueous solution, but the apparent dissociation degree is not 100%. The interionic attractions in an aqueous solution prevent the ions from behaving as totally independent particles and ion atmosphere is formed.

An acid is a proton donor, and a base is a proton acceptor in the Brønsted-Lowry theory. The equilibrium constant for the proton-transfer reaction between two H_2O molecules is called the ion product of water, denoted by K_w,

$K_w = [H_3O^+][OH^-]$, which equals 1.0×10^{-14} at 25℃. The equilibrium constant between a weak acid and water is called an acidity constant, denoted by K_a, and that between a weak base and water is called a basidity constant, denoted by K_b. We can use K_a and K_b to demonstrate the strength of acid base. Polyprotic acids contain more than one ionizable hydrogen atom. Such acids dissociate in steps, with a separate dissociation constant for each step.

The degree of dissociation weak electrolyte is related to solution concentration, when solution is diluted, the degree of dissociation increase, this is called the law of dilution. The degree of dissociation can be reduced by adding a strong electrolyte that provides an ion common to the equilibrium. This phenomenon is called the common-ion effect. The addition of a strong electrolyte slightly increases the degree of ionization of a weak acid. This effect is called the salt effect.

A conjugate base is everything that remains of the acid molecule after a proton is lost. A conjugate acid is formed when a proton is transferred to the base. Two substances related in this way, by the expression, Base + $H^+ \rightleftharpoons$ Acid, are called a conjugate acid-base pair. For any such pair, the relation of K_a and K_b is: $K_a \cdot K_b = K_w$. Strong acid form weak conjugate base, and weak acid form strong conjugate base.

The formula of the calculation of $[H_3O^+]$ in a monoprotic weak acid solution is: $[H_3O^+] = \sqrt{K_a \cdot c_a}$ when $K_a \cdot c_a \geqslant 20K_w$, and $c_a/K_a \geqslant 500$. But if not, that is: $[H_3O^+] = \dfrac{-K_a + \sqrt{K_a^2 + 4K_a c_a}}{2}$, about weak base solution, the formula of the calculation of $[OH^-]$ is similar with that. When $K_{a(b)1} \cdot c_{a(b)} \geqslant 20K_w$, $K_{a(b)1}/K_{a(b)2} \geqslant 10^{-2}$, we can treat polyprotic weak acid or base solution as monoprotic weak acid. And base.

Amphoteric substances can act both as an acid and as a base. The $[H_3O^+]$ calculation is given by the common formula: $[H_3O^+] = \sqrt{K_a \cdot K'_a}$.

习　　题

1. 计算 0.001 mol·kg^{-1}NaCl 溶液的离子强度，并计算溶液在 298.15K 时的渗透压力：① 用浓度计算；② 用活度计算。

[(1) 0.001mol·kg^{-1};(2) ① 4.96kPa，② 4.76kPa]

2. Bronsted-Lowry 酸碱质子理论的基本要点是什么？什么叫共轭酸碱对？如何衡量酸碱的强弱？
3. 根据酸碱质子理论，下列物质哪些是酸？哪些是碱？哪些是两性物质？

$[Cr(H_2O)_5(OH)]^{2+}$、CO_3^{2-}、$H_2PO_4^-$、HCOOH、H_2NCH_2COOH

4. 写出下列各酸的共轭碱：NH_4^+、H_2S、HSO_4^-、$H_2PO_4^-$、H_2CO_3、$[Zn(H_2O)_4]^{2+}$以及下列各碱的共轭酸：S^{2-}、PO_4^{3-}、NH_3、CN^-、Cl^-、$[Zn(H_2O)_3(OH)]^+$。
5. 什么叫水的离子积？它与什么因素有关？在纯水中加入少量的酸或碱，水的离子积是否发生改变？
6. H_3PO_4 溶液中存在着哪几种离子？计算 0.1mol·L^{-1}H_3PO_4 溶液中各离子的平衡浓度，并按各种离子浓度的大小排出顺序，其中 H_3O^+浓度是否为 PO_4^{3-} 浓度的 3 倍？

[$[H_3O^+] > [H_2PO_4^-] > [HPO_4^{2-}] > [OH^-] > [PO_4^{3-}]$，分别为 0.023mol·L^{-1}，0.023 mol·L^{-1}，6.1×10^{-8} mol·L^{-1}，4.3×10^{-13}mol·L^{-1}，1.3×10^{-18}mol·L^{-1}]

7. 乳酸 $HC_3H_5O_3$ 是糖酵解的最终产物，在体内积蓄会引起机体疲劳和酸中毒，已知乳酸的 $K_a = 1.4 \times 10^{-4}$，试计算浓度为 1.0×10^{-3} mol·L^{-1}乳酸溶液的 pH。

[3.5]

8. 解热镇疼药阿司匹林（乙酰水杨酸，$C_9H_8O_4$）为一元弱酸，以未解离的分子形式在胃中吸收，服用部分解酸药和 0.65g 阿司匹林，全部溶解后胃液的 pH 为 2.96，问能被胃直接吸收的阿司匹林有多少克？已知 $K_a = 3.2 \times 10^{-4}$。

[0.46g]

9. 某一元弱碱（MOH）的分子量为 125，在 298K 时取 0.500g 溶于 50.0mL 水中，测得溶液的 pH = 11.30，试计算 MOH 的 K_b。

[5.0×10^{-5}]

10. 麻黄碱($C_{10}H_{15}ON$)又名麻黄素,为一元弱碱,常用于预防及治疗支气管哮喘及鼻黏膜肿胀、低血压症等。实验测得其水溶液的 pH 为 10.26,已知麻黄碱的 $K_b = 2.33 \times 10^{-5}$,求麻黄碱的浓度。

[$1.4 \times 10^{-3} mol \cdot L^{-1}$]

11. 苯甲酸(C_6H_5COOH)又称安息香酸,常用作药物或食品的防腐剂,也可外用治疗皮肤的真菌感染,如头癣、脚癣等。但由于苯甲酸在水中的溶解度较低,实际上常用其钠盐。2.0 克苯甲酸钠溶于水制成 100.0mL 溶液,求溶液的 pH,已知苯甲酸的 $K_a = 6.25 \times 10^{-5}$。

[8.67]

12. 水杨酸(邻羟基苯甲酸,$C_7H_4O_3H_2$)为二元酸,有时可用它作为止疼药代替阿司匹林,但它有较强的酸性,能引起胃出血。已知 $K_{a1} = 1.1 \times 10^{-3}$,$K_{a2} = 3.6 \times 10^{-14}$,3.2g 水杨酸加水配制 500mL 溶液,计算该溶液的 pH。

[2.15]

13. 在 H_2S 和 HCl 混合溶液中,H_3O^+ 的平衡浓度为 0.20mol·L^{-1},H_2S 的平衡浓度为 0.10mol·L^{-1},求该溶液的 HS^- 和 S^{2-} 浓度。已知 $K_{a1} = 8.9 \times 10^{-8}$,$K_{a2} = 1.2 \times 10^{-13}$。

[$4.45 \times 10^{-8} mol \cdot L^{-1}$, $2.67 \times 10^{-20} mol \cdot L^{-1}$]

14. 计算 0.10mol. L^{-1} NH_4CN 溶液的 pH。

[9.2]

15. 计算下列混合溶液的 pH。

(1) 20mL 0.1mol·L^{-1}HCl 与 20mL 0.1mol·L^{-1}NaOH

(2) 20mL 0.10mol·L^{-1}HCl 与 20mL 0.10mol·L^{-1}$NH_3 \cdot H_2O$

(3) 20mL 0.10mol·L^{-1}HAc 与 20mL 0.10mol·L^{-1}NaOH

(4) 20mL 0.10mol·L^{-1}HAc 与 20mL 0.10mol·L^{-1}$NH_3 \cdot H_2O$

[(1) 7.0;(2) 5.3;(3) 8.7;(4) 7.0]

16. 在 1L0.1 mol·L^{-1} H_3PO_4 溶液中,加入 4gNaOH 固体,完全溶解后,设溶液体积不变,求(1) 溶液的 pH;(2) 37℃时溶液的渗透压;(3) 在溶液中加入 18 克葡萄糖,其溶液的渗透浓度为多少?是否与血液等渗?

[(1) 4.68;(2) 515.5kPa;(3) 300mmol·L^{-1}]

(马丽英)

第四章 难溶强电解质的沉淀溶解平衡

难溶并非不溶，没有绝对不溶的物质，难溶电解质在水中的溶解度虽小，但溶解的部分完全解离，溶液中不存在未解离的分子，所以也称为难溶强电解质。例如 AgCl、$CaCO_3$ 和 PbS 等。难溶的强电解质在水溶液中存在一种沉淀溶解平衡，该平衡属多相平衡，即未溶解的固相与溶解的离子之间的平衡。

第一节 溶 度 积

在水溶液中，Ag^+ 和 Cl^- 作用产生白色的 AgCl 沉淀，但固态的 AgCl 并非绝对不溶于水，它仍能微量地溶解为 Ag^+ 和 Cl^-，这个过程称为**溶解**(dissolution)；另一方面 Ag^+ 和 Cl^- 又不断地从溶液回到晶体表面而析出，这个过程称为**沉淀**(precipitation)。在一定条件下，当沉淀与溶解的速率相等时，便达到固体难溶电解质与溶液中离子间的平衡，这种平衡称为多相离子平衡。AgCl 沉淀与溶液中的 Ag^+ 和 Cl^- 之间的平衡表示为

$$AgCl(s) \rightleftharpoons Ag^+(aq) + Cl^-(aq)$$

平衡时

$$K_{sp} = \frac{[Ag^+][Cl^-]}{[AgCl(s)]}$$

$$K_{sp}[AgCl(s)] = [Ag^+][Cl^-]$$

由于[AgCl(s)]是固体，它的浓度可视为常数，可并入常数项得

$$K_{sp} = [Ag^+][Cl^-]$$

K_{sp}称为**溶度积常数**(solubility product constant)，简称**溶度积**(solubility product)。它反映了难溶强电解质在水中的溶解能力。对于 A_aB_b 型的难溶电解质

$$A_aB_b(s) \rightleftharpoons aA^{n+} + bB^{m-}$$

$$K_{sp} = [A^{n+}]^a[B^{m-}]^b \tag{4.1}$$

式(4.1)表明：在一定温度下，难溶强电解质的饱和溶液中离子浓度幂之乘积为一常数。严格地说，溶度积应以离子活度幂之乘积来表示，但在稀溶液中，离子强度很小，活度因子趋近于1，故 $c \approx a$，通常就可用浓度代替活度。一些常见的难溶电解质的溶度积常数列于附录中。

第二节 溶度积常数与溶解度的关系

溶度积 K_{sp}从平衡角度表示难溶电解质的溶解能力，溶解度 S 指的是难溶电解质饱和溶液的浓度，它们的大小都反映了难溶电解质溶解能力的大小。两者之间有内在联系，在一定条件下，可以进行换算。可以从 S 求 K_{sp}，也可以从 K_{sp}求 S。A_aB_b 型难溶电解质的溶解度 S 和溶度积 K_{sp}的关系：

$$A_aB_b(s) \rightleftharpoons \underset{aS}{aA^{n+}} + \underset{bS}{bB^{m-}}$$

$$K_{sp} = [A^{n+}]^a[B^{m-}]^b = (aS)^a(bS)^b$$

$$S = \sqrt[(a+b)]{\frac{K_{sp}}{a^a b^b}}$$

式中溶解度的单位是 $mol \cdot L^{-1}$。

例 4-1 AgCl 在 298.15K 时的溶解度为 $1.91 \times 10^{-3} g \cdot L^{-1}$，求其溶度积。

解 已知 AgCl 的摩尔质量 $M(AgCl)$ 为 $143.4 g \cdot mol^{-1}$，以 $mol \cdot L^{-1}$表示的 AgCl 的溶解度 S 为

$$S = \frac{1.91 \times 10^{-3} g \cdot L^{-1}}{143.4 g \cdot mol^{-1}} = 1.33 \times 10^{-5} mol \cdot L^{-1}$$

所以
$$[Ag^+]=[Cl^-]=S=1.33\times10^{-5}mol\cdot L^{-1}$$
$$AgCl(s)\rightleftharpoons Ag^+(aq)+Cl^-(aq)$$
$$K_{sp}(AgCl)=[Ag^+][Cl^-]=S^2=(1.33\times10^{-5})^2=1.77\times10^{-10}$$

例 4-2 Ag_2CrO_4 在 298.15K 时的溶解度为 $6.54\times10^{-5}mol\cdot L^{-1}$，计算其溶度积。

解
$$Ag_2CrO_4(s)\rightleftharpoons 2Ag^+(aq)+CrO_4^{2-}(aq)$$
在 Ag_2CrO_4 饱和溶液中，每生成 1molCrO_4^{2-}，同时生成 2molAg^+，即
$$[Ag^+]=2S=2\times6.54\times10^{-5}mol\cdot L^{-1},[CrO_4^{2-}]=S=6.54\times10^{-5}mol\cdot L^{-1}$$
$$K_{sp}(Ag_2CrO_4)=[Ag^+]^2[CrO_4^{2-}]=(2\times6.54\times10^{-5})^2(6.54\times10^{-5})=1.12\times10^{-12}$$

例 4-3 $Mg(OH)_2$ 在 298.15K 时的 K_{sp} 值为 5.61×10^{-12}，求该温度时 $Mg(OH)_2$ 的溶解度。

解 根据 $Mg(OH)_2(s)\rightleftharpoons Mg^{2+}+2OH^-$，设 $Mg(OH)_2$ 的溶解度为 S，在饱和溶液中 $[Mg^{2+}]=S$，$[OH^-]=2S$，则有
$$K_{sp}(Mg(OH)_2)=[Mg^{2+}][OH^-]^2=S(2S)^2=4S^3=5.61\times10^{-12}$$
$$S=\sqrt[3]{\frac{5.61\times10^{-12}}{4}}=1.12\times10^{-4}\ mol\cdot L^{-1}$$

对于同类型的难溶电解质，溶解度愈大，溶度积也愈大，对于不同类型的难溶电解质，不能直接根据溶度积来比较溶解度的大小。例如 AgCl 的溶度积比 Ag_2CrO_4 的大，但 AgCl 的溶解度反而比 Ag_2CrO_4 的小。这是由于 Ag_2CrO_4 的溶度积的表示式与 AgCl 的不同，前者与 Ag^+浓度的平方成正比。

由于影响难溶电解质溶解度的因素很多，因此运用溶度积 K_{sp} 与溶解度 S 之间的相互关系直接换算应注意：

（1）适用于离子强度很小，浓度可以代替活度的溶液。对于溶解度较大的难溶电解质（如 $CaSO_4$、$CaCrO_4$ 等），由于饱和溶液中离子强度较大，因此用浓度代替活度计算将会产生较大误差，因而用溶度积计算溶解度也会产生较大的误差。

（2）适用于难溶电解质的离子在水溶液中不发生水解等副反应或者副反应程度很小的物质，对于难溶的硫化物、碳酸盐、磷酸盐等，由于 S^{2-}、CO_3^{2-}、PO_4^{3-} 的水解（阳离子 Fe^{3+} 等也易水解），就不能用上述方法换算。

（3）适用于难溶电解质溶解于水的部分必须完全解离的物质。对于 Hg_2Cl_2、Hg_2I_2 等共价性较强的化合物，溶液中还存在溶解了的分子与水合离子之间的解离平衡，用上述方法换算也会产生较大误差。

第三节 溶度积规则

离子积 *IP*(ion product) 任一条件下离子浓度幂的乘积。IP 和 K_{sp}的表达形式类似，但是其含义不同。K_{sp}表示难溶电解质的饱和溶液中离子浓度幂的乘积，仅是 IP 的一个特例。对某一溶液：

（1）$IP=K_{sp}$，表示溶液是饱和的。这时溶液中的沉淀与溶解达到动态平衡，既无沉淀析出又无沉淀溶解。

（2）$IP<K_{sp}$，表示溶液是不饱和的。溶液无沉淀析出，若加入难溶电解质，则会继续溶解。

（3）$IP>K_{sp}$，表示溶液为过饱和。溶液会有沉淀析出。

上述三点结论称为溶度积规则。它是难溶电解质沉淀溶解平衡移动规律的总结，也是判断沉淀生成和溶解的依据。

第四节　多相平衡的移动

一、沉淀的生成

根据溶度积规则，当溶液中 $IP > K_{sp}$，将会有沉淀生成，这是产生沉淀的必要条件。当析出沉淀后，总有一部分残留在溶液中，当溶液中这种物质的离子浓度小于 $10^{-5}mol \cdot L^{-1}$时，认为已经沉淀完全。

例 4-4　判断下列条件下是否有沉淀生成（均忽略体积的变化）：(1) 将 $0.020mol \cdot L^{-1}$ $CaCl_2$ 溶液 10ml 与等体积同浓度的 $Na_2C_2O_4$ 溶液相混合；(2) 在 $1.0mol \cdot L^{-1}$ $CaCl_2$ 溶液中通入 CO_2 气体至饱和。

解　(1) 溶液等体积混合后

$$[Ca^{2+}] = 0.010mol \cdot L^{-1}, [C_2O_4^{2-}] = 0.010mol \cdot L^{-1}$$，此时

$$IP(CaC_2O_4) = [Ca^{2+}][C_2O_4^{2-}] = (1.0 \times 10^{-2}) \times (1.0 \times 10^{-2}) = 1.0 \times 10^{-4}$$

所以

$$IP > K_{sp}(CaC_2O_4) = 2.32 \times 10^{-9}$$

因此溶液中有 CaC_2O_4 沉淀析出。

(2) 饱和 CO_2 水溶液中，$[CO_3^{2-}] = K_{a2} = 4.68 \times 10^{-11} mol \cdot L^{-1}$，则

$$IP(CaCO_3) = [Ca^{2+}][CO_3^{2-}] = 1.0 \times (4.68 \times 10^{-11})$$
$$= 4.68 \times 10^{-11} < K_{sp}(CaCO_3) = 3.36 \times 10^{-9}$$

因此 $CaCO_3$ 沉淀不会析出。

二、分级沉淀和沉淀的转化

（一）分级沉淀

分级沉淀(fractional precipitate)　溶液中有两种以上的离子可与同一试剂反应产生沉淀，首先析出的是离子积最先达到溶度积的化合物，按先后顺序沉淀的现象。例如在含有同浓度的 I^- 和 Cl^- 的溶液中，逐滴加入 $AgNO_3$ 溶液，最先看到淡黄色 AgI 沉淀，至加到一定量 $AgNO_3$ 溶液后，才生成白色 AgCl 沉淀，这是因为 AgI 的溶度积比 AgCl 小得多，离子积最先达到溶度积而首先沉淀。利用分级沉淀可进行离子间的相互分离。

例 4-5　在 $0.010mol \cdot L^{-1}$ K_2CrO_4 和 $0.010mol \cdot L^{-1}$ KCl 的混合溶液中，滴加 $AgNO_3$ 溶液，CrO_4^{2-} 和 Cl^- 哪个离子先沉淀？当第二种离子开始沉淀时，第一种离子的浓度是多少？

解　生成 Ag_2CrO_4、AgCl 沉淀所需 Ag^+ 离子最低浓度分别为

$$[Ag^+] = \sqrt{\frac{K_{sp}(Ag_2CrO_4)}{[CrO_4^{2-}]}} = \sqrt{\frac{1.11 \times 10^{-12}}{0.0100}} = 1.05 \times 10^{-5} mol \cdot L^{-1}$$

$$[Ag^+] = \frac{K_{sp}(AgCl)}{[Cl^-]} = \frac{1.77 \times 10^{-10}}{0.0100} = 1.77 \times 10^{-8} mol \cdot L^{-1}$$

AgCl 沉淀所需 Ag^+ 离子浓度小，所以 AgCl 先沉淀。当 Ag_2CrO_4 开始沉淀时，溶液中残留的 Cl^- 浓度为

$$[Cl^-] = \frac{K_{sp}(AgCl)}{[Ag^+]} = \frac{1.77 \times 10^{-10}}{1.05 \times 10^{-5}} = 1.68 \times 10^{-5} mol \cdot L^{-1}$$

利用沉淀反应来检验离子、分离离子及除去杂质 是化学上常用的方法。关于这方面用得最多的是难溶的硫化物、氢氧化物及碳酸盐等。对同一种金属离子来说，硫化物具有最小的溶解度，用硫化物沉淀

金属离子可将溶液中残留离子的浓度控制到很低的程度。不同的难溶金属硫化物具有不同的溶度积,因此可以分步沉淀而得到分离。

例 4-6 某溶液中含有 0.10mol·L^{-1} Pb^{2+} 和 0.10mol·L^{-1} Fe^{2+}。为了使 Pb^{2+} 形成 PbS 沉淀与 Fe^{2+} 分离,S^{2-} 浓度应控制在什么范围?能否利用分级沉淀的方法将两者分离?

解 查表得 $K_{sp}(PbS)=8.0\times10^{-28}$,$K_{sp}(FeS)=6.3\times10^{-18}$

则沉淀 Pb^{2+} 时所需 S^{2-} 的最低浓度为

$$[S^{2-}]=\frac{K_{sp}(PbS)}{[Pb^{2+}]}=\frac{8.0\times10^{-28}}{0.10}=8.0\times10^{-27}\text{mol}\cdot\text{L}^{-1}$$

不使 FeS 沉淀,溶液中 S^{2-} 的最高浓度为

$$[S^{2-}]=\frac{K_{sp}(FeS)}{[Fe^{2+}]}=\frac{6.3\times10^{-18}}{0.10}=6.3\times10^{-17}\text{mol}\cdot\text{L}^{-1}$$

所以,为使 Pb^{2+} 形成 PbS 沉淀,而 Fe^{2+} 仍留在溶液中,应控制$[S^{2-}]$在 8.0×10^{-27}mol·L^{-1} ~ 6.3×10^{-17}mol·L^{-1}之间。当 FeS 开始沉淀时,溶液中残留的 Pb^{2+} 为

$$[Pb^{2+}]=\frac{K_{sp}(PbS)}{[S^{2-}]}=\frac{8.0\times10^{-28}}{6.3\times10^{-17}}=1.3\times10^{-11}\text{mol}\cdot\text{L}^{-1}$$

此时 Pb^{2+} 已经沉淀完全。可以利用分级沉淀的方法将 Pb^{2+} 和 Fe^{2+} 分离完全。

(二)沉淀的转化

将一种难溶化合物转化为另一种难溶化合物,这种过程称为沉淀的转化。例如,锅炉中的水垢,其中含有 $CaSO_4$,可以用 Na_2CO_3 溶液处理,使 $CaSO_4$ 转化为疏松的且易溶于酸的 $CaCO_3$,才能把锅垢清除掉,其反应式为

$$CaSO_4(s)+Na_2CO_3 \rightleftharpoons CaCO_3(s)+Na_2SO_4$$

反应平衡常数 K 为

$$K=\frac{[SO_4^{2-}]}{[CO_3^{2-}]}$$

在上式的分子分母中分别乘以$[Ca^{2+}]$,则

$$K=\frac{[SO_4^{2-}][Ca^{2+}]}{[CO_3^{2-}][Ca^{2+}]}=\frac{K_{sp}(CaSO_4)}{K_{sp}(CaCO_3)}=\frac{7.10\times10^{-5}}{4.96\times10^{-9}}=1.4\times10^{4}$$

以上转化能进行的原因是 $CaCO_3$ 的 K_{sp} 小于 $CaSO_4$ 的 K_{sp},因此,向 $CaSO_4$ 的饱和溶液中加入 Na_2CO_3 溶液时,CO_3^{2-} 就会与 Ca^{2+} 生成 K_{sp} 更小的 $CaCO_3$ 沉淀,而减小 $CaSO_4$ 与成平衡的 Ca^{2+} 离子浓度,使 $CaSO_4$ 的沉淀溶解平衡向溶解方向移动,从而实现了沉淀的转化。

三、同离子效应和盐效应

(一)同离子效应

加入含有共同离子的电解质,使难溶电解质的溶解度降低的效应叫难溶电解质**同离子效应**(common ion effect)。

例 4-7 分别计算 Ag_2CrO_4:(1)在 0.10mol·L^{-1} $AgNO_3$ 溶液中的溶解度;(2)在 0.10mol·L^{-1} Na_2CrO_4 溶液中的溶解度。[已知 $K_{sp}(Ag_2CrO_4)=1.12\times10^{-12}$]。

解 (1)因溶液中$[Ag^+]$增大,产生同离子效应,达到平衡时,设 Ag_2CrO_4 的溶解度为 S,则

$$Ag_2CrO_4(s) \rightleftharpoons 2Ag^+ \quad + \quad CrO_4^{2-}$$

平衡时 $2S+0.10\approx0.10$ S

$$S = [CrO_4^{2-}] = K_{sp}(Ag_2CrO_4)/[Ag^+]^2$$
$$= (1.12 \times 10^{-12}/0.10^2)\ mol \cdot L^{-1} = 1.12 \times 10^{-10}\ mol \cdot L^{-1}$$

(2) 在有 CrO_4^{2-} 存在的溶液中，沉淀溶解达到平衡时，设 Ag_2CrO_4 的溶解度为 S，则

$$Ag_2CrO_4(s) \rightleftharpoons 2Ag^+ \quad + \quad CrO_4^{2-}$$

平衡时　　$2S$　　$0.10 + S \approx 0.10$

$$K_{sp}(Ag_2CrO_4) = [Ag^+]^2[CrO_4^{2-}] = (2S)^2(0.10) = 0.40S^2$$

$$S = \sqrt{\frac{K_{sp}}{0.4}} = \sqrt{\frac{1.12 \times 10^{-12}}{0.4}}\ mol \cdot L^{-1} = 1.7 \times 10^{-6}\ mol \cdot L^{-1}$$

上述例题中要使溶液中 Ag^+ 完全沉淀，通常加入适当过量的沉淀剂（Na_2CrO_4），利用同离子效应，可使 Ag^+ 沉淀得更加完全。但是，沉淀剂的用量不是愈多愈好，因为加入过多，反而会使溶解度增大，例如 AgCl 沉淀可因与过量的 Cl^- 离子发生以下反应而溶解。

$$AgCl(s) + Cl^- \rightleftharpoons AgCl_2^-\ (或\ AgCl_3^{2-})$$

（二）盐效应

过量沉淀剂还因增大溶液的离子强度而使沉淀的溶解度增大。例如在 $BaSO_4$ 和 AgCl 的饱和溶液中，若加入一定量的强电解质 KNO_3 时，这两种沉淀物的溶解度都比在纯水中的溶解度要大。这种因加入不含与难溶电解质相同离子的易溶电解质，从而使难溶电解质的溶解度略微增大的效应称为**盐效应**（salt effect）。在难溶电解质的饱和溶液中，当产生同离子效应的同时，还会产生盐效应，而且同离子效应与盐效应两者的结果正好相反。当两种效应同时存在时，可忽略盐效应的影响。

四、沉淀的溶解

根据溶度积规则，要使处于沉淀平衡状态的难溶电解质向着溶解方向转化，就必须降低该难溶电解质饱和溶液中某一离子的浓度，以使其 $IP < K_{sp}$。

（一）生成难解离的物质使沉淀溶解

1. 金属氢氧化物沉淀的溶解

$$Mg(OH)_2(s) \rightleftharpoons Mg^{2+} + 2OH^-$$

平衡移动方向

$$+$$
$$2H^+ + 2Cl^- \longleftarrow 2HCl$$
$$\Updownarrow$$
$$2H_2O$$

$Mg(OH)_2$ 中加入 HCl 后，H^+ 与溶液中的 OH^- 反应生成弱电解质 H_2O，$[OH^-]$ 降低，$IP(Mg(OH)_2) < K_{sp}(Mg(OH)_2)$，于是沉淀溶解。

2. 碳酸盐沉淀的溶解

$$CaCO_3(s) \rightleftharpoons Ca^{2+} + CO_3^{2-}$$

平衡移动方向

$$+$$
$$H^+ + Cl^- \longleftarrow HCl$$
$$\Updownarrow$$
$$HCO_3^- \xrightleftharpoons{H^+} CO_2 + H_2O$$

在 $CaCO_3$ 中加入 HCl 后，H^+ 与溶液中的 CO_3^{2-} 反应生成难解离的 HCO_3^- 或 CO_2 气体和水，使溶液中 $[CO_3^{2-}]$ 降低，导致 $IP(CaCO_3) < K_{sp}(CaCO_3)$，故沉淀溶解。

3. 金属硫化物沉淀的溶解

$$\begin{array}{l} ZnS(s) \rightleftharpoons Zn^{2+} + S^{2-} \\ \quad\quad\quad\quad\quad\quad\quad\quad\quad + \\ \quad\quad\quad\quad\quad\quad\quad\quad\quad H^+ + Cl^- \longleftarrow HCl \\ \quad\quad\quad\quad\quad\quad\quad\quad\quad \Updownarrow \\ \quad\quad\quad\quad\quad\quad\quad\quad\quad HS^- \rightleftharpoons H_2S \end{array}$$

平衡移动方向

在 ZnS 沉淀中加入 HCl，由于 H^+ 与 S^{2-} 结合生成 HS^-，再与 H^+ 结合生成 H_2S 气体，使 ZnS 的 $IP(ZnS) < K_{sp}(ZnS)$，沉淀溶解。

4. $PbSO_4$ 沉淀的溶解

$$\begin{array}{l} PbSO_4(s) \rightleftharpoons Pb^{2+} + SO_4^{2-} \\ \quad\quad\quad\quad\quad\quad\quad + \\ \quad\quad\quad\quad\quad\quad\quad 2Ac^- + 2NH_4^+ \longleftarrow 2NH_4Ac \\ \quad\quad\quad\quad\quad\quad\quad \Updownarrow \\ \quad\quad\quad\quad\quad\quad\quad Pb(Ac)_2 \end{array}$$

平衡移动方向

在 $PbSO_4$ 沉淀中加入 NH_4Ac，能形成难解离的 $Pb(Ac)_2$，使溶液中 $[Pb^{2+}]$ 降低，导致 $PbSO_4$ 的 $IP(PbSO_4) < K_{sp}(PbSO_4)$，沉淀溶解。

5. 形成难解离的配离子

$$\begin{array}{l} AgCl(s) \rightleftharpoons Ag^+ + Cl^- \\ \quad\quad\quad\quad\quad\quad\quad + \\ \quad\quad\quad\quad\quad\quad\quad 2NH_3 \\ \quad\quad\quad\quad\quad\quad\quad \Updownarrow \\ \quad\quad\quad\quad\quad\quad\quad [Ag(NH_3)_2]^+ \end{array}$$

平衡移动方向

在 AgCl 沉淀加入氨水，由于 Ag^+ 可以和氨水中的 NH_3 结合成难解离的配离子 $[Ag(NH_3)_2]^+$，使溶液中 $[Ag^+]$ 降低，导致 AgCl 沉淀溶解。

（二）利用氧化还原反应使沉淀溶解

金属硫化物的 K_{sp} 相差很大，其在酸中的溶解情况差异也很大。像 ZnS、PbS、FeS 等 K_{sp} 较大的金属硫化物都能溶于盐酸；而 Ag_2S、CuS 等 K_{sp} 很小的金属硫化物就不能溶于盐酸，只能通过加入氧化剂如 HNO_3，将溶液中的 S^{2-} 氧化为游离的 S，使 S^{2-} 浓度降低，因而使硫化物溶解，其氧化还原反应式为

$$3CuS + 8HNO_3 = 3Cu(NO_3)_2 + 3S\downarrow + 2NO\uparrow + 4H_2O$$

$$\begin{array}{l} CuS(s) \rightleftharpoons Cu^{2+} + S^{2-} \\ \quad\quad\quad\quad\quad\quad\quad\quad \downarrow HNO_3 \\ \quad\quad\quad\quad\quad\quad\quad\quad \longrightarrow S\downarrow + NO\uparrow \end{array}$$

第五节　多相离子平衡在医学中的应用

一、钡　　餐

在医疗诊断中，难溶 $BaSO_4$ 被用于消化系统的 X 线透视中，通常称为钡餐透视。在进行透视之前，患者要吃进 $BaSO_4$ 在 Na_2SO_4 溶液中的糊状物，以便 $BaSO_4$ 能到达消化系统。因为 $BaSO_4$ 是不能透过 X 射线的，这样在屏幕上或照片上就能很清楚地将消化系统显现出来。虽然 Ba^{2+} 是有毒的，但是，由于同

离子效应，$BaSO_4$ 在 $Na_2SO_4(aq)$ 中的溶解非常之小，对患者没有任何危险。

二、龋齿的产生

在医学中，蛀牙是一个很难医治的医学病。在防治方面就利用了沉淀反应。牙齿表面有一层薄层珐琅质层保护着，釉质是由难溶的羟基磷酸钙(羟基磷灰石)[$Ca_{10}(OH)_2(PO_4)_6$]组成。当它溶解时，相关离子进入了唾液：

$$Ca_{10}(OH)_2(PO_4)_6(s) + 8H^+ \rightleftharpoons 10Ca^+(aq) + 6HPO_4^{2-} + 2H_2O$$

在正常情况下，此反应向右进行的程度是很小的。该反应的逆过程叫再矿化作用，是人体自身的防蛀过程。当人进餐后，口腔中的细菌分解食物产生有机酸，特别是像糖果，冰淇淋和含糖高的物质，产生的酸最多，而导致 pH 减小，促进了牙齿脱化作用。当保护性的釉质层被削弱时，蛀牙就开始了，怎样防止蛀牙呢？防止蛀牙的最好方法是吃低糖的食物和坚持饭后立即刷牙，大多数牙膏含有氟化物，如 NaF 或 SnF_2 这些氟化物能帮助减少蛀牙。因为在再矿化过程中 F^- 取代了 OH^- 生成氟磷灰石。氟磷灰石 $Ca_{10}(PO_4)_6F_2(s)$ 是更难溶的化合物，其 K_{sp} 为 1.0×10^{-60}，而羟基磷灰石 $Ca_{10}(OH)_2(PO_4)_6$ 其 K_{sp} 为 6.8×10^{-37}。

三、尿结石的形成

尿是人体体液通过肾脏排泄出来的物质。据分析尿液中含有 Ca^{2+}、Mg^{2+}、NH_4^+、$C_2O_4^{2-}$、PO_4^{3-}、H^+ 和 OH^- 等离子，这些物质可以形成尿结石。

在人体内，尿形成的第一步是进入肾脏的血在肾小球的组织内过滤，把蛋白质、细胞等大分子和“有形物质”滤掉，出来的滤液就是原始的尿，这些尿经过肾小管进入膀胱。来自肾小球的滤液通常对草酸钙是过饱和的，即 $c(Ca^{2+})c(C_2O_4^{2-}) > K_{sp}(CaC_2O_4)$。在血液中有蛋白质这样的结晶抑制剂，黏度也比较大，所以草酸钙难以形成沉淀。经过肾小球过滤后，蛋白质等大分子被去掉，黏度也大大降低，因此在进入肾小管之前或在管内会有 CaC_2O_4 结晶形成。这种现象在许多没有尿结石病的人的尿中也会发生，不过不能形成大的结石堵塞通道，这种 CaC_2O_4 小结石在肾小管中停留时间短，容易随尿液排出，不会形成结石。有些人之所以形成结石，是因为尿中成石抑制物浓度太低，或肾功能不好，滤液流动速率太慢，在肾小管内停留时间较长，在这一段细小管道中就会形成结石。因此，医学上常用加快排尿速率(即降低滤液停留时间)、加大尿量(减小 Ca^{2+}、$C_2O_4^{2-}$ 的浓度)等方法防治尿结石。多饮水，也是防治尿结石的一种方法。

知识拓展

氟与牙齿健康

在人体中氟主要分布在骨髓和牙齿中，主要的生理功能是预防龋齿。我国 6 岁儿童乳牙龋齿率常在 80% 以上，每人平均龋齿数也很高。龋齿已经成了幼儿最突出的疾病，而且在不断增加中。

龋齿产生的主要原因是由于细菌作用于碳水化合物而产生酸，酸使牙齿的釉质脱钙，随后使有机物破坏而发生龋洞。小儿吃大量糖果，有利于乳酸杆菌的繁殖，可促成龋齿。

氟防龋齿的机理是它能取代珐琅质中一部分羟磷灰石的羟基，形成不易溶于酸的结晶，因而可增强对口腔微生物形成酸的抵抗力，不易被腐蚀而造成龋齿。有人分层分析了珐琅质中含氟量，发现最外层的 5μm 部分含氟最高，可达 10 000mg·kg^{-1}，向内侧急剧下降，说明珐琅质的特殊性质与氟确有关系。一般正常人牙齿的氟含量为 11mg·$(100g)^{-1}$，龋齿氟含量则仅为 6mg·$(100g)^{-1}$。在水中氟含量大于 1ppm 时，龋齿发生率可降低 50% ~60%。如在婴儿时期服用含氟的水，防龋齿的效果则更好。

近数十年国内外经验证明，氟化物是最卓越的防龋剂。通过低氟区的自来水加氟，饮水含氟量以 0.7 ~1.0mg·L^{-1} 最为适宜，最高不得超过 1.5mg·L^{-1}。另外食盐加氟，使用含漱氟溶液，加氟牙膏、加氟凝胶等办法，明显降低了小儿龋齿的患病率，保护了小儿牙齿健康。

人类摄入了氟量过多，可引起中毒，形成氟斑牙症及氟骨症。饮水中氟达到 6mg·L^{-1} 时，全体居民都会患氟斑牙症。若在 2.5mg·L^{-1} 时，会有 75% ~80% 的人患氟斑牙症。

所以牙齿健康与氟极为密切，少则产生龋齿，多则会中毒，保证氟摄入量是以有利于牙齿健康。

Summary

In the saturated solution of a sparingly soluble salt, an equilibrium exists between the solid phase and the solution. For A_aB_b:

$$A_aB_b(s) \rightleftharpoons aA^{n+} + bB^{m-}$$

$$K_{sp} = [A^{n+}]^a[B^{m-}]^b$$

in which K_{sp} is the solubility product constant. At a given temperature, the solubility product in a saturated solution of a sparingly soluble salt is a constant. S is the solubility of a sparingly soluble salt (A_aB_b) which is the concentration of solid that dissolves per liter of solution ($mol \cdot L^{-1}$).

Solubility and solubility product all express the dissolving ability of a compound. S can be used to calculate K_{sp}, and K_{sp} can be used to calculate S. For the same types ($a+b$), the value for S of a sparingly soluble electrolyte can be directly compared with K_{sp}, the larger the value of K_{sp}, the greater must be s of the substance. For the different types ($a+b$), the value for S of a sparingly so1uble electrolyte cannot be directly compared with K_{sp}.

Ion product (IP) is the product of the concentrations of ions in any solution of a sparingly soluble electrolyte, which is not a constant. If $IP = K_{sp}$, the solution of a sparingly soluble electrolyte is saturated, no precipitation will occur; If $IP < K_{sp}$, the solution of a sparingly soluble electrolyte is unsaturated, no precipitation will occur; if $IP > K_{sp}$, the solution is supersaturated, and precipitation will occur until the solution is saturated.

When the aqueous solution contains a soluble electrolyte having an ion in common with a sparingly soluble solid, the solubility of a sparingly soluble solid is decreased by a significant amount. This is known as the common ion effect. When the aqueous solution contains a soluble electrolyte having no ion in common with a sparingly soluble solid, the solubility of a sparingly soluble solid is increased by a little amount. This is salt effect. When there are two effects, the common ion effect is much more pronounced than the salt effect. For most applications, the salt effect is small enough to be ignored.

习　　题

1. 试述离子积和溶度积的异同点与它们之间的联系。
2. 同离子效应和盐效应对难溶强电解质的溶解度有什么影响?
3. 对于两个难溶强电解质,溶度积越大,其溶解度也越大吗? 为什么?
4. 解释为什么 $BaSO_4$ 在生理盐水中的溶解度大于在纯水中的溶解度,而 AgCl 的溶解度在生理盐水中却小于在纯水的溶解度。
5. 解释下列反应中沉淀的生成或溶解的原因:
   (1) $Mg(OH)_2$ 能溶于盐酸也能溶于氯化铵溶液;
   (2) MnS 在盐酸和醋酸中都能溶解;
   (3) AgCl 能溶于氨水,加硝酸沉淀又重新出现。
6. (1) 在 10mL 1.5×10^{-3} $mol \cdot L^{-1}$ $MnSO_4$ 溶液中,加入 5.0mL 0.15$mol \cdot L^{-1}$ 氨水溶液,能否生成 $Mn(OH)_2$ 沉淀?
   (2) 若在上述 10mL 1.5×10^{-3} $mol \cdot L^{-1}$ $MnSO_4$ 溶液中,先加入 0.495g 固体 $(NH_4)_2SO_4$,然后再加入 5.0mL 0.15$mol \cdot L^{-1}$ 氨水溶液,能否生成 $Mn(OH)_2$ 沉淀? (设加入 $(NH_4)_2SO_4$ 固体后,溶液的体积不变)
   [(1) $IP = 9.0 \times 10^{-10}$; (2) $IP = 3.2 \times 10^{-15}$]
7. 假设溶于水中的 $Mn(OH)_2$ 完全解离,试计算:
   (1) $Mn(OH)_2$ 在水中的溶解度($mol \cdot L^{-1}$); (2) $Mn(OH)_2$ 饱和溶液中的 $[Mn^{2+}]$ 和 $[OH^-]$; (3) $Mn(OH)_2$ 在 0.10$mol \cdot L^{-1}$ NaOH 溶液中的溶解度(假如 $Mn(OH)_2$ 在 NaOH 溶液中不发生其他变化); (4) $Mn(OH)_2$ 在 0.20$mol \cdot L^{-1}$ $MnCl_2$ 溶液中的溶解度。
   [(1) $3.72 \times 10^{-5} mol \cdot L^{-1}$; (2) $3.72 \times 10^{-5} mol \cdot L^{-1}$, $7.44 \times 10^{-5} mol \cdot L^{-1}$; (3) $2.06 \times 10^{-11} mol \cdot L^{-1}$; (4) $5.07 \times 10^{-7} mol \cdot L^{-1}$]

8. 在某酸性溶液中含有 Fe^{3+} 和 Fe^{2+}，它们的浓度均为 1.00mol · L^{-1} 向溶液中加碱(忽略体积变化)，使其 pH = 3.00，该溶液中残存的 Fe^{3+} 和 Fe^{2+} 离子浓度各为多少？

[$[Fe^{2+}]$ = 1.00mol · L^{-1}；$[Fe^{3+}]$ = 2.79×10^{-6}mol · L^{-1}]

9. 据研究调查，有相当一部分的肾结石是由 CaC_2O_4 组成的。正常人每天尿量约为 1.4L，其中约含 0.1gCa^{2+}。为了不使尿中形成 CaC_2O_4 沉淀，其中 $C_2O_4^{2-}$ 离子的最高浓度为多少？对肾结石患者来说，医生总让其多次饮水，试简单加以解释。(已知 $K_{sp} = 2.3 \times 10^{-9}$)

[1.3×10^{-6}mol · L^{-1}]

10. 在含有 0.01mol · L^{-1} $[I^-]$ 和 0.01mol · L^{-1} $[Cl^-]$ 的溶液中，滴加 $AgNO_3$ 溶液时，哪种离子最先沉淀？当第二种离子刚开始沉淀时，溶液中的第一种离子浓度为多少？(忽略溶液体积的变化)

[$[I^-]$ = 4.81×10^{-9}mol · L^{-1}]

(任群翔)

第五章 缓冲溶液

许多化学反应,特别是生物体内进行的化学反应,往往需要在一定 pH 的溶液中才能正常进行。例如某些酶需要在一定的 pH 范围内才能发挥其活性作用;正常人体血液 pH 在 7.35 ~7.45 范围内,如果 pH <7.35 或 pH >7.45,机体的生理功能就会失调而导致疾病的发生。在正常生理条件下,虽然组织细胞在代谢过程中不断产生酸性物质或碱性物质,进入体内的某些食物或药物也有酸性或碱性作用,但血液 pH 仍稳定地保持在上述狭窄范围内。显然,血液中一定含有完备的调节 pH 的体系。这种在一定条件下能保持其 pH 不发生明显改变的溶液就是缓冲溶液。学习缓冲溶液的基本原理及配制方法等基本知识,对生物学和医学研究都有着极其重要的作用。

第一节 缓冲溶液的组成及其缓冲作用原理

一、缓冲作用

纯水和一般的溶液不易保持较稳定的 pH。纯水在 25℃时 pH 为 7,在纯水中加入少量的强酸或强碱,pH 就会发生明显的改变。如在 1L 纯水中加入 $1mol \cdot L^{-1}$ HCl 溶液 1ml,$[H^+]$就由 $10^{-7}mol \cdot L^{-1}$ 增加到 $10^{-4}mol \cdot L^{-1}$,pH 由 7 下降到 4,减少了三个单位。若在 1L 纯水中加入 $1mol \cdot L^{-1}$ NaOH 溶液 1mL,$[OH^-]$就由 $10^{-7}mol \cdot L^{-1}$ 增加到 $10^{-4}mol \cdot L^{-1}$,pH 由 7 上升至 10,增加了三个单位。然而,在 1.0L 含 HAc 和 NaAc 均为 0.10mol 的混合溶液中,加入 10ml $1mol \cdot L^{-1}$ HCl 后,溶液的 pH 从 4.75 下降到 4.66,只下降了 0.09 个单位。若在上述溶液中加入 10ml $1mol \cdot L^{-1}$ NaOH,则 pH 由 4.75 变到 4.84,只上升了 0.09 个单位。可见这样的混合溶液在加入少量的强酸或强碱后,pH 改变幅度是很小的。这种能抵抗少量外加强酸、强碱或稍加稀释,而仍能保持溶液的 pH 基本不变的作用称为**缓冲作用**(buffer action),具有缓冲作用的溶液称为**缓冲溶液**(buffer solution)。

二、缓冲溶液的组成

缓冲溶液一般是由一种酸和它的共轭碱组成的溶液。组成缓冲溶液的共轭酸碱对叫**缓冲系**(buffer system)或**缓冲对**(buffer pair)。常见的缓冲系主要有三种类型:弱酸及其共轭碱;弱碱及其共轭酸;两性物质及其对应的共轭酸(碱)。

表 5-1 列出了一些常用的缓冲系。

表 5-1 常见的缓冲系

缓冲系	弱酸	共轭碱	质子转移平衡	pK_a(25℃)
HAc-NaAc	HAc	Ac^-	$HAc + H_2O \rightleftharpoons Ac^- + H_3O^+$	4.76
H_2CO_3-$NaHCO_3$	H_2CO_3	HCO_3^-	$H_2CO_3 + H_2O \rightleftharpoons HCO_3^- + H_3O^+$	6.35
H_3PO_4-NaH_2PO_4	H_3PO_4	$H_2PO_4^-$	$H_3PO_4 + H_2O \rightleftharpoons H_2PO_4^- + H_3O^+$	2.16
Tris · HCl-Tris	$Tris \cdot H^+$	Tris	$Tris \cdot H^+ + H_2O \rightleftharpoons Tris + H_3O^+$	7.85
$H_2C_8H_4O_4$-$KHC_8H_4O_4$	$H_2C_8H_4O_4$	$HC_8H_4O_4^-$	$H_2C_8H_4O_4 + H_2O \rightleftharpoons HC_8H_4O_4^- + H_3O^+$	2.89
NH_4Cl-NH_3	NH_4^+	NH_3	$NH_4^+ + H_2O \rightleftharpoons NH_3 + H_3O^+$	9.25
$CH_3NH_3^+Cl^-$-CH_3NH_2	$CH_3NH_3^+$	CH_3NH_2	$CH_3NH_3^+ + H_2O \rightleftharpoons CH_3NH_2 + H_3O^+$	10.63
NaH_2PO_4-Na_2HPO_4	$H_2PO_4^-$	HPO_4^{2-}	$H_2PO_4^- + H_2O \rightleftharpoons HPO_4^{2-} + H_3O^+$	7.21
Na_2HPO_4-Na_3PO_4	HPO_4^{2-}	PO_4^{3-}	$HPO_4^{2-} + H_2O \rightleftharpoons PO_4^{3-} + H_3O^+$	12.32

三、缓冲作用原理

缓冲溶液为什么具有缓冲作用呢?现以 HAc-NaAc 缓冲溶液为例来说明。

在 HAc-NaAc 混合溶液中,HAc 是弱电解质,在水溶液中存在解离平衡;NaAc 是强电解质,在溶液中完全解离,以 Na^+、Ac^- 存在。由于 Ac^- 的同离子效应,使得 HAc 几乎完全以分子状态存在。当达到新的平衡时,系统中存在着足量的 HAc(共轭酸)分子和 Ac^-(共轭碱)。

$$HAc(\text{大量}) + H_2O \rightleftharpoons H_3O^+ + Ac^-(\text{大量})$$

$$NaAc \longrightarrow Na^+ + Ac^-$$

当向此溶液中加少量强酸时,溶液中的共轭碱 Ac^- 与加入的 H_3O^+ 结合成难解离的 HAc 和 H_2O 分子,使平衡向左移。达到新平衡时,溶液中$[H_3O^+]$无明显增大,从而保持 pH 基本不变,Ac^- 起到抵抗少量外来酸的作用,在溶液中 Ac^- 为抗酸成分。如果在溶液中外加少量强碱,则由强碱产生的 OH^- 就会与溶液中的 H_3O^+ 结合生成 H_2O,引起$[H_3O^+]$减少,促使平衡会向右移动。这样体系中 HAc 分子解离,补充被消耗掉的 H_3O^+。当达到新的平衡时,$[H_3O^+]$浓度无明显下降,即仍保持 pH 基本不变。HAc 分子起到抵抗少量外来碱的作用,故 HAc 是抗碱成分。

缓冲溶液的缓冲作用,实质上是溶液中的足量共轭酸碱对在外来加入少量强酸强碱后,通过自身的质子转移平衡来调节溶液的 H_3O^+ 浓度,使溶液的 pH 基本不发生显著变化。当然,如果向缓冲溶液中加入大量的强酸强碱,缓冲溶液中的抗酸成分及抗碱成分将耗尽,缓冲溶液也就不具有缓冲能力了。

第二节 缓冲溶液 pH 的计算

一、缓冲溶液 pH 的计算公式

弱酸(HB)及其共轭碱(B^-)组成的缓冲溶液中,HB 和 B^- 之间存在如下质子转移平衡关系

$$HB + H_2O \rightleftharpoons H_3O^+ + B^-$$

在稀溶液中,H_2O 的浓度可看作常数,达到平衡时

$$K_a = \frac{[H_3O^+][B^-]}{[HB]}$$

$$[H_3O^+] = K_a \times \frac{[HB]}{[B^-]}$$

等式两边取负对数得

$$pH = pK_a + \lg\frac{[B^-]}{[HB]}$$

即

$$pH = pK_a + \lg\frac{[\text{共轭碱}]}{[\text{共轭酸}]} \tag{5.1}$$

式(5.1)就是计算缓冲溶液 pH 的 Henderson-Hassebalch 方程式,也称缓冲公式。式中 pK_a 为弱酸解离常数的负对数,[HB]和$[B^-]$均为平衡浓度,$[B^-]/[HB]$或$[HB]/[B^-]$称为**缓冲比**(buffer-component ratio)。缓冲溶液中的共轭酸是弱酸,溶液中又有足量的共轭碱存在,同离子效应使 HB 的解离度更小,因此$[B^-]$和[HB]也可以看作是所配缓冲溶液中共轭碱和共轭酸的初始浓度,用 $c(HB)$ 和 $c(B^-)$ 来表示,故式(5.1)可也可表示成

$$pH = pK_a + \lg\frac{[B^-]}{[HB]} = pK_a + \lg\frac{c(B^-)}{c(HB)} \tag{5.2}$$

若以 $n(HB)$ 和 $n(B^-)$ 分别表示体积 V 的缓冲溶液中所含共轭酸碱的物质的量,则有

$$pH = pK_a + \lg\frac{n(B^-)/V}{n(HB)/V} = pK_a + \lg\frac{n(B^-)}{n(HB)} \tag{5.3}$$

由以上各式可知:

(1) 缓冲溶液的 pH 主要取决于缓冲系中弱酸的 pK_a,其次是缓冲比。若缓冲系选定,则 pK_a 一定,缓冲溶液的 pH 随缓冲比的改变而改变。缓冲比等于 1 时,$pH = pK_a$。

(2) 弱酸的解离常数 K_a 与温度有关，所以温度对缓冲溶液的 pH 也有影响，但其影响比较复杂，在此不做讨论。

(3) 缓冲溶液在一定范围内加水稀释时，缓冲比不变，则 pH 不变，即缓冲溶液具有一定的抗稀释能力。但是，大量稀释时会引起溶液离子强度的改变，使 HB 和 B^- 的活度因子受到影响，因此缓冲溶液的 pH 也会随之有微小改变。如果过分稀释，共轭酸碱的浓度会大大下降，将不能维持缓冲系物质的足够浓度，从而丧失缓冲能力。

例 5-1 计算 $0.10mol \cdot L^{-1} NH_3$ 50mL 和 $0.20mol \cdot L^{-1} NH_4Cl$ 30ml 混合溶液的 pH。

解 查表得 $pK_b(NH_3) = 4.75$，则 $pK_a(NH_4^+) = 14 - 4.75 = 9.25$

$$pH = pK_a(NH_4^+) + \lg\frac{n(NH_3)}{n(NH_4^+)}$$

$$= 9.25 + \lg\frac{0.10mol \cdot L^{-1} \times 50ml}{0.20mol \cdot L^{-1} \times 30ml} = 9.17$$

例 5-2 在 80ml $0.10mol \cdot L^{-1}$ HAc 溶液中，加入 40mL $0.10mol \cdot L^{-1}$ NaOH，求此溶液的 pH。(HAc 的 $K_a = 1.75 \times 10^{-5}$)

解 根据反应 $HAc + NaOH \rightleftharpoons NaAc + H_2O$，由于 HAc 过量，故该溶液是由缓冲系 HAc-NaAc 组成的缓冲溶液。所以

$$n(Hac) = 0.1 \times (80 - 40) = 4mmol$$

$$n(Ac^-) = 0.1 \times 40 = 4mmol$$

$$pH = pK_a + \lg\frac{n(Ac^-)}{n(HAc)} = 4.75 + \lg\frac{4mmol}{4mmol} = 4.75$$

例 5-3 计算 50mL $0.10mol \cdot L^{-1} Na_2HPO_4$ 和 $0.10mol \cdot L^{-1} NaH_2PO_4$ 缓冲溶液的 pH，并分别计算在该溶液中加入 0.05mL $1.0mol \cdot L^{-1}$ HCl 或 $1.0mol \cdot L^{-1}$ NaOH 后的 pH 的变化($H_2PO_4^-$ 的 $pK_a = 7.21$)。

解 (1) $[H_2PO_4^-] = 0.10mol \cdot L^{-1}$，$[HPO_4^{2-}] = 0.10mol \cdot L^{-1}$，代入式(5.1)得

$$pH = pK_a + \lg\frac{0.10mmol}{0.10mmol} = 7.21 + \lg\frac{0.10mmol}{0.10mmol} = 7.21$$

(2) 加入 HCl 后，H_3O^+ 与溶液中的 HPO_4^{2-} 结合生成 $H_2PO_4^-$，故

$$[H_2PO_4^-] = 0.10mol \cdot L^{-1} + \frac{1.0mol \cdot L^{-1} \times 0.05 \times 10^{-3}L}{50.05 \times 10^{-3}L} = 0.101mol \cdot L^{-1}$$

$$[HPO_4^{2-}] = 0.10mol \cdot L^{-1} - \frac{1.0mol \cdot L^{-1} \times 0.05 \times 10^{-3}L}{50.05 \times 10^{-3}L} = 0.099mol \cdot L^{-1}$$

$$pH = K_a + \frac{[HPO_4^{2-}]}{[H_2PO_4^-]} = 7.21 + \lg\frac{0.099mol \cdot L^{-1}}{0.101mol \cdot L^{-1}} = 7.21 - 0.0088 = 7.20$$

溶液的 pH 比原来降低约 0.01 单位。

(3) 加入 NaOH 后，OH^- 与溶液中的 $H_2PO_4^-$ 结合生成 HPO_4^{2-}，故

$$[H_2PO_4^-] = 0.10mol \cdot L^{-1} - \frac{1.0mol \cdot L^{-1} \times 0.05 \times 10^{-3}L}{50.05 \times 10^{-3}L} = 0.099mol \cdot L^{-1}$$

$$[HPO_4^{2-}] = 0.10mol \cdot L^{-1} + \frac{1.0mol \cdot L^{-1} \times 0.05 \times 10^{-3}L}{50.05 \times 10^{-3}L} = 0.101mol \cdot L^{-1}$$

$$pH = K_a + \frac{[HPO_4^{2-}]}{[H_2PO_4^-]} = 7.21 + \lg\frac{0.101mol \cdot L^{-1}}{0.099mol \cdot L^{-1}} = 7.21 + 0.0086 = 7.22$$

溶液的 pH 比原来升高了约 0.01 单位。

二、缓冲溶液 pH 计算公式的校正

用 Henderson-Hassebalch 方程计算所得缓冲溶液的 pH 是一个近似值，原因是方程式的浓度项中没有考虑离子强度的影响。要从理论上计算得到较准确的 pH，共轭酸和共轭碱的浓度应以活度代替，即

$$\mathrm{pH} = \mathrm{p}K_a + \lg\frac{a[\mathrm{B}^-]}{a[\mathrm{HB}]} = \mathrm{p}K_a + \lg\frac{[\mathrm{B}^-]\gamma(\mathrm{B}^-)}{[\mathrm{HB}]\gamma(\mathrm{HB})}$$

$$= \mathrm{p}K_a + \lg\frac{[\mathrm{B}^-]}{[\mathrm{HB}]} + \lg\frac{\gamma(\mathrm{B}^-)}{\gamma(\mathrm{HB})} \tag{5.4}$$

式中：$\gamma(\mathrm{HB})$ 和 $\gamma(\mathrm{B}^-)$ 分别为溶液中 HB 和 B^- 的活度因子，$\lg\frac{\gamma(\mathrm{B}^-)}{\gamma(\mathrm{HB})}$ 为校正因数。活度因子与弱酸的电荷数和溶液的离子强度有关，故校正因数也与弱酸的电荷数和溶液的离子强度有关。表 5-2 列出弱酸以电荷数 z 不同的缓冲系在 20℃时的校正因数，以便查阅，0～30℃之间的校正因数与表中的基本相同。

表 5-2 不同 I 和 z 时缓冲溶液的校正因数(20℃)

I	$z=+1$	$z=0$	$z=-1$	$z=-2$
0.01	+0.04	-0.04	-0.13	-0.22
0.05	+0.08	-0.08	-0.25	-0.42
0.10	+0.11	-0.11	-0.32	-0.53

例 5-4 试用近似公式和校正公式分别计算 $0.025\mathrm{mol\cdot L^{-1}}\ \mathrm{KH_2PO_4}$ 和 $0.025\mathrm{mol\cdot L^{-1}}\ \mathrm{Na_2HPO_4}$ 缓冲溶液的 pH，并与测定的标准值 6.86 比较（$\mathrm{H_2PO_4^-}$ 的 $\mathrm{p}K_a=7.21$）。

解 (1) 按近似公式计算

$[\mathrm{H_2PO_4^-}]=0.025\mathrm{mol\cdot L^{-1}}$，$[\mathrm{HPO_4^{2-}}]=0.025\mathrm{mol\cdot L^{-1}}$，代入式(5.1)得

$$\mathrm{pH}=\mathrm{p}K_a+\lg\frac{[\mathrm{HPO_4^{2-}}]}{[\mathrm{H_2PO_4^-}]}=7.21+\lg\frac{0.025\mathrm{mol\cdot L^{-1}}}{0.025\mathrm{mol\cdot L^{-1}}}=7.21$$

(2) 按校正公式计算

$$I=\frac{1}{2}\sum c_iz_i^2=\frac{1}{2}(c_{\mathrm{K^+}}\times1^2+c_{\mathrm{H_2PO_4^-}}\times1^2+c_{\mathrm{Na^+}}\times2\times1^2+c_{\mathrm{HPO_4^{2-}}}\times2^2)=0.1$$

从表 5-2 查得校正因数为 -0.32，代入(5.4)得

$$\mathrm{pH}=7.21-0.32+\lg\frac{0.025\mathrm{mol\cdot L^{-1}}}{0.025\mathrm{mol\cdot L^{-1}}}=6.89$$

显然，校正后的 pH6.89 与测定值 6.86 接近，而近似值 7.21 与测定值相差较大。

第三节 缓冲容量和缓冲范围

一、缓冲容量

缓冲溶液具有抵抗少量外加强酸、强碱或稍加稀释而仍能保持溶液的 pH 基本不变的作用。如果在缓冲溶液中加入强酸或强碱超过某一定量时，缓冲溶液中的抗酸成分及抗碱成分将耗尽，溶液就会失去缓冲能力，从而使缓冲溶液的 pH 发生较大的变化。因此，任何缓冲溶液的缓冲能力都是有一定的限度。为此，1922 年 Slyke V 提出用**缓冲容量**(buffer capacity) β 来作为衡量缓冲溶液缓冲能力大小的尺度。缓冲容量定义为：单位体积(L 或 1mL)缓冲溶液的 pH 改变 1 个单位所需加入一元强酸或一元强碱的物质的量(1mol 或 1mmol)，其表示式为

$$\beta \overset{\mathrm{def}}{=\!=} \frac{\mathrm{d}n}{V|\mathrm{dpH}|} \tag{5.5}$$

式中:V是缓冲溶液的体积,dn是缓冲溶液中加入微量一元强酸的物质的量(dn_a)或一元强碱(dn_b)的物质的量,|dpH|是缓冲溶液pH的微小改变量。由式(5.5)可知,β为正值,单位是"mol·L^{-1}·pH^{-1}"。在dn和V一定的条件下,pH的改变|dpH|愈小,β愈大,缓冲溶液的缓冲能力愈强。

二、影响缓冲容量的因素

缓冲容量的大小主要取决于缓冲溶液的总浓度($c_{总}$=[HB]+[B$^-$])和缓冲比。例如,向50.0ml总浓度为0.2mol·L^{-1}的HAc-Ac$^-$缓冲溶液中加入0.05ml 1.0mol·L^{-1}的NaOH溶液时,可根据不同缓冲比和溶液pH的变化情况,算出相应的β,见表5-3。

表5-3 HAc-Ac$^-$的缓冲容量与总浓度和缓冲比的关系

编号	$c_{总}$/(mol·L^{-1})	[Ac$^-$]/[HAc]	pH		ΔpH	β/(mol·L^{-1}·pH^{-1})
			未加NaOH	加NaOH后		
1	0.2	1:1	4.75	4.76	0.01	0.1
2	0.02	1:1	4.75	4.83	0.08	0.013
3	0.2	1:9	3.80	3.83	0.03	0.034
4	0.2	9:1	5.70	5.72	0.02	0.05

从表5-3的可以看出:

(1)对于同一缓冲系,缓冲比相同时,$c_{总}$越大的,β越大,反之则小。一般情况下,缓冲溶液的总浓度以0.05~0.2mol·L^{-1}为宜。

(2)对于总浓度相等的缓冲溶液,缓冲比等于1(此时pH=pK_a)时,β最大。

从式(5.5)可导出(从略)β与缓冲溶液总浓度$c_{总}$的关系

$$\beta = 2.303\times[\mathrm{HB}][\mathrm{B^-}]/c_{总} \tag{5.6}$$

将式(5.6)中分子、分母同乘([HB]+[B$^-$])得

$$\beta = 2.303\frac{[\mathrm{HB}]}{([\mathrm{HB}]+[\mathrm{B^-}])}\times\frac{[\mathrm{B^-}]}{([\mathrm{HB}]+[\mathrm{B^-}])}\times([\mathrm{HB}]+[\mathrm{B^-}]) \tag{5.7}$$

由于$c_{总}$=[HB]+[B$^-$],上式中各因子可表示为[HB]/$c_{总}$、[B$^-$]/$c_{总}$和$c_{总}$,表明β与缓冲比[B$^-$]/[HB]和总浓度$c_{总}$有关。当缓冲比为1时,缓冲容量达极大值$\beta_{极大}$。将c(HB)=c(B$^-$)=$c_{总}$/2代入式(5.7),则可得计算最大缓冲容量的公式

$$\beta_{极大} = 2.303\times\frac{1}{1+1}\times\frac{1}{1+1}\times c_{总} = 0.576c_{总} \tag{5.8}$$

例5-5 求总浓度为0.100mol·L^{-1},pH=4.45的HAc-Ac$^-$缓冲溶液的缓冲容量,以及缓冲容量的极大值。(pK_a=4.75)

解 根据式(5.1)有

$$\mathrm{pH} = pK_a + \lg\frac{[共轭碱]}{[共轭酸]}$$

$$4.45 = 4.75 + \lg\frac{[\mathrm{Ac^-}]}{[\mathrm{HAc}]}$$

$$\lg\frac{[\mathrm{Ac^-}]}{[\mathrm{HAc}]} = 4.45 - 4.75 = -0.30$$

$$\frac{[\mathrm{Ac^-}]}{[\mathrm{HAc}]} = \frac{1}{2}$$

代入式(5.7)得 $\beta = 2.303\times\frac{2}{2+1}\times\frac{1}{2+1}\times 0.100 = 0.0512\ \mathrm{mol\cdot L^{-1}\cdot pH^{-1}}$

代入式(5.8)得 $\beta_{极大} = 0.576\times c_{总} = 0.576\times 0.100 = 0.0576\ \mathrm{mol\cdot L^{-1}\cdot pH^{-1}}$

缓冲比改变时，缓冲溶液的 pH 也随之改变，因此，缓冲溶液的缓冲容量也与 pH 有关。为了更直观地说明这种关系，人们根据大量实验总结，把一些缓冲溶液的缓冲容量与 pH 的关系绘制成图 5-1。

图 5-1 表明：①各缓冲溶液的缓冲容量都随 pH 的改变而改变；②各缓冲溶液的缓冲容量都有一个极大值，$\beta_{极大}$对应的 pH 等于各共轭酸的 pK_a；③总浓度相同的缓冲溶液，具有相同的 $\beta_{极大}$，同一缓冲系，总浓度越大的 $\beta_{极大}$越大；④各缓冲系的缓冲容量都有一定的 pH 范围（曲线两端间），超过这个范围，缓冲溶液就会失去缓冲作用；⑤强酸（pH 在 1～2）和强碱（pH 在 12～13）也有较大的缓冲作用，它们虽无缓冲对，但含有较多的 H_3O^+ 和 OH^-，加入少量强酸或强碱，不会引起溶液 pH 较大的变化。

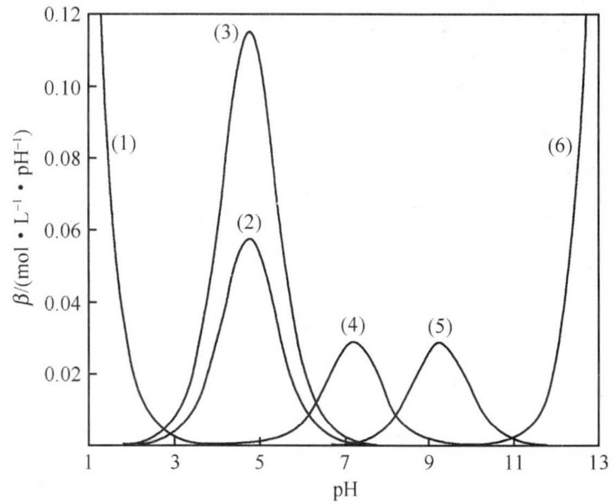

图 5-1 缓冲容量与 pH 的关系

(1) HCl；(2) 0.1mol · L^{-1} HAc + NaOH；
(3) 0.2mol · L^{-1} HAc + NaOH；
(4) 0.05mol · L^{-1} KH_2PO_4 + NaOH；
(5) 0.05mol · L^{-1} H_2BO_3 + NaOH；(6) NaOH

三、缓 冲 范 围

由以上讨论可知，当缓冲溶液的总浓度一定时，缓冲比越接近 1，缓冲容量越大；缓冲比越远离 1，缓冲容量越小。实践表明，当缓冲比在 1∶10～10∶1 之间时，缓冲溶液具有一定的缓冲作用，即缓冲溶液的 pH 在（pK_a-1）～（pK_a+1）的范围内，缓冲溶液才有缓冲作用。因此，将 pH =（pK_a-1）～（pK_a+1）的有效区间称为缓冲溶液的**缓冲范围**（buffer effective range）。不同缓冲系，因各自弱酸的 pK_a 不同，其缓冲范围也各不相同；而且实际缓冲范围与理论缓冲范围不一定完全相同。

第四节 缓冲溶液的配制

一、缓冲溶液的配制方法

配制缓冲溶液的原则和步骤如下。

1. 选择合适的缓冲系 选择缓冲系时应考虑两个因素：一是使所需配制的缓冲溶液的 pH 应在所选缓冲系的缓冲范围（$pK_a\pm1$）之内，并尽量接近于弱酸的 pK_a，以使所配缓冲溶液有较大的缓冲容量。例如，配制 pH 为 3.9 的缓冲溶液时，由于 HCOOH 的 $pK_a=3.74$，与 3.9 接近，因此可选择 HCOOH-$HCOO^-$ 缓冲系。二是所选缓冲系的物质必须对主反应无干扰、不会产生沉淀和不发生配合反应等。对医用缓冲系，还应无毒并具有一定的热稳定性，对酶稳定，能透过生物膜等。例如，硼酸-硼酸盐缓冲系有毒，不能作为培养细菌或用作注射液、口服液等的缓冲溶液；碳酸-碳酸氢盐缓冲系因碳酸容易分解，通常不宜采用。

2. 配制的缓冲溶液的总浓度要适当 总浓度太低，缓冲容量过小；总浓度太高，一方面离子强度太大或渗透压力过高而不适用，另一方面造成试剂的浪费。因此，实际工作中一般应将总浓度控制在 0.05～0.2mol · L^{-1}范围内为宜。

3. 计算所需缓冲系的量 选择好缓冲系之后，就可根据 Henderson-Hasselbalch 方程式计算所需弱酸及其共轭碱的量或体积。为使配制方便，常常使用相同浓度的弱酸和共轭碱来配制。此时，缓冲比也等于共轭碱与共轭酸的体积比。即

$$pH = pK_a + \lg\frac{V_{B^-}}{V_{HB}} \tag{5.9}$$

4. 校正 按照 Henderson-Hasselbalch 方程的计算值来配制缓冲溶液，由于未考虑离子强度的影响等因素，计算结果与实测值有差别。因此，某些对 pH 要求严格的实验，还需在 pH 计监控下，用加入酸或碱

的方法对所配缓冲溶液的 pH 加以校正。

例 5-6 如何配制 pH = 5.00 的缓冲溶液 500ml。

解 (1) 选择缓冲系：查表得丙酸的 $pK_a = 4.87$，与所配缓冲溶液的 pH 接近，故选择丙酸-丙酸钠缓冲系。

(2) 确定总浓度：一般要求缓冲溶液具备一定的缓冲能力，考虑计算方便，选用 $0.1mol \cdot L^{-1}$ 丙酸和 $0.1mol \cdot L^{-1}$ 丙酸钠，根据(5.9)得

$$5.00 = 4.87 + \lg \frac{V_{丙酸钠}}{V_{丙酸}}$$

$$\lg \frac{V_{丙酸钠}}{V_{丙酸}} = 0.13$$

$$\frac{V_{丙酸钠}}{V_{丙酸}} = 1.35$$

$$V_{丙酸} + V_{丙酸钠} = 500ml$$

解得 $V_{丙酸} = 212.8ml$；$V_{丙酸钠} = 287.2ml$。所以，将 $0.1mol \cdot L^{-1}$ 丙酸 212.8ml 和 $0.1mol \cdot L^{-1}$ 丙酸钠 287.2ml 混合，即可得到 pH = 5.00 的缓冲溶液 500ml。

例 5-7 用某二元弱酸 H_2B 配制 pH = 6.00 的缓冲溶液，应在 450ml $c(H_2B) = 0.100mol \cdot L^{-1}$ 的溶液中加入 $0.100mol \cdot L^{-1}$ NaOH 的溶液多少毫升？已知 H_2B 的 $pK_{a1} = 1.52$，$pK_{a2} = 6.30$。

解 根据配制原则，应选 $HB^- - B^{2-}$ 缓冲系，其质子转移反应分两步进行

(1) $$H_2B + NaOH \xlongequal{\quad} NaHB + H_2O$$

将 H_2B 完全中和生成 NaHB，需 $0.100mol \cdot L^{-1}$ NaOH 450ml，即

$$450mL \times 0.100\ mol \cdot L^{-1} = 45.0mmol$$

(2) $$NaHB + NaOH \xlongequal{\quad} Na_2B + H_2O$$

设中和部分 NaHB 需 NaOH 溶液的体积为 x ml，则生成 Na_2B 的物质的量为 $0.100x$ mmol，剩余 NaHB 的物质的量为 $(45.0 - 0.100x)$ mmol。根据缓冲公式有

$$pH = pK_{a2} + \lg \frac{n(B^{2-})}{n(HB^-)}$$

$$6.00 = 6.30 + \lg \frac{0.100x\text{mmol}}{(45.0 - 0.100x)\text{mmol}}$$

解得 $x = 150$ ml，故共需 NaOH 溶液的体积为

$$450ml + 150ml = 600ml$$

例 5-8 现需要 pH = 10.00 的碳酸盐缓冲溶液 1L，问在 500mL $0.20mol \cdot L^{-1}$ 的 $NaHCO_3$ 溶液中，需加入多少克碳酸钠来配制。(已知 H_2CO_3 的 $pK_{a2} = 10.25$)

解 1L 缓冲溶液中

$$n(HCO_3^-) = 0.20mol \cdot L^{-1} \times 0.50L = 0.10mol$$

则 $$pH = pK_{a2} + \lg \frac{n(CO_3^{2-})}{n(HCO_3^-)}$$

$$10.00 = 10.25 + \lg \frac{n(CO_3^{2-})}{0.10mol}$$

解得 $$n(CO_3^{2-}) = 0.056mol$$

所需碳酸钠的质量为 $$m = n(Na_2CO_3)M(Na_2CO_3)$$

$$= 0.056mol \times 106g \cdot mol^{-1} = 6.0g$$

所以，取 6.0g 碳酸钠溶于 500ml 碳酸氢钠溶液中，加水稀释至 1L，就可得到所需的缓冲溶液(必要时用 pH 计校准)。

为了能准确而又方便地配制所需 pH 的缓冲溶液，科学家们曾对缓冲溶液的配制进行了精密的系统研究，并制订了许多配制具有准确 pH 的缓冲溶液的配方。在医学上，磷酸盐缓冲系、三(羟甲基)甲胺及其盐酸盐缓冲系(Tris-Tris · HCl)应用广泛。这里，表 5-4 列出了 Tris-Tris · HCl 缓冲溶液的配制方案，以供参考。

表 5-4 Tris 和 Tris · HCl 组成的缓冲溶液

缓冲溶液组成/($mol \cdot kg^{-1}$)			pH	
Tris	Tris · HCl	NaCl	25℃	37℃
0.02	0.02	0.14	8.220	7.904
0.05	0.05	0.11	8.225	7.908
0.006 667	0.02	0.14	7.745	7.428
0.016 67	0.05	0.11	7.745	7.427
0.05	0.05		8.173	7.851
0.016 67	0.05		7.699	7.382

Tris 和 Tris · HCl 的化学式为$(HOCH_2)_3CNH_2$和$(HOCH_2)_3CNH_2 \cdot HCl$。Tris 是一种弱碱，其性质稳定，易溶于体液且不会使体液中的钙盐沉淀，对酶的活性几乎无影响，因而广泛应用于生理、生化研究中。在 Tris 缓冲溶液中，加入 NaCl 是为了将离子强度调节至 0.16，以使得溶液与生理盐水等渗。

二、标准缓冲溶液

所谓标准缓冲溶液，是准确知其 pH 的缓冲溶液，其 pH 是在一定温度下通过实验准确测定的。标准缓冲溶液用来作为测量溶液 pH 时的参比，如校准 pH 计等。即应用 pH 计测定溶液 pH 时，必须用标准缓冲溶液校正仪器。标准缓冲溶液性质稳定，有一定的缓冲容量和抗稀释能力。通常是由规定浓度的某些标准解离常数较小的单一两性物质或由共轭酸碱对组成。一些常用标准缓冲溶液的 pH 及温度系数列于表 5-5。

表 5-5 标准缓冲溶液(25℃)

溶液	浓度/($mol \cdot L^{-1}$)	pH	温度系数/($\Delta pH \cdot ℃^{-1}$)*
$KHC_4H_4O_6$	饱和	3.557	-0.001
$KHC_8H_4O_4$	0.05	4.008	+0.001
KH_2PO_4-Na_2HPO_4	0.025, 0.025	6.865	-0.003
KH_2PO_4-Na_2HPO_4	0.008695, 0.03043	7.413	-0.003
$(Na_2B_4O_7 \cdot 10H_2O)$	0.01	9.180	-0.008

*温度系数 >0 $\Delta pH \cdot ℃^{-1}$时，表示缓冲溶液的 pH 随温度的升高而增大；温度系数 <0 $\Delta pH \cdot ℃^{-1}$时，则表示缓冲溶液的 pH 随温度的升高而减小。

在表 5-5 中，酒石酸氢钾、邻苯二甲酸氢钾和硼砂标准缓冲溶液，都是由一种化合物配制而成的。这些化合物溶液之所以具有缓冲作用，一种情况是由于化合物溶于水解离出大量的两性离子所致。如酒石酸氢钾溶于水完全解离成 K^+ 和 $HC_4H_4O_6^-$，而 $HC_4H_4O_6^-$ 是两性离子，可接受质子生成其共轭酸($H_2C_4H_4O_6$)；也可给出质子生成其共轭碱($C_4H_4O_6^{2-}$)，形成 $H_2C_4H_4O_6$-$HC_4H_4O_6^-$ 和 $HC_4H_4O_6^-$-$C_4H_4O_6^{2-}$ 两个缓冲系。在这两个缓冲系中，$H_2C_4H_4O_6$ 和 $HC_4H_4O_6^-$ 的 pK_a(分别为 2.98 和 4.30)比较接近，使它们的缓冲范围重叠，增强了缓冲能力。由于酒石酸氢钾饱和溶液中的抗酸、抗碱成分均有足够的浓度，因而用酒石酸氢钾一种化合物就可配成满意的缓冲溶液。邻苯二甲酸氢钾溶液的情况与酒石酸氢钾溶液类似；另一种情况是化合物溶液的组成成分就相当于一对缓冲对，如硼砂溶液中，1mol 的硼砂相当于 2mol 的偏硼酸(HBO_2)和 2mol 的偏硼酸钠($NaBO_2$)。使得硼砂溶液中存在同浓度的弱酸(HBO_2)和共轭碱(BO_2^-)。因此，用硼砂一种化合物也可以配制缓冲溶液。

第五节 血液中的缓冲系

人体内各种体液都有一定的 pH 范围，如胃液的 pH 范围为 1.0～3.0，尿液的 pH 范围为 4.7～8.4，相比之下血液的 pH 范围最窄，为 7.35～7.45。若血液的 pH 若小于 7.35，则会发生**酸中毒**(acdosis)；若血液的 pH 大于 7.45，则会发生**碱中毒**(alkalosis)。血液能保持如此狭窄的 pH 范围，其主要原因是血液中存在可保持 pH 基本恒定的多种缓冲系。血液中存在的缓冲系主要有：

血浆中：H_2CO_3-HCO_3^-、$H_2PO_4^-$-HPO_4^{2-}、H_nP-$H_{n-1}P^-$（H_nP 代表蛋白质）。

红细胞中：H_2b-Hb^-（H_2b 代表血红蛋白）、H_2bO_2-HbO_2^-（H_2bO_2 代表氧合血红蛋白）、H_2CO_3-HCO_3^-、$H_2PO_4^-$-HPO_4^{2-}。

在这些缓冲系中，碳酸缓冲系的浓度最高，在维持血液 pH 的正常范围中发挥的作用最重要。二氧化碳是人体在正常新陈代谢过程中产生的酸性物质，溶于体液的二氧化碳以溶解态 CO_2 的形式存在。正常情况下，$[HCO_3^-]$与$[CO_2]_{溶解}$的比率为 24mmol · L^{-1} 比 1.2mmol · L^{-1}，即 20/1。在 37℃时，若 CO_2 溶解于离子强度为 0.16 的血浆中，经校正后的 $pK_{a1}'=6.10$（$pK_a'=pK_a+\lg\dfrac{\gamma(B^-)}{\gamma(HB)}$），所以血浆中碳酸缓冲系 pH 的计算公式为

$$pH=pK_{a1}'+\lg\frac{[HCO_3^-]}{[CO_2]_{溶解}}=6.10+\lg\frac{0.024}{0.0012}=6.10+\lg\frac{20}{1}=7.40$$

此式说明，只要缓冲比 $HCO_3^-/CO_{2(溶解)}$ 维持在 20∶1，则血浆的 pH 便可维持在 7.40 不变。

体内 $HCO_3^-/CO_{2(溶解)}$ 缓冲系来自代谢产物的水合作用：

$$CO_{2(溶解)}+H_2O \rightleftharpoons H_2CO_3 \rightleftharpoons H^+ + HCO_3^-$$

当人体各组织、细胞代谢产生非挥发性酸进入血浆时，HCO_3^- 便发挥了抗酸作用，$H^+ + HCO_3^- \rightleftharpoons H_2CO_3 \rightleftharpoons CO_2 + H_2O$，生成的 H_2CO_3 可通过加快肺部呼吸以 CO_2 形式呼出，消耗的 HCO_3^- 则由肾脏减少对 HCO_3^- 的排泄而使之得到补偿。若碱性物质进入血液时，则由 H_2CO_3 发挥抗碱作用，$OH^- + H_2CO_3 \rightleftharpoons H_2O + HCO_3^-$，$HCO_3^-$ 浓度增加，H_2CO_3 浓度降低，此时通过肺部控制 CO_2 的呼出和肾脏加速对 HCO_3^- 的排泄，以保持血浆的 pH 维持在 7.40±0.5 范围内。

人体血浆中$[HCO_3^-]$与$[CO_2]_{溶解}$的比例是 20∶1，超出了 1∶10～10∶1 的范围，但仍具有很强的缓冲能力，这是因为人体是一个开放体系，由于肺呼吸和肾脏的排泄作用的调节，使血液中$[HCO_3^-]$与$[CO_2]_{溶解}$的浓度及比值，始终相对稳定的缘故。肺和肾的功能之一就是通过转移过剩的缓冲成分、或补充被消耗了的缓冲成分，来维持血液 pH 的恒定。

此外，在组织切片、微生物培养、细菌染色、血液保存、临床化验、药物调剂等方面，都要求溶液维持一定的 pH。在研究人体的生理机制和病理变化、体液酸碱平衡和水盐代谢以及蛋白质分离提纯等工作中，也要在一定的缓冲溶液中，因此学习缓冲溶液的基本原理及掌握配制缓冲溶液的基本方法是十分必要的。

知识拓展

酸血症和碱血症

在医学上将 pH 小于 7.35 的症候称为酸血症（引起酸血症的病理过程叫酸中毒）。支气管炎、肺炎和肺气肿引起的换气（空气在肺中的循环称为换气）不足等病理状态下，都会因血液中溶解态 CO_2 增加，即碳酸含量增加而引起呼吸酸中毒。而摄食过多的酸性食物、低碳水化合物及高脂肪食物，以及糖尿病、腹泻等引起代谢酸的增加，则会引起代谢酸中毒。正常生理状态下，人体具有自身调节能力，首先通过加深、加快呼吸来排除多余的 CO_2。其次是肾将 HCO_3^- 释放到血液中，以补充因$[H_3O^+]$增加而消耗了的 HCO_3^- 离子，并加速 H_3O^+ 的排泄这种情况可导致酸性尿。由于血液的缓冲系统和机体的补偿调节作用，血液的 pH 可恢复到正常水平。但在较重的糖尿病、严重腹泻、脱水时，丧失的碳酸氢盐（HCO_3^-）过多，或因肾衰竭引起排泄的 H_3O^+ 减少，缓冲系统和机体的补偿功能都不能有效地阻止血液 pH 的降低，引起代谢酸中毒。代谢酸中毒更危险，延误治疗会引起昏迷，甚至死亡。

血液 pH 大于 7.45 的症候在医学上称为碱血症(引起碱血症的病理过程叫碱中毒)。癔病、发高烧、气喘、换气过速等引起呼吸碱中毒。摄入过多的碱性物质,服用缓解胃灼热的解酸药过量或严重的呕吐等情况下,都会引起血液的碱性增加,可导致代谢碱中毒。机体的补偿机制通过减慢呼吸或浅呼吸来降低肺部 CO_2 的排除量,并通过肾减少 HCO_3^- 的吸收,这时尿中因 HCO_3^- 浓度增高,可产生碱性尿。体内多种缓冲系统相互配合,使 pH 恢复正常。若通过缓冲系统和补偿机制还不能阻止血液 pH 的升高,则引起碱中毒。碱中毒会引起肌肉痉挛、惊厥等严重后果。

Summary

A buffer solution exhibits a much smaller change in pH when H_3O^+ or OH^- is added than does an unbuffered solution, therefore, buffers are useful when it is desired to maintain the pH of a solution within narrow limits. A buffer consists of large reservoirs of the components of a conjugate acid-base pair. The buffer-component ratio determines the pH, and they are related by the Henderson-Hasselbalch equation($pH = pK_a + \lg\frac{[B^-]}{[HB]}$).

As H_3O^+ or OH^- is added, one buffer component is converted into another, so their ratio, and thus the pH, changes only slightly. A concentrated buffer undergoes smaller changes in pH than a dilute one. A buffer with a large capacity contains large concentrations of the buffering components . When the buffer pH equals the pK_a of the acid component, the ratio = 1 for most effective buffer, the buffer has its highest capacity, hence the pK_a of the weak acid selected for most effective buffer, the buffer has its highest capacity, hence the pK_a of the weak acid selected for the buffer should be as close as possible to the desired pH. A buffer has an effective range of $pK_a \pm 1$. When preparing a buffer, you should ①choose the conjugate pair, ②calculate the ratio of buffer components, ③determine the buffer concentration and ④adjust the final buffer to the desired pH by adding strong acid or strong base , while monitoring the solution with a pH meter.

The H_2CO_3-HCO_3^- system in the blood is especially interesting. Gaseous carbon dioxide is moderately soluble in water , where a small portion of it , about 1% t, combines with water to from carbonic acid, H_2CO_3 cannot be isolated pure, but in solution it acts as weak diprotic acid ($pK'_a[H_2CO_3] = 6.10$).

The addition of CO_2 to water thus produces an acidic solution , and dissolved CO_2 plus HCO_3^- constitute a buffer system. In human, cells produce CO_2, which dissolves in the venous blood returing to the heart and lungs. In lungs, some of the CO_2 is lost from the blood through exhalation, which causes the pH of blood to rise a little. Actually, if it were not for the presence of other buffer systems in the blood, the pH change would be excessive; as it is, the change is normally slight. Excessive loss of CO_2 from the blood can be caused by hyperventilation, rapid deep breathing. Hyperventilation can raise the pH of human blood by as much as 0.05 ($\Delta pH = 0.05$), enough to produce lightheadedness at best, and severe heart attack-mimicking chest pains at worst. the reverse effect, a lowering of the pH of the blood due to excessive CO_2 buildup, sometimes occues in some forms of pneumonia, in which the lungs begin to fail. This condition, called acdo-sis, causes severe disruption in the function of various tissues and organs.

习　题

1. 什么是缓冲溶液？以 HAc-NaAc 为例说明缓冲作用原理。
2. 什么是缓冲容量？影响缓冲容量的因素有哪些？
3. 填空

共轭酸	K_a	pK_a	理论缓冲范围
HAc	1.76×10^{-5}	(　)	(　)
NH_4^+	5.68×10^{-10}	(　)	(　)
H_3BO_3	7.3×10^{-10}	(　)	(　)

4. 求下列溶液的 pH。

(1) 0.10mol · L^{-1} HAc 和 0.20mol · L^{-1} NaAc 等体积混合。

(2) 0.10mol · L^{-1} $NaHCO_3$ 和 0.10mol · L^{-1} Na_2CO_3 等体积混合。

(3) 0.50mol · L^{-1} NH_3 和 0.10mol · L^{-1} HCl 各 100ml 混合。

[(1) 5.05;(2) 10.25;(3) 9.85]

5. 求 300ml 0.50mol · L^{-1} H_3PO_4 和 500mL 0.50mol · L^{-1} NaOH 的混合溶液的 pH。

[7.51]

6. 若在 50.0ml 0.150mol · L^{-1} NH_3(aq) 和 0.200mol · L^{-1} NH_4Cl 组成的缓冲溶液中，加入 0.100ml 1.00mol · L^{-1} 的 HCl，求加入 HCl 前后溶液的 pH 各为多少？

[(1) 9.14;(2) 9.11]

7. 在 500ml 0.20mol · L^{-1} C_2H_5COOH 溶液中加入 1.8g NaOH，求所得溶液的近似 pH 和校正后的 pH。丙酸的 $pK_a = 4.87$，忽略 NaOH 引起的体积变化。

[(1) 4.78;(2) 4.63]

8. 下列溶液中缓冲容量最大的是哪一份？

(1) 20ml 0.10mol · L^{-1} HAc 和 20ml 0.10mol · L^{-1} NaAc 混合。

(2) 20ml 0.40mmol · L^{-1} HAc 和 20ml 0.20mol · L^{-1} NaOH 混合。

(3) 45ml 0.20mol · L^{-1} HAc 和 15mL 0.10mol · L^{-1} NaAc 混合。

[(2)的缓冲容量最大]

9. 今欲配制 37℃时近似 pH 为 7.40 的生理缓冲溶液，试问在 Tris 和 Tris · HCl 浓度均为 0.0500mol · L^{-1} 100ml 溶液中，需加入 0.0500mol · L^{-1} HCl 溶液多少毫升？已知 Tris · HCl 在 37°C 时的 $pK_a = 7.85$。

[47.6ml]

10. 柠檬酸(缩写 H_3Cit)常用于配制供培养细菌的缓冲溶液。如用 500ml 的 0.200mol · L^{-1} 柠檬酸，须加入 0.400mol · L^{-1} 的 NaOH 溶液多少毫升，才能配成 pH 为 5.00 的缓冲溶液？(已知柠檬酸的 $pK_{a1} = 3.14$，$pK_{a2} = 4.77$，$pK_{a3} = 6.39$)

[407 ml]

11. 今有 500ml 总浓度为 0.200mol · L^{-1}、pH = 4.50 的 HAc-NaAc 缓冲溶液，欲将 pH 调整到 4.90，需加 NaOH 多少克？调整后缓冲溶液的缓冲容量是多少？

[(1) 0.92g;(2) 0.112 mol · L^{-1} · pH^{-1}]

12. 配制 pH = 10 的 NH_3-NH_4Cl 缓冲溶液 1.0L，用去 350ml 氨水，问需要 NH_4Cl 多少克？

[41.8 克]

13. 配制 pH = 10.00 的缓冲溶液 100ml：

(1) 现有缓冲系 HAc-NaAc、KH_2PO_4-Na_2HPO_4、NH_4Cl-NH_3，问选用何种缓冲系最好？

(2) 如果选用的缓冲系的总浓度为 0.200 mol · L^{-1}，需要固体酸多少克(不考虑体积的变化)和 0.500mol · L^{-1} 的共轭碱溶液多少毫升？

(3) 该缓冲溶液的缓冲容量为多少？

[(1) NH_4Cl-NH_3 缓冲系;(2) 0.161g,34mL ;(3) 0.0589 mol · L^{-1} · pH^{-1}]

(刘 海 席晓岚)

第六章 胶　体

胶体(colloid)是物质在自然界中的一种分散形式,其分散粒子粒径小(1～100nm),比表面大,从而胶体分散系有异于一般溶液的物理化学特性。胶体化学与医药学关系极为密切。构成机体组织和细胞的基础物质,如蛋白质、核酸、糖原和纤维素等,是由链状分子组成,在体液中具有胶体的性质。许多药物也是以胶体的形式进行生产和使用的。要了解生理机能、病理原因和药物疗效等,都要依据胶体的知识,因此学习胶体的基础知识和基本性质十分必要。本章主要阐述溶胶和高分子溶液的组成和性质,以及与胶体有一定联系的乳状液。

第一节　胶体分散系

一种或多种物质分散在另一种物质中所形成的体系称为**分散体系**(disperse system),例如矿物分散在岩石中形成矿石,水滴分散在空气中形成云雾,聚苯乙烯分散在水中形成乳胶,溶质分散在水中形成溶液等。被分散的物质称为**分散相**(dispersed phase),容纳分散相的连续介质称为**分散介质**(dispersion medium)。例如:消毒用的碘酒就是碘分散在酒精中形成的分散系,其中碘是分散相,酒精是分散介质。

一、分散体系的分类

分散系按分散相粒子大小不同可分为分子分散系、胶体分散系和粗分散系三类,见表6-1。

表6-1　分散系的分类

类型		分散相粒子	粒子大小	性质	举例
分子分散系(溶液)		原子、离子、小分子	<1nm	均相,热力学稳定体系,扩散快,能透过半透膜及滤纸,形成真溶液	氯化钠、蔗糖的水溶液
胶体分散系	溶胶	胶粒(原子或分子的聚集体)	1～100nm	非均相,热力学不稳定体系,扩散慢,不能透过半透膜,能透过滤纸,形成胶体	金溶胶、氢氧化铁溶胶
	高分子溶液	高分子		均相,热力学稳定体系,扩散慢,不能透过半透膜,能透过滤纸,形成真溶液	蛋白质、明胶水溶液
	缔合胶体	胶束		均相,热力学稳定体系,扩散慢,不能透过半透膜,能透过滤纸,形成胶囊溶液	超过一定浓度的十二烷基硫酸钠
粗分散系(悬浮体、乳状液)		粗颗粒	>100nm	非均相,热力学不稳定体系,扩散慢或不扩散,不能透过半透膜及滤纸,形成悬浮液或乳状液	泥浆、牛奶

分散体系的上述分类是相对的,粗分散体系与胶体分散体系之间没有严格的界限,一些粗分散体系,例如乳状液、泡沫等,它们的许多性质,特别是表面性质,与胶体分散体系有密切的联系,通常也归在胶体分散体系中加以讨论。

二、胶体分散系

胶体分散系包括溶胶(sol)、高分子溶液(macromolecular solution)和缔合胶体(associated colloid)三类。

溶胶是由小分子、原子或离子的聚集体以固态形式高度分散在液体介质中所形成的多相分散体系。对于多相分散体系,常用**比表面 A_0**(specific surface area)来表示分散相在分散介质中的分散程度。比表

面定义为单位体积的物质所具有的表面积,即

$$A_0 = \frac{A}{V}$$

式中:A 是物质的总表面积,V 是物质的体积。比表面越大,分散程度也越大。

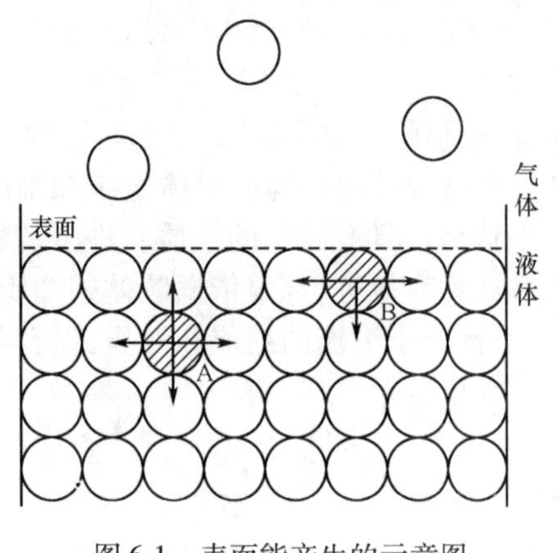

图 6-1　表面能产生的示意图

在溶胶分散系中,分散相和分散介质之间存在着相界面,任何两相界面分子与相内的分子所处的状况不同,它们具有的能量也是不相同的。例如,在液气两相中(图 6-1),液体内部的任意一个分子,其周围均为同类分子包围,受到周围分子等同的作用力,合力为零。所以液体内部的分子可以自由移动,而不需额外做功。而处在表面的分子则不相同,因液体的密度较气体的大,故液体内部分子对它的吸引力,大于外部气体分子对它的吸引力,所受的合力不等于零,合力指向液体内部。所以液体表面都有自动缩小的趋势。若要增大表面,就须克服液相内部分子的引力而做功,功以势能形式储存于表面分子,所以表面层分子比内部分子多出部分能量,在等温、等压的条件下,称为表面能。表面能和表面积的关系可表示为

$$dG_{表} = \sigma dA \tag{6.1}$$

式中:σ 称为**比表面能**(specific surface energy),又称为**表面张力**(surface tension)。

溶胶是高度分散的多相体系,比表面大,所以表面能也大,它们有自动聚积成大颗粒而减小表面积的趋势,称为聚结不稳定性,因而溶胶是热力学不稳定体系。

对于高分子溶液,分散相是以单个分子分散在介质中,而粒子的半径又在 1 ~ 100nm 的区间内,它既具有胶体分散体系的一些性质,但又具有与胶体不同的特殊性,形成均相的真溶液,分散相和分散介质间没有界面存在,不会自动发生聚沉,属于热力学稳定体系。

缔合胶体是当溶液中的表面活性剂分子超过某一特定浓度,分子在溶液内部缔合形成分子团,即所谓"胶团"形成的分散系。缔合胶体溶液是热力学稳定体系。

第二节　溶　　胶

一、溶胶的动力性质

溶胶的动力性质主要是指溶胶粒子在介质中的不规则运动以及由此而产生的扩散、渗透现象以及在重力场下浓度随高度分布平衡等性质。通过对溶胶动力性质的研究,可以说明胶粒不会因重力作用而聚沉下来的原因,还可以求得溶胶粒子的大小和形状等。

(一) Brown 运动

1827 年,英国植物学家 Brown 在显微镜下观察悬浮在水面上的花粉时,发现它们处在不停息的无规则运动之中,而且温度越高、粒子的质量和介质黏度越小,这种无规则运动表现得越明显。后来又发现许多其他微粒如矿石、金属、碳等也有同样的现象。人们称微粒的这种运动为 **Brown 运动**(Brownian motion)。

Brown 运动的本质在很长一段时间内没有得到阐明,直到 20 世纪初人们才用分子运动论阐明了 Brown 运动产生的原因。Brown 运动是由于介质分子热运动撞击悬浮粒子的结果。如果粒子很大,介质分子在各个方向上对粒子的撞击力相互抵消,粒子静止不动,故观察不到 Brown 运动。如果粒子小到胶体程度,在某一瞬间粒子在各个方向受到的撞击力不能相互抵消,合力使粒子向某一方向运动,见图6-2。显然,合力的方向会随时变化,从而粒子的运动方向也不断变化,这就是粒子的布朗运动。

(二) 扩散

当溶胶存在浓度差时,溶胶粒子在介质中由高浓度区自发地向低浓度区迁移的现象称为**扩散**(diffusion)。温度越高,溶胶的胶粒越小,越容易扩散。胶粒在介质中的扩散速率比小分子慢得多。胶粒的扩散是由 Brown 运动引起的。

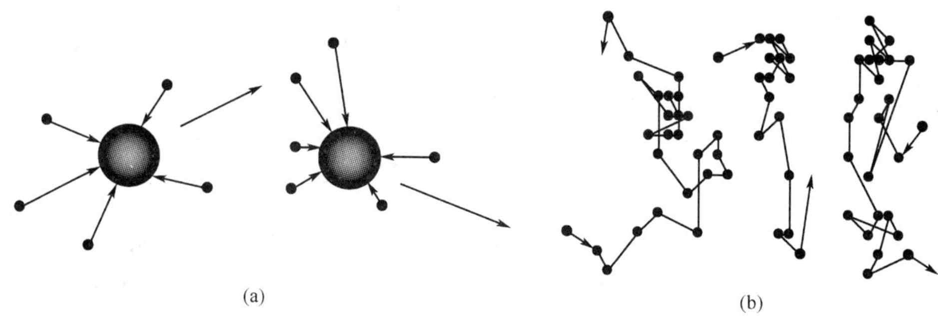

图 6-2 Brown 运动
(a)介质分子对胶体粒子的撞击;(b)超显微镜下胶粒的布朗运动

利用胶粒不能透过半透膜这一性质,可除去溶胶中的小分子杂质,使溶胶净化。净化溶胶常用的方法是透析(或渗析)。透析时,可将溶胶装入半透膜袋内,放入流动的水中,溶胶中的小分子杂质可透过膜进入溶剂,随水流去。临床上,利用透析原理,用人工合成的高分子膜作半透膜制成人工肾,帮助肾病患者清除血液中的毒素,使血液净化。

(三) 沉降和沉降平衡

在重力场中,胶粒受重力的作用而下沉的现象称为**沉降**(sedimentation)。粗分散体系中(例如泥浆)的粒子由于重力作用最终会逐渐地全部沉降下来。在溶胶中因胶粒较小,沉降和扩散两种作用同时存在。一方面溶胶粒子受到重力作用向下沉降,沉降的结果使体系下层粒子的浓度变大,破坏了粒子分布的均匀性;另一方面由于 Brown 运动使胶粒扩散,又有促使浓度均匀的趋势。当沉降速率与扩散速率相等时,体系达到平衡状态,这种现象称为**沉降平衡**(sedimentation equilibrium)。平衡时,底层浓度最大,但随着高度的增加逐渐降低,形成了一稳定的浓度梯度(图 6-3)。这时粒子的分布与地球大气层的分布相似。

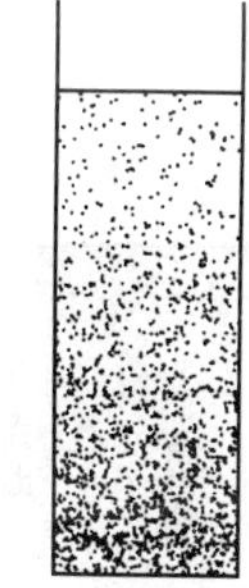

图 6-3 沉降平衡示意图

实际上,由于高度分散的溶胶颗粒很小,达到平衡的时间将非常长,而且在通常条件下,由于温度变化引起的对流也阻止了平衡的建立,所以在一定时间范围内往往很难看到溶胶的沉降平衡。为了加速沉降平衡的建立,可以使用超速离心机,在比地球重力场大数十万倍的离心力场的作用下,使溶胶迅速达到沉降平衡。

超速离心技术广泛用于医学研究,可以用来测定各种蛋白质的分子量及病毒的分离提纯等。

二、溶胶的光学性质

1896 年,英国物理学家 Tyndall 发现,在暗室内用一束光线照射溶胶时,在与光束垂直的方向可以看到一个发亮的光柱(图 6-4)。这种现象称为 **Tyndall 现象**(Tyndall phenomena)。

Tyndall 现象是由溶胶粒子对光的散射引起的。当光照射到分散相粒子上,如果分散相粒子的直径大于入射光的波长时,光在粒子表面发生反射,此时表现出光无法透过体系而出现浑浊。若分散相粒子的直径小于入射光波长,则主要发生光的散射。此时光波绕过粒子而向各个方向散射出去,散射出来的光称为**乳光**或散射光。可见光的波长约在 380 ~ 780nm 之间,而溶胶粒子的半径一般在 1 ~ 100nm 之间,小于可见光的波长,因此发生光散射作用,这时粒子本身好像是一个发光体,无数发光体汇集就产生了 Tyndall 现象。此时观察到的不是胶体粒子本身,而是被散射出来的光。

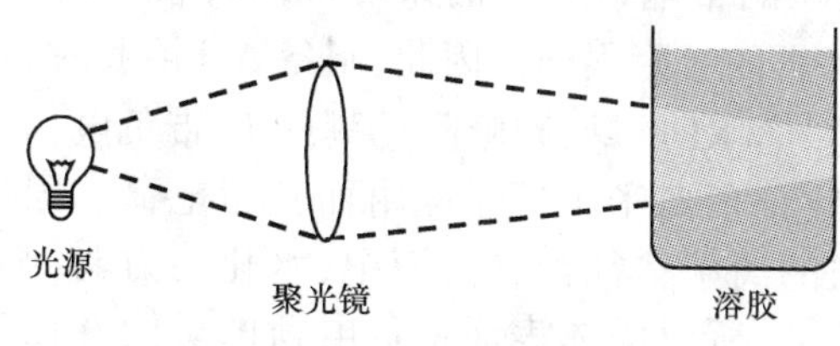

图 6-4 Tyndall 现象

真溶液中分散相粒子是小分子、原子或离子,它们的直径很小(小于 1nm),对光的散射非常微弱,肉眼无法观察到乳光;粗分散体系的粒子直径大于可见光的波长,只有反射光而无乳光,呈浑浊状。对于高分子溶液,由于它属于均相体系，无界面存在，所以散射光很弱。因此，Tyndall 现象是区别溶胶与真溶液、悬浮液和高分子溶液的简便而有效的方法。临床上，注射用真溶液在灯光照射下应无乳光现象，若出现乳光现象则为不合格，不能作注射用。此检测方法称为**灯检**。

三、溶胶的电学性质

溶胶粒子表面带有电荷，具有电动现象。在一定条件下，胶体粒子带电是溶胶得以稳定的重要原因之一。溶胶的电学现象主要有电泳和电渗，其中电泳技术在氨基酸、多肽、蛋白质及核酸等物质的分离和鉴定方面有广泛的应用。

（一）电泳

观察**电泳**（electrophoresis）的简便方法是在一 U 形管中注入有色溶胶，小心地在溶胶面上注入无色电解质溶液，使溶胶与电解质溶液间保持清晰的界面。在电解质溶液中插入电极，接通直流电后，可见 U 形管内有色溶胶一侧的界面上升而另一侧界面下降（图 6-5）。这也表明溶胶粒子是带电的。在外电场作用下，带电胶体粒子在介质中的定向移动现象称为电泳。大多数金属硫化物、硅酸、金、银等溶胶向正极迁移，胶粒带负电，称为负溶胶；大多数金属氢氧化物溶胶向负极迁移，胶粒带正电，称为正溶胶。

（二）电渗

若把溶胶充满在多孔性物质（如活性炭）中，使胶粒被多孔性物质固定，在多孔性物质两侧通以直流电后，可以观察到介质的定向移动（图 6-6）。这种在电场作用下，分散介质的定向移动现象称为**电渗**（electroosmo- sis）。电泳与电渗是由于在外电场作用下分散相和分散介质做相对运动产生的电动现象。在同一电场中，电泳和电渗现象往往同时发生。

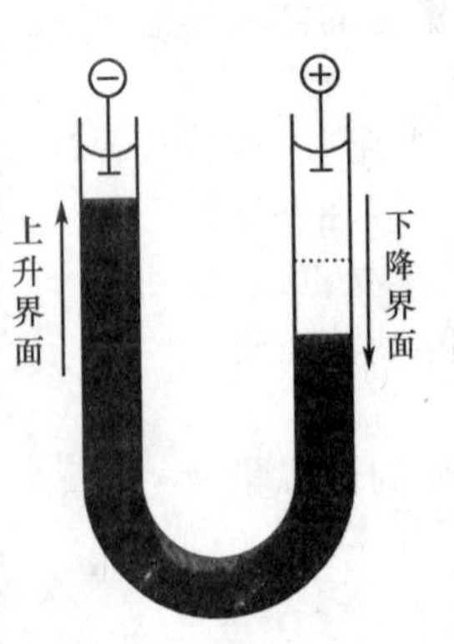

图 6-5 电泳示意图

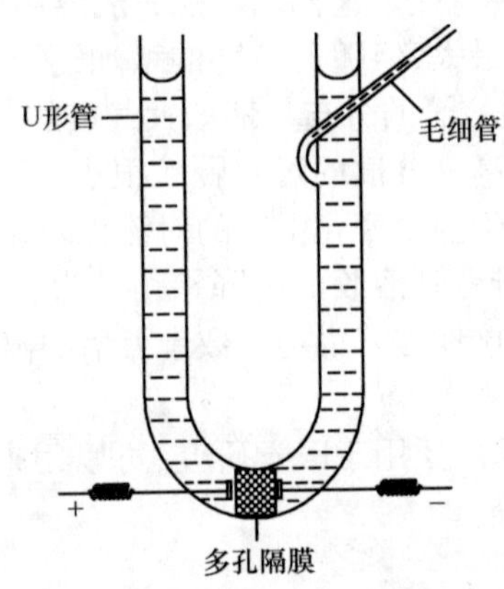

图 6-6 电渗示意图

（三）溶胶粒子表面电荷的来源

胶体粒子表面电荷的来源主要有两个方面：

1. 离解作用 有些胶体粒子本身含有可离解的基团，例如硅胶的胶核是由许多 $x\mathrm{SiO_2} \cdot y\mathrm{H_2O}$ 分子组成的，其表面的 H_2SiO_3 分子可以解离成 SiO_3^- 和 H^+，视介质 pH 不同，电离后硅胶粒子可以带正电荷或负电荷。

2. 吸附作用 胶粒中的胶核有吸附其他物质而降低表面能的趋势，常优先吸附与自身有相同成分的离子，这称为 **Fajans 规则**。利用这一规则可以判断胶粒的带电符号。例如用 $AgNO_3$ 和 KI 制备 AgI 溶胶时，AgI 粒子表面优先吸附 Ag^+ 或 I^-，而对 K^+ 和 NO_3^- 的吸附很弱。因此，制备 AgI 溶胶时，若 $AgNO_3$ 过量，则形成的 AgI 粒子将吸附过剩的 Ag^+ 而带正电；若 KI 过量，则吸附过剩的 I^- 带负电。在没有与溶胶粒子组成相同的离子存在时，固体表面对电解质正负离子不等量吸附而获得电荷。固体表面对电解质离子的吸附与其水化能力有关。水化能力强的离子往往留在溶液中，水化能力弱的离子易被吸附于固体表面。通常正离子的水化能力比负离子强，所以固体表面带负电荷的可能性比带正电荷大。

四、溶胶的胶团结构

溶胶的许多性质不仅与其特有的分散程度有关，还必须注意到溶胶粒子构造的复杂性。胶体粒子的中心称为**胶核**(colloidal nucleus)，它由许多原子或分子聚集而成。胶核周围是由吸附在核表面上的定位离子、部分反离子和溶剂分子组成的吸附层。胶核和吸附层合称**胶粒**(colloidal particle)。吸附层以外由反离子组成扩散层。胶核、吸附层和扩散层总称为**胶团**(colloidal micell)。整个胶团是电中性的。例如，用 $AgNO_3$ 和 KI 溶液制备 AgI 溶胶时，许多(设为 m 个)AgI 分子聚集在一起，$(AgI)_m$ 为胶核。若 KI 过量，胶核选择性地吸附 n I^- 为定位离子，使胶核表面带负电，由于静电吸引作用，胶核吸引部分反离子 $(n-x)K^+$ 进入吸附层，余下 x 个反离子 K^+ 构成扩散层，见图 6-7。图中 m 表示胶核中 AgI 的分子数，一般是一个很大的数目。n 为胶核吸附 I^- 的数目，n 较 m 小很多。$(n-x)$ 是吸附层中 K^+ 的数目。在外电场作用下，胶团在吸附层和扩散层之间的界面上发生分离，胶粒向某一电极方向移动，扩散层的反离子则向另一电极方向移动。当向溶胶中加入一定量的电解质，迫使一般分反离子由扩散层进入吸附层，扩散层会变薄。随着电解质加入量的增多，扩散层厚度逐渐趋近于零，胶粒表面的电荷基本被进入吸附层中的反离子中和，胶粒也就不带电，在外电场中不泳动，即处于等电状态。

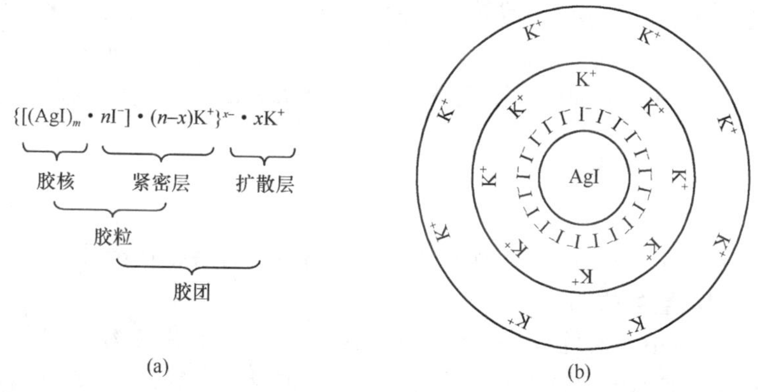

图 6-7　AgI 胶团结构

(a) 胶团结构表示式；(b) 胶团结构示意图

五、溶胶的稳定性与聚沉

在科学实验或实际生活中，常常遇到胶体体系，有时需要形成稳定的胶体，有时又不希望产生。只有了解溶胶稳定的原因，才能选择适当条件，使胶体稳定或破坏。

(一) 溶胶的稳定性

溶胶为高度分散的多相体系，具有聚结不稳定性，有自动聚集的趋势。虽然溶胶本质上属于热力学不稳定体系，但有的能稳定存在很长时间，甚至达数十年之久。溶胶稳定的原因可归纳为：

1. 动力稳定性　溶胶粒子颗粒很小，Brown 运动激烈，能够克服重力影响不下沉。溶胶的这种性质称为动力稳定性。

2. 胶粒带电的稳定作用　根据胶团结构可知，在胶粒周围存在着反离子的扩散层。同一溶胶的胶粒带相同符号的电荷，当胶粒相互靠近到一定程度时，扩散层相互重叠，产生静电斥力，结果两个胶粒相互碰撞后又重新分开，保持了溶胶的稳定性。

3. 溶剂化的稳定作用　胶团中的离子都是溶剂化的(若溶剂为水，则称为水化)，结果在胶粒周围形成水化层。当胶粒相互靠近时，水化层被挤压变形，而水化层具有弹性，成为胶粒接近时的机械阻力，从而防止了溶胶的聚沉。

上述稳定因素中，其中胶粒带电产生静电斥力是溶胶稳定的主要原因。

(二) 溶胶的聚沉

溶胶分散度降低，分散相颗粒变大，最后从介质中沉淀析出的现象称为**聚沉**(coagulation)。对溶胶聚沉影响最大,作用最敏感的是电解质。

1. 电解质的聚沉作用 溶胶对电解质十分敏感,少量的电解质就能促使溶胶聚沉。这是由于电解质中反离子可以压缩胶粒周围的扩散层,使之变薄,溶胶的稳定性下降,最终导致聚沉。常用**聚沉值**(coagulation value)衡量不同电解质对溶胶的聚沉能力,**聚沉值**是使一定量溶胶在一定时间内完全聚沉所需电解质的最低浓度,以 $mmol \cdot L^{-1}$ 表示。而聚沉值的倒数称为聚沉能力,电解质的聚沉值越小,其聚沉能力越大。

(1) 使溶胶聚沉的主要是反离子,聚沉能力主要决定于反离子的价数,价数越高,其聚沉值越小,聚沉能力越大。对于给定的溶胶,反离子为1、2、3价时,其聚沉值与反离子价数的6次方成反比,这个规则称为 Schulze-Hardy 规则,即

$$M^+ : M^{2+} : M^{3+} = (1/1)^6 : (1/2)^6 : (1/3)^6 = 100 : 1.6 : 0.14$$

(2) 相同价数的反离子聚沉值虽然接近,但也存在差异,特别是一价离子表现得比较明显。例如一价正电反离子聚沉能力由大到小的顺序为

$$H^+ > Cs^+ > Rb^+ > NH_4^+ > K^+ > Na^+ > Li^+$$

一价负电反离子聚沉能力由大到小的顺序为

$$F^- > IO_3^- > H_2PO_4^- > BrO_3^- > Cl^- > ClO_3^- > Br^- > I^- > CNS^-$$

同价离子聚沉能力的这一顺序称为**感胶离子序**(lyotropic series)。它与水化离子半径由小到大的次序大体一致,这可能是因为水化离子半径越小,离子越容易靠近胶体粒子的缘故。

2. 胶体体系的相互作用 两种带相反电荷的溶胶相互混合,也会发生聚沉,这种称为相互聚沉现象。与电解质的聚沉作用不同之处在于两种溶胶用量应恰能使其所带的总电荷量相同时,才会完全聚沉,否则可能不完全聚沉,甚至不聚沉。

电性相反溶胶的相互聚沉现象在水的净化方面得到了广泛的应用。水中的悬浮物通常带负电,而明矾的水解产物 $Al(OH)_3$ 溶胶则带正电,两种电性相反的溶胶混合后相互聚沉,水得以净化。

3. 高分子化合物对溶胶的作用

(1) 保护作用:在溶胶中加入足够数量的明胶、蛋白质等高分子化合物,由于高分子物质被吸附在胶粒表面,包围住胶粒,使胶粒对分散介质的亲合力增加,从而增加了溶胶的稳定性,即使加入少量电解质也不至于引起聚沉,这种作用称为高分子化合物对溶胶的保护作用。

(2) 敏化作用:在溶胶中加入的高分子化合物的量足以完全覆盖胶粒时,才能起到保护作用。如果高分子化合物的加入量很少,不足以将胶粒表面完全覆盖,则不仅起不到保护作用,反而会降低溶胶的稳定性,甚至发生聚沉,这种现象称为**敏化作用**(sensitization)。

第三节 高分子溶液

一、高分子化合物的结构特征

高分子化合物(macromolecule)是指相对分子量在1万以上,甚至高达几百万的物质。淀粉、纤维素、蛋白质、天然橡胶等是天然高分子化合物,人造纤维、塑料等高聚物和药物制剂中的血浆代用品均是人工合成的高分子化合物。高分子化合物的许多性质,如难溶解、有溶胀现象、溶液黏度大等,都与相对分子质量大这一特点有关。

(一) 高分子化合物的结构

高分子化合物相对分子质量虽然很大,但分子链通常是由一种或几种小的结构单位连接而成的,每个结构单位称为**链节**,链节重复的次数叫**聚合度**,以 n 表示。如天然橡胶分子是由几千个异戊二烯单位($—C_5H_8—$)连接而成的长链分子,所以其化学式可以写成$(C_5H_8)_n$。天然橡胶的聚合度 n 为2000~20 000;再如纤维素、淀粉、糖原等聚糖类的高分子化合物都是由许多个葡萄糖单位($—C_6H_{10}O_5—$)连接而成,只是分子链的聚合度及其葡萄糖单位的连接方式不同。高分子化合物是不同聚合度的同系物分子组成的混合物,因而高分子化合物的相对分子质量和聚合度都是平均值。

各种高分子化合物分子链的长度及链接的连接方式并不相同,因而有线状和分支状等类型。

(二) 高分子化合物的柔性

高分子化合物的分子链中有许多单键,每个单键都能绕相邻单键的键轴旋转,称为内旋转。这种内旋转可导致高分子化合物碳链构型改变,高分子的长链两端的距离也随之改变,我们称这样的分子链具有**柔性**(flexibility)。用高分子化合物制成的材料常有一定的机械强度、弹性和可塑性。

高分子化合物在溶液中的形态,除与其自身的柔性有关外,还受到介质的影响。如果介质和高分子化合物间的作用力强,分子长链卷曲成团的内聚力将被削弱,因而高分子化合物在溶液中就表现得舒展松弛,这种分散介质称为"**良溶剂**"。反之,如介质和高分子化合物间的作用力弱,分子长链就会卷缩起来,这种分散介质称为"**不良溶剂**"。

二、高分子溶液的特性

(一) 高分子溶液的形成

大多数高分子化合物能自动地分散到合适的分散介质中形成均相的溶液。高分子化合物在溶解前必先经过一个**溶胀**(swelling)过程,这与低分子化合物的溶解是不同的。当把高分子化合物置于良性溶剂中时,溶剂分子很容易扩散到高分子化合物中导致高分子化合物舒展开来,体积成倍甚至数十倍的增长。这种溶胀过程是高分子化合物溶解的起始阶段,随着溶胀过程的进行,高分子显得更加松散,并逐渐扩散到溶剂中去,直至完全溶解。不少高分子化合物与水有很强的亲和力,分子周围形成一层水合膜,这是高分子化合物溶液具有稳定性的主要原因。高分子溶液是热力学的稳定系统。

(二) 高分子溶液与溶胶的比较

高分子溶液中的分散相粒子是高分子化合物,高分子和分散介质间没有界面,因而和小分子溶液一样是均相体系,这是高分子溶液区别于溶胶的基本特征。虽然高分子溶液的本质是真溶液,但是由于高分子化合物的相对分子质量很大,其粒子大小大致在胶体分散系的范围内,而且分子的形状比较复杂,所以高分子溶液又具有溶胶的某些性质,因此高分子溶液也被列入胶体分散系,表 6-2 归纳了高分子溶液和溶胶性质的差异。

表 6-2 高分子溶液和溶胶的性质比较

高分子溶液	溶胶
1. 分散相粒子是单个高分子	1. 分散相粒子是许多分子、原子或离子的聚集体
2. 均相、稳定体系	2. 非均相、不稳定体系
3. Tyndall 现象弱	3. Tyndall 现象明显
4. 对电解质不敏感,加大量电解质才沉淀	4. 对电解质敏感,加少量电解质即聚沉
5. 高分子柔性对溶液性质有重要影响	5. 相界面对溶胶性质有重要影响
6. 黏度大	6. 黏度小

三、高分子电解质溶液

具有可电离基团,在水溶液中可以电离成带电离子的高分子化合物称为**高分子电解质**(macromolecular electrolyte),也称为聚电解质。高分子电解质的特征是:在每个分子链上有很多荷电基团,电荷密度大,对极性溶剂的亲和力强。高分子电解质溶液除了具有一般高分子溶液的通性外,它还具有其自身的特性。根据电离后带电情况,高分子电解质可以分为阳离子型、阴离子型和两性型三种类型。

(一) 高分子电解质溶液

以蛋白质溶液为例,蛋白质分子是由若干个氨基酸分子以肽键连接而成的高分子电解质。蛋白质分子中的可离解基团主要有羧基(—COOH)和氨基($—NH_2$),在水中可以离解成$—COO^-$或$—NH_3^+$,从而整个分子就带正电或负电荷。溶液中蛋白质分子的电荷数以及电荷的分布受到溶液 pH 的影响。

当溶液 pH 高时因发生下述反应而带负电

$$NH_2RCOOH + OH^- \longrightarrow NH_2RCOO^- + H_2O$$

当溶液 pH 低时由于发生下述反应而带正电

$$NH_2RCOOH + H^+ \longrightarrow NH_3^+RCOOH + H_2O$$

$$\underset{pH>pI}{R\begin{matrix}COO^-\\NH_2\end{matrix}} \underset{OH^-}{\overset{H^+}{\rightleftharpoons}} R\begin{matrix}COO^-\\NH_3^+\end{matrix} \underset{OH^-}{\overset{H^+}{\rightleftharpoons}} \underset{pH<pI}{R\begin{matrix}COOH\\NH_3^+\end{matrix}}$$

$$R\begin{matrix}COO^-\\NH_3^+\end{matrix} \overset{pI}{\Longleftrightarrow} \left(R\begin{matrix}COOH\\NH_2\end{matrix}\right)$$

改变溶液的 pH，可使蛋白质分子所带电荷发生改变。如果蛋白质所带正电荷和负电荷量相等（即净电荷为零），这时蛋白质处于等电状态，该 pH 称为蛋白质的**等电点**（isoelectric point）以 pI 表示。处于等电点的蛋白质，在外电场中不发生泳动。

在等电点时蛋白质溶液的性质会也发生明显变化，其黏度、渗透压、溶解度、电导以及稳定性等都最低。例如在等电点时，蛋白质对水的亲和力大为减小，蛋白质水合程度降低，蛋白质分子链相互靠拢并聚结在一起，造成蛋白质溶解度降低。当介质的 pH 偏离蛋白质等电点时，蛋白质分子链上的净电荷量增多，分子链舒张展开来，水合程度也随之提高，因而蛋白质的溶解度也相应增大。

在电场作用下，水溶液中的带电高分子会产生电泳现象，其电泳速度取决于高分子所带电荷多少、分子大小和形状结构等因素。利用电泳速率的不同，可将蛋白质、氨基酸和核酸等物质进行分离和鉴定。在临床检验中，应用电泳技术可分离血清中的各种蛋白质，为疾病的诊断提供依据。

（二）影响高分子溶液稳定性的因素

虽然高分子化合物在良溶剂中能自发溶解成为稳定溶液，但改变某些条件，如温度变化或控制高分子化合物的电荷密度及水化程度，会破坏高分子溶液的稳定性引起高分子化合物从溶液中沉淀析出。例如，蛋白质的水化作用是蛋白质溶液稳定的主要因素。如果在蛋白质溶液中加入大量的无机盐（如硫酸铵、硫酸钠等）时，无机离子的强烈的水化作用，使蛋白质的水化程度大为降低，蛋白质因稳定因素受破坏而沉淀。这种因加入大量无机盐使蛋白质从溶液中沉淀析出的作用称为**盐析**（salting out）。盐析过程实质上是蛋白质的脱水过程。盐析时所用的无机盐以硫酸铵为最佳。

在盐析中无机盐离子的化合价数不太重要，盐析能力主要与离子的种类有关，阴离子起主要作用。对同一种阳离子的盐来说，阴离子的盐析能力有如下的顺序

$$SO_4^{2-} > C_6H_5O_7^{3-} > C_4H_4O_6^{2-} > CH_3COO^- > Cl^- > NO_3^- > Br^- > I^- > CNS^-$$

阳离子的盐析能力的顺序是

$$NH_4^+ > K^+ > Na^+ > Li^+$$

上述按离子盐析能力排列的顺序称为**感胶离子序**（lyotropic series）。

除无机盐外，于蛋白质溶液中加入与水作用强烈的有机溶剂（如甲醇、乙醇、丙酮等）也能使蛋白质沉淀出来。这是因为乙醇、丙酮等与水分子结合后，降低了蛋白质的水合程度，蛋白质因脱水而沉淀。

（三）高分子电解质溶液的 Donna 平衡

高分子电解质溶液的渗透压与高分子非电解质溶液相比有很大差异，原因在于高分子离子具有 Donna 效应的缘故。

高分子电解质带有电荷，例如蛋白质不在等电点时就是这种情况，蛋白质可视为强电解质，以 $Na_z^+P^-$ 表示，用半透膜将蛋白质溶液与电解质溶液（如 NaCl）隔开。蛋白质离子 P^{z-} 不能透过半透膜，而 Na^+、Cl^-、H_2O 可以透过，如图 6-8 所示。

设开始时左边蛋白质 Na_zP 的浓度为 c_2，右边 NaCl 的浓度为 c_1。由于左边没有 Cl^-，所以 Cl^- 从右边通过半透膜向左边扩散。为了保持溶液的电中性，必定有相等数目的 Na^+ 同时从右边扩散到左边。显然，左边 Na^+、Cl^- 同时也向右边渗透。当 Na^+、Cl^- 在膜两边的渗透速率相等时，体系达到膜平衡。渗透达平衡后，膜两

边离子分配不等。这种因蛋白质大离子的存在而引起小离子在膜两边的不均等分布，称为 **Donnan 平衡**(Donnan equilibrium)。平衡时 $V_{进}=V_{出}$ 则

$$k(c_{Na^+}c_{Cl^-})_{左}=k(c_{Na^+}c_{Cl^-})_{右} \tag{6.2}$$

式中：c_{Na^+}、c_{Cl^-} 分别为各离子在膜两边的平衡浓度。式(6.2)表明，当体系达到渗透平衡时，组成电解质的离子在膜两边浓度的乘积相等。将各离子平衡浓度数值代入式(6.2)，得

$$(x+zc_2)\cdot x=(c_1-x)^2$$

$$x=\frac{c_1^2}{zc_2+2c_1} \tag{6.3}$$

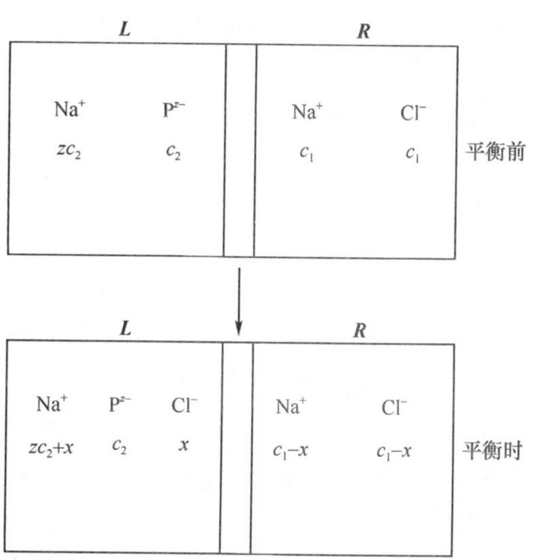

图 6-8 加盐(NaCl)后渗透压示意图

由于渗透压是因半透膜两边粒子数不同而引起的，所以

$$\Pi=[(c_2+zc_2+x+x)_{左}-(2c_1-2x)_{右}]RT$$
$$=(c_2+zc_2-2c_1+4x)RT$$

将 x 代入得

$$\Pi=\frac{zc_2^2+2c_2c_1+z^2c_2^2}{zc_2+2c_1}RT \tag{6.4}$$

若 $c_1 \ll zc_2$(表明盐的浓度远低于蛋白质的浓度)，则

$$\Pi\approx\frac{zc_2^2+z^2c_2^2}{zc_2}RT=(c_2+zc_2)RT=(z+1)c_2RT$$

若 $c_1 \gg zc_2$ 时(表明加入盐的浓度远大于蛋白质的浓度)，则

$$\Pi\approx\frac{2c_2c_1}{2c_1}RT=c_2RT$$

从上面的讨论可看出，第一种极限情况(盐的浓度很低)，渗透压接近于无盐存在时蛋白质的渗透压。在第二种极限情况(盐的浓度很高)，渗透压与蛋白质在等电点所表现的值几乎相等，因此我们得到的结论：加入足够的中性盐，可以消除 Donnan 平衡效应的影响。

Donnan 平衡是生物体内常见的一种生理现象，Donnan 平衡最重要的功能是控制物质的渗透压。生物的细胞膜相当于半透膜，细胞内的高分子电解质与膜外体液中的电解质处于膜平衡状态，这就保证了一些具有重要生理功能的金属离子在细胞内外保持一定的比例。当然，细胞膜不是一般的半透膜，结构和功能要复杂得多，但是，了解简单膜平衡体系，对于理解生物体系中的膜平衡现象是十分必要的。

第四节 表面活性剂和乳状液

一、表面活性剂

在固定温度和压力时，液体的表面张力 σ 是一定的。但溶液表面却可以通过吸附溶质的方式改变其表面张力，这种现象是自动发生的。以水溶液为例，在一定的温度下，在纯水中分别加入不同种类的溶质时，溶液的浓度对表面张力的影响可分为三种类型，如图 6-9 所示。第Ⅰ种曲线表明，在水中逐渐加入溶质时，溶液的表面张力随溶液浓度的增加而升高。属于此类的溶质主要有无机盐类(如 NaCl)、不挥发性的酸(如 H_2SO_4)、碱(如 KOH)以及含有多羟基的有机化合物(如蔗糖)等物质。第Ⅱ种曲线表明，在水中逐渐加入溶质时，溶液的表面张力随溶液浓度的增加而逐渐降低。大部分低脂肪酸、醇、醛等有机化合物的水溶液有此性质。第Ⅲ种曲线表明，在水中加入少量的溶质，却能使溶液的表面张力急剧下降，至某一浓度之后溶液的表面张力几乎不随溶液浓度的增加而变化。属于此类的溶质有长碳链的脂肪酸盐、烷基苯磺酸盐、烷基硫酸酯盐等。这种溶入少量就能显著降低水的表面张力的物质称为**表面活性物质**(surface active sub-

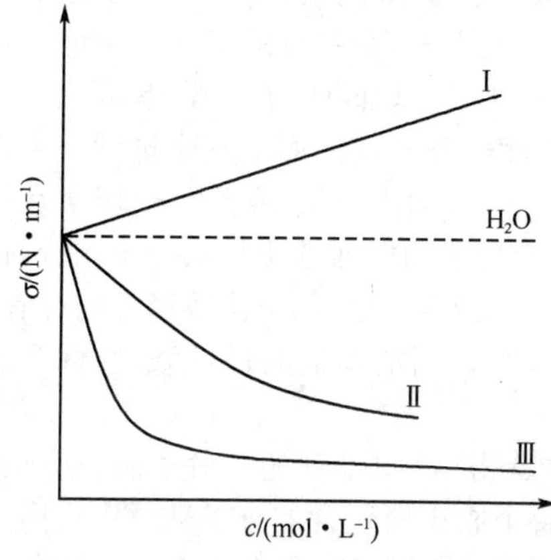

图 6-9 表面张力与浓度的关系示意图

stance)或**表面活性剂**(surfactant, surface active agent),那些能使溶液的表面张力升高的物质,称为非表面活性物质或表面惰性物质。

(一) 表面活性剂的分类

表面活性剂的品种很多,可以从用途、物理性质或化学结构等方面进行分类,最常见的是按化学结构来分类,大体上可分为离子型和非离子型两大类。当表面活性剂溶于水时,凡能电离生成离子的,称为离子型表面活性剂;凡在水中不能电离的,就称为非离子型表面活性剂,如多元醇型 $R—COOCH_2C(CH_2OH)_3$。离子型的还可按生成活性基团离子的电性,可再分为阴离子型(如肥皂 R—COONa)、阳离子型(如胺盐 $R—NH_2 \cdot HCl$)和两性表面活性剂(如氨基酸型 $R—NHCH_2—CH_2COOH$)。

(二) 表面活性剂的基本性质

1. 表面活性剂的吸附性质 从分子结构的观点来看,表面活性剂分子中都同时含有**亲水性**(hydrophilic)的极性基团(如—COOH,—$CONH_2$,—OH 等),以及**疏水性**(hydrophobic)的非极性基团(主要为有机烃基)。具有性质相反的两亲性基团是表面活性剂在化学结构上共同的特征(图 6-10)。

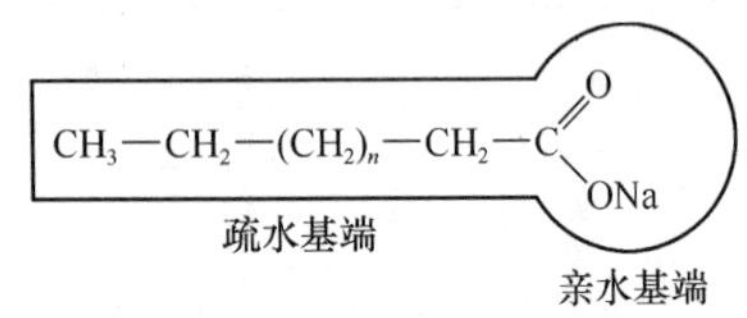

图 6-10 表面活性剂示意图

在水溶液中,表面活性剂分子的亲水基团受到极性很强的水分子的吸引,有竭力钻入水中的趋势;疏水性的非极性基,是亲油的,则力图离开水相或钻入非极性的有机溶剂或油类的另一相中,则表面活性分子定向地排列在界面层中,使界面的不饱和力场得到某种程度的平衡,从而降低了表面张力。

2. 胶束 为什么当表面活性剂的浓度很稀时,稍微增大浓度就能使溶液的表面张力急剧降低?为什么当表面性剂的浓度超过某一数值之后,溶液的表面张力又几乎不随浓度的增加而变化?这些问题可以通过示意图 6-11 得到解释。

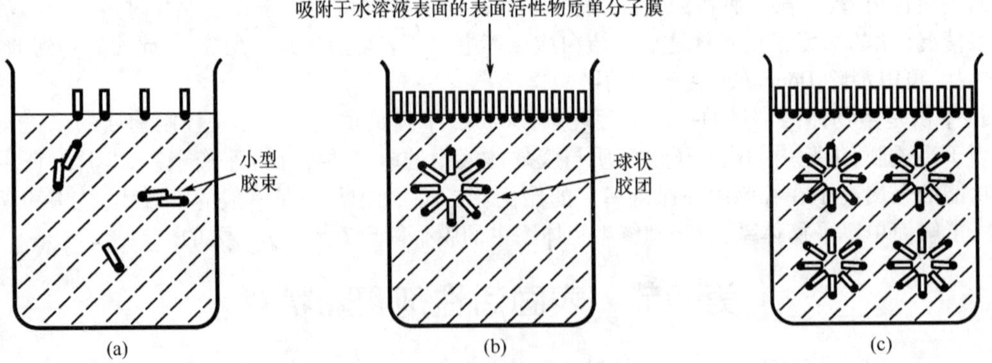

图 6-11 表面活性剂的活动情况和浓度关系示意图

(a)稀溶液;(b)临界胶束浓度的溶液;(c)大于临界胶束浓度的溶液

图 6-11(a)表示当表面活性剂的浓度很稀时,表面活性剂分子在溶液表面和溶液内部的分布情况。此时,若稍微增加表面活性剂的浓度,表面活性剂的一部分很快地聚集在水面,使水和空气的接触面减少,从而使表面张力急剧下降。另一部分则分散在水中,有的以单分子的形式存在,有的三三两两地相互接触,疏水基靠在一起,形成最简单的**胶束**(micelle)。这相当于图 6-9 曲线Ⅲ表面张力急剧下降部分。

图 6-11(b)表示当表面活性剂的浓度加大到一定程度时,表面活性剂分子在液面上刚刚排满一层定向排列的单分子膜。若再增加浓度,则只能使水溶液中的表面活性分子开始以几十或几百个聚集在一起,排列成疏水基向里、亲水基向外的胶束。胶束中的许多表面活性剂分子的极性基团与水分子相接触;而非极性基团则被包在胶束中,几乎完全脱离了与水分子的接触,因此胶束可以在水中比较稳定的存在。这相当于图 6-9 曲线Ⅲ的转折处。我们把形成一定形状的胶束时,所需表面活性剂的最低浓度,称为**临界胶束浓度**(critical micelle concentration, CMC)。

图 6-11(c)是超过临界胶束浓度的情况。这时液面上早已形成紧密、定向排列的单分子膜,达到饱和状态。若再增加表面活性剂的浓度,则只能增加胶束的个数或使每个胶束所包含的分子数增多。由于胶束是亲水性的,它不具有表面活性,不能使表面张力进一步降低,这相当于图 6-9 曲线Ⅲ的平缓部分。

在临界胶束浓度的前后，不仅溶液的表面张力有显著变化，其他许多物理性质如电导率、渗透压、蒸气压、光学性质、去污能力及增溶作用等皆发生很大的差异。要充分发挥表面活性物质的作用（如去污作用、增加可溶性、润湿作用等），必须使表面活性物质的浓度稍大于CMC。

（三）表面活性剂的作用

表面活性剂的种类繁多，不同的表面活性剂常具有不同的作用。概括地说来，表面活性剂具有润湿、助磨、乳化、去乳、分散、增溶、发泡和消泡，以及匀染、防锈、杀菌、消除静电等作用，因此表面活性剂在许多生产、科研和日常生活被广泛地使用。另外在生命科学中也有重要的作用，如构成细胞膜的脂类（磷脂、糖脂等），以及由胆囊分泌出的胆汁酸盐等都是表面活性物质。在药物学方面，表面活性物质通过增溶作用促进脂溶性药物在人体内的分布和吸收。

二、乳 状 液

一种或几种液体分散在另一种与之不相溶的液体中，形成高度分散体系的过程称为**乳化**（emulsification），得到的分散体系称为**乳状液**（emulsion）。乳状液的分散度比典型的溶胶要低得多，分散相粒子的大小约为100nm，普通显微镜即可看到，属于粗分散体系，但由于它具有多相和聚结不稳定性等特点，所以也是胶体化学研究的对象。

乳状液属于热力学不稳定体系，例如，将两种互不相溶的液体（如油和水）混合并剧烈振荡，油、水滴就会互相分散形成乳状液。但静置一段时间后，就自动分成两层，得不到稳定的乳状液。这是因为当液体分散成许多小液滴后，体系内两液体之间的界面变大，表面能增高，是热力学不稳定体系，所以当小液滴相互碰撞时，会自动地聚结成为大液滴，使体系的表面能降低。

要想得到稳定的乳状液，就必须有使乳状液稳定的第三种物质存在，这种物质称为乳化剂（emulsifying agent），乳化剂所起的作用称为乳化作用。常用的乳化剂多为表面活性剂。例如食物中的油脂进入人体后在体内经胆汁酸盐的乳化作用，分散成极小的乳滴，从而易被肠壁吸收，胆汁酸盐在此起乳化剂作用。

乳化剂的作用是促进乳化状态的形成和提高乳状液的稳定性。由于表面活性物质具有“两亲性”，表面活性剂分子的亲水基朝向水相，而疏水基朝向油相，在两相界面上作定向排列，其结果不仅降低了相界面的表面能，而且还在细小液滴周围形成一层保护膜，使乳状液得以稳定。

在乳状液中，一种液相主要是水，用字母W表示，另一液相泛指不溶于水的液态有机物，习惯上统称为“油”，用字母O表示。任何一相均可以作为分散相或者分散介质。因此，乳状液分为两种类型：一类是油分散在水中，称为水包油型，以符号O/W表示，如牛奶、各种杀虫乳剂；另一类是水分散在油中，称为油包水型，以符号W/O表示，如原油、人造黄油等。两种溶液究竟形成何种类型乳状液，与乳化剂的性质有关。图6-12为两种不同类型乳状液示意图。

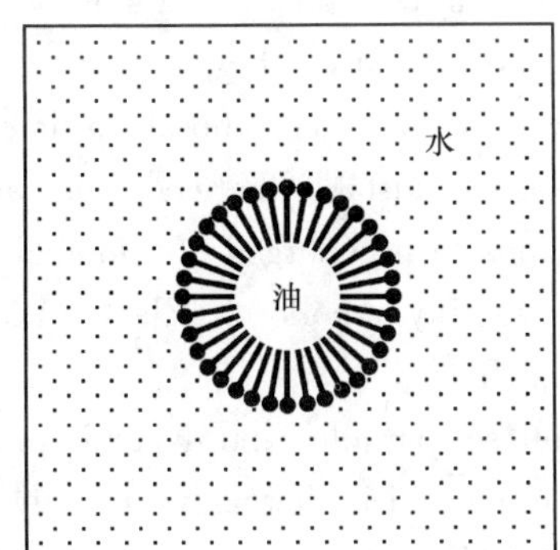

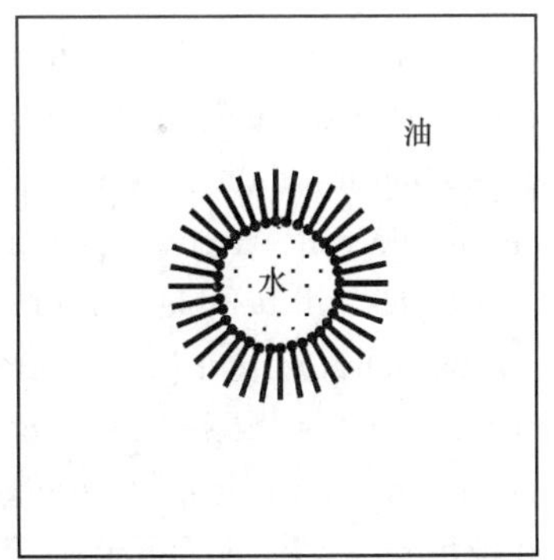

图6-12 两种不同类型乳状液示意图

乳状液的类型可以用染色法、稀释法、电导法及其他方法鉴别。染色法是在乳状液中加入少量溶于“油”而不溶于水的染料轻轻摇动，如整个乳状液呈现染料的颜色，则说明分散介质为“油”，即为W/O型，若只有分散的液滴呈染料的颜色，则说明分散相为油，即为O/W型。稀释法是根据乳状液易被分散介质稀释的道理来鉴别的，方法是将乳状液置于洁净的玻璃片上，然后滴加水，能与水均匀混合的为O/W型乳状液，否则为 W/O 型乳状液。电导法是利用“油”和水的电导不同，多数“油”为电的不良导体，因此测定电导即可确定分散介质的类型。

在医药卫生实践和日常生活中常遇到乳状液，如食用乳汁、药用的鱼肝油乳剂以及临床上用的脂肪乳剂输液等都是各种形式的乳状液。为了加大用药剂量，注射用药剂通常是 W/O 型乳状液，在乳状液降解时药剂就缓慢地为机体吸收。如 Salk 等发现乳化的流行性感冒疫苗治疗的病人所显示的抗体水平约为平常方法治疗的十倍，且能保持两年以上。

知识拓展

胶体与医学

高分子化合物对溶胶的保护作用应用很广，例如，血液中的碳酸钙、磷酸钙等微溶性盐类以溶胶的形式存在，靠血液中的蛋白质保护而存在，所以它们在血液中的含量比在水中的溶解度大 5 倍时仍能稳定存在而不聚沉。但当发生某些疾病使血液中的蛋白质减少，减弱了对这些盐类溶胶的保护作用，这些微溶性盐类就可能沉积在肝、肾等器官中，这就是形成各种结石的原因之一。医药中的杀菌剂蛋白银，就是由蛋白质保护的银溶胶。医药上用于胃肠造影的硫酸钡合剂，就含有足够量的一种高分子化合物——阿拉伯胶对硫酸钡溶胶起保护作用，当患者服用后，硫酸钡溶胶能均匀地黏附在胃肠道壁上形成薄膜，从而有利于造影检查。

在医药上应用高分散物质来治疗疾病的事例愈来愈多，近年来迅速发展起来的用胶态磁流体来治癌，将磁性物质制成 10 ~ 20nm 的胶体，成为药物的载体，那么就可以在磁场作用下将药送到病灶。1979 年，Widder 用含有超微磁性粒子的药物进行注射，同时体外应用磁场，可使靶区的药物浓度提高 100 倍；1975 年 Turner 等报道了含铁磁性物质的硅酮微球，局部注射后，在体外强大超导电磁铁吸引下可以选择地阻塞肿瘤的血管，使肿瘤坏死，目前已应用于人体，尚未发现毒性，该工作仍在不断发展。

Summary

Disperse system is composed by disperse phase and disperse medium. According to particle size of the disperse phase, disperse system is divided into three groups: molecular disperse system, colloidal disperse system and coarse disperse system.

Colloidal disperse system consists of collosol and macromolecular solution. They share a common feature that disperse phase particles are of $10^{-9} \sim 10^{-7}$ m size, of slow diffusion speed, of the ability of permeate through no semi-permeable membrane but filterable paper.

The size of collosol particle is smaller than the wave-length of visible light, which results in the Tyndall phenomena. Collosol particles keep doing Brown motion, so that collosol will not sink by gravity and contain dynamics stability. However, because collosol is non-homogeneous phase, the total surface area of disperse phase particles is very large, it is thermodynamically an instable system. As collosol particles trend to aggregation spontaneously, it is of aggregation instability. Though collosol is instable thermodynamically, collosol is invariably stable because colloid particle can selectively adsorp ions to be charged and mutual repulse while motion. Add a small amount of electrolytes will be able to ruin the stablilty of collosol. Electrophoresis phenomenon happens when charged collosol particles are put in to electrical field.

High molecular compounds are of the same size of collosol particles and dynamic property of collosol, only that high molecular compound solution belongs to true solution and is thermodynamically stable. Backbone of a high molecular compound determines its compliance. The main reason of the stability of high molecular compound solutikon is formation of hydration shell surrounding the molecule.

If high molecular compound solution and electrolyte solution are separated by semi-permeable membrane, the distribution of electrolytes is bilaterally inhomogeneous, this phenomenon is called Donnan balance.

Substances which are able to decrease water surface tension are called surface active agent. There are hydrophobic and hydrophilic groups in surface active agents, the amphipathic properties make the surface active agents spread directionally in boundary layer to decrease the surface tension.

Emulsion belongs to thermodynamically instable coarse disperse system. Add surface active agents to emulsion will decrease phase boundary tension and form a protective membrane, so that the emulsion will be stable. Emulsion includes to distinguished types, oil in water (O/W) type and water in oil (W/O) type.

习 题

1. 什么叫分散系、分散相、分散介质？分散系是如何分类的？
2. 怎样用实验的方法鉴别溶液和胶体？
3. 高分子溶液和溶胶同属胶体分散系，其主要异同点是什么？
4. 溶胶与高分子溶液具有稳定性的原因有哪些？用什么方法可以分别破坏它们的稳定性？
5. 胶粒为什么会带电？何时带正电？何时带负电？
6. 什么是表面活性剂？试从其结构特点说明它能降低水的表面张力的原因。
7. 乳状液有哪些类型？它们的含义是什么？
8. 蛋白质的电泳与溶液的pH有什么关系？一蛋白质的等电点为6.5，如溶液的pH为8.6时，该蛋白质大离子的电泳方向如何？
9. 于三个试管中分别加入20ml的某溶胶，为使该溶胶聚沉，必须在第一试管中加2.1ml 1mol · L^{-1} KCl溶液，第二试管中加入12.5ml 0.01mol · L^{-1}的 Na_2SO_4 溶液，第三试管中加入7.4ml 0.001mol · L^{-1}的 Na_3PO_4 溶液，试比较三种物质的聚沉能力，并确定胶粒的电荷符号。
10. 混合0.05mol · L^{-1} KBr溶液50ml和0.01mol · L^{-1} $AgNO_3$ 溶液30mL以制备AgBr溶胶，试写出胶团结构示意图，并比较 $MgSO_4$、$K_3[Fe(CN)_6]$、$AlCl_3$ 对此溶胶的聚沉能力。
11. 为制备AgI负溶胶，应向25ml 0.016mol · L^{-1} KI溶液中最多加入多少毫升0.005mol · L^{-1} $AgNO_3$ 溶液？

    [80mL]
12. 有未知带电荷的A和B两种溶胶，溶胶A中只需加入少量 $BaCl_2$ 或多量NaCl就有同样的聚沉能力；溶胶B中加入少量 Na_2SO_4 或多量NaCl也有同样的聚沉能力，问A和B两种溶胶原来带有何种电荷？
13. 将10ml 0.01mol · L^{-1} $AgNO_3$ 溶液和100ml 0.004mol · L^{-1} KCl溶液混合以制备AgCl溶胶。

    (1)写出胶团的结构式。

    (2)电泳时胶粒向哪个电极移动？

    (3)比较 Na_3PO_4、$MgSO_4$、$AlCl_3$ 对该溶胶的聚沉能力。
14. 指出血清白蛋白(等电点4.64)和血红蛋白(等电点6.9)在0.15mol · L^{-1} KH_2PO_4 溶液80ml和0.16mol · L^{-1} Na_2HPO_4 溶液50ml混合而成的溶液中的电泳方向。(已知 H_3PO_4 的 pK_{a1} = 2.12；pK_{a2} = 7.21；pK_{a3} = 12.67)

(王安俊)

第七章 化学热力学基础

热力学(thermodynamics)是研究各种形式的能量(如热能、电能、化学能等)转换规律的科学。它是物理学的一个组成部分。热力学的形成经历了一个漫长的时期,直到19世纪中叶,才建立了热力学的科学理论。热力学的基础是热力学第一定律和第二定律。这两个定律是人们长期实践的经验总结,有牢固的实验基础。将热力学的基本原理和方法应用于化学反应及伴随化学反应而发生的物理变化的研究,称为**化学热力学**(chemical thermodynamics)。化学热力学主要研究和解决的问题有:

(1)利用热力学第一定律计算化学反应过程中的热效应;

(2)利用热力学第二定律判断化学反应在一定条件下自发进行的可能性、方向和限度。

化学热力学不研究化学反应速率和反应机制。生命过程是自然界无数物理和化学过程长期演变进化的结果,因此机体中的物质的变化和能量的代谢也必然服从热力学的基本规律,如衡量葡萄糖对机体的营养价值时,通常以它的发热量作为标准之一。

特别值得注意的是,化学热力学只研究宏观系统中的整体行为,而不考虑宏观系统中个别粒子的单独行为。

第一节 热力学系统和状态函数

热力学是一门严谨的科学,它所应用的一些概念和术语都有严格的定义,为了运用准确,首先介绍热力学中最常用的术语和概念。

一、系统和环境

作为热力学研究对象的一定量物质和一部分空间叫做**体系**(system),又叫系统,而与体系有关的其余部分叫**环境**(surroundings)。

热力学系统可分为三类:如果系统与环境之间既有物质的交换,又有能量的传递,此类系统称为**敞开系统**或**开放系统**(open system)。如果系统与环境之间只有能量交换而无物质交换的,此类系统称为**封闭系统**(closed system)。系统与环境之间既无物质交换也无能量交换的,此类系统称为**孤立系统**(isolated system)。实际上,绝对孤立的系统是不存在的。

热力学系统中发生的一切变化都称为热力学过程,简称**过程**(process)。如气体的压缩与膨胀,液体的蒸发,化学反应等都是热力学过程,因为它们都使系统的状态发生了变化。如果系统的变化是在等温条件下进行的,此变化称为**等温过程**(isothermal process)。如果系统的变化是在压强恒定的条件下进行的,此变化称为**等压过程**(isobar process)。如果系统的变化是在体积恒定的条件下进行的,此变化称为**等容过程**(isovolumic process)。如果系统的变化是在绝热的条件下进行的,此变化称为**绝热过程**(adiabatic process)。如果系统从某状态 A 出发,经过一系列变化后又回到状态 A,这种变化称为**循环过程**(cyclic process)。

二、状态和状态函数

如果体系中物质的种类、数量和物理状态都已确定,并在一定的温度、压力下处于平衡状态,就认为这种体系是处于一定的热力学状态,简称**状态**(state)。当外界条件不变时,体系的性质不随时间而变化,状态也维持原状不变。如果经过一段时间,体系中物质的种类、数量或某种性质发生了改变,则体系的状态也发生了变化,变化前的状态叫**始态**(initial state),变化后的状态叫**终态**(final state)。

也可以说,系统的这些宏观性质与系统的状态间有一一对应的函数关系。描述系统状态的这些物理量被称为**状态函数**(state function)。前面提到的物理量 T、V、P 等都是状态函数。

状态函数可分为两类。一类为具有**广度性质**(extensive property)的物理量,如体积 V,物质的量 n,质量 m 及后面将介绍的热力学能 U、焓 H、熵 S、自由能 G 等,这类性质具有加合性,例如 50ml 水与 50ml 水相混合其总体积为 100ml。另一类为具有**强度性质**(intensive property)的物理量,如温度、压力、密度等。这些性质没有加合性,例如 50℃的水与 50℃的水相混合,水的温度仍为 50℃。

应该指出,描述一个系统所处的状态不需要把所有的状态函数都一一列出,因为这些状态函数间往往有一定的联系。例如,要描述一理想气体所处的状态,只要知道温度 T、压力 p、体积 V 就足够了,因为根据理想气体的状态方程 $pV = nRT$,此理想气体的物质的量 n 也就确定了。通常选择所研究的系统中易于测定的几个相互独立的状态函数来描述系统的状态。

最后要特别强调的是,状态函数有一基本性质:系统的状态发生变化,状态函数值就可能改变,但状态函数的变化值只取决于始态和终态,而与中间变化的过程无关。例如 50g 50℃的水(始态)加热变为 50g 80℃的水(终态),其状态函数温度 T 的变化量 $\Delta T = T$(终态) $- T$(始态) $=30$℃。如果这 50g 50℃的水先降温后升温,或者经历其他一些更为复杂的中间过程,只要终态是 50g 80℃的水,其 ΔT 总是 30℃。

三、热　和　功

(一) 热和功

在热力学中,**热**(heat)是系统和环境之间由于温度差而交换的能量形式,常用符号 Q 表示。系统和环境之间除了热以外的一切能量交换形式称之为**功**(work),常用符号 W 表示,如膨胀功、电功等。

热力学规定:系统向环境放热,Q 为负值,即 $Q<0$。系统从环境吸热,Q 为正值,即 $Q>0$;系统对环境做功,功为负值,即 $W<0$。环境对系统做功(即系统从环境得功),功为正值,即 $W>0$。

热和功都不是状态函数。我们不能说系统有多少热和多少功,而只能说系统发生变化时吸收(或放出)多少热,得到(或给出)多少功。热和功的数值与系统所经历的变化过程密切相关。

(二) 体积功、可逆过程和最大功

系统因体积变化而对环境做功或环境对系统作功称为**体积功**(volume work)。体积功在化学热力学中具有特殊意义。图 7-1 是体系做体积功示意图,活塞截面积为 A,并且假定活塞的质量及其与气缸壁的摩擦力均可忽略不计。气缸内充满理想气体。当理想气体作等温膨胀时,活塞反抗外压移动了 l 的距离。系统反抗外压 $p_{外}$对环境所做的功可以用式(7.1)来计算:

$$W = -F \times l = -p_{外} \times A \times l = -p_{外}\Delta V \tag{7.1}$$

式中:ΔV 为气体膨胀的体积,F 为活塞受到的外压力。由于理想气体膨胀是系统对环境做功,W 为负,所以式(7.1)右边加负号。

关于可逆过程和最大功,可以用图 7-1 所示的理想气体等温膨胀过程来说明。起初外压(用 6 个砝码表示)与气体的压力相等,活塞静止不动。然后,降低外压(即取去一定数量的砝码)让气体按图 7-1 所示的几种不同方式从初态(6×101.3kPa,1.00dm^3)恒温膨胀到终态(101.3kPa,6.00dm^3)。

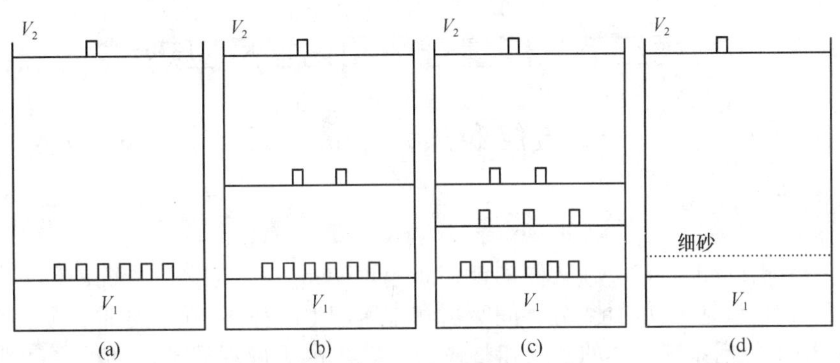

图 7-1　理想气体等温膨胀示意图

1. 一次膨胀　将活塞上的砝码一次取走 5 个,即外压突然从 6×101.3kPa 下降到 101.3kPa,并维持不变。

这时气体的体积从 1.00dm^3 膨胀到 6.00dm^3(图 7-1a),由于整个过程中外压都保持 101.3kPa,因此系统反抗外压对环境所做的功为

$$W_1 = -p_{外}\Delta V = -101.3\times10^3\text{Pa}\times(6-1)\times10^{-3}\text{m}^3 = -506.5\text{J}$$

2. 二次膨胀 首先取走 4 个砝码,把外压降到 2×101.3kPa 并维持不变,气体的体积从 1.00dm^3 膨胀到 3.00dm^3;然后再取走 1 个砝码,把外压降到 101.3kPa 并维持不变,这时气体体积又膨胀到 6.00dm^3(图 7-1b),系统反抗外压对环境所做的功为

$$W_2 = -2\times101.3\times10^3\text{Pa}\times(3-1)\times10^{-3}\text{m}^3 - 101.3\times10^3\text{Pa}\times(6-3)\times10^{-3}\text{m}^3 = -709\text{J}$$

3. 三次膨胀 首先取走 3 个砝码,把外压降到 3×101.3kPa 并维持不变,气体的体积从 1.00dm^3 膨胀到 2.00dm^3;然后再取走 1 个砝码,把外压降到 2×101.3kPa 并维持不变,这时气体体积又膨胀到 3.00dm^3,最后再取走 1 个砝码,把外压降到 101.3kPa 并维持不变,气体体积又膨胀到 6.00dm^3(图 7-1c),系统反抗外压对环境所做的功为

$$\begin{aligned}W_3 = &-3\times101.3\times10^3\text{Pa}\times(2-1)\times10^{-3}\text{m}^3 - 2\times101.3\times10^3\text{Pa}\times(3-2)\times10^{-3}\text{m}^3\\ &-101.3\times10^3\text{Pa}\times(6-3)\times10^{-3}\text{m}^3 = -810.4\text{J}\end{aligned}$$

4. 可逆膨胀 设想有一个膨胀次数非常多的过程,即在汽缸活塞上用一堆相同质量的极细的砂代替砝码,每次取走一粒细砂,外压仅仅比内压相差无穷小 dp,这时,每一步膨胀过程系统都无限接近于平衡态,经过无穷个步骤达到终态。当然这种过程所需时间要无限长。这种过程系统对外做的功为

$$W_4 = W_r = -\int_{V_{始}}^{V_{终}} p_{外}\,\mathrm{d}V = -\int\frac{nRT}{V}\mathrm{d}V = -nRT\ln\frac{V_{终}}{V_{始}}$$

因为

$$p_{始}V_{始} = nRT$$

所以

$$W_4 = -p_{始}V_{始}\ln\frac{V_{终}}{V_{始}}$$

代入数值,通过上式计算 W_4 为

$$W_4 = -6\times101.3\times10^3\text{Pa}\times1\times10^{-3}\text{m}^3\times\ln\frac{6\times1.0\times10^{-3}}{1.0\times10^{-3}} = -1089\text{J}$$

通过以上计算结果,我们可以发现,尽管这 4 种膨胀过程的始态、终态相同,由于所经历的途径不同,系统对环境所做的功就不同。这说明了功不是状态函数。采用无限接近平衡的膨胀过程,系统对环境做最大功。同理可以证明,在恒温下采用同样方式经过 1 次、2 次、3 次压缩过程和无限接近平衡的压缩过程,若使气体恢复到初态,环境对系统所做的功也不同。采用无限接近平衡的压缩过程,环境对系统做功最小。系统与环境间在无限接近平衡时所进行的过程称为热力学可逆过程,简称**可逆过程**(reversible process)。可逆过程所做的功常用符号 W_r 来表示。

可逆过程有如下的特点:①可逆过程的任意瞬间,系统总是无限接近于平衡态。只要沿着原来过程的反方向,按同样的条件进行,可使系统和环境都完全恢复到原来的状态。②在等温可逆膨胀过程中,系统对环境做功最大;在等温可逆压缩过程中,环境对系统做功最小。③可逆过程是一个时间无限长、不可能实现的理想过程。但有些实际过程接近可逆过程。例如,液体在其沸点时的蒸发、固体在其熔点时的熔化、可逆电池在电位差无限小时的充电和放电等。

第二节 能量守恒和化学反应热

一、内能和热力学第一定律

(一) 内能

热力学能(thermodynamics energy)又称**内能**(internal energy)。内能是系统内部一切能量形式的总和,常用符号 U 表示,它包括平动动能、分子间吸引和排斥产生的势能、分子内部的振动能和转动能、电子运动能和核能等,但不包括系统整体的动能和整体的位能。由于微观粒子运动的复杂性,至今我们仍无法确定一个系统内能的绝对值,但可以肯定的是,处于一定状态的系统必定有一个确定的内能值,即内能是状态函数,这可以从下面得到证明。

如图 7-2 所示,系统从始态 A 经途径 Ⅰ 变为状态 B,其内能变化为 ΔU(Ⅰ),而经另外任意一条途径

Ⅱ由状态 A 变化到状态 B,其内能变化为 $\Delta U(\text{Ⅱ})$。如果系统由始态 A 经途径Ⅰ到 B,再由 B 沿途径Ⅱ逆向回到始态 A,完成了一个循环过程。这个循环过程的内能变化为:

$$\Delta U = \Delta U(\text{Ⅰ}) + [-\Delta U(\text{Ⅱ})] = \Delta U(\text{Ⅰ}) - \Delta U(\text{Ⅱ})$$

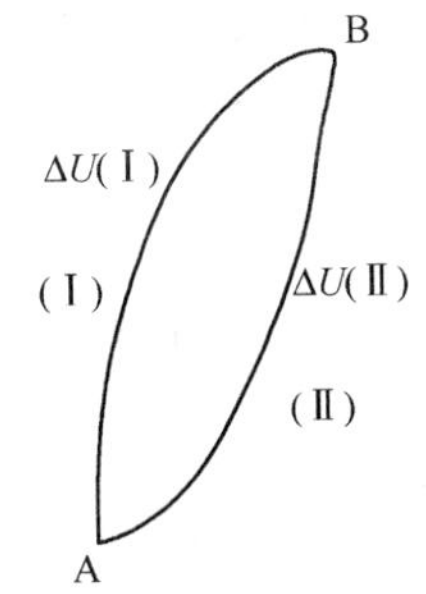

图 7-2 热力学能的变化与途径无关示意图

如果 $\Delta U(\text{Ⅰ}) > \Delta U(\text{Ⅱ})$,则 $\Delta U > 0$,即系统经一个循环过程回到原来的状态 A 后凭空增加了能量,这违背了能量守恒定律;相反,如 $\Delta U(\text{Ⅰ}) < \Delta U(\text{Ⅱ})$,则 $\Delta U < 0$,即系统凭空减少了能量,也违背了能量守恒定律。因此,只能是 $\Delta U(\text{Ⅰ}) = \Delta U(\text{Ⅱ})$,则 $\Delta U = 0$。所以,任何循环过程的 $\Delta U = 0$,这一结论证明了内能是状态函数。

虽然内能的绝对值尚无法确定,但这一点对于解决实际问题并无妨碍。我们只需要知道在变化过程中内能的改变值就行了,它的改变值仅仅决定于系统的始态和终态,而与变化的途径无关。内能属广度性质。

(二) 热力学第一定律

热力学第一定律(the first law of thermodynamics)就是能量守恒与转化定律,可表述为:自然界的一切物质都具有能量,能量有各种不同形式,并且能够从一种形式转化为另一种形式,在转化中能量的总值不变。热力学第一定律是人类大量实践经验的总结,从热力学第一定律所导出的结论,还没有发现与实践相矛盾。

对于封闭系统,系统和环境之间只有热和功的交换。当系统发生了状态变化,若变化过程中从环境吸收的热量为 Q,环境对系统做功 W,按能量守恒定律,系统的内能变化为

$$\Delta U = Q + W \tag{7.2}$$

式(7.2)是热力学第一定律的数学表达式。

前面已提到,在热力学中由于系统体积变化而对环境做的功或环境对系统做的功称为体积功或**膨胀功**(expension work),用 W_e 表示。把电功、表面功等其他功称为非体积功,用 W_f 表示。下面的讨论中,如不特别说明,W 将只代表体积功。

(三) 等容反应热与系统的内能变化

许多化学反应是在等容的条件下进行的。例如许多物质发生化学反应时吸收或放出的热量是用一弹式量热计来测定,此时,化学反应是在一个密闭的钢弹中进行,其体积不变。按热力学第一定律:

$$\Delta U = Q + W = Q_V + p\Delta V$$

式中:Q_V 表示等容反应热。由于系统体积变化 $\Delta V = 0$,所以有

$$Q_V = \Delta U \tag{7.3}$$

即等容反应热等于系统的内能变化。系统内能的绝对值是无法确定的,但它的改变量可以用一可测定的量即等容反应热来量度。

二、系统的焓和等压反应热

如果在等压、不做非体积功的条件下系统发生变化,按热力学第一定律有

$$\Delta U = U_2 - U_1 = Q_p + W$$

式中:Q_p 表示等压热效应,U_1 和 U_2 分别表示系统始态和终态的内能。如系统膨胀对外做功,则功为负值,即 $W = -p_{外}\Delta V$,上式改写为:

$$U_2 - U_1 = Q_p - p_{外}\Delta V = Q_p - p_{外}(V_2 - V_1)$$

因为是等压过程,$p_1 = p_2 = p_{外}$,可得

$$(U_2 + pV_2) - (U_1 + pV_1) = Q_p$$

令
$$H \overset{\text{def}}{=\!=\!=} U + pV \tag{7.4}$$

则有
$$H_2 - H_1 = Q_p$$

即
$$\Delta H = Q_p \tag{7.5}$$

在这里我们引入了一个新的热力学函数 H,称为**焓**(enthalpy)。由于 $H = U + PV$,而 U、p 和 V 都是状态函数,所以它们的组合 H 也是状态函数,引入这个新的状态函数仅仅是为了热力学计算的方便。由

于不能确定系统内能 U 的绝对值,所以 H 的绝对值也无法确定。

从式(7.5)可以看到,对于一个封闭系统,在只做体积功的等压过程中,系统的焓变(ΔH)等于等压热效应(Q_p)。

从上面恒容及恒压条件下的热计算中可以看出,尽管热不是体系的状态函数,而是过程的函数,但是在特定的条件下,特定过程的热却可变成一个定值,此定值仅仅取决于体系的始态和终态,这就为人们计算特定过程的热带来了极大的方便。

大多数化学反应都是在等压、不做非体积功的条件下进行的,其化学反应的热效应 $Q_p = \Delta H$,因此,在化学热力学中,常常用 ΔH 来表示等压反应热而很少用 Q_p 。

三、等容反应热与等压反应热的关系

由焓的定义式(7.4)可得:

$$\Delta H = \Delta U + \Delta pV \tag{7.6}$$

如可以把做体积功的气体看成是理想气体,则 $pV = nRT$,代入式(7.6)得

$$\Delta H = \Delta U + \Delta n(RT)$$

一定量的理想气体的内能和焓只是温度的函数,因此同样温度下的等压过程与等容过程的 ΔU 相同,由式(7.6)、式(7.3)及式(7.5)可得

$$Q_p = Q_V + \Delta n(RT) \tag{7.7}$$

对于反应前后气体的物质的量没有变化($\Delta n = 0$)的反应及纯粹溶液或固体中的反应,体积变化极小,体积功可以忽略,因此可以认为

$$\Delta H = Q_p \approx Q_V = \Delta U$$

四、反应进度与热化学方程式

(一)反应进度

在讨论化学反应热效应时,需要引入一个重要的物理量——**反应进度**(extent of reaction),常用符号 ξ 表示。化学反应进度是一个描述化学反应进行程度的量。

对于任意一化学反应:

$$e\mathrm{E} + f\mathrm{F} = g\mathrm{G} + h\mathrm{H}$$

此式也可表示为:

$$0 = g\mathrm{G} + h\mathrm{H} - e\mathrm{E} - f\mathrm{F}$$

或简写为:

$$0 = \sum_{\mathrm{B}} v_{\mathrm{B}} B \tag{7.8}$$

式(7.8)为国家标准中对任意反应的标准定义表达式。式中 B 代表相应的反应物或产物,v_{B} 为反应式中相应物质 B 的**化学计量数**(stoichiometric number), $\sum_{\mathrm{B}}$ 表示对反应式中各物质求和。化学计量数 v_{B} 是单位为一的物理量,它可以是整数或简单分数。对于**反应物**(reactant),v_{B} 为负值(如 $v_{\mathrm{E}} = -e, v_{\mathrm{F}} = -f$);对于**产物**(product),$v_{\mathrm{B}}$ 为正值(如 $v_{\mathrm{G}} = g, v_{\mathrm{H}} = h$)。

反应进度表示反应进行的程度,其定义为:

$$\xi = \frac{n_{\mathrm{B}}(\xi) - n_{\mathrm{B}}(0)}{v_{\mathrm{B}}} \tag{7.9}$$

式中: $n_{\mathrm{B}}(0)$ 为反应开始,反应进度 $\xi = 0$ 时 B 的物质的量; $n_{\mathrm{B}}(\xi)$ 为反应在 t 时刻,反应进度为 ξ 时 B 的物质的量,ξ 的单位为 mol。

如果选择的始态其反应进度不为零,则应表示为反应进度的变化 $\Delta\xi$ 。

$$\Delta\xi = \frac{\Delta n_{\mathrm{B}}}{v_{\mathrm{B}}}$$

例 7-1 合成氨的反应,其化学计量方程式可写成如下 2 种形式:

(1) $N_2(g)+3H_2(g)=\!=\!=2NH_3(g)$

(2) $\frac{1}{2}N_2(g)+\frac{3}{2}H_2(g)=\!=\!=NH_3(g)$

若反应起始时 N_2、H_2、NH_3 的物质的量分别为 10.0mol、30.0mol、0.0mol,经过一段时间 t, N_2、H_2、NH_3 的物质的量分别为 4.0mol、12.0mol、12.0mol,求 t 时刻反应(1)和(2)的反应进度。

解 反应在不同时刻各物质的量为(单位:mol)

	$n(N_2)$	$n(H_2)$	$n(NH_3)$
$t=0, \xi=0$	10.0	30.0	0.0
$t=t, \xi=\xi$	4.0	12.0	12.0

按反应(1)求 ξ

$$\xi=\frac{\Delta n(N_2)}{vN(N_2)}=\frac{4.0\text{mol}-10.0\text{mol}}{-1}=6.0\text{mol}$$

$$\xi=\frac{\Delta n(H_2)}{v(H_2)}=\frac{12.0\text{mol}-30.0\text{mol}}{-3}=6.0\text{mol}$$

$$\xi=\frac{\Delta n(NH_3)}{v(NH_3)}=\frac{12.0\text{mol}-0.0\text{mol}}{2}=6.0\text{mol}$$

显然,对于同一化学反应,ξ 值与选择参与反应的哪一种物质求算无关。同理,对反应(2),可求得 $\xi=12.0\text{mol}$。

从上例可以看出,反应进度与反应方程式写法有关,因此求算反应进度 ξ 时必须写出具体的反应式。当反应进度为 1mol,可以理解为按所书写的反应式作为基本单元进行了 1mol 的化学反应。

反应进度为 1mol 时引起系统的焓变称为反应的摩尔焓变 $\Delta_r H_m$,即:

$$\Delta_r H_m=\frac{\Delta_r H}{\xi}$$

显然,$\Delta_r H_m$ 表示的是按所给化学计量方程式完成一个单位化学反应所产生的焓变,其值与化学计量方程式的具体形式有关。

(二)热化学方程式

标明了物质的物理状态、反应条件和反应热的化学方程式称为**热化学方程式**(thermodynamics equation)。如:

(1) $H_2(g)+\frac{1}{2}O_2(g)=H_2O(l)$ $\quad\Delta_r H^{\ominus}_{m,298.15}=-285.8\text{kJ}\cdot\text{mol}^{-1}$

(2) $2H_2(g)+O_2(g)=2H_2O(l)$ $\quad\Delta_r H^{\ominus}_{m,298.15}=-571.6\text{kJ}\cdot\text{mol}^{-1}$

(3) C(石墨)$+O_2(g)=CO_2(g)$ $\quad\Delta_r H^{\ominus}_{m,298.15}=-393.5\text{kJ}\cdot\text{mol}^{-1}$

对于热化学方程式中热效应符号 $\Delta_r H^{\ominus}_{m,298.15}$ 的意义需作如下说明:ΔH 表示等压反应热(或焓变),此值为负值表示放热反应,为正值表示吸热反应;“r”表示反应;“m”表示反应进度为 1mol。由于反应进度与反应方程式的写法有关,所以对于同样的反应,按(2)式完成 $\xi=1\text{mol}$ 的反应所放出的热量是按(1)式完成 $\xi=1\text{mol}$ 反应的 2 倍。“298.15”是反应温度,以后温度为 298.15K 时可省略。“$\ominus$”表示标准态,即此反应热是在标准状态下的数值。

由于物质或反应系统所处的状态不同,它们自身的能量或在反应中发生的能量变化也不相同。为了比较不同反应热效应的大小,需要规定共同的比较标准。根据国家标准,热力学**标准态**(standard state)是指在温度 T 和标准压力 $p^{\ominus}$ (100kPa)下该物质的状态。标准态不仅用于气体,也用于液体、固体或溶液。同一种物质,所处的聚集状态不同,标准态的含义也不同。现分述如下:

气体:标准压力下的纯气体,或混合气体中分压为标准压力的某气体,并认为气体均具有理想气体的性质。

纯液体(或纯固体):标准压力下的纯液体(或纯固体)。

溶液中的溶质:标准压力下,溶质浓度为 $1\text{mol}\cdot\text{L}^{-1}$或质量摩尔浓度为 $1\text{mol}\cdot\text{kg}^{-1}$且符合理想稀溶

液定律的溶质。

标准态明确指定了标准压力 $p^{\ominus}$(100kPa),但未指定温度,或者说标准态规定中不包含温度,但 IUPAC 推荐 298.15K 为参考温度,从手册和教科书中查到的热力学常数也大多数是 298.15K 条件下的数据。

在明确了标准态的各种规定之后,为了写出正确的热化学方程式,还需要注意如下几点:

(1) 因反应热与方程式的写法有关,必须写出完整的化学反应计量方程式。

(2) 要标明参与反应的各种物质的状态,用 g、l 和 s 分别表示气态、液态和固态,用 aq 表示水溶液(aqueous solution)。如固体有不同晶型,还要指明是什么晶型的固体,如碳有石墨(graphite)和金刚石(diamond)。

(3) 要标明温度和压力。如反应在标准态下进行,要标上"⊖"。按习惯,如反应在 298.15K 下进行,可不标明温度。

五、Hess 定律和反应热的计算

1840 年,俄国化学家 Hess GH 在大量实验的基础上总结了一条定律:一个化学反应不管是一步完成或是分几步完成,它的反应热都是相同的。这就是 Hess 定律。换言之,即反应热只与始态和终态有关,而与变化途径无关。

这个定律是在热力学第一定律发表之前作为一条经验定律提出来的。在热力学第一定律发表之后,这个定律就很容易理解了。由于化学反应一般都在等压或等容条件下进行,而等压反应热 $Q_p = \Delta H$,等容反应热 $Q_V = \Delta U$,H 和 U 都是状态函数,其 ΔH 和 ΔU 只取决于始态和终态,与中间过程无关。因此,这个定律应该更准确地表述为:任何一个化学反应在不做非体积功和等压(或等容)的条件下,不管此反应是一步完成还是分几步完成,其热效应都相同。Hess 定律是热化学计算的基础。根据 Hess 定律,可以把几个热化学方程式同代数式一样进行加减运算,从而得到新反应的反应热,或者求出一些难以从实验测定的反应热。

(一) 由已知的热化学方程式计算反应热

反应 $C(gra)+\frac{1}{2}O_2(g)=CO(g)$ 的反应热是实验上无法测定的,因为在氧化过程中伴有 CO_2 的生成。但是利用 Hess 定律,我们很容易从已知的热化学方程式求算出它的反应热。

例 7-2 已知在 298.15K 下,下列反应的标准摩尔焓变 $\Delta_r H_m^{\ominus}$:

(1) $C(gra)+O_2(g) \xlongequal{} CO_2(g)$ $\quad \Delta_r H_{m,1}^{\ominus} = -393.5\text{kJ}\cdot\text{mol}^{-1}$

(2) $CO(g)+\frac{1}{2}O_2(g) \xlongequal{} CO_2(g)$ $\quad \Delta_r H_{m,2}^{\ominus} = -282.99\text{kJ}\cdot\text{mol}^{-1}$

求 $C(gra)+\frac{1}{2}O_2(g) \xlongequal{} CO(g)$ 的 $\Delta_r H_{m,3}^{\ominus}$?

解 可以把 $C(gra)+O_2(g)$ 作为始态,把 $CO_2(g)$ 作为终态。反应可一步完成,也可分两步完成,如下所示:

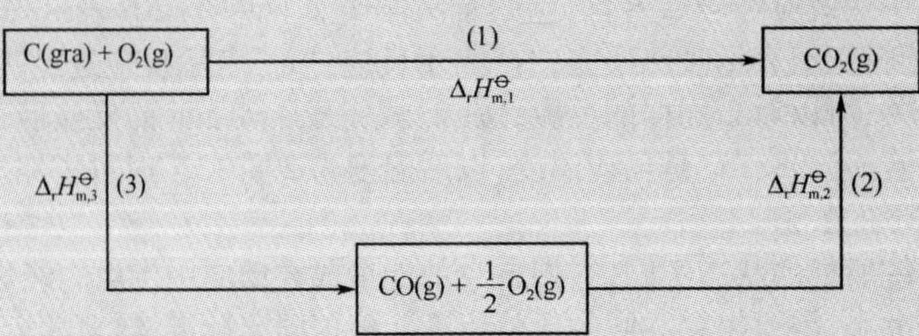

根据 Hess 定律:$\Delta_r H_{m,1}^{\ominus} = \Delta_r H_{m,2}^{\ominus} + \Delta_r H_{m,3}^{\ominus}$

$$\begin{aligned}\Delta_r H_{m,3}^{\ominus} &= \Delta_r H_{m,1}^{\ominus} - \Delta_r H_{m,2}^{\ominus}\\ &= -393.5\text{kJ}\cdot\text{mol}^{-1} - (-282.99\text{kJ}\cdot\text{mol}^{-1})\\ &= -110.51\text{kJ}\cdot\text{mol}^{-1}\end{aligned}$$

从例 7-2 可以看出：Hess 定律可以看成是“热化学方程式的代数加减法”。需要指出的是，利用热化学方程式进行运算时，要消去的物质项不仅要种类、系数相同，而且其物理状态、温度、压力也要相同，否则不能消去；如果运算中反应式要乘以系数，则其 $\Delta_r H_m^\ominus$ 也要乘以相应的系数。

（二）由标准摩尔生成热计算反应热

对于等压不做非体积功的任意一反应：

$$eE + fF \Longrightarrow gG + hH$$

其反应热 $\Delta_r H_m$ 应为产物（终态）和反应物（始态）焓值之差。虽然物质的绝对焓值无法确定，然而我们需要求出的是反应的焓变 $\Delta_r H_m$，即这种物质的焓比另外一种物质的焓高（或低）多少，亦即系统的终态与系统的始态相比焓值高（或低）多少。为此人们采用了一个相对标准，热力学中规定：在标准压力 $p^\ominus$（100kPa）和指定温度 T 时，由最稳定的单质生成标准状态下 1mol 物质 B 时的焓变称为物质 B 的**标准摩尔生成焓**（standard molar enthalpy of formation），记为 $\Delta_f H_m^\ominus$，单位 $kJ \cdot mol^{-1}$。按照标准摩尔生成焓的定义，热力学实际上规定了最稳定单质的 $\Delta_f H_m^\ominus$ 为零。应该注意的是碳的最稳定单质指定是石墨而不是金刚石；氧的最稳定单质是 $O_2(g)$，而不是 $O_3(g)$；硫有斜方硫、单斜硫等多种同素异形体，最稳定的单质是斜方硫。

例如 $CO_2(g)$ 的标准摩尔生成焓 $\Delta_f H_m^\ominus(CO_2, g, 298.15K)$ 是下列生成反应的标准摩尔焓变：

$$C(gra, 298.15K, p^\ominus) + O_2(g, 298.15K, p^\ominus) = CO_2(g, 298.15K, p^\ominus)$$

$$\Delta_f H_m^\ominus(CO_2, g, 298.15K) = \Delta_r H_m^\ominus = -393.5kJ \cdot mol^{-1}$$

注意：在标准状态下，定义由最稳定单质形成物质 B 的反应热为标准摩尔生成焓时，物质 B 的化学计量数 $\nu_B = 1$。由物质的标准摩尔生成焓可以方便地计算在标准状态下的化学反应的热效应。例如标准状态下某化学反应，可用图示法表示为：

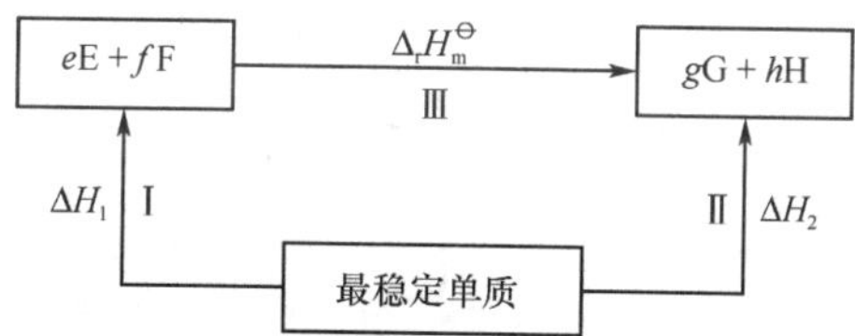

因为焓是状态函数，所以：

$$\Delta H_1 + \Delta_r H_m^\ominus = \Delta H_2$$

则

$$\Delta_r H_m^\ominus = \Delta H_2 - \Delta H_1$$

而

$$\Delta H_1 = e\Delta_f H_m^\ominus(E) + f\Delta_f H_m^\ominus(F) = \sum_B (r_B \Delta_f H_m^\ominus)_{反应物}$$

$$\Delta H_2 = g\Delta_f H_m^\ominus(G) + h\Delta_f H_m^\ominus(H) = \sum_B (p_B \Delta_f H_m^\ominus)_{产物}$$

因此

$$\Delta_r H_m^\ominus = \sum_B (p_B \Delta_f H_m^\ominus)_{产物} - \sum_B (r_B \Delta_f H_m^\ominus)_{反应物} = \sum_B \upsilon_B \Delta_f H_m^\ominus(B) \quad (7.10)$$

式中：p_B 和 r_B 分别代表产物和反应物在化学计量方程式中的计量系数，均为正值。υ_B 与前述一致，对反应物为负，对产物为正。利用书末附表或其他物理化学手册中各物质 $\Delta_f H_m^\ominus$ 数据，根据式（7.10）可求在标准态下各种化学反应的等压反应热。

例 7-3 葡萄糖在体内供给能量的反应是最重要的生物化学反应之一。试用标准摩尔生成焓的数据计算下述反应的标准摩尔反应热：

$$C_6H_{12}O_6(s) + 6O_2(g) \Longrightarrow 6CO_2(g) + 6H_2O(l)$$

解 查表得：$\Delta_f H_m^\ominus(C_6H_{12}O_6, s) = -1273.3kJ \cdot mol^{-1}$

$\Delta_f H_m^\ominus(CO_2, g) = -393.5kJ \cdot mol^{-1}$

$\Delta_f H_m^\ominus(H_2O, l) = -285.8kJ \cdot mol^{-1}$

$$\begin{aligned}\Delta_r H_m^\ominus &= \sum_B \upsilon_B \Delta_f H_m^\ominus(B) \\ &= 6\Delta_f H_m^\ominus(CO_2, g) + 6\Delta_f H_m^\ominus(H_2O, l) - \Delta_f H_m^\ominus(C_6H_{12}O_6, s) \\ &= 6 \times (-393.5kJ \cdot mol^{-1}) + 6 \times (-285.8kJ \cdot mol^{-1}) - (-1273.3kJ \cdot mol^{-1}) \\ &= -2802.5kJ \cdot mol^{-1}\end{aligned}$$

应该注意：利用附表中的值及式(7.10)只能求得298.15K时的$\Delta_r H_m^\ominus$，但由于温度对产物和反应物的影响相近，在较粗略的近似中，可以认为：

$$\Delta_r H_{m,T}^\ominus \approx \Delta_r H_{m,298.15}^\ominus$$

（三）由标准摩尔燃烧热计算反应热

大多数有机化合物很难从稳定单质直接合成，因此其生成热不易由实验得到。但有机化合物很容易燃烧，由实验可测得其燃烧过程的热效应，因此可以利用物质的燃烧热来求反应的热效应。标准摩尔燃烧热的概念就是为了方便这类计算而建立起来的。

1mol标准态的某物质B完全燃烧（或完全氧化）生成标准态的指定稳定产物时的反应热称为该物质B的**标准摩尔燃烧热**（standard molar heat of combustion），用符号$\Delta_c H_m^\ominus$表示，单位kJ·mol^{-1}。这里“完全燃烧”或“完全氧化”是指将化合物中的C、H、S、N及Cl等元素氧化为$CO_2(g)$、$H_2O(l)$、$SO_2(g)$、$N_2(g)$及HCl(aq)。根据上述定义，这些完全燃烧的产物的标准燃烧热为零。各种化合物的标准摩尔燃烧热$\Delta_c H_m^\ominus$的数据见书末附表。

利用$\Delta_c H_m^\ominus$可以求反应的标准摩尔焓变$\Delta_r H_m^\ominus$。对某化学反应可设计成：

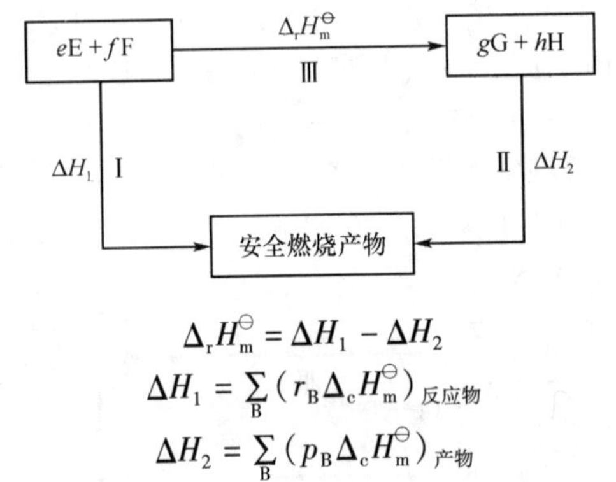

显然

$$\Delta_r H_m^\ominus = \Delta H_1 - \Delta H_2$$

而

$$\Delta H_1 = \sum_B (r_B \Delta_c H_m^\ominus)_{反应物}$$

$$\Delta H_2 = \sum_B (p_B \Delta_c H_m^\ominus)_{产物}$$

所以

$$\Delta_r H_m^\ominus = \sum_B (r_B \Delta_c H_m^\ominus)_{反应物} - \sum_B (p_B \Delta_c H_m^\ominus)_{产物} = -\sum_B \nu_B \Delta_c H_m^\ominus(B) \qquad (7.11)$$

可见，任一反应的热效应等于反应物的标准摩尔燃烧热总和减去产物的标准摩尔燃烧热总和。注意式(7.11)中减数与被减数的关系正好与式(7.10)相反。

例7-4 已知在298.15K，标准状态下乙醛加氢形成乙醇的反应为：

$$CH_3CHO(l) + H_2(g) = C_2H_5OH(l)$$

试利用标准摩尔燃烧热计算其$\Delta_r H_m^\ominus$

解 查表得

$$\Delta_c H_m^\ominus(CH_3CHO, l) = -1166.9 kJ \cdot mol^{-1}$$

$$\Delta_c H_m^\ominus(CH_3CH_2OH, l) = -1366.8 kJ \cdot mol^{-1}$$

按标准摩尔燃烧热的定义，有

$$\Delta_c H_m^\ominus(H_2, g) = \Delta_f H_m^\ominus(H_2O, l) = -285.8 kJ \cdot mol^{-1}$$

$$\begin{aligned}\Delta_r H_m^\ominus &= \Delta_c H_m^\ominus(CH_3CHO, l) + \Delta_c H_m^\ominus(H_2, g) - \Delta_c H_m^\ominus(CH_3CH_2OH, l)\\ &= -1166.9 kJ \cdot mol^{-1} - 285.8 kJ \cdot mol^{-1} + 1366.8 kJ \cdot mol^{-1}\\ &= -85.9 kJ \cdot mol^{-1}\end{aligned}$$

第三节 熵和Gibbs自由能

热力学第一定律的实质是能量守恒，它是一个普遍适用的原理，自然界发生的过程都遵守热力学第一定律。热力学第一定律在化学中的应用主要是求算反应热。例如298.15K标准态下的下列反应：

(1) $CH_3CHO(l) + H_2(g) = C_2H_5OH(l)$ $\qquad \Delta_r H_m^\ominus = -85.9 kJ \cdot mol^{-1}$

(2) $C_2H_5OH(l) \xlongequal{} CH_3CHO(l) + H_2(g)$ $\Delta_r H_m^{\ominus} = +85.9kJ \cdot mol^{-1}$

热力学第一定律仅仅能够告诉我们,如果按反应(1)进行,它将向环境放热 85.9kJ · mol^{-1};如果按反应(2)进行,它将从环境吸热 85.9kJ · mol^{-1}。不管是反应(1)还是反应(2),它们都不违反热力学第一定律,但是上述 2 个反应只有 1 个是自动发生的。也就是说,遵守热力学第一定律的过程,在自然条件下并非都可发生。热力学第一定律并不能告诉我们反应能否自动发生,即它不能告诉我们在某种条件下化学反应的方向,以及其进行到什么程度。回答反应进行的方向和限度的问题正是热力学第二定律的任务。由于自动发生的化学反应属于自发过程,所以首先讨论自发过程的一般特征。

一、自发过程及其特征

(一) 自发过程及其特征

不依靠外力而能自动进行的过程称为**自发过程**(spontaneous process)。自然界存在许多自发过程,例如水从高处(h_1)自动流向低处(h_2),直到水位差等于零时水不再流动,这时达到了平衡状态。因此,水自发流动的判据标准是 $\Delta h < 0$,平衡条件是 $\Delta h = 0$。热从高温(T_1)物体自动地向低温(T_2)物体传递,直到温度差等于零时不再传递,达到平衡。因此,热的自发传递判据标准是 $\Delta T < 0$,当 $\Delta T = 0$ 达到热平衡。

考察自然界的大量的自发过程,可以得出它们具有如下基本特征:

(1) 单向性,即自动地向一个方向进行,不会自动地逆向进行。如要逆向进行,就要对系统做功。如水可以从低处流向高处,但需要水泵做功。

(2) 具有做功的能力。所有自发的过程都有做功的潜能。水由高处流向低处,可以推动发动机做电功或推动水轮机做机械功。由高温热源向低温热源自发传递的热量,可使热机运转做功。锌与硫酸铜的反应是自发进行的,它可以组装成电池做电功。过程的自发性愈大,做功的潜能也愈大。做功能力实际上是过程自发性大小的一种量度。

(3) 具有一定的限度。任何自发过程进行到平衡状态时宏观上就不再继续进行。这时此过程做功的本领也等于零。例如一个化学反应最后达到化学平衡时,所组装成的原电池也就不能产生电能,也不能做电功。

(二) 自发化学反应的推动力

自发过程都有推动力:水流靠水位差,热流靠温度差,电流靠电势差。那么自发的化学反应的推动力是什么呢?

早在 19 世纪 70 年代法国化学家 Berthelot PEM 和丹麦化学家 Thomsom J 就提出过反应的热效应是化学反应自发进行的推动力,并认为"只有放热反应才能自发进行"。这种观点是有一定道理的,因为系统处于高能态是不稳定的,经过反应,将一部分能量释放给环境,变成低能态的产物,系统变得更稳定。事实上,许多放热反应(即 $\Delta H < 0$)都是自发反应。

但是有些吸热反应(即 $\Delta H > 0$)也是自发的,例如大家所熟知的 KNO_3 溶于水的过程是吸热的,但它是自发进行的。又如碳酸钙的分解反应:

$$CaCO_3(s) \xlongequal{} CaO(s) + CO_2(g)$$

在高温(大约 840℃以上)也是自发进行的,但它是吸热的反应,即 $\Delta H > 0$ 。还有在常温常压下的反应:

$$N_2O_4(g) \xlongequal{} 2NO_2(g)$$

也是吸热反应,也是能自发进行的反应。

因此,能量(或 ΔH)是推动化学反应自发进行的因素,但不是唯一的因素。考察上面所述的自发进行而又吸热的反应可以发现,这些反应都有一个共同的特征,即反应后有气体产生,系统的混乱度增大。因此,混乱度增大,由有序变无序,也是自发过程的重要推动力。

二、系统的熵

(一) 熵的概念

熵(entropy)是系统混乱度的量度,常用符号 S 表示。系统的混乱度越大,熵值越大。热力学已经证明，熵像内能、焓一样，也是状态函数。因此，熵变 ΔS 只取决于系统的始态与终态，与中间变化过程无关。经热力学推导，已经证明等温过程的熵变计算式：

$$\Delta S = \frac{Q_r}{T} \tag{7.12}$$

对于微小的熵变

$$dS = \frac{\delta Q_r}{T} \tag{7.13}$$

式(7.12)中，Q_r 是可逆过程系统吸收的热(下标“r”表示可逆，reversible)，δQ 表示微量的热，T 为系统的温度。ΔS 与温度成反比是可以理解的，因为在低温，系统混乱度小，即相对有序，吸收一定量的热将引起混乱度较大的变化。在高温，系统混乱度本来就很大，吸收同样多的热只会使混乱度略为增加。

既然熵 S 与系统的混乱度有关，那么对一纯净物质的完整晶体(质点完全排列有序，无任何缺陷和杂质)，在绝对零度时，热运动几乎停止，系统的混乱度最低，热力学规定其熵值为零。“热力学温度 0K 时，任何纯物质的完整晶体的熵值为零”，这就是热力学第三定律。

根据热力学第三定律和式(7.13)，我们可以求得纯物质其他温度的熵值，这个熵值是以 $T = 0K$ 时，$S = 0$为比较标准而求出的，因而称为**规定熵**(conventional entropy)。由于人们对于物质运动形态的认识是不可穷尽的，因此熵的绝对值至今还不知道，以往把规定熵看做是熵的绝对值是不合适的。

在标准状态下 1mol 物质的规定熵称为**标准摩尔熵**(standard molar entropy)，用 $S_m^\ominus$ 表示，单位 $J \cdot K^{-1} \cdot mol^{-1}$，一些物质 $S_m^\ominus$ 的值见书末附表。注意，与标准摩尔生成焓 $\Delta_f H_m^\ominus$ 不同，稳定单质的标准摩尔熵不为零，因为它们不是绝对零度的完整晶体。

需要指出的是，水溶液中离子的 $S_m^\ominus$，是规定在标准态下水合 H^+ 离子的标准摩尔熵值为零的基础上求得的相对值。

根据熵的意义，物质的标准摩尔熵 $S_m^\ominus$ 值一般呈现如下的变化规律：

(1) 同一物质的不同聚集态，其 $S_m^\ominus$ 值是：

$$S_m^\ominus(\text{气态}) > S_m^\ominus(\text{液态}) > S_m^\ominus(\text{固态})$$

(2) 对于同一种聚集态的同类型分子，复杂分子比简单分子的 $S_m^\ominus$ 值大，如

$$S_m^\ominus(CH_4, g) < S_m^\ominus(C_2H_6, g) < S_m^\ominus(C_3H_8, g)$$

(3) 对同一种物质，温度升高，熵值增大。

对气态物质，加大压力，熵值减小。对固态和液态物质，压力改变对它们的熵值影响不大。

由标准摩尔熵 $S_m^\ominus$ 的数值可以计算化学反应的标准摩尔熵变 $\Delta_r S_m^\ominus$

$$\Delta_r S_m^\ominus = \sum_B v_B S_m^\ominus(B) \tag{7.14}$$

用附表中 $S_m^\ominus$ 的值及式(7.14)只能求得 298.15K 时的 $\Delta_r S_m^\ominus$，但由于温度改变时，$\sum S_m^\ominus$(产物)和 $\sum S_m^\ominus$(反应物)的改变相近，可以近似认为

$$\Delta_r S_m^\ominus(T) \approx \Delta_r S_m^\ominus(298.15K)$$

(二) 熵增加原理

前面讨论过推动化学反应自发进行的因素有两个：一个是能量，系统经过反应能量降低是有利于反应自发的；另一个是系统的混乱度增大即熵增加。在热力学系统中，系统能量的改变是通过与环境交换热来实现的。如果对于孤立系统，系统和环境之间既无物质的交换，也无能量的交换，因此推动系统内化学反应自发进行的因素就只有一个，那就是熵增加。“在孤立系统的任何自发过程中，系统的熵总是增加的”，这是热力学第二定律的一种表述，也称为**熵增加原理**(principle of enthopy increase)，这个原理用数学式表达为

$$\Delta S_{\text{孤立}} \geqslant 0 \tag{7.15}$$

式(7.15)中：$\Delta S_{\text{孤立}}$ 为孤立系统的熵变。$\Delta S_{\text{孤立}} > 0$ 表示自发过程，$\Delta S_{\text{孤立}} = 0$ 系统达到平衡。孤立系统中不可能发生熵变小于零即熵减小的过程。

真正的孤立系统是不存在的。因为系统和环境之间总会存在或多或少的能量交换。如果我们把与系统有物质或能量交换的那一部分环境也包括进去，从而构成一个新的系统，这个新系统可以看成孤立系统，其熵变为 $\Delta S_{\text{总}}$。式(7.15)可改写为

$$\Delta S_{总} = \Delta S_{环境} + \Delta S_{系统} \geqslant 0 \tag{7.16}$$

若

$$\Delta S_{总}\begin{cases} >0,自发过程 \\ =0,达到平衡 \\ <0,非自发过程 \end{cases}$$

三、系统的自由能

（一）用自由能判断化学反应方向

利用式(7.16)完全可以解决化学反应自发进行方向的判据问题，只要求出系统的熵变和环境的熵变，两者之和大于零即是自发过程，等于零即为反应达到平衡，小于零则此反应不可能发生。所以，式(7.16)常称为化学反应自发性的熵判据。但实际上式(7.16)应用起来很不方便，既要考虑系统的熵变又要考虑环境的熵变，那么能否在已有的热力学函数基础上导出新的状态函数，利用系统本身的这种状态函数的变化就可判断自发过程的方向和限度呢？

大多数化学反应都是在等温等压下进行的，由式(7.12)有

$$\Delta S = \frac{Q_{r,环境}}{T} = -\frac{\Delta H_{系统}}{T} \tag{7.17}$$

式(7.17)中：$Q_{r,环境}$为在可逆过程中环境从系统吸收的热，由于是等压过程，所以 $Q_{r,环境} = -\Delta H_{系统}$，因 H 是状态函数，系统无论是可逆过程还是非可逆过程变化，其 ΔH 都是相同的。

将式(7.17)代入式(7.16)得

$$\Delta S_{系统} - \frac{\Delta H_{系统}}{T} \geqslant 0$$

由于都是系统的变化，省去下标“系统”，上式简化为

$$\Delta H - T\Delta S \leqslant 0$$

因为是等温，所以上式可以改写为

$$\Delta H - \Delta TS \leqslant 0$$

即

$$\Delta(H - TS) \leqslant 0$$

令

$$G \xlongequal{\text{def}} H - TS \tag{7.18}$$

则有

$$\Delta G \leqslant 0 \tag{7.19}$$

式(7.19)是封闭系统在等温等压及不做非体积功条件下化学反应自发进行的判据。如果 $\Delta G < 0$，反应正向自发进行；$\Delta G = 0$，反应达到平衡；$\Delta G > 0$，正向反应不能自发进行，逆向反应能自发进行。ΔG 越负，此化学反应自发的趋势就越大。G 称为 Gibbs 函数，又称为 Gibbs 自由能，简称**自由能**(free energy)。等温等压过程只能自发地向自由能减少的方向进行，直到自由能为最小值时的状态为止。这称为**自由能最小原理**(principle of free energy decrease)。

由于 H 和 S 都是广度性质，所以自由能 G 也是广度性质，与物质数量多少有关。由于 H 和 S 是状态函数，G 也是状态函数，其改变值 ΔG 只与始态和终态有关，而与变化的具体途径无关。热力学可以证明，在等温等压条件下，一个封闭系统所能做的最大非体积功等于其 Gibbs 自由能的减少($-\Delta G$)，即

$$-\Delta G = -W_{f,最大}$$

$$\Delta G = W_{f,最大} \tag{7.20}$$

当等温条件下，系统从状态 1 变到状态 2 时，有

$$G_1 = H_1 - TS_1$$

$$G_2 = H_2 - TS_2$$

故有

$$\Delta G = G_2 - G_1 = (H_2 - H_1) + T(S_2 - S_1)$$

所以

$$\Delta G = \Delta H - T\Delta S \tag{7.21}$$

这就是著名的 Gibbs-Helmholtz 方程式。由该式可以看出，化学反应的热效应只有一部分能量可用于自由能的降低(即可用于做非体积功)，而另一部分则用于维持系统的温度和增加系统的混乱度。等温等压下的热效应是不能全部用来做非体积功的。

Gibbs-Helmholtz 方程式把影响化学反应自发性的两个因素：能量（这里表现为 ΔH）及混乱度 ΔS 完美地统一起来，变成了一个总因素——自由能，即自由能降低是化学反应在等温等压下自发进行的推动力。从式(7.21)可以看出，温度 T 的大小不仅影响的 ΔG 的数值，有时甚至可影响 ΔG 的符号，现分别讨论如下：

(1) $\Delta H<0$，$\Delta S>0$，即放热、熵增加的反应，在任何温度下均有 $\Delta G<0$，即在任何温度下反应都可能自发进行。如硫酸与水混合就属于这类过程。

(2) $\Delta H>0$，$\Delta S<0$，即吸热、熵减小的反应，在任何温度下均有 $\Delta G>0$，此类过程不可能自发进行。

(3) $\Delta H<0$，$\Delta S<0$，即放热、熵减小的反应，低温有利于反应自发进行。为了使 $\Delta G<0$，T 必须符合下面的关系式。

$$T<\frac{\Delta H}{\Delta S} \tag{7.22}$$

(4) $\Delta H>0$，$\Delta S>0$，即吸热、熵增加的反应，高温有利于反应自发进行。为了使 $\Delta G<0$，T 必须符合下面的关系式。

$$T>\frac{\Delta H}{\Delta S} \tag{7.23}$$

从上面的分析可以看出，当 ΔH 和 ΔS 这两个影响反应的因素都有利于反应自发进行，或都不利于反应自发进行时（ΔH 和 ΔS 的符号不同时），企图通过调节温度来改变反应自发进行的方向是不可能的。而只有 ΔH 和 ΔS 这两个影响因素对反应自发性的影响相反时（ΔH 和 ΔS 的符号相同时），即一个有利，另一个不利时，才可能通过改变温度来改变反应自发进行的方向。而 $\Delta G=0$ 时的温度，即为化学反应已达到平衡的温度，也称为转向温度。

$$T_{\text{转变}}=\frac{\Delta H}{\Delta S} \tag{7.24}$$

式(7.24)不仅可用于化学反应，也可以用于计算物理过程中的相转变温度。

（二）ΔG 的计算

根据状态函数的特征，一个反应的 $\Delta_r G$ 就是产物的自由能总和与反应物自由能总和之差，即：

$$\Delta_r G=\sum G(\text{产物})-\sum G(\text{反应物})$$

在 $\Delta G=\Delta H-T\Delta S$ 中，虽然我们可以求出反应温度(T)及相应温度下的规定熵(S)，但我们无法知道 H 的绝对值，因此也无法确定 G 的绝对值。要计算反应的 $\Delta_r G$ 就要用类似于由标准摩尔生成焓求反应热的方法来解决。

1. 标准状态下自由能变的计算 由最稳定单质生成1mol 物质时的自由能变化称为该物质的摩尔生成自由能。在标准状态下的摩尔生成自由能称为**标准摩尔生成自由能**(standard free energy of formation)，用 $\Delta_f G_m^\ominus$ 表示，单位为 $kJ\cdot mol^{-1}$。

按照标准摩尔生成自由能的定义，热力学实际上已规定最稳定单质的标准摩尔生成自由能为零。利用书末附表或其他手册中所列各种物质的 $\Delta_f G_m^\ominus$ 值（表中一般是 298.15K 的值），可以计算在 298.15K 下化学反应的标准摩尔自由能变 $\Delta_r G_m^\ominus$。例如，对任意反应：

$$a\text{A}+d\text{D}=\!=\!=g\text{G}+h\text{H}$$

$$\Delta_r G_m^\ominus=(g\Delta_f G_{m,G}^\ominus+h\Delta_f G_{m,F}^\ominus)-(a\Delta_f G_{m,A}^\ominus+d\Delta_f G_{m,D}^\ominus)$$

即

$$\Delta_r G_m^\ominus=\sum_B v_B\Delta_f G_m^\ominus(\text{B}) \tag{7.25}$$

如果要计算其他温度下化学反应的标准摩尔自由能变 $\Delta_r G_{m,T}^\ominus$，可由 Gibbs-Helmholtz 方程式来计算，即

$$\Delta_r G_{m,T}^\ominus=\Delta_r H_{m,T}^\ominus-T\Delta_r S_{m,T}^\ominus \tag{7.26}$$

式(7.26)不仅可以求得 298.15K 的 $\Delta_r G_m^\ominus$，还可近似地求出其他温度下化学反应的标准摩尔自由能变 $\Delta_r G_{m,T}^\ominus$，这是因为 $\Delta_r H_m^\ominus$ 及 $\Delta_r S_m^\ominus$ 受温度影响较小，即

$$\Delta_r G_{m,T}^\ominus=\Delta_r H_{m,T}^\ominus-T\Delta_r S_{m,T}^\ominus\approx\Delta_r H_{m,298.15}^\ominus-T\Delta_r S_{m,298.15}^\ominus \tag{7.27}$$

注意，与 $\Delta_r H_m^\ominus$ 和 $\Delta_r S_m^\ominus$ 不同，温度对 $\Delta_r G_m^\ominus$ 的影响很大。

求出了温度为 T 时 $\Delta_r G_{m,T}^\ominus$ 的值，便可推断在该温度的标准态下反应自发进行的方向。由于 G 是状态

函数，所以一个化学反应的 $\Delta_r G_m$ 只与始态和终态有关，与经历的具体途径无关。因此，也可利用一些已知反应的 $\Delta_r G_m$ 值，按照 Hess 定律求反应热的方式，通过加减的方法求算未知反应的 $\Delta_r G_m$ 值。

例 7-5 葡萄糖 $C_6H_{12}O_6(s)$ 的氧化是人体获得能量的重要反应，试由附表中的数据，以两种计算方法判断下列反应在 298.15K 的标准态下能否自发进行。

$$C_6H_{12}O_6(s) + 6O_2(g) \xlongequal{\quad} 6CO_2(g) + 6H_2O(l)$$

解 方法一：利用式(7.25)，$\Delta_r G_m^\ominus = \sum_B \nu_B \Delta_f G_m^\ominus(B)$

$$\Delta_r G_m^\ominus = 6\Delta_f G_m^\ominus(CO_2,g) + 6\Delta_f G_m^\ominus(H_2O,l) - \Delta_f G_m^\ominus(C_6H_{12}O_6,s) - 6\Delta_f G_m^\ominus(O_2,g)$$

$$= 6\times(-394.4) + 6\times(-237.1) - (-910.6) - 6\times 0 = -2878.4\text{kJ}\cdot\text{mol}^{-1}$$

方法二：利用式(7.26)，$\Delta_r G_{m,T}^\ominus = \Delta_r H_{m,T}^\ominus - T\Delta_r S_{m,T}^\ominus$

$$\Delta_r H_m^\ominus = \sum_B \nu_B \Delta_f H_m^\ominus(B)$$

$$= 6\Delta_f H_m^\ominus(CO_2,g) + 6\Delta_f H_m^\ominus(H_2O,l) - \Delta_f H_m^\ominus(C_6H_{12}O_6,s) - 6\Delta_f H_m^\ominus(O_2,g)$$

$$= 6\times(-393.5) + 6\times(-285.8) - (-1273.3) - 6\times 0 = -2802.5\text{kJ}\cdot\text{mol}^{-1}$$

$$\Delta_r S_m^\ominus = \sum_B \nu_B S_m^\ominus(B)$$

$$= 6S_m^\ominus(CO_2,g) + 6S_m^\ominus(H_2O,l) - S_m^\ominus(C_6H_{12}O_6,s) - 6S_m^\ominus(O_2,g)$$

$$= 6\times 213.8 + 6\times 70 - 212.1 - 6\times 205.2 = 259.5\text{J}\cdot\text{K}^{-1}\cdot\text{mol}^{-1}$$

$$\Delta_r G_{m,T}^\ominus = \Delta_r H_{m,T}^\ominus - T\Delta_r S_{m,T}^\ominus$$

$$= -2802.5 - 298.15\times 259.5\times 10^{-3} = -2879.8\text{kJ}\cdot\text{mol}^{-1}$$

两种计算结果的 $\Delta_r G_m^\ominus$ 基本相同，且小于零，说明上述反应在 298.15K 的标准态下能自发进行。

2. 非标准状态下自由能变的计算 以上讨论的关于 ΔG 的计算，仅局限于各种物质均处在标准态，即对溶液来说，溶质浓度是 $c^\ominus(1\text{mol}\cdot\text{L}^{-1})$；对气体反应或有气体参加的反应来说，气体的分压是 $p^\ominus(100\text{kPa})$。不论是 298.15K，还是其他温度下的 $\Delta_r G_m^\ominus$ 都是标准态下的。如果反应物或生成物不处于标准态，就应改用给定条件下的 $\Delta_r G$ 来判断反应的自发性。关于非标准态下的 $\Delta_r G$ 计算，留待下一节化学平衡部分再进行讨论。不过当 $\Delta_r G_m^\ominus$ 的绝对值很大时，用它基本上也能判断反应进行的方向。

第四节 化学反应的限度和平衡常数

一、平衡常数

在同一条件下，既可向正反应方向进行又可以向逆反应方向进行的反应称为**可逆反应**(reversible reaction)。大多数的反应都是可逆的。在可逆反应中，习惯上把从左向右进行的反应称为正向反应，从右向左进行的反应称为逆向反应。许多可逆反应对于人类的生命活动具有重要的意义。例如，血液中的血红蛋白(HHb)把空气中的 O_2 从肺部输送到身体的各个部分。在此过程中，肺部 O_2 的分压较高，HHb 与 O_2 结合成氧合血红蛋白($HHbO_2$)，$HHbO_2$ 随着血液循环到达身体的各个部分，这些部分此时 O_2 的分压较低，$HHbO_2$ 释放出 O_2，以满足体内各器官组织新陈代谢过程的需要。该可逆反应可表示为：

$$HHb + O_2 \rightleftharpoons HHbO_2$$

当可逆反应正、反两个方向的速率相等时，系统就达到了平衡状态。在达到平衡状态的系统内，物质的种类及各物质的浓度不再随时间而改变。那么，在达到平衡状态的系统中，各物质浓度间存在着怎样的关系呢？这个关系就是平衡常数。

（一）实验平衡常数

对于任意一可逆反应：

$$aA + bB \rightleftharpoons dD + eE$$

随着正向反应的进行，反应物 A 和 B 的浓度逐渐减小，正向反应速率逐渐变小；同时，产物 D 和 E 的浓度逐渐增大，从而逆向反应的速率由小变大。当正逆反应速率相等时，反应就达到平衡状态，此时 A，

B,D,E 各物质的浓度均不再改变。

若 A,B,D,E 都是在溶液中反应,则有

$$K_c = \frac{[D]^d[E]^e}{[A]^a[B]^b} \tag{7.28}$$

K_c 称为浓度平衡常数。

若反应物和产物都是气体,平衡时各气体的分压分别为 p_A、p_B、p_D 和 p_E,则有

$$K_p = \frac{p_D^d p_E^e}{p_A^a p_B^b} \tag{7.29}$$

K_p 称为压力平衡常数。

从平衡常数表达式可以看出,K_c 和 K_p 一般是有单位的,但常常不写出。只有当反应物的化学计量数之和与产物的化学计量数之和相等时才没有单位。

由于 K_c 或 K_p 可以由实验直接测定平衡状态时各组分浓度或分压而计算得到,因此,K_c 和 K_p 称为**实验平衡常数**(experimental equilibrium constant)。

必须指出,如反应物和产物都是气体时,也可表示为浓度平衡常数 K_c。此时,浓度平衡常数 K_c 和压力平衡常数 K_p 只不过是同一平衡态的不同表达方式。它们之间有一定的关系,设各气体都符合理想气体,则

$$K_p = \frac{p_D^d p_E^e}{p_A^a p_B^b} = \frac{c_D^d c_E^e}{c_A^a c_B^b} RT^{(d+e)-(a+b)}$$

令 $(d+e)-(a+b)=\Delta n$,则

$$K_p = K_c RT^{\Delta n} \tag{7.30}$$

(二)标准平衡常数

平衡常数除用实验方法测定外,还可通过热力学方法计算,所得平衡常数称为**标准平衡常数**(standard equilibrium constant),用符号 $K^{\ominus}$ 表示。

(1) 对于溶液中的反应,$K^{\ominus}$的表达式为

$$K^{\ominus} = \frac{([D]/c^{\ominus})^d([E]/c^{\ominus})^e}{([A]/c^{\ominus})^a([B]/c^{\ominus})^b} \tag{7.31}$$

式中:[A]、[B]和[D]、[E]分别表示反应物和生成物的平衡浓度;比值 $\frac{[D]}{c^{\ominus}}$ 称 D 的相对平衡浓度,其余类推。

(2) 对于气体反应,$K^{\ominus}$的表达式为

$$K^{\ominus} = \frac{(p_D/p^{\ominus})^d(p_E/p^{\ominus})^e}{(p_A/p^{\ominus})^a(p_B/p^{\ominus})^b} \tag{7.32}$$

式中:p_A、p_B 和 p_D、p_E 分别表示反应物和生成物的平衡分压,比值 $\frac{p_D}{p^{\ominus}}$ 称 D 的相对分压,其余类推。

对于溶液中有气体参与或气体生成的反应,如

$$Zn(s) + 2H^+(aq) \rightleftharpoons Zn^{2+} + H_2(g)$$

其标准平衡常数 $K^{\ominus}$可表示为

$$K^{\ominus} = \frac{([Zn^{2+}]/c^{\ominus})(p_{H_2}/p^{\ominus})}{([H^+]/c^{\ominus})^2}$$

(三)标准平衡常数与实验平衡常数的关系

1. $K^{\ominus}$与 K_c 的关系 对于溶液中的反应,因为 $c^{\ominus} = 1mol \cdot L^{-1}$,所以 $K^{\ominus}$与 K_c 数值相等,但 $K^{\ominus}$是单位为 1 的量,而 K_c 则不一定没有量纲。

2. $K^{\ominus}$与 K_p 的关系 对于气体中的反应

$$K^{\ominus} = \frac{(p_D/p^{\ominus})^d(p_E/p^{\ominus})^e}{(p_A/p^{\ominus})^a(p_B/p^{\ominus})^b} = \frac{p_D^d p_E^e}{p_A^a p_B^b}(p^{\ominus})^{(d+e)-(a+b)}$$

令 $(d+e)-(a+b)=\Delta n$,则

$$K_p^{\ominus} = K_p(p^{\ominus})^{\Delta n} \tag{7.33}$$

当 $\Delta n=0$ 时，$K^{\ominus}$ 与 K_p 在数值上相同，并且都没有量纲。当 $\Delta n\neq 0$ 时，$K^{\ominus}$ 与 K_p 在数值上和量纲上都不相同。必须指出，平衡常数与温度有关，与浓度或分压无关，并与反应是从正向开始还是从逆向开始进行无关。只要温度一定，平衡常数也一定。平衡常数的数值反映了化学反应的本性，平衡常数愈大，化学反应进行得愈彻底。

在书写平衡常数表达式时应该注意以下几点：

（1）平衡常数表达式中各物质的浓度或分压，都是指平衡时的浓度或分压。

（2）如果在反应物或生成物中有固体或纯液体，不要把它们写入表达式中，如

$$CaCO_3(s) \rightleftharpoons CaO(s) + CO_2(g)$$

$$K^{\ominus}=\frac{p_{CO_2}}{p^{\ominus}}$$

（3）在稀溶液中进行的反应，若溶剂参与反应，由于溶剂的量很大，浓度基本不变，可以看成一个常数，也不写入表达式中，如

$$HAc + H_2O \rightleftharpoons H_3O^+ + Ac^-$$

$$K^{\ominus}=\frac{([H_3O^+]/c^{\ominus})([Ac^-]/c^{\ominus})}{([HAc]/c^{\ominus})}$$

（4）平衡常数表达式必须与反应方程式相对应。反应方程式的写法不同，平衡常数的数值及表达式均不同。例如：

$$N_2(g)+3H_2(g) \rightleftharpoons 2NH_3(g) \qquad K_1^{\ominus}=\frac{(p_{NH_3}/p^{\ominus})^2}{(p_{N_2}/p^{\ominus})(p_{H_2}/p^{\ominus})^3}$$

$$\frac{1}{2}N_2(g)+\frac{3}{2}H_2(g) \rightleftharpoons NH_3(g) \qquad K_2^{\ominus}=\frac{(p_{NH_3}/p^{\ominus})}{(p_{N_2}/p^{\ominus})^{\frac{1}{2}}(p_{H_2}/p^{\ominus})^{\frac{3}{2}}}$$

显然有 $K_1^{\ominus}=(K_2^{\ominus})^2$。

（5）正、逆反应的平衡常数互为倒数，即 $K_{正}^{\ominus}=\dfrac{1}{K_{逆}^{\ominus}}$

二、用标准平衡常数判断自发反应的方向

（一）化学反应等温方程式

前面讨论过化学反应在标准态下，可用 $\Delta_r G_m^{\ominus}$ 来判断反应自发进行的方向。但在实际情况下，各物质常处于非标准态，因而，具有普遍适用意义的判据是 $\Delta_r G_m$。当 $\Delta_r G_m=0$ 时，系统处于平衡态。在一定条件下化学反应达平衡时，其平衡常数亦为一定值。因此，反应的 $\Delta_r G_m$ 和平衡常数都能用来描述平衡状态，显然他们之间有一定的关系。热力学已推导出非标准态下 $\Delta_r G_m$ 的计算公式如下：

$$\Delta_r G_m=\Delta_r G_m^{\ominus}+RT\ln Q \qquad (7.34)$$

式(7.34)称为化学反应等温式。式中，$\Delta_r G_m$ 是反应的非标准态摩尔自由能变；$\Delta_r G_m^{\ominus}$ 是此反应的标准态摩尔自由能变；R 是气体常数；T 是热力学温度；Q 称为**反应商**(reaction quotient)。Q 的表达式的书写原则与 $K^{\ominus}$ 相同，不过浓度或分压项不是平衡态而是任意态。反应商 Q 的单位是 1。例如对任一可逆反应：

$$aA(g)+bB(aq) \rightleftharpoons dD(g)+eE(aq)$$

反应商的表达式为

$$Q=\frac{(p_D/p^{\ominus})^d(c_E/c^{\ominus})^e}{(p_A/p^{\ominus})^a(c_B/c^{\ominus})^b} \qquad (7.35)$$

反应商和标准平衡常数的表达式完全一样，所不同的是，标准平衡常数只能表达平衡状态时，系统内物质之间数量关系；反应商则能表示反应进行到任意时刻(包括平衡态)时系统内各物质浓度(或分压)之间的数量关系。当反应达到平衡时，$Q=K^{\ominus}$，可见，标准平衡常数是特殊的反应商。Q 与 $K^{\ominus}$ 的关系是讨论反应自发进行的方向和化学平衡移动的依据。

如化学反应在等温等压条件下达到平衡，则反应的摩尔自由能变 $\Delta_r G_m=0$。这时式(7.34)中反应物和生成物的浓度(对气体来说则是分压)不再随时间而变化，反应处于平衡状态，反应商 Q 用 $K^{\ominus}$ 代替，那么

$$\Delta_r G_m = \Delta_r G_m^\ominus + RT\ln K^\ominus = 0$$

即

$$\Delta_r G_m^\ominus = -RT\ln K^\ominus \tag{7.36}$$

将式(7.36)代入式(7.34)得:

$$\Delta_r G_m = -RT\ln K^\ominus + RT\ln Q \tag{7.37}$$

式(7.34)、式(7.36)及式(7.37)都称为化学反应的等温方程式。

(二)用标准平衡常数判断自发反应的方向

由化学反应的等温方程式(7.37)得到

$$\Delta_r G_m = -RT\ln K^\ominus + RT\ln Q = RT\ln(\frac{Q}{K^\ominus}) \tag{7.38}$$

从式(7.38)可以看出,只要知道 Q 与 $K^\ominus$的数值或比值,即可判断化学反应的方向:如果 $Q < K^\ominus$,则 $\Delta_r G_m < 0$,正向反应自发;如果 $Q > K^\ominus$,则 $\Delta_r G_m > 0$,逆向反应自发;如果 $Q = K^\ominus$,则 $\Delta_r G_m = 0$,化学反应达到平衡。因此,标准平衡常数 $K^\ominus$也是一化学反应自发进行方向的判断标准。如果反应商 Q 不等于 $K^\ominus$就表明反应系统处于非平衡态,此系统就有自动从正向或逆向平衡态运动的趋势。对于化学反应,就是有自发进行反应的趋势。Q 与 $K^\ominus$的值相差越大,从正向或逆向自发进行反应的趋势就越大。

三、化学平衡的移动

化学平衡是相对的,有条件的。当条件改变时,化学平衡就会被破坏,各种物质的浓度(或分压)就会改变,反应继续进行,直到建立新的平衡。这种由于条件变化导致化学平衡移动的过程,称为**化学平衡的移动**(shift of chemical equilibrium)。下面讨论浓度、压力和温度变化对化学平衡的影响。

(一)浓度对化学平衡的影响

根据式(7.38),对于任意一化学反应,在等温下其自由能变 $\Delta_r G_m$ 为

$$\Delta_r G_m = RT\ln(\frac{Q}{K^\ominus})$$

如果反应商 $Q = K^\ominus$,则 $\Delta_r G_m = 0$,化学反应达到平衡。如果增加反应物的浓度或减少生成物的浓度,将使 $Q < K^\ominus$,则 $\Delta_r G_m < 0$,即原有平衡将被破坏,反应将自发正向进行,直到使 $Q = K^\ominus$,反应建立了新的平衡为止。反之,如果增加生成物的浓度或减小反应物的浓度,将导致 $Q > K^\ominus$, $\Delta_r G_m > 0$,反应将逆向自发进行,直至建立新的平衡为止。

(二)压力对化学平衡的影响

1. 改变分压 压力的变化对液相和固相反应的平衡位置几乎没有影响,但对于气体参与的任一反应

$$a\text{A} + b\text{B} \rightleftharpoons d\text{D} + e\text{E}$$

增加反应物的分压或减小产物的分压,都将使 $Q < K^\ominus$, $\Delta_r G_m < 0$,平衡向右移动。反之,增加产物的分压或减小反应物的分压,将导致 $Q > K^\ominus$, $\Delta_r G_m > 0$,平衡向左移动。这与浓度对化学平衡的影响完全相同。

2. 改变总压 如果对于一个已达平衡的气体化学反应,增加系统的总压或减少总压,对化学平衡的影响将分二种情况:(1)当 $a + b = d + e$,即反应物气体分子总数与生成物的气体分子总数相等时,增加总压与降低总压都不会改变 Q 值,仍然有 $Q = K^\ominus$,平衡不发生移动;(2)当 $a + b \neq d + e$,即反应物气体分子总数与生成物的气体分子总数不等时,改变总压会改变 Q 值,平衡将发生移动。增加总压力,平衡将向气体分子总数减少的方向移动。减小总压力,平衡将向气体分子总数增加的方向移动。

压力对平衡的影响在化工生产及化学实验中得到广泛应用。如

$$3H_2(g) + N_2(g) \rightleftharpoons 2NH_3(g)$$

反应是气体分子数减小的反应,为提高 NH_3 的产率,工业生产中采取了高压的反应条件。

(三)温度对化学平衡的影响

温度对化学平衡的影响与浓度或压力改变对化学平衡的影响完全不同,因为浓度或压力只改变 Q 值,而不改变标准平衡常数 $K^\ominus$。但是温度改变,$K^\ominus$值也将改变。因为

$$\Delta_r G_m^\ominus = -RT\ln K^\ominus$$

$$\Delta_r G_m^\ominus = \Delta_r H_m^\ominus - T\Delta_r S_m^\ominus$$

两式合并得

$$\ln K^\ominus = -\frac{\Delta_r H_m^\ominus}{RT} + \frac{\Delta_r S_m^\ominus}{R} \tag{7.39}$$

设在温度为 T_1 和 T_2 时反应的标准平衡常数分别为 $K_1^\ominus$ 和 $K_2^\ominus$，并假定温度对 $\Delta_r H_m^\ominus$ 和 $\Delta_r S_m^\ominus$ 的影响可以忽略，则

(1) $$\ln K_1^\ominus = -\frac{\Delta_r H_m^\ominus}{RT_1} + \frac{\Delta_r S_m^\ominus}{R}$$

(2) $$\ln K_2^\ominus = -\frac{\Delta_r H_m^\ominus}{RT_2} + \frac{\Delta_r S_m^\ominus}{R}$$

(2) - (1)得

$$\ln\frac{K_2^\ominus}{K_1^\ominus} = \frac{\Delta_r H_m^\ominus}{R}\left(\frac{T_2 - T_1}{T_1 T_2}\right) \tag{7.40}$$

式(7.39)和式(7.40)都表示了标准平衡常数 $K^\ominus$ 与温度的关系。通过测定不同温度 T 的 $K^\ominus$ 值，用 $\ln K^\ominus$ 对 $\frac{1}{T}$ 作图，可以求得化学反应的 $\Delta_r H_m^\ominus$ 和 $\Delta_r S_m^\ominus$ 这两个重要的热力学参数。

从式(7.40)我们可以看出温度对化学平衡的影响：对于正向吸热反应，$\Delta_r H_m^\ominus > 0$，当升高温度时，即 $T_2 > T_1$，必然有 $K_2^\ominus > K_1^\ominus$，也就是说平衡将向吸热反应方向移动；对于正向放热反应，$\Delta_r H_m^\ominus < 0$，当升高温度，即 $T_2 > T_1$ 时，式(7.40)右端为负，则必有 $K_2^\ominus < K_1^\ominus$，就是说平衡向逆反应方向移动（逆反应为吸热反应）。从式(7.40)还可以看出，$\Delta_r H_m^\ominus$ 绝对值越大，温度改变对平衡的影响越大。

如果知道化学反应的标准摩尔焓变 $\Delta_r H_m^\ominus$，又知道温度为 T_1 时的标准平衡常数 $K_1^\ominus$，利用式(7.40)很容易求出 T_2 时 $K_2^\ominus$。

（四）Le Chatelier 原理

在总结浓度、压力、温度等因素对平衡系统影响的基础上，法国化学家 Le Chatelier 总结出一条普遍的规律：平衡向着消除外来影响，恢复原有状态的方向移动。这规律称为 Le Chatelier 原理。

Le Chatelier 原理不仅适用于化学平衡，也适用于物理平衡。但它只适用于已经达到平衡的系统。对于非平衡系统，其变化方向只有一个，那就是自发地向着平衡状态的方向移动。

四、生物体内的热力学

（一）生物化学中的标准态

化学热力学和生物化学对溶液中溶质标准态的选择有所不同。在化学热力学中，溶质的标准态是指溶质浓度为 $1\text{mol}\cdot\text{L}^{-1}$ 或质量摩尔浓度为 $1\text{mol}\cdot\text{kg}^{-1}$，且符合理想稀溶液的性质。在生物化学中，溶质的标准态除满足上述条件外，还规定氢离子的标准状态为 $c_{H^+} = 1.0\times10^{-7}\text{mol}\cdot\text{L}^{-1}$，这是因为生物体内大多数化学反应是在 pH = 7 左右下进行的。在生物化学中，凡涉及 H^+ 的反应，该反应的标准摩尔 Gibbs 自由能变用符号 $\Delta_r G_m^\oplus$ 表示，而不用 $\Delta_r G_m^\ominus$，以示区别。例如，对于生物体内的某化学反应：

$$A(aq) + B(aq) \rightleftharpoons D(aq) + \nu H^+(aq)$$

标准态是指定温度下，$c_A = c_B = c_D = 1\text{mol}\cdot\text{L}^{-1}$，$c_{H^+} = 1.0\times10^{-7}\text{mol}\cdot\text{L}^{-1}$。

$\Delta_r G_m^\oplus$ 与 $\Delta_r G_m^\ominus$ 的关系为

$$\Delta_r G_m^\oplus = \Delta_r G_m^\ominus + vRT\ln(1.0\times10^{-7}) \tag{7.41}$$

如果 $v = 1$，且在 298.15K，则

$$\Delta_r G_m^\oplus = \Delta_r G_m^\ominus - 39.95\text{kJ}\cdot\text{mol}^{-1} \tag{7.42}$$

这表示在含有 H^+ 的生化反应中，每产生 $1\text{mol}\cdot\text{L}^{-1}H^+$，$\Delta_r G_m^\oplus$ 就比 $\Delta_r G_m^\ominus$ 小 $39.95\text{kJ}\cdot\text{mol}^{-1}$，即反应在 pH = 7 比 $H^+ = 1\text{mol}\cdot\text{L}^{-1}$ 时更易于自发进行。

如果 H^+ 是反应物，即

$$D(aq) + vH^+(aq) \rightleftharpoons A(aq) + B(aq)$$

如果 $v=1$,且在 298.15K,则

$$\Delta_r G_m^{\ominus} = \Delta_r G_m^{\ominus} + 39.95(\text{kJ} \cdot \text{mol}^{-1}) \quad (7.43)$$

这表示在含有 H^+ 的生化反应中,每产生 $1\text{mol} \cdot L^{-1} H^+$,$\Delta_r G_m^{\oplus}$ 就比 $\Delta_r G_m^{\ominus}$ 大 $39.95\text{kJ} \cdot \text{mol}^{-1}$,即反应在 pH =7 比 $H^+ = 1\text{mol} \cdot L^{-1}$时更难以自发进行。

对于没有 H^+参加或生成的反应,$\Delta_r G_m^{\oplus} = \Delta_r G_m^{\ominus}$,使用 $\Delta_r G_m^{\ominus}$,不必使用 $\Delta_r G_m^{\oplus}$。

(二)偶联反应

在等温等压下有两个反应

(1) $\quad A + B \longrightarrow D \quad \Delta_r G_{m,1}^{\ominus} > 0$

(2) $\quad D + E \longrightarrow F + H \quad \Delta_r G_{m,2}^{\ominus} < 0$

显然在给定条件下,反应(1)是不能自发进行,而反应(2)是能自发进行的。如果反应(1) + 反应(2),就会得到

(3) $\quad A + B + E \longrightarrow F + H$

$$\Delta_r G_{m,3}^{\ominus} = \Delta_r G_{m,1}^{\ominus} + \Delta_r G_{m,2}^{\ominus}$$

若$|\Delta_r G_{m,2}^{\ominus}| > \Delta_r G_{m,1}^{\ominus}$,则 $\Delta_r G_{m,3}^{\ominus} < 0$,那么反应(3)能自发进行。实际上是反应(2)提供能量(Gibbs 自由能)带动了反应(1),使其能正向进行。一个自发性很强的反应通过提供 Gibbs 自由能使得另外不能自发进行的反应能够进行,这称为反应的偶联。反应(3)称为**偶联反应**(coupling reaction)。

生物体内存在着许多偶联反应。在机体内 DNA 的复制,RNA 的转录,蛋白质的生物合成,肌肉细胞的收缩等等都是需要能量的,这些耗能反应或过程之所以能够发生,就是因为它们与其他放能反应偶联的缘故。

知识拓展

生物体内的化学平衡

20 世纪 90 年代以来,生命科学已成为科学研究的热点领域,并开始从分子水平研究生命的奥秘。经典热力学从宏观的角度探求热、功、能之间的关系,而不考虑反应进行的细节,其理论用到生命科学领域上遇到了一些困难。因此,科学家建立了新的非平衡态热力学。

人类及其他生物体依靠体内的各种平衡或准平衡维系着生命,而体内的平衡研究是一个崭新的领域,在诸多方面与一般体外的化学平衡有着极大的区别。生物体内的各种化学反应不是在封闭系统,而是在敞开系统中进行,它需要与外界不断地交换能量和物质才能够生存。生物体内的化学反应保证机体的生长、发育以及组成物质的不断更新,并且不断将代谢废物排出体外,它们是相互促进、相互制约、密切配合的一个完整而又统一的过程。每一个反应都是在不断输入和输出过程中进行,因此是远离平衡的化学反应。在活的生物体内,这些复杂的系列反应永远不可能达到平衡,如果达到平衡,生命就不存在了。

当然,生物体内的活动规律并不违背热力学定律。为了科学地探讨生物体内的化学平衡问题,生命科学家建立了生物系统中稳态和内稳态的观点,从非平衡理论去加以解释。

Summary

Thermodynamics is the study of the flow of energy between a system and it's surrounding. The first law of thermodynamics states that the change in the internal energy of a system, ΔU, equals the sum of the heat absorbed by the system, Q, and the work done on the system , W, i. e.

$$\Delta U = Q + W$$

The internal energy(U), enthalpy(H), entropy(S) and Gibbs free energy(G) of a system are all state functions, but Q and W are not. The values of Q and W depend on how the change takes place.

The heat of reaction at constant volume, Q_V , is equal to ΔU , whereas the heat of reaction at constant pressure, Q_p , is equal to ΔH.

The potential energy change is one factor that influence spontaneity. Exothermic change, with negative values of ΔH , tend to proceed spontaneously. The thermodynamic quantity associated with randomness is entropy,

S. An increase in entropy favors a spontaneous change. Second law of themodynamics states that the entropy of the universe(system pluses it's surrounding) increases whenever a spontaneous chage occurs.

The Gibbs free energy change, ΔG, allows us to determine the combined effects of temperature and of enthalpy and entropy changes on the spontaneity of a chemical or physical change. A change is spontaneous only if the Gibbs free energy of the system decreases($\Delta G<0$). When ΔH and ΔS have same algebraic sign, the tempeature becomes the critical factor in determining spontaneity.

Under the standard state($p^{\ominus}$ = 100kPa , temperature is usually assigned to be 298. 15K) , $\Delta_r H_m^{\ominus}$, $\Delta_r S_m^{\ominus}$ and $\Delta_r G_m^{\ominus}$ of a chemical reaction can been calculated on the basis of Hess law:

$$\Delta_r H_m^{\ominus} = \Sigma \Delta_f H_m^{\ominus}(\text{products}) - \Sigma \Delta_f H_m^{\ominus}(\text{reactants})$$

$$\Delta_r H_m^{\ominus} = \Sigma \Delta_c H_m^{\ominus}(\text{reactants}) - \Sigma \Delta_c H_m^{\ominus}(\text{products})$$

$$\Delta_r S_m^{\ominus} = \Sigma \Delta S_m^{\ominus}(\text{products}) - \Sigma \Delta S_m^{\ominus}(\text{reactants})$$

$$\Delta_r G_m^{\ominus} = \Sigma \Delta_f G_m^{\ominus}(\text{products}) - \Sigma \Delta_f G_m^{\ominus}(\text{reactants})$$

When a system reaches equilibrium, $\Delta G=0$, and no useful work can be obtained from it. At any particular pressure, an equilibrium between two phases of a substance can only occur at one temperature. The entropy change can be computed as $\Delta S = \Delta H/T$. The temperature at which the equilibrium occurs can be calculated from $T = \Delta H/\Delta S$.

Under non-standard state, the spontaneity of a reactioin is determined by $\Delta_r G_m$. This is related to the standard free energy changes, $\Delta_r G_m^{\ominus}$, by the equation:

$$\Delta_r G_m = \Delta_r G_m^{\ominus} + RT\ln Q$$

where the Q is the reaction quotient for the system. At equilibrium, $\Delta_r G_m = 0$, $Q = K^{\ominus}$

$$\Delta_r G_m^{\ominus} = -RT\ln K^{\ominus}$$

where $K^{\ominus}$ is called standard equilibrium constant or thermodynamic quilibrium constant. This equation is very useful because it permits us to determine $K^{\ominus}$ from either measured or calculated values of $\Delta_r G_m^{\ominus}$.

Le Chatelier's priciple provides us with the means for making qualitative predictions about chemical equilibrium. This principle states that if an outside influence upsets an equilibrium, the system undergoes a change in a direction that counteracts the influence and, if possible, returns the system to equilibrium.

We can discuss quantitatively the effects of the changes of concentration, pressure of gas and temperature on the equilibrium according to following equations:

$$\Delta_r G_m^{\ominus} = RT\ln \frac{Q}{K^{\ominus}}$$

$$\ln \frac{K_2^{\ominus}}{K_1^{\ominus}} = \frac{\Delta_r H_m^{\ominus}}{R}\left(\frac{T_2 - T_1}{T_1 T_2}\right)$$

习　　题

1. 状态函数的含义及其基本特征是什么? T、p、V、U 、H 、G 、S、G、Q_p、Q_V、Q、W 中哪些是状态函数? 哪些属于广度性质? 哪些属于强度性质?
2. 判断下列说法是否正确?
   (1) 状态函数改变后,状态一定改变;
   (2) 状态改变后,状态函数一定都改变;
   (3) 系统的温度越高,向外传递的热量越多;
   (4) 一个绝热的刚性容器一定是一个孤立系统;
   (5) 系统向外放热,则其热力学能必定减少;
   (6) 孤立系统内发生的一切变化过程,其 ΔU 必定为零;
   (7) 因为 $\Delta H = Q_p$,而 H 是状态函数,所以热 Q_p 也是状态函数;
   (8) 因为 $H = U + pV$,而理想气体的热力学能仅是温度的函数,所以理想气体的焓与 p、V、T 都有关;
   (9) 一定量的理想气体反抗 101. 325 kPa 做绝热膨胀,则 $\Delta H = Q_p = 0$;

(10) 系统经一循环过程对环境做 1kJ 的功,它必然从环境吸热 1kJ;

(11) 化学中的可逆过程也是热力学中的可逆过程。

3. 计算下列系统内能的变化:

(1) 系统放出 2.5kJ 的热量,并且对环境做功 500J。

(2) 系统放出 650J 的热量,环境对系统做功 350J。

[(1) −3000J;(2) −300J]

4. 什么是热化学方程式?热力学中为什么要建立统一的标准态?什么是热力学标准状态?

5. 已知反应:

$$A + B = C + D \qquad \Delta_r H^{\ominus}_{m,1} = -40.0\text{kJ}\cdot\text{mol}^{-1}$$
$$C + D = E \qquad \Delta_r H^{\ominus}_{m,2} = 60.0\text{kJ}\cdot\text{mol}^{-1}$$

求下列各反应的 $\Delta_r H^{\ominus}_m$

(1) $C + D = A + B$

(2) $2C + 2D = 2A + 2B$

(3) $A + B = E$

[(1) 40.0kJ · mol^{-1};(2) 80.0kJ · mol^{-1};(3) 20.0kJ · mol^{-1}]

6. 在一定温度下,4.0mol $H_2(g)$ 与 2.0mol $O_2(g)$ 混合,经一定时间反应后,生成了 0.6mol $H_2O(g)$,请按下列两个不同反应式计算反应进度 ξ。

(1) $2H_2(g) + O_2(g) = 2H_2O(g)$

(2) $H_2(g) + \frac{1}{2}O_2(g) = H_2O(g)$

[(1) $\xi = 0.30$mol;(2) $\xi = 0.60$mol]

7. 试说明下列各符号的意义:$\Delta_r H^{\ominus}_{m,298.15}$,$\Delta_r H^{\ominus}_m(H_2O,g)$,$\Delta_c H^{\ominus}_m(H_2,g)$,$S^{\ominus}_{m,298.15}(H_2,g)$,$\Delta_r S^{\ominus}_{m,T}$,$\Delta_r G^{\ominus}_{m,T}$,$\Delta_f G^{\ominus}_m(CO_2,g)$,$K^{\ominus}$

8. 已知下列反应的标准反应热:

(1) $C_6H_6(l) + 7\frac{1}{2}O_2(g) = 6CO_2(g) + 3H_2O(l) \qquad \Delta_r H^{\ominus}_{m,1} = -3267.6\text{kJ}\cdot\text{mol}^{-1}$

(2) $C(gra) + O_2(g) = CO_2(g) \qquad \Delta_r H^{\ominus}_{m,2} = -393.5\text{kJ}\cdot\text{mol}^{-1}$

(3) $H_2(g) + \frac{1}{2}O_2(g) = H_2O(l) \qquad \Delta_r H^{\ominus}_{m,3} = -285.8\text{kJ}\cdot\text{mol}^{-1}$

求下述不直接发生反应的标准反应热 $\Delta_r H^{\ominus}_m$ = ?

$$6C(gra) + 3H_2(g) = C_6H_6(l)$$

[49.2kJ · mol^{-1}]

9. 肼 $N_2H_4(l)$ 是火箭的燃料,N_2H_4 作氧化剂,其燃烧反应的产物为 $N_2(g)$ 和 $H_2O(l)$,若 $\Delta_f H^{\ominus}_m(N_2H_4,l) = 50.63\text{kJ}\cdot\text{mol}^{-1}$,$\Delta_f H^{\ominus}_m(N_2O_4,g) = 9.16\text{kJ}\cdot\text{mol}^{-1}$,写出燃烧反应,并计算此反应的反应热 $\Delta_r H^{\ominus}_m$。

[−1253.6kJ · mol^{-1}]

10. 不查表,排出下列各组物质的熵值由大到小的顺序:

(1) $O_2(g)$,$O_2(l)$,$O_3(g)$

(2) $NaCl(s)$,$Na_2O(s)$,$Na_2CO_3(s)$,$NaNO_3(s)$,$Na(s)$

(3) $H_2(g)$,$F_2(g)$,$Br_2(g)$,$Cl_2(g)$,$I_2(g)$

11. 甲醇的分解反应为:$CH_3OH(l) \rightarrow CH_4(g) + \frac{1}{2}O_2(g)$

(1) 在 298.15K 的标准状态下此反应能否自发进行?

(2) 在标准态下此反应的温度应高于多少才能自发进行?

[(1) $\Delta_r G^{\ominus}_m = 116.1\text{kJ}\cdot\text{mol}^{-1}$;(2) $T > 1015$K]

12. 试计算 298.15K,标准态下的反应:$H_2O(g) + CO(g) = H_2(g) + CO_2(g)$ 的 $\Delta_r H^{\ominus}_m$,$\Delta_r S^{\ominus}_m$ 和 $\Delta_r G^{\ominus}_m$,并计算 298.15K 时 $H_2O(g)$ 的 $S^{\ominus}_m$。

[$S^{\ominus}_m(H_2O,g) = 188.8\text{J}\cdot\text{K}^{-1}\cdot\text{mol}^{-1}$]

13. 计算下列反应在 298.15K 标准态下的 $\Delta_r G_m^{\ominus}$，判断自发进行的方向，求出标准平衡常数 $K^{\ominus}$

(1) $H_2(g)+\frac{1}{2}O_2(g)\rightleftharpoons H_2O(g)$

(2) $N_2(g)+O_2(g)\rightleftharpoons 2NO(g)$

(3) $3C_2H_2(g)\rightleftharpoons C_6H_6(l)$

(4) $CO(g)+NO(g)\rightleftharpoons CO_2(g)+\frac{1}{2}N_2(g)$（可用于汽车尾气的无害化）

(5) $C_6H_{12}O_6(s)\rightleftharpoons 2C_2H_5OH(l)+CO_2(g)$（可用于发酵法制乙醇）

[(1) $-228.6kJ\cdot mol^{-1}$，1.1×10^{40}；(2) $175.2kJ\cdot mol^{-1}$，2.0×10^{-31}；(3) $-505.2kJ\cdot mol^{-1}$，3.2×10^{88}；(4) $-334.8kJ\cdot mol^{-1}$，2.6×10^{60}；(5) $-227.8kJ\cdot mol^{-1}$，8.2×10^{39}]

14. 对于生命起源问题，有人提出最初植物或动物的复杂分子是由简单分子自动形成的。例如，尿素(NH_2CONH_2)的生成可用反应方程式表示如下：

$$CO_2(g)+2NH_3(g)=NH_2CONH_2(s)+H_2O(l)$$

(1) 计算上述反应在 298.15K 时的标准摩尔吉布斯自由能变，说明反应在 298.15K 标准状态下能否自动进行；

(2) 在标准状态下，最高温度为何值时，反应就不再自动进行了？

[(1) $-7.23kJ\cdot mol^{-1}$；(2) 314.5K]

15. 磷酸肌酸在体内的水解反应为：磷酸肌酸 + $H_2O\rightarrow$肌酸 + HPO_4^{2-}，$\Delta_r G_{m,310}^{\ominus}=-43kJ\cdot mol^{-1}$。已知 ATP 水解反应：ATP + $H_2O\rightarrow$ADP + HPO_4^{2-}，$\Delta_r G_{m,310}^{\ominus}=-30kJ\cdot mol^{-1}$，试问这个反应是否有利于从 ADP 合成 ATP？

[$\Delta_r G_m^{\ominus}=-13kJ\cdot mol^{-1}$]

16. 已知磷酸肌酸、1-磷酸甘油、磷酸丙酮酸、6-磷酸葡萄糖水解反应的 $\Delta_r G_m^{\ominus}$(310.15K)分别为 -43.1，-9.21，-62.0，$-13.8kJ\cdot mol^{-1}$，ATP 水解反应的 $\Delta_r G_m^{\ominus}(310.15K)=-30.0kJ\cdot mol^{-1}$。试判断下列反应在 310.15K、标准状态下进行的方向。

(1) ATP + 肌酸$\rightleftharpoons$磷酸肌酸 + ADP

(2) ATP + 甘油$\rightleftharpoons$1-磷酸甘油 + ADP

(3) ATP + 丙酮酸$\rightleftharpoons$磷酸丙酮酸 + ADP

(4) ATP + 葡萄酸$\rightleftharpoons$ 6-磷酸葡萄糖

[(1) $\Delta_r G_{m,1}^{\ominus}=13.1kJ\cdot mol^{-1}>0$，反应逆向进行
(2) $\Delta_r G_{m,2}^{\ominus}=-20.79kJ\cdot mol^{-1}<0$，反应正向进行
(3) $\Delta_r G_{m,3}^{\ominus}=32kJ\cdot mol^{-1}>0$，反应逆向进行
(4) $\Delta_r G_{m,4}^{\ominus}=-16.2kJ\cdot mol^{-1}<0$，反应正向进行]

17. 试计算反应 $N_2(g)+3H_2(g)=2NH_3(g)$在标准状态下自发进行时的最高温度。

[463.4K]

18. 可逆反应 $PCl_3(g)+Cl_2(g)\rightleftharpoons PCl_5(g)$，$\Delta_r H_{m,298.15}^{\ominus}=-22.2kJ\cdot mol^{-1}$。已知 298.15K 时反应的标准平衡常数为 0.562，试计算 473.15K 时反应的标准平衡常数。

[2.04×10^{-2}]

19. 肌红蛋白(Mb)是存在肌肉组织中的一种缀合蛋白，具有携带 O_2 的能力。肌红蛋白的氧合作用为：$Mb(aq)+O_2(g)\rightleftharpoons MbO_2(aq)$。在 310.15K 时，反应的标准平衡常数 $K^{\ominus}=1.3\times10^2$，试计算当 O_2 的分压为 5.3kPa 时，氧合肌红蛋白(MbO_2)与肌红蛋白的平衡浓度的比值。

[6.9]

20. N_2O_4 按下式解离：$N_2O_4(g)\rightleftharpoons 2NO_2(g)$。已知 52℃解离达平衡时有一半的 N_2O_4 发生解离，并知平衡系统的压力为 100kPa。计算该反应的标准平衡常数。

[1.33]

（胡春弟）

第八章 化学反应速率

化学热力学主要用于研究化学反应中的能量效应，判断化学反应自发进行的方向，确定化学反应进行的最大限度。但是化学热力学不能解决反应速率和反应机制方面的问题。有些化学反应自发进行的趋势很大，但由于反应速率太慢，实际上不能被察觉，因此，可认为不能发生。例如下列反应

(1) $$H_2(g) + \frac{1}{2}O_2(g) = H_2O(l) \quad \Delta_r G_m^{\ominus} = -237.13\text{kJ} \cdot \text{mol}^{-1}$$

(2) $$NO(g) + \frac{1}{2}O_2(g) = NO_2(g) \quad \Delta_r G_m^{\ominus} = -35.25\text{kJ} \cdot \text{mol}^{-1}$$

从化学热力学的角度来看，这两个反应在标准态下都能自发进行，而且反应(1)比反应(2)进行的趋势大得多。但在通常情况下，反应(2)以明显的速率进行，而反应(1)实际上不能进行。因此要想解决在什么条件下才能实现反应的问题，必须研究影响反应速率的因素，找到实现反应的条件，才能使热力学预言的自发反应实际上得以进行。例如，如果把温度升高到700K时，反应(1)就会以爆炸的方式快速进行；如果选择适当的催化剂（例如Pd作催化剂），反应(1)也可在常温常压下以较快的速率化合成水。

研究化学反应速率的科学称为**化学动力学**（chemical kinetics），它是一门在理论和实践上都具有重要意义的科学。在化工生产中，化学反应速率直接影响着化工产品的产量，人们总是希望这些化学反应的速率越快越好；而对于一些不利的反应，如食物的腐败、药品的变质、机体的衰老、钢铁的腐蚀以及橡胶和塑料制品的老化等，人们总是希望这些化学反应的速率越慢越好。研究化学反应速率及其影响反应速率的因素，其目的就是为了控制反应速率，使其更好地为人类服务。本章将对化学反应速率的理论、反应机制以及影响反应速率的因素做一初步介绍。

第一节 化学反应速率及其表示方法

不同化学反应的速率相差很大，有些进行得极快，瞬间即可完成，如火药的爆炸，酸碱中和反应，血红蛋白同氧结合的生化反应等；而有些反应进行得极慢，几乎不被察觉，如煤和石油在地壳内形成的过程需要几十万年的时间，某些放射性元素的衰变需要亿万年的时间等。即使是同一化学反应，在不同的条件下进行时速率差别也很大。为了定量的描述化学反应的快慢，需要有一个衡量标准即化学反应速率。

化学反应速率（rate of chemical reaction）是衡量化学反应过程进行的快慢，即反应体系中各物质的数量随时间的变化率。在反应进行过程中，体系内各物质的浓度在不断地发生着变化。反应物的浓度在不断地减少，生成物的浓度在不断地增加。

单相反应（homogeneous reaction）中，反应速率一般以在单位时间、单位体积中反应物的物质的量的减少或产物的物质的量的增加来表示，在等容条件下，反应速率也可用单位时间内反应物浓度的减少或生成物浓度的增加来表示。浓度常用物质的量浓度，单位是 $\text{mol} \cdot \text{L}^{-1}$，时间单位则根据反应的快慢用秒(s)、分(min)、小时(h)等。

通过 H_2O_2 的分解实例说明反应速率的概念。室温时，含有少量 I^- 的情况下，过氧化氢水溶液的分解反应为

$$H_2O_2(aq) \xrightarrow{I^-} H_2O(l) + \frac{1}{2}O_2(g)$$

由实验测定氧气的量，便可计算 H_2O_2 浓度的变化。若有一份浓度为 $0.8\text{mol} \cdot \text{L}^{-1}$ 的 H_2O_2 溶液（含有少量 I^-），它在分解过程中浓度变化如表8-1所示。将 H_2O_2 浓度对时间作图，得图8-1。

表 8-1　H_2O_2 水溶液在室温时的分解反应速率

t/min	$c(H_2O_2)/(mol \cdot L^{-1})$	$\bar{v}/(mol \cdot L^{-1} \cdot min^{-1})$
0	0.80	—
20	0.40	$0.40/20 = 2.0 \times 10^{-2}$
40	0.20	$0.20/20 = 1.0 \times 10^{-2}$
60	0.10	$0.10/20 = 5.0 \times 10^{-3}$
80	0.05	$0.05/20 = 2.5 \times 10^{-3}$

在表 8-1 中从 t_1 到 t_2 的时间间隔用 $\Delta t = t_2 - t_1$ 表示，H_2O_2 水溶液在 t_1、t_2 时的浓度分别用 $c(H_2O_2)_1$ 和 $c(H_2O_2)_2$ 表示，则在时间间隔 Δt 内的浓度改变量 $\Delta c(H_2O_2) = c(H_2O_2)_2 - c(H_2O_2)_1$。在时间间隔 Δt 内，用反应物浓度减少来表示的反应速率 v 为

$$\bar{v} = -\frac{c(H_2O_2)_2 - c(H_2O_2)_1}{t_2 - t_1} = -\frac{\Delta c(H_2O_2)}{\Delta t} \tag{8.1}$$

因 $c(H_2O_2)_2 < c(H_2O_2)_1$，故加负号表示 $c(H_2O_2)$ 减小，使反应速率为正值。

实际上，大部分化学反应都不是等速进行的。反应过程中，化学反应速率均随时间而改变。在 H_2O_2 分解的第一个 20min，H_2O_2 浓度减少 $0.40mol \cdot L^{-1}$，第二个 20min 减少 $0.20mol \cdot L^{-1}$，第三个 20min，H_2O_2 浓度减少 $0.10mol \cdot L^{-1}$。由此可以推断，即使在同一时间间隔，前 10min 和后 10min 的反应速率也是不同的，甚至在 2s 内，前 1s 和后 1s 的反应速率也是有差别的。所以表 8-1 所列反应速率是在这 20min 之内的**平均速率**（average rate）。

由于 H_2O_2 的分解速率是随 H_2O_2 的浓度变化而变化，而浓度又随时间的变化而改变，为了确切地表示反应的真实速率，通常用**瞬时速率**（instantaneous rate）来表示。

将观察的时间间隔无限缩小，平均速率的极限值即为化学反应在 t 时的瞬时速率。通常所表示的反应速率均指瞬时速率。

$$v = \lim_{\Delta t \to 0} \frac{-\Delta c(H_2O_2)}{\Delta t} = -\frac{dc(H_2O_2)}{dt}$$

反应的瞬时速率可通过作图法求得。如要求在第 20min 时 H_2O_2 分解的瞬时速率，可在图 8-1 的曲线上找到对应于 20min 时的 A 点，求出曲线上 A 点切线的斜率 (dc/dt)，去负号即为第 20min 时的瞬时速率。

$$v_{20min} = -\frac{(0.40 - 0.68)mol \cdot L^{-1}}{20min} = 0.014mol \cdot L^{-1} \cdot min^{-1}$$

如求第 40min、60min 时 H_2O_2 分解的瞬时速率，可通过求出曲线上 B、C 点切线的斜率而得

$$v_{40min} = -\frac{(0.20 - 0.50)mol \cdot L^{-1}}{40min} = 0.0075mol \cdot L^{-1} \cdot min^{-1}$$

$$v_{60min} = -\frac{(0.10 - 0.33)mol \cdot L^{-1}}{60min} = 0.0038mol \cdot L^{-1} \cdot min^{-1}$$

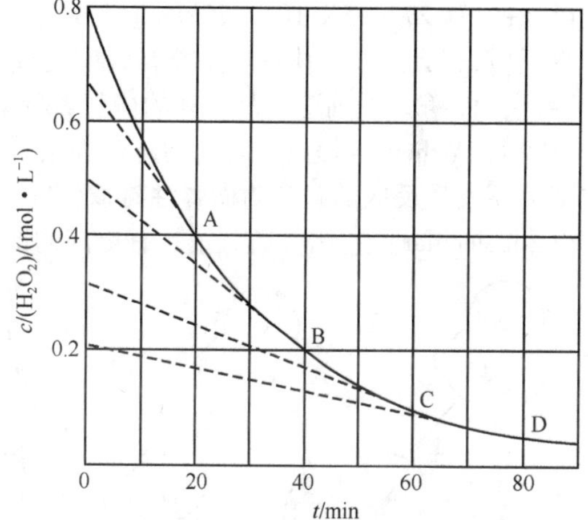

图 8-1　H_2O_2 分解反应的浓度-时间曲线

化学反应速率还可用单位体积内**反应进度**（extent of reaction）(ξ) 随时间的变化率来表示，即

$$v \overset{def}{=} \frac{1}{V}\frac{d\xi}{dt} \tag{8.2}$$

式中：V 为体系的体积。对任一个化学反应计量方程式，有

$$d\xi = \frac{dn_B}{v_B} \tag{8.3}$$

式中：n_B 为 B 的物质的量，v_B 为 B 的化学计量数，ξ 的单位为 mol。将上式代入式(8.2)，则有

$$v = \frac{1}{V}\frac{dn_B}{v_B dt} = \frac{1}{v_B}\frac{dc_B}{dt} \tag{8.4}$$

如合成氨的反应

$$N_2 + 3H_2 \rightleftharpoons 2NH_3$$

$$v = -\frac{dc(N_2)}{dt} = -\frac{1}{3}\frac{dc(H_2)}{dt} = \frac{1}{2}\frac{dc(NH_3)}{dt}$$

对于一般的化学反应 $aA + bB = eE + fF$，则有

$$v = -\frac{1}{a}\frac{dc_A}{dt} = -\frac{1}{b}\frac{dc_B}{dt} = \frac{1}{e}\frac{dc_E}{dt} = \frac{1}{f}\frac{dc_F}{dt} \tag{8.5}$$

v 为整个反应的反应速率，其数值只有一个，与反应体系中选择何种物质表示反应速率无关，但与化学反应的计量方程式有关，所以如果知道用某一物质的浓度变化所表示的反应速率，即可通过反应式中各化学式前计量系数求出用其他物质浓度变化所表示的反应速率。究竟采用哪种物质的浓度变化来表示反应速率，这主要由实验测定上的方便来确定。

第二节 化学反应速率理论简介

不同化学反应的反应速率千差万别，这是由反应物分子的内部结构所决定的，是影响反应速率的内因。为了探讨化学反应速率的内在规律，前人借助于分子运动论和分子结构的知识，提出了化学反应速率理论。较为流行的速率理论是碰撞理论和过渡态理论。

一、碰撞理论简介

（一）有效碰撞和弹性碰撞

反应物之间要发生反应，首先它们的分子或离子要克服外层电子之间的斥力而充分接近，互相碰撞，才能促使外层电子的重排，即旧键的削弱、断裂和新键的形成，从而使反应物转化为产物。但反应物分子或离子之间的碰撞并非每一次都能发生反应，理论计算表明：单位时间内气体分子间的碰撞次数是非常巨大的，如 273.15K、101.325kPa 时 1L 气体分子间的碰撞可达 10^{32} 次 · s^{-1}，如果每一次碰撞都能发生化学反应，那么所有气体反应都能在瞬间完成，而且反应速率也应非常接近，显然这是与事实相违背的。实际上，对一般反应而言，大部分的碰撞都不能发生反应，也即只有很少数的碰撞才能发生反应。据此，1889 年 Arrhenius 提出了著名的碰撞理论，他把能发生反应的碰撞叫做**有效碰撞**(effective collision)，而大部分不发生反应的碰撞叫做**弹性碰撞**(elastic collision)。能够发生有效碰撞的分子称为**活化分子**(activating molecular)，它比普通分子具有更高的能量，通常它只占分子总数中的小部分。

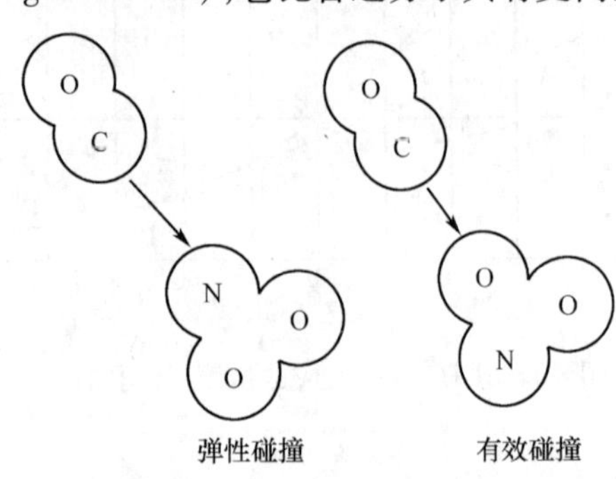

图 8-2 分子间不同取向的碰撞

要发生有效碰撞，反应物的分子或离子必须具备两个条件：①需有足够的能量，如动能，这样才能够克服外层电子之间的斥力而充分接近并发生化学反应；②碰撞时要有合适的方向，要正好碰在能起反应的部位，如果碰撞的部位不合适，即使反应物分子具有足够的能量，也不会起反应。一般而言，结构越复杂的分子之间的反应，这种情况愈突出，因而它们的反应通常比较慢。

如反应 $CO(g) + NO_2(g) = CO_2(g) + NO(g)$ 是氧的转移反应。只有当 $CO(g)$ 分子中的碳原子与 $NO_2(g)$ 中的氧原子迎头相碰才有可能发生反应；而碳原子碰在氮原子上，就不可能发生氧原子的转移（图 8-2）。

（二）活化能

根据气体分子运动理论，在一定温度下，气体分子具有一定的平均能量，能量很高或很低的分子都很少，大部分分子的能量接近平均能量。只有极少数能量比平均能量高得多的活化分子才能发生有效碰撞。通常把活化分子具有的最低能量(E')与反应物分子的平均能量($E_{平}$)之差，称为**活化能**(activation energy)用符号 E_a 表示，单位为 kJ · mol^{-1}。

$$E_a = E' - E_{平}$$

活化能与活化分子的概念,还可以从气体分子的能量分布规律加以说明。

在一定温度下,气体分子具有一定的平均动能,但并非每一分子的动能都一样,由于碰撞等原因,分子间不断进行着能量的重新分配,每个分子的能量并不固定在一定值。因此,每一个分子的运动速率是不同的。我们虽无法准确知道某个分子在某瞬间的速率有多大,但可以用统计的方法认识分子运动的规律。从统计的观点看,具有一定能量的分子数目是不随时间改变的。将分子的动能 E 为横坐标,将具有一定动能间隔(ΔE)的分子分数($\Delta N/N$)与能量间隔之比($\Delta N/N\Delta E$)为纵坐标作图,即得一定温度下气体分子的能量分布曲线,见图 8-3。

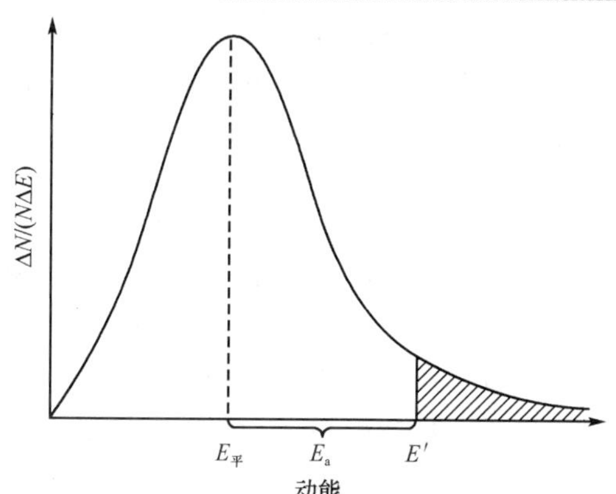

图 8-3 气体分子能量分布曲线

该图中,$E_平$ 是分子的平均能量,E'为活化分子所具有的最低能量,活化能 $E_a = E' - E_平$,N 为分子总数,ΔN 为具有动能为 E 至 $E+\Delta E$ 区间的分子数,若在横坐标上取一定的能量间隔 ΔE,则纵坐标 $\Delta N/N\Delta E$ 乘以 ΔE 得 $\Delta N/N$,即为动能在 E 至 $E+\Delta E$ 区间的分子数在整个分子总数中所占的比值。曲线下的总面积表示具有各种能量分子分数的总和为 1。相应地 E'右边阴影部分的面积与整个曲线下总面积之比,即是活化分子在分子总数中所占比值,即活化分子分数。

我们知道化学反应速率是用单位时间、单位体积内反应体系里物质浓度的变化量表示的,因此,也可以用单位时间、单位体积内发生的有效碰撞次数来表示化学反应速率。

设以 z 表示单位时间、单位体积内的碰撞频率,f 表示一定温度下有效碰撞在总碰撞中所占的分数即活化分子分数,则反应速率 v 等于

$$v = fz \tag{8.6}$$

碰撞频率 z 可以根据气体分子运动论计算出来。如能量分布又符合 Maxwell-Boltzmann 分布,则

$$f = \frac{\text{有效碰撞频率}}{\text{总碰撞频率}} = e^{-E_a/RT} \tag{8.7}$$

在碰撞理论中,f 又称为能量因子,f 值越大,活化分子分数越大,反应越快。

如果再考虑到碰撞时的方位,则真正的有效碰撞次数应该在式(8.6)中增加一个校正因子,即方位因子 p

$$v = pfz \tag{8.8}$$

p 越大,表示碰撞的方位越有利。

化学反应速率与反应的活化能密切相关。一定温度下,活化能愈小,图 8-3 中的阴影面积就越大,活化分子的分子分数越大,活化分子数愈多,单位体积内有效碰撞的次数愈多,因此反应速率愈快;活化能愈大,图中的阴影面积就越小,活化分子的分子分数越小,活化分子数愈少,单位体积内有效碰撞的次数愈少,因此反应速率愈慢。因为不同的反应具有不同的活化能,因此不同的化学反应有不同的反应速率,活化能是决定化学反应速率的内因。

活化能一般为正值,许多化学反应的活化能与破坏一般化学键所需的能量相近,为 40 ~ 400kJ · mol^{-1},多数在 60 ~ 250kJ · mol^{-1}之间。活化能小于 40kJ · mol^{-1}的化学反应,其反应速率极快,不能用一般方法测定(如酸碱中和反应);而活化能大于 400kJ · mol^{-1}反应,其反应速率极慢,因此难以察觉。

碰撞理论比较直观,容易理解,解释某些简单分子的反应比较成功。但碰撞理论在具体处理化学反应时把分子当成刚性球体,忽略了分子的内部结构,把分子间的复杂作用简单地看成是机械的碰撞,忽视了化学反应的特性。因此,对一些比较复杂的反应,常不能合理解释。

二、过渡态理论简介

20 世纪 30 年代 Eyring 和 Polanyi 等人在量子力学和统计力学的基础上提出了反应速率的**过渡态理论**(theory of transition state)。过渡态理论又称活化络合物理论。

(一) 活化络合物

过渡态理论认为:化学反应并不是通过反应物分子的简单碰撞完成的,而是反应物分子要经过一个

中间过渡态，形成**活化络合物**(activated complex)，反应物与活化络合物之间很快达到化学平衡，由活化络合物转变为产物的速率很慢，因此化学反应的反应速率基本上由活化络合物的分解速率决定。

如 A 与 BC 反应生成 AB 和 C 的过程可表示为

$$A + B-C \rightleftharpoons [A\cdots B\cdots C]^{\neq} \rightarrow A-B + C^{\neq}$$

当 A 原子沿 B－C 键轴逐渐接近 B－C 分子时，B－C 分子中的化学键逐渐削弱，A 原子与 B 原子之间逐渐开始生成新 A－B 键。而在这个过程未完成之前，系统形成一个过渡态(即形成活化络合物)$[A\cdots B\cdots C]^{\neq}$，此时 B－C 键尚未完全断开，A－B 键又未完全形成，系统的能量最高。活化络合物处于高能量状态很不稳定，它既可分解为原反应物分子，也可进一步分解成产物。

(二) 活化能与反应热

能形成活化络合物的反应物分子，应具有比一般分子更高的能量。所形成的活化络合物比反应物分子的平均能量高出的额外能量即是活化能 E_a。在过渡态理论中，活化能定义为活化络合物的平均能量与反应物分子的平均能量的差值。反应过程的能量变化如图 8-4 所示。图中 E_a 是正向反应的活化能，E_a'是逆向反应的活化能。由图可知，活化能是反应的能垒，即是从反应物形成产物过程中的能量障碍，反应物分子必须越过能垒(即一般分子变成活化分子，或者形成活化络合物的能量)反应才能进行。

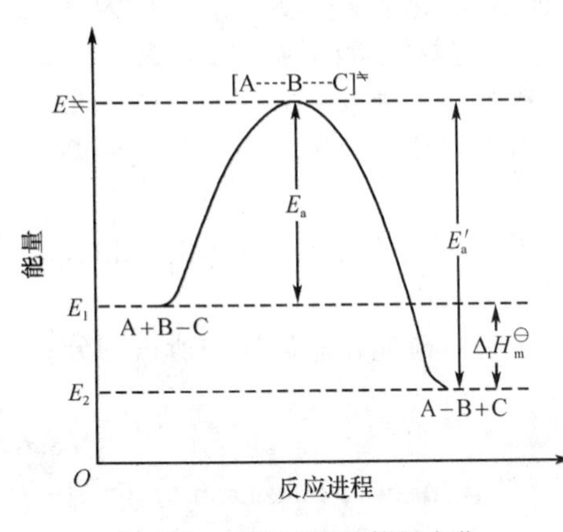

图 8-4 反应过程的能量变化

若产物分子的能量比反应物分子的能量低，多余的能量便以热的形式放出，即是放热反应；反之为吸热反应。

图中正向反应产物的势能低于反应物的势能，其差值即为等压反应热 $\Delta_r H_m^{\ominus}$(为负值，即放热反应)。如果是逆向反应，即 A－B 与 C 经过同一过渡态到产物 A 和 B－C，反应所吸收的热量同正向反应所放出的热一样多。由此可见，等压反应热等于正向反应的活化能与逆向反应的活化能之差，即

$$\Delta_r H_m^{\ominus} = E_a - E'_a$$

从图 8-4 还可以看出：可逆反应中吸热反应的活化能必然大于放热反应的活化能。无论化学反应是吸热还是放热，反应物分子必须吸收能量形成活化络合物，反应才能进行。

过渡态理论把物质的微观结构与反应速率联系起来，比碰撞理论进了一步。但由于确定活化络合物的结构相当困难，计算方法过于复杂，除一些简单反应外，还存在不少问题，有待进一步探索解决。

第三节 浓度对化学反应速率的影响

化学反应速率首先取决于反应物分子的内部结构，此外还与浓度、温度以及催化剂等外部因素有关。本节讨论反应物浓度对化学反应速率的影响。

一、反应机制和元反应

化学反应计量方程式只表明有什么物质参加了化学反应，结果生成了什么物质以及反应物和生成物之间的计量关系，并不能表示反应是经过怎样的途径，经过哪些具体步骤完成的。化学反应进行的实际步骤称为**反应机制**(reaction mechanism)，即实现该化学反应的各步骤的微观过程。根据反应机制的不同，可将化学反应分为元反应和非元反应两大类。

反应物一步就直接转变为生成物的反应称为**元反应**(elementary reaction)又称简单反应。例如

$$NO_2(g) + CO(g) = NO(g) + CO_2(g)$$

$$CO(g) + H_2O(g) = CO_2(g) + H_2(g)$$

这两个反应都是元反应，但这类反应并不多。许多化学反应并不是按反应计量方程式一步直接完成，而是要经过若干个步骤，即经过若干个元反应才能完成，这类反应称为非元反应也称**复合反应**(complex reaction)。如反应

$$H_2(g) + I_2(g) = 2HI(g)$$

它是由两步组成的

$$I_2(g) \rightleftharpoons 2I(g) \qquad (快反应)$$

$$H_2(g) + 2I(g) = 2HI(g) \qquad (慢反应)$$

因此该反应是一个复合反应。实验证明,第二步反应较慢,这一步慢反应限制了整个复合反应的速率。在复合反应中,速率最慢的步骤称为**速率控制步骤**(rate controlling step)。

二、反应分子数

反应分子数(molecularity of reaction)是指元反应中同时直接参加反应的粒子(分子、原子、离子、自由基等)的数目。根据反应分子数可以把元反应分为单分子反应、双分子反应和三分子反应。例如

单分子反应 $CH_3COCH_3 \longrightarrow C_2H_4 + CO + H_2$

双分子反应 $NO_2 + CO = NO + CO_2$

三分子反应 $H_2 + 2I = 2HI$

大多数元反应是单分子反应或双分子反应,已知的气相三分子反应不多,因为要三个分子同时碰撞在合适的部位而发生化学反应的可能性很小。至于三分子以上的反应,至今尚未发现。

三、质量作用定律与速率方程

(一)质量作用定律及速率方程

影响反应速率的因素很多,反应物浓度即是其中之一。大量实验证明,在一定温度下,增大反应物的浓度,大都使反应速率加快。反应物浓度对反应速率的影响可用反应速率理论来解释。在一定温度下,活化分子占反应物分子总数的分子分数是一定的,增加反应物浓度时,单位体积内的活化分子数也相应增大,因此化学反应速率加快。

对于有气体参加的化学反应,增大压力,就意味着增加气体反应物的浓度,反应速率也会随之增大。

19 世纪 60 年代,挪威科学家 Guldberg 和 Waage 通过大量实验总结出了元反应的反应物浓度与反应速率之间的定量关系:在一定温度下,元反应的反应速率与各反应物浓度幂(以化学反应计量方程式中相应的系数为指数)的乘积成正比。这就是**质量作用定律**(law of mass action)。表明反应物浓度与反应速率之间定量关系的数学表达式称为**速率方程**(rate equation),如元反应

$$NO_2(g) + CO(g) = NO(g) + CO_2(g)$$

根据质量作用定律,反应速率与反应物浓度的关系为

$$v \propto c(NO_2)c(CO)$$

写成速率方程为

$$v = kc(NO_2)c(CO) \qquad (8.9)$$

如元反应为

$$aA + bB = eE + fF$$

则反应的速率方程为

$$v = kc^a(A)c^b(B) \qquad (8.10)$$

式中的比例系数 k 称为**速率常数**(rate constant)。k 的物理意义为:k 在数值上相当于各反应物浓度均为 $1mol \cdot L^{-1}$时的反应速率,故 k 又称为反应的**比速率**(specific reaction rate)。对一个指定的化学反应而言,k 的大小是由反应的本性所决定的,与反应物浓度无关,但受温度和催化剂的影响,可通过实验而测定。在相同条件下,k 愈大,表示反应的速率愈大。k 的量纲则根据速率方程中浓度项的指数和的不同而不同,若各物质在速率方程中浓度项的指数和为 n,v 的单位为 $mol \cdot L^{-1} \cdot s^{-1}$,则 k 的单位是$(mol \cdot L^{-1})^{1-n} \cdot s^{-1}$。

复合反应的速率方程比较复杂,速率方程中浓度项的指数要由实验确定,不能按化学方程式的计量系数随意写出。但如已知复合反应的反应机制,则可根据组成该则复合反应的元反应的速率方程导出。

(二) 书写速率方程时应注意的事项

1. 质量作用定律仅适用于元反应 若不清楚某反应是否为元反应,则只能根据实验来确定反应速率方程,而不能由总反应式根据质量作用定律直接得出。如反应

$$2N_2O_5(g) = 4NO_2(g) + O_2(g)$$

实验证明反应速率仅与 $c(N_2O_5)$ 成正比,即

$$v = kc(N_2O_5) \tag{8.11}$$

而并不是与 $c^2(N_2O_5)$ 成正比。

研究表明,上述反应不是一个元反应而是分步进行的

$N_2O_5 \rightarrow NO_2 + NO_3$ (慢,速率控制步骤)

$NO_3 \xrightarrow{NO_2} NO + O_2$ (快)

$NO_3 + NO \rightarrow 2NO_2$ (快)

在这三步反应中,第一步反应进行得最慢,是总反应的速率控制步骤,应用质量作用定律所得的反应速率方程即可代表总反应速率的速率方程,从而使式(8.11)得到合理解释。

2. 纯固态或纯液态反应物的浓度不写入速率方程,因为它们的浓度可看作常数 如碳的燃烧反应

$$C(s) + O_2(g) = CO_2(g)$$

因反应只在碳的表面进行,对一定粉碎度的固体,其表面为一常数,故速率方程为

$$v = kc(O_2)$$

3. 在稀溶液中进行的反应,若溶剂参与反应,因它的浓度几乎维持不变,故也不写入速率方程中 如蔗糖的水解反应

$$\underset{\text{蔗糖}}{C_{12}H_{22}O_{11}} + H_2O = \underset{\text{葡萄糖}}{C_6H_{12}O_6} + \underset{\text{果糖}}{C_6H_{12}O_6}$$

$$v = kc(C_{12}H_{22}O_{11})$$

例 8-1 在 298.15K 时,发生下列反应

$$aA + bB \rightarrow C$$

将 A、B 溶液按不同浓度混合,得到下列实验数据:

实验序号	$c(A)/(mol \cdot L^{-1})$	$c(B)/(mol \cdot L^{-1})$	$v/(mol \cdot L^{-1} \cdot s^{-1})$
1	1.0	1.0	1.2×10^{-2}
2	2.0	1.0	2.4×10^{-2}
3	4.0	1.0	4.9×10^{-2}
4	1.0	2.0	4.8×10^{-2}
5	1.0	4.0	0.19

(1) 确定该反应的速率方程;(2) 计算该反应的速率常数。

解 (1) 设反应的速率方程为 $v = kc^{\alpha}(A)c^{\beta}(B)$

将实验 1 与实验 2 的数据分别代入速率方程得

$$1.2 \times 10^{-2} mol \cdot L^{-1} \cdot s^{-1} = k \times (1.0 mol \cdot L^{-1})^{\alpha} \times (1.0 mol \cdot L^{-1})^{\beta}$$

$$2.4 \times 10^{-2} mol \cdot L^{-1} \cdot s^{-1} = k \times (2.0 mol \cdot L^{-1})^{\alpha} \times (1.0 mol \cdot L^{-1})^{\beta}$$

两式相除得

$$\alpha = 1$$

再将实验 1 与实验 4 的数据分别代入速率方程得

$$1.2 \times 10^{-2} mol \cdot L^{-1} \cdot s^{-1} = k \times (1.0 mol \cdot L^{-1})^{\alpha} \times (1.0 mol \cdot L^{-1})^{\beta}$$

$$4.8 \times 10^{-2} mol \cdot L^{-1} \cdot s^{-1} = k \times (1.0 mol \cdot L^{-1})^{\alpha} \times (2.0 mol \cdot L^{-1})^{\beta}$$

两式相除得

$$\beta = 2$$

因此，该反应的速率方程应为

$$v = kc(\mathrm{A})c^2(\mathrm{B})$$

(2) 将任一组实验数据代入上式，即可求出速率常数。为简单起见，将实验1的数据代入，得

$$k = \frac{v}{c(\mathrm{A})c^2(\mathrm{B})} = \frac{1.2 \times 10^{-2}\mathrm{mol \cdot L^{-1} \cdot s^{-1}}}{1.0\mathrm{mol \cdot L^{-1}} \times (1.0\mathrm{mol \cdot L^{-1}})^2} = 1.2 \times 10^{-2}\mathrm{L^2 \cdot mol^{-2} \cdot s^{-1}}$$

根据实验测定的速率方程，各物质浓度项的指数与化学反应方程式给出的系数不一致，说明这个反应一定是分步进行的复合反应。但由实验求得的速率方程和根据质量作用定律直接写出的一致时，该反应也不一定是元反应，如由氢气和碘蒸气化合生成碘化氢的反应，实验测得的速率方程为

$$v = kc(\mathrm{H_2})c(\mathrm{I_2})$$

恰与用质量作用定律写出的一致，但前面已说明该反应并不是元反应。

四、反应级数

当一反应速率与反应物浓度的关系具有浓度幂乘积的形式时，化学反应也可以用反应级数进行分类。反应速率方程中各反应物浓度项的指数之和称为**反应级数**(order of reaction)。如任意一个化学反应

$$a\mathrm{A} + b\mathrm{B} = e\mathrm{E} + f\mathrm{F}$$

实验测得速率方程为

$$v = kc^{\alpha}(\mathrm{A})c^{\beta}(\mathrm{B}) \tag{8.12}$$

则 α 为对反应物 A 而言的级数，β 为对反应物 B 而言的级数，该反应的总反应级数 n 为 A 和 B 的级数之和($\alpha+\beta$)，即反应速率方程中各反应物浓度项指数之和。

若 $n=0$，则为零级反应，$n=1$，为一级反应，余类推。反应级数均指总反应级数，它由实验确定，其值可以是简单的正整数，如 0,1,2,3 等，也可是分数或负数，负数表示该物质对反应起阻滞作用。对于 $H_2 + Br_2 \rightarrow 2HBr$ 这类复合反应，其速率方程不能写成式(8.12)的形式*，则反应级数的概念不适用。

应该指出，反应级数与反应分子数是两个不同的概念。反应级数是根据实验得出的，它体现了反应物浓度对反应速率的影响，是对总反应而言的，其数值可能是整数、分数或负数。反应分子数是对元反应而言的，它是由反应机制所决定的，其数值只可能是1、2或3。在元反应中反应级数和反应分子数通常是一致的，如单分子反应也是一级反应。

五、具有简单级数的反应及特点

具有简单级数的反应系指反应级数为 0,1,2,3 等。元反应都是具有简单级数的反应，但具有简单级数的反应不一定就是元反应。具有简单级数反应的速率遵循某些规律，由于三级反应为数不多，故以下仅讨论一级、二级和零级反应。

(一) 一级反应

反应速率与反应物浓度的一次方成正比的反应称为**一级反应**(first order reaction)。对反应 aA→产物，则反应速率的定义式及速率方程为

$$v = -\frac{\mathrm{d}c_{\mathrm{A}}}{\mathrm{d}t} = kc_{\mathrm{A}}$$

c_{A} 为反应开始 t 时间后的反应物 A 的浓度。将上式整理后，从 $t=0$(反应物 A 的初浓度为 $c_{\mathrm{A},0}$)到 t 定积分

$$\int_{c_{\mathrm{A},0}}^{c_{\mathrm{A}}} \frac{\mathrm{d}c_{\mathrm{A}}}{c_{\mathrm{A}}} = -\int_0^t k\mathrm{d}t^{**}$$

* $H_2 + Br_2 \rightarrow 2HBr$ 的速率方程式为 $v = \dfrac{kc(\mathrm{H_2}) \cdot c(\mathrm{Br_2})^{1/2}}{1 + K'\dfrac{c(\mathrm{HBr})}{c(\mathrm{Br_2})}}$。

** 严格讲，这里浓度都应用标准浓度 $c^{\ominus}$ 除，以便消去单位，才能进行运算。

得反应物浓度与时间关系的方程式

$$\ln c_{\mathrm{A}} = \ln c_{\mathrm{A},0} - kt \tag{8.13}$$

或

$$\ln \frac{c_{\mathrm{A},0}}{c_{\mathrm{A}}} = kt \tag{8.13a}$$

$$\lg \frac{c_{\mathrm{A},0}}{c_{\mathrm{A}}} = \frac{kt}{2.303} \tag{8.13b}$$

$$c_{\mathrm{A}} = c_{\mathrm{A},0} \cdot \mathrm{e}^{-kt} \tag{8.13c}$$

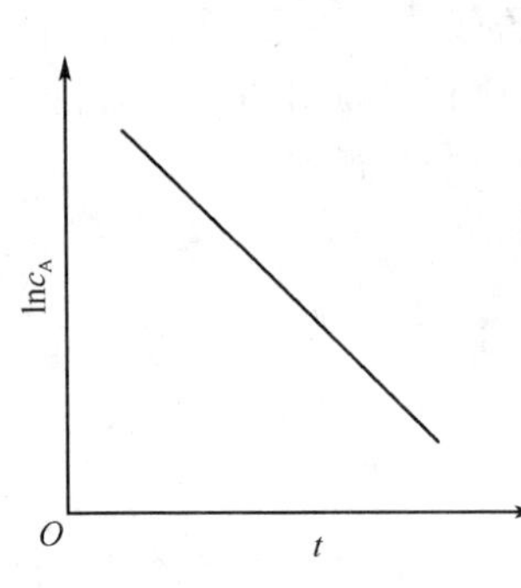

图 8-5 一级反应的 $\ln c_{\mathrm{A}}$-t 图

式(8.13a)至式(8.13c)也均为一级反应的反应物浓度与时间关系的方程式。若以 $\ln c_{\mathrm{A}} \sim t$ 做图，应得一直线，如图 8-5，斜率为-k，k 的量纲应为[时间]$^{-1}$。

反应物浓度由 $c_{\mathrm{A},0}$ 变为 $c_{\mathrm{A},0}/2$ 时，亦即反应物浓度消耗一半所需要的时间称为反应的**半衰期**(half-life)，常用 $t_{1/2}$ 表示。代入式(8.13a)得

$$kt_{1/2} = \ln \frac{c_{\mathrm{A},0}}{c_{\mathrm{A},0}/2} = \ln 2$$

即

$$t_{1/2} = \frac{0.693}{k} \tag{8.14}$$

由上式可看出，一级反应的半衰期是一个与初始浓度无关的常数。半衰期可以用来衡量反应速率，显然半衰期愈大，反应速率愈慢。

放射性元素的蜕变，大多数的热分解反应，部分药物在体内的代谢，分子内的重排反应及异构化反应都属于一级反应。对于浓度不大的物质水解反应，应是二级反应，但因水是溶剂，大量存在，其浓度可看作常数而不写入速率方程，故可按一级反应处理，因而称为**准一级反应**(pseudo-first-order reaction)，如前面提及的蔗糖水解反应。

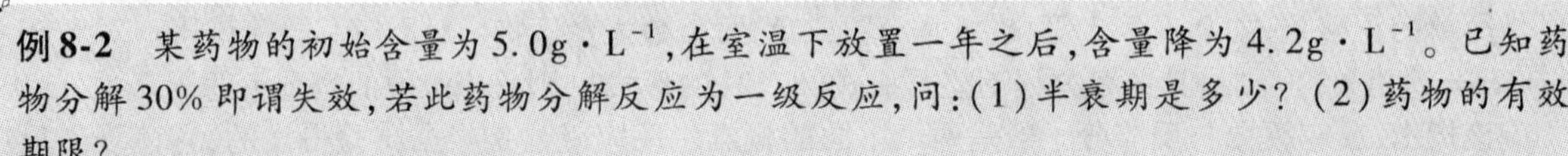

例 8-2 某药物的初始含量为 5.0g·L^{-1}，在室温下放置一年之后，含量降为 4.2g·L^{-1}。已知药物分解 30% 即谓失效，若此药物分解反应为一级反应，问：(1) 半衰期是多少？(2) 药物的有效期限？

解 (1) $t = 1\mathrm{a}$，此药物分解反应的速率常数为

$$k = \frac{1}{t}\ln \frac{c_{\mathrm{A},0}}{c_{\mathrm{A}}} = \ln \frac{5\mathrm{g} \cdot \mathrm{L}^{-1}}{4.2\mathrm{g} \cdot \mathrm{L}^{-1}} = 0.17\mathrm{a}^{-1}$$

半衰期

$$t_{1/2} = \frac{0.693}{k} = \frac{0.693}{0.17\mathrm{a}^{-1}} = 4.1\mathrm{a}$$

(2) 药物的有效期限为

$$t = \frac{1}{k}\ln \frac{c_{\mathrm{A},0}}{c_{\mathrm{A}}} = \frac{1}{0.17\mathrm{a}^{-1}}\ln \frac{5\mathrm{g} \cdot \mathrm{L}^{-1}}{(1-30\%) \times 5\mathrm{g} \cdot \mathrm{L}^{-1}} = 2.1\mathrm{a}$$

例 8-3 已知药物 A 在人体内的代谢服从一级反应规律。设给人体注射 0.500g 该药物，然后在不同时间测定血中药物 A 的含量，得如下数据：

服药后时间 t/h	4	6	8	10	12	14	16
血中药物 A 含量 ρ/(mg·L^{-1})	4.6	3.9	3.2	2.8	2.5	2.0	1.6

试求：(1) 药物 A 代谢的半衰期；(2) 若血液中药物 A 的最低有效量相当于 3.7mg·L^{-1}，则需几小时后注射第二次？

解 反应为一级反应，利用表中数据先求速率常数 k。以 $\lg\rho$ 对 t 做图，得直线，见图 8-6。

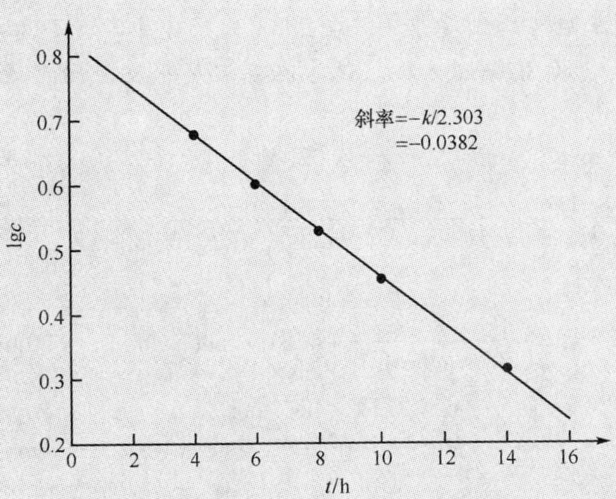

图 8-6　药物 A 在血液中含量的变化

由两点求斜率

$$\text{斜率}=\frac{\lg 1.6-\lg 4.6}{16\text{h}-4\text{h}}=-0.038\text{h}^{-1}$$

$$k=-2.303\times(-0.038\text{h}^{-1})=0.088\text{h}^{-1}$$

(1) $t_{1/2}=0.693/k=0.693/0.088\text{h}^{-1}=7.9\text{h}$

(2) 由图 8-6 可知，$t=0\text{h}$ 时，$\lg\rho_{\text{A},0}=0.81$，当 $\rho=3.7\text{mg}\cdot\text{L}^{-1}$ 时，由 $\lg\frac{\rho_{\text{A},0}}{\rho_{\text{A}}}=\frac{kt}{2.303}$ 得应第二次注射的时间为

$$t=\frac{2.303}{k}\lg\frac{\rho_{\text{A},0}}{\rho_{\text{A}}}=\frac{2.303}{0.088\text{h}^{-1}}(0.81-0.57)=6.3\text{h}$$

计算表明，半衰期为 7.9h，要使血液中药物 A 含量不低于 $3.7\text{mg}\cdot\text{L}^{-1}$，应于第一次注射后 6.3h 之前注射第二次。临床上一般控制在6h后注射第二次。

（二）二级反应

反应速率与反应物浓度的二次方成正比的反应称为**二级反应**（second order reaction）。二级反应通常有两种类型：

(1) $a\text{A}\rightarrow$ 产物

(2) $a\text{A}+b\text{B}\rightarrow$ 产物

在第二种类型中，若 A 和 B 的初浓度相等，则在数学处理时可视作第一种情况，本章只讨论第一种情况。

由定义式及速率方程 $v=-\frac{\text{d}c_{\text{A}}}{\text{d}t}=kc_{\text{A}}^2$ 整理积分可得

$$\frac{1}{c_{\text{A}}}-\frac{1}{c_{\text{A},0}}=kt \qquad (8.15)$$

以 $1/c$ 对 t 做图得一直线，如图 8-7，斜率为 k，k 的量纲为[浓度]$^{-1}$·[时间]$^{-1}$。

由半衰期定义可得二级反应的半衰期为

$$t_{1/2}=\frac{1}{kc_{\text{A},0}} \qquad (8.16)$$

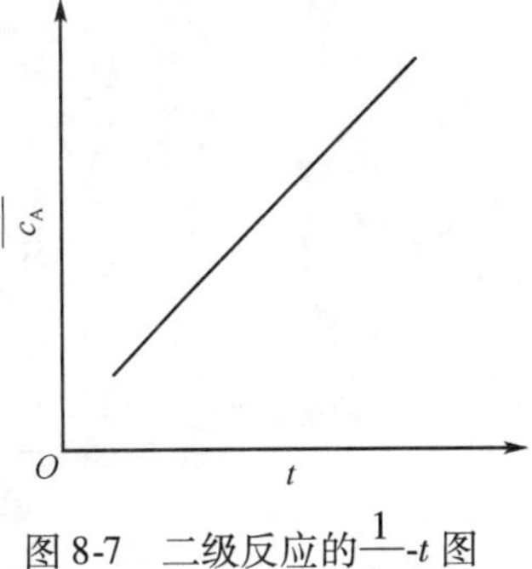

图 8-7　二级反应的 $\frac{1}{c_{\text{A}}}$-t 图

二级反应是最常见的一种反应，在溶液中进行的许多有机化学反应都是二级反应。如一些加成反应，分解反应，取代反应等。

例 8-4 乙酸乙酯的皂化反应为二级反应。若在 298K 时的速率常数 k 为 $4.5\text{L}\cdot\text{mol}^{-1}\cdot\text{min}^{-1}$，乙酸乙酯和碱的初始浓度均为 $0.020\text{mol}\cdot\text{L}^{-1}$，试求在此温度下反应的半衰期及 20min 后反应物的浓度。

解 二级反应，$k=4.5\text{L}\cdot\text{mol}^{-1}\cdot\text{min}^{-1}$，$c_{\text{A},0}=0.020\text{mol}\cdot\text{L}^{-1}$

$$t_{1/2}=\frac{1}{kc_{\text{A},0}}=\frac{1}{4.5\text{L}\cdot\text{mol}^{-1}\cdot\text{min}^{-1}\times0.020\text{mol}\cdot\text{L}^{-1}}=11\text{min}$$

20min 后反应物的浓度

$$\frac{1}{c_\text{A}}=\frac{1}{c_{\text{A},0}}+kt=\frac{1}{0.020\text{mol}\cdot\text{L}^{-1}}+4.5\text{L}\cdot\text{mol}^{-1}\cdot\text{min}^{-1}\times20\text{min}=140$$

$$c_\text{A}=7.14\times10^{-3}\text{mol}\cdot\text{L}^{-1}$$

（三）零级反应

反应速率与反应物浓度无关的反应称为**零级反应**（zero order reaction）。温度一定时，反应速率为一常数。零级反应的速率方程为

$$v=-\frac{\text{d}c_\text{A}}{\text{d}t}=kc_\text{A}^0=k$$

整理积分得

$$c_{\text{A},0}-c_\text{A}=k\,t \tag{8.17}$$

以 $c\sim t$ 做图得一直线，如图 8-8，斜率为 $-k$，k 的量纲为[浓度]·[时间]$^{-1}$。

由半衰期定义可得零级反应的半衰期为

$$t_{1/2}=\frac{c_{\text{A},0}}{2k} \tag{8.18}$$

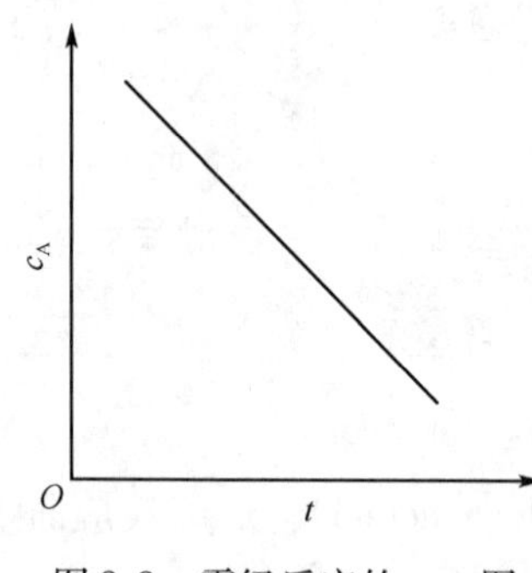

图 8-8 零级反应的 c_A-t 图

反应的总级数为零的反应并不多，最常见的零级反应是在一些表面上发生的反应。如 NH_3 在金属催化剂钨(W)表面上的分解反应，首先 NH_3 被吸附在 W 表面上，然后再进行分解，由于 W 表面上的活性中心是有限的，当活性中心被占满后，再增加 NH_3 浓度，对反应速率没有影响，表现出零级反应的特性。

近年来发展的一些缓释长效药，其释药速率在相当长的时间范围内比较恒定，即零级反应。如国际上应用较广的一种皮下植入剂，内含女性避孕药左旋 18-甲基炔诺酮，每天约释药 30μg，可一直维持 5 年左右。

现将以上介绍的几种简单级数反应的特征小结在表 8-2 中。

表 8-2 简单级数反应的特征

反应级数	一级反应	二级反应	零级反应
基本方程式	$\ln c_{\text{A},0}-\ln c_\text{A}=k\,t$	$\frac{1}{c_A}-\frac{1}{c_{\text{A},0}}=kt$	$c_{\text{A},0}-c_\text{A}=k\,t$
直线关系	$\ln c_\text{A}$ 对 t	$1/c_\text{A}$ 对 t	c_A 对 t
斜率	$-k$	k	$-k$
半衰期($t_{1/2}$)	$0.693/k$	$1/kc_{\text{A},0}$	$c_{\text{A},0}/2k$
k 的量纲	[时间]$^{-1}$	[浓度]$^{-1}$·[时间]$^{-1}$	[浓度]·[时间]$^{-1}$

第四节 温度对化学反应速率的影响

温度升高，反应速率一般是加快。但温度对不同类型反应的反应速率的影响是不相同的，本节仅讨论反应速率随温度的升高而逐渐加快的反应。

一、van't Hoff 近似规则

1884 年，van't Hoff 根据实验结果归纳出一个近似规则：温度每升高 10K，反应速率大约增加到原来的 2～4 倍。温度对反应速率的影响实质上是温度对速率常数的影响。若以 $k(T)$ 和 $k(T+10\text{K})$ 分别表示温度为 T 和 $T+10\text{K}$ 时的速率常数，则有如下关系

$$\frac{k(T+10\text{K})}{k(T)}=\gamma \tag{8.19}$$

式中：γ 为温度系数，其值约等于 2～4。

当温度由 T 升高到 $T+n\times 10\text{K}$ 时，由式(8.19)可得

$$\frac{k(T+n\times 10\text{K})}{k(T)}=\gamma^n \tag{8.20}$$

利用式(8.20)可以粗略地估计温度对反应速率的影响。

温度对反应速率的影响可用反应速率理论进行解释。当温度升高时，分子的运动速率加快，从而导致反应物分子之间的碰撞次数增加，反应速率增大。计算结果表明：温度每升高 10K，分子间的碰撞次数仅增加 2% 左右，显然分子间碰撞次数的增多不是反应速率增大的主要原因。温度升高反应速率增大的主要原因是温度升高必然使一些能量较低的反应物分子吸收能量成为活化分子，使活化分子百分数增大，有效碰撞的百分数增大，因此反应速率加快。

图 8-9 可以简明地表示这个道理。图中一条曲线表示 T_1 温度下的分子能量分布，另一条曲线表示升高温度为 T_2 时的分子能量分布。可以看出，温度升高后，曲线变矮，高峰降低，活化分子分数增加(图中的阴影面积)，有效碰撞次数增多，因而反应速率增加。

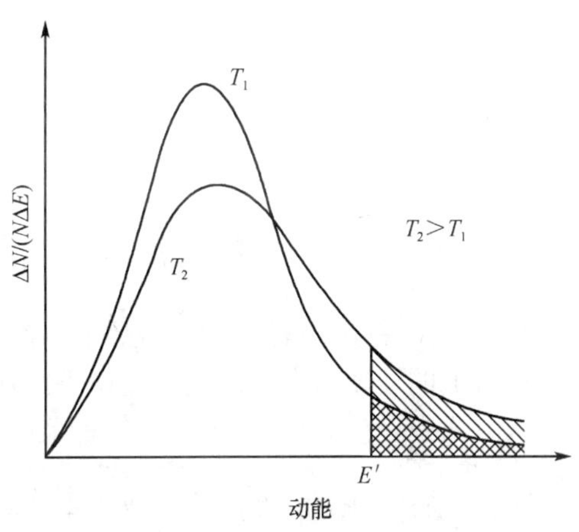

图 8-9 温度升高活化分子分数增大

温度升高与活化分子分数之间有一定量的关系。设活化能 E_a 为 $100\text{kJ}\cdot\text{mol}^{-1}$，且 E_a 不随温度改变，当温度由 298K 升至 308K 时，活化分子分数 f 增大的倍数为

$$\frac{f_{308}}{f_{298}}=\frac{e^{-\frac{100000}{8.314\times 308}}}{e^{-\frac{100000}{8.314\times 298}}}=3.7$$

可见温度从 298K 升至 308K 增加 10K，活化分子分数增大到原来的 3.7 倍，反应速率也增加 3.7 倍，而此时的平均动能仅增加 3%。

二、Arrhenius 方程式

1889 年，Arrhenius 根据大量实验数据总结出反应速率常数 k 与反应温度 T 之间的定量关系，这是一个经验公式，叫做 Arrhenius 方程式，表示为

$$k=Ae^{-E_a/RT} \tag{8.21}$$

或

$$\ln k=-\frac{E_a}{RT}+\ln A \tag{8.21a}$$

$$\lg k=-\frac{E_a}{2.303RT}+\lg A \tag{8.21b}$$

式中：A 为常数，称为指数前因子或频率因子，它与单位时间内反应物的碰撞总数(碰撞频率)有关，也与碰撞时分子取向的可能性(分子的复杂程度)有关，R 为摩尔气体常数($8.314\text{J}\cdot\text{mol}^{-1}\cdot\text{K}^{-1}$)，$E_a$ 为活化能，T 为热力学温度。

从 Arrhenius 方程可以看出：在温度一定时，速率常数 k 的大小取决于反应的活化能 E_a 和指数前因子 A，由于 A 处于对数项中，对 k 的影响远较 E_a 为小，故 k 的大小主要由 E_a 决定。对于一个给定的化学反应，在一定温度范围内活化能 E_a 和指数前因子 A 不随温度而变化，可把 E_a 和 A 看做是与温度无关的

常数,因此速率常数的变化取决于温度的改变。

对数形式的 Arrhenius 方程是一个直线方程,将实验测得的不同温度下的 $\ln k$ 值对 $\frac{1}{T}$ 作图,可以得一直线,直线的斜率为 $-\frac{E_a}{R}$,直线在纵坐标上的截距为 $\ln A$,利用斜率和截距可求出 E_a 和 A。若以 $\lg k$ 对 $\frac{1}{T}$ 做图,也得一直线,其斜率为 $-\frac{E_a}{2.303R}$。

从 Arrhenius 方程可以得出以下推论

(1) 对于一个给定的化学反应,活化能 E_a 是常数,$e^{-E_a/RT}$ 随温度 T 升高而增大,表明温度升高,k 变大,反应加快。

(2) 当温度一定时,如反应的 A 值相近,E_a 愈大则 k 愈小,即活化能愈大,反应愈慢。

(3) 对活化能不同的反应,温度对反应速率影响的程度不同。由于 $\ln k$ 与 $\frac{1}{T}$ 呈直线关系,而直线的斜率为负值,故 E_a 愈大的反应,直线斜率愈小(愈陡),即当温度变化相同时,E_a 愈大的反应,k 的变化越大。对于可逆反应,温度升高时平衡向吸热方向移动,也是这个道理,因吸热反应的活化能大于放热反应的活化能,温度升高时,吸热反应速率增大较多。

E_a 和 A 的值不仅可以通过做图法求得,也可以根据实验数据,运用 Arrhenius 方程计算而得。设某反应在温度 T_1 时反应速率常数为 k_1,在温度 T_2 时反应速率常数为 k_2,又知 E_a 及 A 不随温度而变,则

(1)
$$\ln k_1 = -\frac{E_a}{RT_1} + \ln A$$

(2)
$$\ln k_2 = -\frac{E_a}{RT_2} + \ln A$$

(2) 式减(1)式得

$$\ln \frac{k_2}{k_1} = \frac{E_a}{R}\left(\frac{T_2 - T_1}{T_1 T_2}\right) \tag{8.22}$$

利用这一关系式可以从两个已知温度下的速率常数求出反应的活化能;或者从已知反应的活化能及某一温度下的速率常数求出另一温度下的速率常数。

从上式中还可看出,当温度在较低范围内时,速率常数受温度的影响比在温度较高范围内时更显著。

例 8-5 $CO(CH_2COOH)_2$ 在水溶液中的分解反应的速率常数在 273K 和 303K 时分别为 $2.46\times10^{-5}\ s^{-1}$ 和 $1.63\times10^{-3}\ s^{-1}$,计算该反应的活化能。

解 反应的活化能为:

$$E_a = \frac{RT_1T_2}{T_2 - T_1}\ln\frac{k(T_2)}{k(T_1)}$$

$$= \frac{8.314\text{J}\cdot\text{mol}^{-1}\cdot\text{K}^{-1}\times273\text{K}\times303\text{K}}{303\text{K}-273\text{K}}\times\ln\frac{1.63\times10^{-3}\text{s}^{-1}}{2.46\times10^{-5}\text{s}^{-1}}$$

$$= 9.62\times10^4\text{J}\cdot\text{mol}^{-1} = 96.2\text{kJ}\cdot\text{mol}^{-1}$$

例 8-6 若反应 1 的 $E_{a1} = 103.3\text{kJ}\cdot\text{mol}^{-1}$,$A_1 = 4.3\times10^{13}\text{s}^{-1}$;反应 2 的 $E_{a2} = 246.9\text{kJ}\cdot\text{mol}^{-1}$,$A_2 = 1.6\times10^{14}\text{s}^{-1}$;求(1)把反应温度从 300K 提高到 310K,反应 1 和反应 2 的速率常数各增大多少倍?(2)把反应 2 的反应温度从 700K 提高到 710K,反应速率常数将增大多少倍?

解 (1) 由 $k = Ae^{-E_a/RT}$ 计算得

反应 1 在 300K 时的 $k_1 = 4.5\times10^{-5}\text{s}^{-1}$

在 310K 时的 $k_1' = 1.7\times10^{-4}\text{s}^{-1}$

则当温度升高 10K,速率常数增大 $\frac{k'_1}{k_1} = \frac{1.7\times10^{-4}\text{s}^{-1}}{4.5\times10^{-5}\text{s}^{-1}} \approx 3.8$ 倍

反应 2 在 300K 时的 $k_2 = 1.7 \times 10^{-29} s^{-1}$

在 310K 时的 $k_2' = 4.1 \times 10^{-28} s^{-1}$

则当温度同样升高 10K，速率常数却增大 $\frac{k'_2}{k_2} = \frac{4.1 \times 10^{-28} s^{-1}}{1.7 \times 10^{-29} s^{-1}} \approx 24$ 倍

可见在 A 相差不大的情况下，活化能不同的反应，其反应速率常数随温度的变化差别很大，活化能较大的反应受温度影响大。

(2) 当温度从 700K 升至 710K 时，反应 2 的速率常数分别为：

$$k_{(700K)} = 6.0 \times 10^{-5} s^{-1}$$

$$k_{(710K)} = 1.1 \times 10^{-4} s^{-1}$$

速率常数增大 $\frac{k_{710K}}{k_{700K}} = \frac{1.1 \times 10^{-4} s^{-1}}{6.0 \times 10^{-5} s^{-1}} \approx 1.8$ 倍

可见对同一反应 2，从较低温度 300K 升至 310K 时，反应速率增加 24 倍，而从较高温度 700K 升至 710K 时，同样升高 10K，反应速率仅增加 1.8 倍。说明速率常数受温度的影响在低温范围时比高温范围时显著。

第五节　催化剂对化学反应速率的影响

一、催化剂及催化作用

常温常压下将氢和氧混合，并不发生反应。但如放入少许铂粉或铂片，他们便马上反应化合成水，而铂本身的质量和化学组成却没有变化。这里的铂就是一种催化剂。

能够改变化学反应速率，而其本身的质量和化学性质在反应前后保持不变的物质称为**催化剂**(catalyst)(工业上也称触媒)。催化剂能改变化学反应速率的作用称为**催化作用**(catalysis)。

有些催化剂能加快化学反应速率，这类催化剂称为正催化剂；而有些催化剂能减慢化学反应速率，这类催化剂称为负催化剂，也常称为阻化剂或抑制剂。在实际工作中，并非所有的反应速率都要加快，如防止储存的过氧化氢分解，防止橡胶和塑料的氧化，防止药物的变质等，都需要加入一些抑制剂以减慢反应速率。人们通常所说的催化剂，如果没有加以说明，都是指正催化剂。

有些反应的产物可作为其反应的催化剂，从而使反应速率加快，这一现象称为自动催化。例如高锰酸钾在酸性溶液中与草酸的反应，开始时反应较慢，一旦反应生成了 Mn^{2+} 后，反应就自动加速，产物 Mn^{2+} 就是催化剂。其反应式为

$$2KMnO_4 + 3H_2SO_4 + 5H_2C_2O_4 = 2MnSO_4 + K_2SO_4 + 8H_2O + 10CO_2$$

二、催化作用理论

催化剂能够加快反应速率的根本原因，是由于催化剂参与了化学反应，生成了中间化合物，改变了反应途径，降低了反应的活化能，从而使更多的反应物分子成为活化分子。如图 8-10。

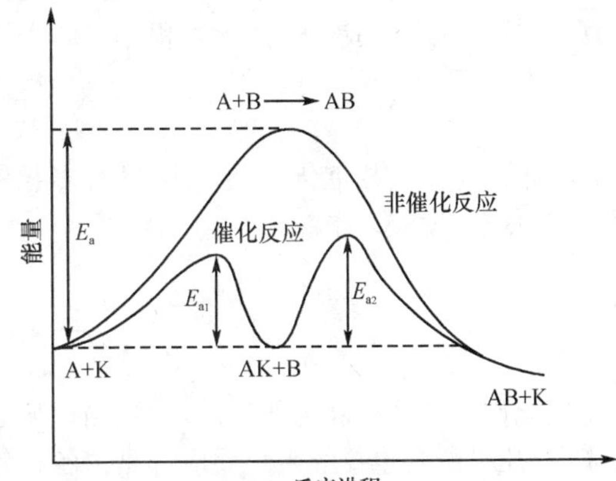

图 8-10　催化剂降低反应活化能的示意图

化学反应 A + B→AB，所需的活化能为 E_a，在催化剂 K 的参与下，反应按以下两步进行

(1)　　　A + K→AK

(2)　　　AK + B→AB + K

第一步反应的活化能为 E_{a1}，第二步反应的活化能为 E_{a2}，催化剂存在下反应的活化能 E_{a1} 和 E_{a2} 均小于 E_a，所以反应速率加快，通过反应催化剂从中间化合物再生出

来。从图 8-10 中还可看出，在正向反应活化能降低的同时，逆向反应活化能也降低同样多，故逆向反应也同样得到加速。

图 8-10 形象地说明了有催化剂存在时，由于改变了反应途径，反应沿着一条活化能低的捷径进行因而速率加快。例如 HI 分解的反应，若反应在 503K 进行，无催化剂时 E_a 是 $184kJ \cdot mol^{-1}$，以 Au 为催化剂时 E_a 降低至 $104.6kJ \cdot mol^{-1}$。由于活化能降低约 $80kJ \cdot mol^{-1}$，致使反应速率增大约 1 千万倍。

对于不同的催化反应，降低活化能的机制是不同的。虽然已进行了大量的研究工作。但目前仍有许多反应的机制不清。对已经提出的反应机制，可分为均相催化理论和多相催化理论两种，现简单介绍如下：

（一）均相催化理论——中间产物学说

催化剂处在溶液中或气相内，与反应物形成均匀系统而发挥催化作用称为**均相催化**（homogeneous catalysis）。上述反应 A + B→AB，加入催化剂 K 形成均匀系统后，形成的 AK 即为中间产物，通过形成中间产物而改变了反应途径。降低了活化能。这种理论称为中间产物学说。如乙醛的气态热分解反应，在 791K 时，无催化剂存在的情况下，反应按下式进行

$$CH_3CHO \rightarrow CH_4 + CO$$

反应的活化能约 $190kJ \cdot mol^{-1}$。如加入少量催化剂碘后，反应途径改变为

（1）$$CH_3CHO + I_2 \rightarrow CH_3I + HI + CO$$

（2）$$CH_3I + HI \rightarrow CH_4 + I_2$$

第一步是慢反应，活化能较高，为 $136kJ \cdot mol^{-1}$。但比不加催化剂时的活化能要低 $54kJ \cdot mol^{-1}$。由于碘的加入，改变了反应历程，降低了反应的活化能，因而反应速率加快。

酸碱催化反应是溶液中较普遍存在的均相催化反应。例如蔗糖的水解、淀粉的水解等，H^+ 都可以作为催化剂，同样 OH^- 离子也可以作为催化剂，如在 H_2O_2 溶液中加碱，将使 H_2O_2 分解成 H_2O 和 O_2 的反应速率加快。而有些反应既能被酸催化，也能被碱催化，因此许多药物的稳定性与溶液的酸碱性有关。

酸碱催化的特点在于催化过程中发生质子（H^+）的转移。因为质子只有一个正电荷，半径又很小，故电场强度大，易接近其他分子的负电一端形成新的化学键（中间产物），又不受对方电子云的排斥，因而仅需较小的活化能。

（二）多相催化理论——活化中心学说

催化剂自成一相（常为固相）与反应物构成非均匀系统而发生的催化作用，称为**多相催化**（heterogeneous catalysis）。多相催化反应是在催化剂表面进行的。固态催化剂的特点在于其表面结构的不规则性和化学价力的饱和性，其表面是超微凹凸不平的，在棱角处及不规则的晶面上的突起部分，化学价力不饱和，因而能与反应物发生一种松散的化学反应，即是一种比较稳定的、不大可逆的、选择性大的化学吸附，从而使反应物分子内部旧键松弛，失去正常的稳定状态，转变为新物质。这个过程的活化能较原来的低，因而反应速率加快。这些易于发生化学吸附的部位称为活化中心。因此这种理论也称为活化中心学说。由于不同催化剂活化中心的几何排布不同，其价力的不饱和程度也不同，因而不同的固体催化剂对不同的化学反应呈现不同的催化活性．即催化剂的选择性。如合成氨反应，用铁作催化剂，首先气相中的 N_2 分子被铁催化剂活化中心吸附，使 N_2 分子的化学键减弱、断裂、解离成 N 原子，然后气相中的 H_2 分子与 N 原子作用，逐步生成 NH_3。此过程可简略表示如下

$$N_2 + 2Fe \rightarrow 2N \cdots Fe$$

$$2N \cdots Fe + 3H_2 \rightarrow 2NH_3 + 2Fe$$

多相催化比均相催化复杂得多，解释多相催化机理的理论也很多，但均有其局限性，有关催化剂的理论尚在研究与发展之中。

三、催化剂的特点

催化作用是一种极为普通的现象，当代化学工业的迅速发展归功于各种催化剂的应用和改良。在生物体内，几乎所有重要的生化反应都是由各种各样的生物催化剂——酶所催化完成的。所以催化作用对国民经济、生理活动等都具有重大意义。

综上所述，归纳出催化剂具有以下的基本特点

(1) 催化剂在化学反应前后的质量和化学组成不变，但催化剂的作用是化学作用，因此，其物理性质可能变化，如外观改变、晶形消失等。例如 MnO_2 在催化 $KClO_3$ 分解放出氧反应后虽仍为 MnO_2，但其晶体变为细粉。

(2) 由于短时间内催化剂能多次反复再生，所以少量催化剂就能起显著作用。如在每升 H_2O_2 中加入 3μg 的胶态铂，即可显著促进 H_2O_2 分解成 H_2O 和 O_2。

(3) 催化剂能同等程度地加快正反应速率和逆反应速率，缩短到达化学平衡所需的时间，但不能使化学平衡发生移动，也不能改变平衡常数的值。因为催化剂不改变反应的始态和终态，即不能改变反应的 ΔG 或 $\Delta G^{\ominus}$，因此，催化剂不能使非自发反应变成自发反应。

(4) 催化剂有特殊的选择性(特异性)。一种催化剂通常只能加速一种或少数几种反应。同样的反应物应用不同的催化剂可得到不同的产物。如

$$C_2H_5OH \xrightarrow[\text{铜粉}]{473\sim523K} CH_3CHO + H_2$$

$$C_2H_5OH \xrightarrow[Al_2O_3]{623\sim633K} C_2H_4 + H_2O$$

$$2C_2H_5OH \xrightarrow[H_2SO_4]{413K} (C_2H_5)_2O + H_2O$$

四、生物催化剂——酶

酶(enzyme)是一种特殊的生物催化剂，是具有催化能力的蛋白质，存在于动物、植物和微生物中。生物体内发生的一切化学反应几乎都是在特定酶的催化作用下进行，人类利用植物或其他动物体中的物质，在体内经过错综复杂的化学反应把这些物质转化为自身的一部分，使人类得以生存、活动、生长和繁殖等，这许多化学反应又几乎全部是在酶的催化作用下进行的。因此可以认为，没有酶的催化作用就不可能有生命现象。日常生活和工业生产中也广泛应用酶作催化剂，例如淀粉发酵酿酒和微生物发酵生产抗生素等。被酶所催化的那些物质称为**底物**(substrate)。酶催化作用的原因仍是改变反应途径，降低活化能。酶除了具有一般催化剂的特点外，尚有下列特征：

(1) 酶的高度选择性。一种酶只对某一种或某一类的反应起催化作用。例如脲酶只能将尿素迅速转化成氨和二氧化碳，而对于尿素取代物的水解反应没有催化作用。

(2) 酶有高度的催化活性。酶的催化能力非常高，对于同一反应而言，酶的催化能力常常比非酶催化高 $10^6\sim10^{10}$ 倍。如存在于血液中的碳酸酐酶能催化 H_2CO_3 分解为 CO_2 和 H_2O，它的反应速率比非催化反应的速率约快 10^{10} 倍。正因为血液中存在如此高效的催化剂，才能及时完成排放 CO_2 的任务，以维持血液的正常生理 pH。又如蛋白质的消化(即水解)，在体外需用浓的强酸或强碱，并煮沸相当长的时间才能完成，但食物中蛋白质在酸碱性都不强，温度仅 37℃ 的人体消化道中，却能迅速消化，就因为消化液中有蛋白酶等催化的结果。

(3) 酶通常在一定 pH 范围及一定温度范围内才能有效地发挥作用。酶催化反应对 pH 很敏感，因为酶的本质是蛋白质，本身具有许多可电离的基团，由于溶液 pH 改变时，可改变酶的荷电状态，因而影响酶的活性。酶的活性常常在某一 pH 范围内最大，称为酶的最适 pH，体内大多数酶的最适 pH 接近中性；同样酶催化反应对温度很敏感，由于酶是蛋白质，温度过高会使其变性，从而使催化活性下降或全部失去。只有在某一温度时，速率最大，此时的温度称为酶的最适温度，人体大多数酶的最适温度在 37℃ 左右。

酶的高活性和选择性是因为酶分子中较小的区域内存在着结构复杂的活性中心。这些活性中心由某些具有特定化学结构和空间构型的基团组成，只有当活性中心里各基团结构排列恰好与反应物的某些反应部位的结构相适应，并以氢键或其他形式相结合时，酶才表现出催化活性。

酶催化反应的机理为酶(E)与底物(S)先生成中间络合物(ES)，然后继续反应生成产物(P)，并释放出酶 E

$$E + S \rightleftharpoons ES \rightarrow E + P$$

知识拓展

分子动态学

分子动态学(molecular dynamics)又称**微观化学动力学**(microscopic chemical kinatics),分子反应动力学,化学元反应动态学,是当今化学学科最活跃的和最富成果的前沿领域之一。近十多年来,分子动态学研究在促进科学技术的发展和突破方面起到了重要的作用。

分子动态学是化学动力学中涉及微观化学反应的一个新兴学科分支。它借助于分子束、激光等新兴技术,对化学反应进行微观的、分子水平的和量子状态的研究。它可研究个别分子间的单次碰撞及反应行为,获知具有特定能态及方位的反应物分子转化为特定能态的产物分子的"态-态反应"之动力学特征,可涉及分子的碰撞、能量的交换、电荷的转移、中间体构型及寿命、旧键的破坏、新键的生成、产物分子的能态及其分布等全部微观的动态信息。依此可揭示化学反应的微观机制,测得反应的微观动力学参量,进而可得到宏观元反应的有关动力学参量。该学科的发展使人们对于反应动力学之本质的认识达到了更加深入的新水平。

Summary

Expression of reaction rate: $A \rightarrow P$

The reaction rate (v) of a chemical reaction is defined as the *change* in concentration of a reactant or product per unit time.

There are two kinds of reaction rates. One is the average rate which measures the concentration change during a time interval.

$$\bar{v} = -\frac{\Delta c_A}{\Delta t}$$

The other is the instantaneous rate defined as:

$$v = -\frac{dc_A}{dt}$$

It is the rate at which the time interval extends to infinitely short.

In general, chemical reaction rate is defined as change of reaction extent occurred with time in unit volume. That is

$$v \overset{\text{def}}{=} \frac{1}{V}\frac{d\xi}{dt}$$

For an arbitrary reaction $aA + bB = eE + fF$, it may be written as

$$v = -\frac{1}{a}\frac{dc_A}{dt} = -\frac{1}{b}\frac{dc_B}{dt} = \frac{1}{e}\frac{dc_E}{dt} = \frac{1}{f}\frac{dc_F}{dt}$$

A reaction mechanism is referred to a detailed description of all intermediate steps involved in that reaction. A reaction in which the reactant is directly converted to product in a single step is defined as an elementary reaction whereas an overall reaction that takes several steps to complete is defined to be a complex reaction.

According to the number of molecules involved in the reaction, elementary reactions can be divided into three kinds:

unimolecular reaction: $I_2 = 2I$

bimolecular reaction: $Br + H_2 = HBr + H$

termolecular reaction: $2I + H_2 = 2HI$

Because the probability of three molecules colliding simultaneously is very small, termolecular reaction are quite rare.

For a reaction $aA + bB \rightarrow$ product(s), its rate will be dependent on the concentration of A and B by the reaction defined in a rate equationl $v = kc^{\alpha}(A)c^{\beta}(B)$, α, β is the partial order of the reaction with respect to A or B, respectively. k is the rate constant for the specific reaction. The sum of the partial order $n = \alpha + \beta$ is the overall order of the reaction, or simply, the reaction order.

For *elementary reaction*, $\alpha = a$, $\beta = b$, $v = kc^{a}(\mathrm{A})c^{b}(\mathrm{B})$.

Law of mass action valid only for elementary reaction.

Two theories are applied for an elementary reaction (1) collision theory and (2) transient state theory. In a productive collision the mol ecules are those have sufficient energy and properly oriented. In this model the active energy is defined as the energy difference between the minimum energy the activated mol ecules possess and the average kinetic energy of reactant molecules. In the transient state theory, the reaction enthalpy, $\Delta_r H_m^{\ominus}$, is defined as the activation energy difference between forward and reverse reactions.

For first-order reaction, when E_a increases by 4 kJ · mol^{-1}, k decreases by 80%. The effect of E_a on reaction rate is significant.

E_a ranges is between 40 ~ 400kJ · mol^{-1}. Reaction with E_a less than 80 kJ · mol^{-1} belongs to fast reactions. To study their kinetics, special method have to be used.

For reaction with E_a larger than 100kJ · mol^{-1}, it is too slow to study.

From the middle of 19 century, people began to study the effect of temperature on the reaction rate. Many empirical relations have been founded.

Arrhenius proposed that the rate constant of most reactions are exponentially proportional to the reaction temperature in $k = Ae^{-E_a/RT}$, where A is a frequency factor and E_a is the actlvation energy.

Catalysts can increase or decrease chemical rate. Catalysts increase chemical rate through alternating reaction route, thereby decreases the activation energy. A catalyst does not change the equilibrium.

Enzymes are biological catalysts. In general, they are large proteins that possess high catalytic efficiency. Acturally, Enzymes are enormous factors which increase reaction rate.

习　　题

1. 解释下列名词：(1)化学反应速率；(2)元反应；(3)速率控制步骤；(4)反应分子数；(5)速率常数；(6)反应级数；(7)有效碰撞；(8)活化能；(9)半衰期；(10)催化剂。
2. 反应物分子发生碰撞时，要符合什么条件才能发生有效碰撞？
3. 什么是质量作用定律？应用时有什么限制？
4. 为什么化学反应速率通常随反应时间的增加而减慢？
5. 催化剂的主要特点是什么？它为什么能改变化学反应速率？又为什么不能使化学平衡移动？
6. 温度升高，可逆反应的正、逆化学反应速率都加快，为什么化学平衡还会移动？
7. 下列叙述是否正确？并加以解释。
   (1) 所有反应的反应速率都随时间的变化而改变；
   (2) 质量作用定律适用于实际能进行的反应；
   (3) 可以从速率常数的单位来推测反应级数和反应分子数；
   (4) 正反应的活化能一定大于逆反应的活化能。
8. 若某化学反应的等压反应热 $\Delta_r H_m$ 为 100kJ · mol^{-1}，则其正反应的活化能 E_a 的数值大于、等于还是小于 100kJ · mol^{-1}，或是不能确定？

   [$E_a > 100$kJ · mol^{-1}]
9. 肺进行呼吸时，吸入的 O_2 与肺脏血液中的血红蛋白 Hb 反应生成氧合血红蛋白 HbO_2，反应式为 Hb + $O_2 \longrightarrow HbO_2$，该反应对 Hb 和 O_2 均为一级，为保持肺脏血液中血红蛋白的正常浓度(8.0×10^{-6}mol · L^{-1})，则肺脏血液中 O_2 的浓度必须保持为 1.6×10^{-6}mol · L^{-1}。已知上述反应在体温下的速率常数 $k = 2.1 \times 10^{6}$mol^{-1} · L · s^{-1}。
   (1) 计算正常情况下，氧合血红蛋白在肺脏血液中的生成速率。
   (2) 患某种疾病时，HbO_2 的生成速率已达 1.1×10^{-4}mol · L^{-1} · s^{-1}，为保持 Hb 的正常浓度，需给患者进行输氧，问肺脏血液中 O_2 的浓度为多少才能保持 Hb 的正常浓度。

   [(1)2.7×10^{-5}mol · L^{-1} · s^{-1}；(2)6.5×10^{-6}mol · L^{-1}]
10. 科学工作者已经研制出人造血红细胞。这种血红细胞从体内循环中被清除的反应是一级反应，其半

衰期为 6.0h。如果一个事故的受害者血红细胞已经被人造血红细胞所取代，1.0h 后到达医院，这时其体内的人造血红细胞占输入的人造血红细胞的分数是多少？

[89%]

11. 形成烟雾的化学反应之一是 $O_3(g)+NO(g)\rightarrow O_2(g)+NO_2(g)$。已知此反应对 O_3 和 NO 都是一级，且速率常数为 $1.2\times10^7 mol^{-1}\cdot L\cdot s^{-1}$。试计算当受污染的空气中 $c(O_3)=c(NO)=5.0\times10^{-8} mol\cdot L^{-1}$ 时，(1) NO_2 生成的初速率；(2) 反应的半衰期；(3) 5 个半衰期后的 $c(NO)$。

[(1) $3.0\times10^{-8} mol\cdot L^{-1}\cdot s^{-1}$；(2) 1.7s；(3) $1.6\times10^{-9} mol\cdot L^{-1}$]

12. 某放射性同位素进行 β 放射，经 14d 后，同位素的活性降低 6.85%，试计算此同位素蜕变的速率常数和反应的半衰期。此放射性同位素蜕变 90% 需多长时间？

[(1) $5.07\times10^{-3} d^{-1}$；(2) 137d；(3) 454d]

13. C^{14} 放射性蜕变的 $t_{1/2}$ 为 5730 年，今一考古样品中测得的 C^{14} 含量只有正常生物体的 72%，请问该样品距今有多少年。

[2716 年]

14. 证明一级反应中反应物消耗 99.9% 所需的时间，大约等于反应物消耗 50% 所需时间的 10 倍。

15. 已知某药物分解反应为一级反应，在 100℃ 时测得该药物的半衰期为 170 天，该药物分解 20% 为失效，已知 10℃ 时其有效期为 2a（按 700d 计）。若改为室温下（25℃）保存，该药物的有效期为多少天？

[407d]

16. 某种酶催化反应的活化能是 $50.0 kJ\cdot mol^{-1}$。正常人的体温为 37℃，当病人发烧至 40℃ 时，此反应的速率增加了多少倍（不考虑温度对酶活力的影响）？

[0.2 倍]

17. 尿素的水解反应为

$$CO(NH_2)_2 + H_2O \longrightarrow 2NH_3 + CO_2$$

25℃ 无酶存在时，反应的活化能为 $120kJ\cdot mol^{-1}$，当有尿素酶存在时，反应的活化能降为 $46kJ\cdot mol^{-1}$，反应速率为无酶存在时的 9.4×10^{12} 倍，试计算无酶存在时，温度要升到何值才能达到酶催化时的速率？

[778K]

18. 已知青霉素 G 的水解反应为一级反应，37℃ 时反应的活化能为 $84.80kJ\cdot mol^{-1}$，指数前因子为 $4.2\times10^{12} h^{-1}$。试求，37℃ 时青霉素 G 水解反应的速率常数。

[$2.1\times10^{-2} h^{-1}$]

19. 环氧乙烷的分解是一级反应，380℃ 时反应的半衰期为 363min，反应的活化能 E_a 为 $217.57 kJ\cdot mol^{-1}$。试计算环氧乙烷在 450℃ 时分解 75% 所需的时间。

[15min]

（高 静）

第九章 氧化还原与电极电位

氧化还原反应(oxidation-reduction reaction)是自然界中存在的一大类非常重要的反应,它们对于生命体的产生、进化以及繁衍生息都有着极为特殊的意义。氧化还原反应在生命过程中扮演着十分重要的角色,生命过程中能量的获取和多种疾病的发生大多数都与氧化还原反应有关;心电、脑电、肌电等生物电现象,也都与氧化还原反应中电子转移所产生的电池电动势有关。本章将在氧化还原反应的基础上,着重讨论如何将化学能转变为电能,以及电极电位和电池电动势的产生及其应用等有关知识,并简单介绍与此相关的溶液 pH 测定等内容。

第一节 氧化还原反应的基本概念

一、氧 化 值

氧化值(oxidation number)又称为氧化数,是为了表示各元素在化合物中所处的化合状态而引入的一个概念。按照 1970 年国际纯粹和应用化学联合会(International Union of Pure and Applied Chemistry,IUPAC)的定义,氧化值是某元素一个原子表现出来的形式电荷数,这种电荷数是将成键电子指定给**电负性**(electronegativity)较大的原子而求得的。某元素在化合时,该元素一个原子失去多少电子或有多少电子向其他原子偏移,则该原子的氧化值为正多少;反之,一个原子得到多少电子或其他原子有多少电子向它偏移,则该原子的氧化值为负多少。计算化合物中元素的氧化值时,有如下规定:

(1) 单质中原子的氧化值为零,例如 H_2、O_2、O_3、C、Na 和 Ne 等。

(2) 氧在大多数化合物中的氧化值一般为 -2,但在过氧化物(如 H_2O_2)中为 -1,在超氧化物(如 KO_2)中为 $-\frac{1}{2}$,在臭氧化物(如 K_3O)中为 $-\frac{1}{3}$,在氟化氧 OF_2 中为 +2。

(3) 氢在大多数在化合物中的氧化值一般为 +1,但在金属氢化物(如 CaH_2)中为 -1。

(4) 离子的总电荷数等于各元素原子的氧化值的代数和。

(5) 电中性化合物中,各元素原子的氧化值的代数和等于零。

例如,K_2CrO_7 中 Cr 的氧化值为 +6;Fe_3O_4 中 Fe 的氧化值为 +8/3;$Na_2S_2O_3$ 中 S 的氧化值为 +2;$Na_2S_4O_6$ 中 S 的氧化值为 2.5(2 个 S 为 0,2 个 S 为 +5)。

需要说明的是,氧化值与化合价不同。化合价是元素相结合时的原子个数比,它只能是整数,而氧化值是一种按一定规则指定的形式电荷数,它可以是整数,也可以是分数。氧化值与化合价在数值上有时相等,有时不相等。

二、氧化还原反应

(一) 氧化还原反应

在化学反应过程中,元素的原子或离子在反应前后氧化值发生改变的反应称为氧化还原反应,其实质是物质间有电子的得失。氧化值升高的物质称为**还原剂**(reducing agent),它发生了**氧化反应**(oxidation reaction);氧化值降低的物质称为**氧化剂**(oxidizing agent),它发生了**还原反应**(reduction reaction)。例如

$$Zn + Cu^{2+} \rightleftharpoons Zn^{2+} + Cu$$

该反应中,Zn 失去电子,氧化数由 0 升高到 +2,Zn 发生了氧化反应,是还原剂;Cu^{2+} 接受电子,氧化数由 +2 降到 0,Cu^{2+} 发生了还原反应,是氧化剂。

在氧化还原反应中,氧化反应与还原反应是相互依存同时发生的,若有物质得到电子,就必然有物质失去电子,且得失电子总数相等,即元素原子氧化值升高的总数值等于另一些元素原子氧化值降低的总数值。

（二）氧化还原半反应和氧化还原电对

任何氧化还原反应都由失去电子的**氧化半反应**和得到电子的**还原半反应**所构成。例如，上面的氧化还原反应可分解为

氧化半反应　$Zn - 2e \rightleftharpoons Zn^{2+}$

还原半反应　$Cu^{2+} + 2e \rightleftharpoons Cu$

氧化还原半反应可以用如下通式表示：

$$\text{氧化态(Ox)} + ne \rightleftharpoons \text{还原态(Red)}$$

式中 n 为半反应中电子转移数目。在氧化还原半反应中，氧化值较高的物质**称为氧化态**（oxidized state）或**氧化型物质**，用符号 Ox 表示；氧化值较低的物质称为**还原态**（reduced state）或**还原型物质**，用符号 Red 表示。同一元素原子的氧化型物质与其对应的还原型物质，构成一个**氧化还原电对**（redox electric couple），通常写成"氧化态/还原态（Ox/Red）"。例如，以上反应中的两个氧化还原电对可分别写为 Cu^{2+}/Cu 和 Zn^{2+}/Zn。

每个氧化还原半反应中都含有一个氧化还原电对。书写氧化还原电对时，不需要考虑氧化态和还原态的配平问题；当溶液中的介质参与半反应时，尽管它们在反应中未得失电子也应写入半反应中。例如半反应

$$MnO_4^- + 8H^+ + 5e^- \rightleftharpoons Mn^{2+} + 4H_2O$$

式中电子转移数为 5，氧化态包括 MnO_4^- 和 H^+，还原态为 Mn^{2+}（不包括溶剂 H_2O）。

在氧化还原电对中，氧化态的氧化能力越强，其对应的还原态的还原能力就越弱；氧化态的氧化能力越弱，其对应的还原态的还原能力就越强。例如，在 MnO_4^-/Mn^{2+} 电对中，MnO_4^- 是一个强氧化剂，则 Mn^{2+} 是一个弱还原剂。

三、氧化还原反应方程式的配平

（一）氧化值法

氧化值法（oxidation number method）适用于任何氧化还原反应。根据得失电子数目相等的原则，氧化值法配平方程式的原则是还原剂氧化值的总升高值和氧化剂氧化值的总降低值相等。

例 9-1　用氧化值法配平下列方程式。

$$KMnO_4 + HCl \longrightarrow MnCl_2 + Cl_2$$

解　(1) 标出有关元素原子的氧化值及其变化值。

锰的氧化值降低5

$$K\overset{+7}{Mn}O_4 + 2H\overset{-1}{Cl} \longrightarrow \overset{+2}{Mn}Cl_2 + \overset{0}{Cl_2}$$

氯的氧化值升高2

(2) 找出氧化值升高和降低总值的最小公倍数，将其乘以各氧化值的变化值，使氧化值降低值和升高值相等。

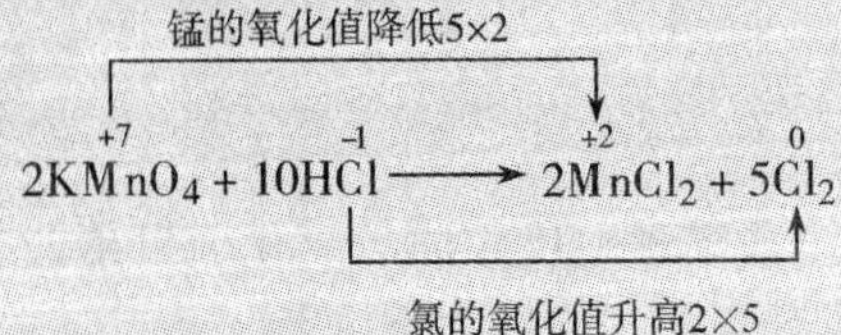

(3) 配平反应前后氧化值未发生变化的原子数。

$$2KMnO_4 + 16HCl \longrightarrow 2MnCl_2 + 5Cl_2 + 2KCl + 8H_2O$$

(4) 检查反应方程式两边的净电荷数及各元素原子的总个数是否相等，若相等，则将单向箭头改为等号或双向箭头，即得配平的反应式。

$$2KMnO_4 + 16HCl \rightleftharpoons 2MnCl_2 + 5Cl_2 + 2KCl + 8H_2O$$

(二) 离子-电子法

离子电子法(ion-electronic method)是先将反应式改写成半反应式，再将半反应式配平，然后将这些半反应式加和起来，消去其中的电子即可。其配平步骤如下：

(1) 写出相应的离子反应式，将离子反应拆分为氧化半反应和还原半反应；

(2) 配平两个半反应。氢原子及氧原子可根据介质酸碱性用 H^+、OH^- 和 H_2O 配平。

(3) 根据得、失电子数相等的原则，分别将两个半反应式乘以适当的系数后相加并整理；

(4) 检查，确保反应前后净电荷数及各元素原子的总数目相等。

例 9-2 用离子电子法配平下列酸性溶液中的反应方程式。

$$KMnO_4 + FeSO_4 \longrightarrow Fe_2(SO_4)_3 + MnSO_4$$

解 (1) 写出相应的离子反应式

$$MnO_4^- + Fe^{2+} \longrightarrow Fe^{3+} + Mn^{2+}$$

(2) 将反应拆分为氧化半反应和还原半反应

$$MnO_4^- + H^+ + 5e \longrightarrow Mn^{2+} + H_2O$$

$$Fe^{2+} - e \longrightarrow Fe^{3+}$$

(3) 配平半反应

$$MnO_4^- + 8H^+ + 5e \longrightarrow Mn^{2+} + 4H_2O$$

$$Fe^{2+} - e \longrightarrow Fe^{3+}$$

(4) 根据得失电子数相等的原则，将两个半反应乘以电子得失的最小公倍数，然后相加得

$$MnO_4^- + 8H^+ + 5Fe^{2+} \longrightarrow Mn^{2+} + 5Fe^{3+} + 4H_2O$$

(5) 检查。若反应前后的净电荷数及各元素原子的总数目相等，则将单向箭头改为双向箭头或等号，即得配平的反应式。

$$2KMnO_4 + 10FeSO_4 + 8H_2SO_4 \rightleftharpoons 2MnSO_4 + 5Fe_2(SO_4)_3 + 8H_2O + K_2SO_4$$

第二节 原电池与电极电位

一、原 电 池

(一) 原电池

将锌片置于 $CuSO_4$ 溶液中，一段时间后 $CuSO_4$ 溶液的蓝色逐渐变浅，而锌片上会沉积出一层棕红色的铜。这是一个自发进行的氧化还原反应。

$$Zn + CuSO_4 \rightleftharpoons Cu + ZnSO_4 \quad \Delta_r G_m^{\ominus} = -212.6\text{kJ} \cdot \text{mol}^{-1}$$

反应中 Zn 失去电子生成 Zn^{2+}，发生氧化反应；Cu^{2+} 得到电子生成 Cu，发生还原反应；Zn 和 Cu^{2+} 之间发生了电子转移。由于 Zn 与 $CuSO_4$ 溶液直接接触，反应在锌片和 $CuSO_4$ 溶液的界面上进行，电子直接由 Zn 转移给 Cu^{2+}，无法形成电流。反应过程中系统的自由能降低，但没有对外做功，反应的化学能以热能的形式散失。

对于这个反应，采用图 9-1 所示的装置来实现就可以构成铜锌原电池。这时一只烧杯盛有 $ZnSO_4$ 溶液，在溶液中插入 Zn 片，另一只烧杯盛有 $CuSO_4$ 溶液，在溶液中插入 Cu 片。两种溶液用**盐桥**(salt bridge)(倒置的 U 形管，其内填充有琼脂凝胶，用于固定饱和电解质溶液如 KCl、KNO_3 或 NH_4NO_3)连接，那么在 Cu 片和 Zn 片上通过导线串联电流计，便可观察到电流计的指针偏转，说明有电流通过。这种能将氧化还原反应的化学能转化成电能的装置称为**原电池**(primary cell)。理论上，任何氧化还原反应都可以设计成原电池。

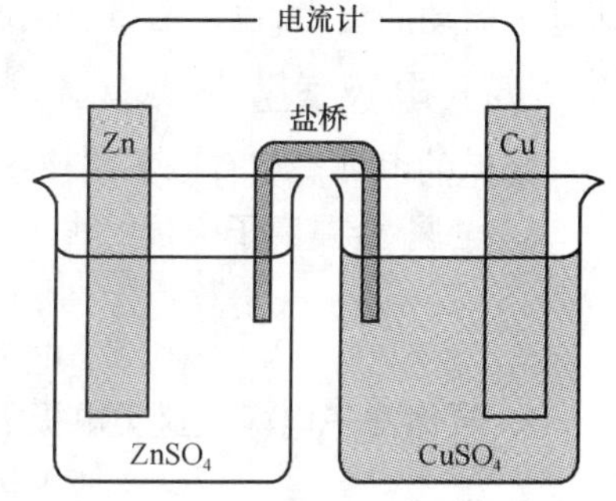

图 9-1 原电池示意图

在上述原电池中，$ZnSO_4$ 溶液和 Zn 片构成 Zn 半电池，$CuSO_4$ 溶

液和 Cu 片构成 Cu 半电池。半电池中的导体称为**电极**(electrode)。由导线连接两个半电池构成原电池的外电路,由盐桥连接两个半电池构成原电池内电路。根据电流计指针的偏转可以判断,电流从 Cu 电极流向 Zn 电极,电子从 Zn 电极流向 Cu 电极。Zn 电极向外电路中输出电子,是原电池的**负极**(cathode);Cu 电极接受外电路中输入的电子,是原电池的**正极**(anode)。负极上失去电子,反应物发生氧化反应;正极上得到电子,反应物发生还原反应;由正极反应和负极反应所构成的总反应,称为**电池反应**(cell reaction)。

负极反应 $Zn - 2e \longrightarrow Zn^{2+}$ (氧化反应)

正极反应 $Cu^{2+} + 2e \longrightarrow Cu$ (还原反应)

电池反应 $Zn + Cu^{2+} \rightleftharpoons Cu + Zn^{2+}$

可以看出,电池反应就是氧化还原反应,其中负极反应是在 Zn 半电池中发生的氧化反应,正极反应是在 Cu 半电池中发生的还原半反应。构成两个半反应之间的电子转移是经由导线实现的,这正是原电池利用氧化还原反应的化学能产生电流的原因所在。

(二) 原电池的组成式

原电池装置可以用**电池符号**(cell notation)表示。电池符号也称为电池组成式,其书写规则如下:

(1) 一般将负极写在左边,以(-)表示,正极写在右边,以(+)表示。

(2) 单线"|"表示两相界面,双线"‖"表示盐桥,同一相中不同物质用逗号","分开。

(3) 溶液中的溶质须标注浓度;若为气体,须标注压强。当溶液浓度为 $1mol \cdot L^{-1}$ 或气体分压为 100kPa 时可不标注。半电池中的溶液紧靠盐桥,电极板远离盐桥。

(4) 气体或液体不能直接作为电极,必须附以惰性导电材料如铂或石墨作电极导体。

根据以上原则,铜锌原电池的电池组成式可表示为:

$$(-)Zn(s) \mid ZnSO_4(1.0mol \cdot L^{-1}) \parallel CuSO_4(1.0mol \cdot L^{-1}) \mid Cu(s)(+)$$

例 9-3 将下列化学反应设计成原电池,并写出电极反应和电池组成式。

$$FeCl_3 + SnCl_2 \rightleftharpoons FeCl_2 + SnCl_4$$

解 负极反应 $Sn^{2+} - 2e \rightleftharpoons Sn^{4+}$

正极反应 $Fe^{3+} + e \rightleftharpoons Fe^{2+}$

电池组成式 $(-)Pt \mid Sn^{2+}(c_1), Sn^{4+}(c_2) \parallel Fe^{3+}(c_3), Fe^{2+}(c_4) \mid Pt(+)$

(三) 原电池的电动势

原电池能产生电流,说明正负极之间存在着电位差。原电池正负两极间的电位差称为原电池的**电动势**(electromotive force),用 E 表示;电极与溶液之间的电位差称为**电极电位**(electrode potential),用 φ 表示。电池电动势 E 与两极的电极电位 φ 的关系为

$$E = \varphi_{+} - \varphi_{-} \tag{9.1}$$

式(9.1)中:φ_{+} 和 φ_{-} 分别表示原电池中正极电极电位和负极电极电位。对于具体的电极反应,其电极电位用符号 $\varphi_{Ox/Red}$ 表示,单位是伏特(V)。电极电位的大小除了与金属的本性有关外,还与温度、金属离子的浓度或活度有关。

由于原电池中正极电极电位高于负极电极电位,所以原电池电动势 E 恒为正值。电池的电动势是推动电子流动的动力,也是衡量氧化还原反应推动力大小的判据。

(四) 电极类型

常见的电极类型有以下四种:

1. 金属-金属离子电极 由金属插入到金属盐溶液中构成,如锌电极

电极组成式 $Zn \mid Zn^{2+}$

电极反应 $Zn^{2+} + 2e \rightleftharpoons Zn$

2. 气体离子电极 这类电极需要附加惰性固体作为导电材料,如氯气电极

电极组成式 $Pt \mid Cl_2(p) \mid Cl^{-}(c)$

电极反应 $Cl_2 + 2e \rightleftharpoons 2Cl^{-}$

3. 金属-金属难溶盐或氧化物-阴离子电极　将金属表面涂以该金属的难溶盐或氧化物，然后将它浸在与该盐具有相同阴离子的溶液中构成。例如 Ag-AgCl 电极，其 Ag 丝上涂有 AgCl，再浸入一定浓度的 Cl^- 溶液中。

$$\text{电极组成式}\quad Ag \mid AgCl(s) \mid Cl^-(c)$$

$$\text{电极反应}\quad AgCl + e \rightleftharpoons Ag + Cl^-$$

4. 氧化还原电极　将惰性导电材料（铂或石墨）放在含有同一元素的两种不同氧化值的离子溶液中构成，如 Pt 插在 Fe^{2+} 和 Fe^{3+} 的溶液中。

$$\text{电极组成式}\quad Pt \mid Fe^{3+}(c_1), Fe^{2+}(c_2)$$

$$\text{电极反应}\quad Fe^{3+} + e \rightleftharpoons Fe^{2+}$$

二、电 极 电 位

（一）电极电位的产生

用导线将原电池的两个电极连接起来，其间有电流通过，说明两电极间有电位差，两极间电位差是怎样产生的？下面以金属电极为例，简单介绍金属及其盐溶液之间相界面上电位差的产生。

金属晶体是由金属离子和自由电子组成的。当把金属插入其盐溶液中时，金属表面的离子与溶液中极性水分子相互吸引而发生水化作用。这种水化作用可使金属表面上部分金属离子进入溶液而把电子留在金属表面上，这是金属的溶解过程。金属越活泼，溶液越稀，金属溶解的倾向越大。另一方面，溶液中的金属离子移动到金属表面，从金属表面上得到电子，还原为金属原子沉积在金属表面上。这个过程为金属离子的沉积。金属越不活泼，溶液浓度越大，金属离子沉积的倾向越大。当金属的溶解速度和金属离子的沉积速度相等时，达到以下动态平衡。

$$M + ne \underset{\text{沉积}}{\overset{\text{溶解}}{\rightleftharpoons}} M^{n+}$$

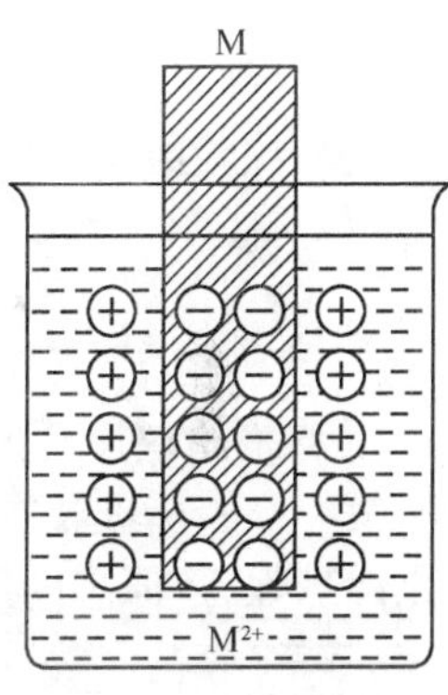

图 9-2　双电层形成

若金属溶解的趋势大于金属离子析出的趋势，达到平衡时，金属极板表面上会带有过剩的负电荷，等量正电荷的金属离子分布在溶液中。受金属板上负电荷的静电吸引，溶液中的金属离子较多地集中在金属极板附近，金属表面过剩的电子和附近溶液中的金属离子之间便形成了双电层结构，如图 9-2 所示。双电层的厚度很小，约 10^{-10}m 数量级，但其间存在电位差，这种电位差称为**电极电位**（electrode potential）。电极电位是电极与溶液之间处于平衡状态时的电位差。金属愈活泼，金属溶解趋势就愈大，平衡时金属表面负电荷过剩愈多，该金属电极的电极电位就愈低；金属愈不活泼，金属溶解趋势就愈小，平衡时金属表面负电荷过剩愈少，该金属电极的电极电位就愈高。

（二）标准电极电位

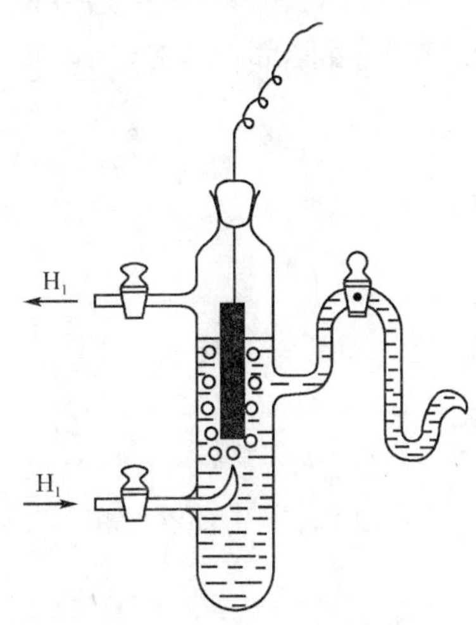

图 9-3　标准氢电极结构示意图

电极电位的绝对值是无法测定的，但可以选定一个电极作为标准，将各种待测电极与它相比较就可得到各种电极的电极电位的相对值。IUPAC 选定以**标准氢电极**（standard hydrogen electrode，SHE）作为比较标准，并规定标准氢电极的电极电位为零，因此目前使用的标准电极电位的值都是以标准氢电极的电极电位为零为基础而得到的，故又称为氢标准电极电位。

1. 标准氢电极　标准氢电极是 H^+ 浓度为 1.000mol · L^{-1}、H_2 压力为 100kPa 时的电极，并规定 298.15K 时该电极的标准电极电位 $\varphi^{\ominus}_{H^+/H_2} = 0.000V$。标准氢电极的电极组成和电极反应如下：

$$\text{电极组成}\quad Pt, H_2(100kPa) \mid H^+(1mol \cdot L^{-1})$$

$$\text{电极反应}\quad 2H^+(aq) + 2e \rightleftharpoons H_2(g)$$

标准氢电极的结构如图 9-3 所示。容器中装有 H^+ 浓度为 1.000mol · L^{-1} 的 HCl 溶液，插入一铂片。为了增大吸附 H_2 的能力，在铂片表面镀了一层疏松的铂黑。在298.15K时，不断地通入压力为100kPa的纯H_2，让铂黑吸附H_2直到饱和为止。铂黑吸附的H_2与溶液中的H^+构成了氢电极。

2. 标准电极电位 电极电位的大小主要取决于氧化还原电对的组成，但同时又与温度、浓度和压力等因素有关。为了便于运用，提出了标准电极电位的概念。当参与电极反应的各有关物质均为标准状态（离子浓度为$1.0mol \cdot L^{-1}$，气体物质的分压为100kPa）时，其电极电位称为该电极的**标准电极电位**（standard electrode potential），用$\varphi^{\ominus}_{Ox/Red}$表示。欲测定某标准电极的电极电位，可在指定温度（一般为298.15K）下将待测电极与标准氢电极组成原电池，测得此原电池的电动势后即可按式(9.2)得到待测电极的电极电位。

$$(-)\text{标准氢电极} \parallel \text{待测电极}(+)$$

$$E^{\ominus} = \varphi^{\ominus}_{+} - \varphi^{\ominus}_{-} \tag{9.2}$$

例9-4 测定电极$Cu^{2+} | Cu$的标准电极电位$\varphi^{\ominus}_{Cu^{2+}/Cu}$。

解 将标准$Cu^{2+} | Cu$电极与标准氢电极组成原电池

$$(-)Pt | H_2(100kPa), H^+(1.0mol \cdot L^{-1}) \parallel Cu^{2+}(1.0mol \cdot L^{-1}) | Cu(+)$$

298.15K时，测得该电池的电动势$E^{\ominus} = +0.3419V$，则

$$E^{\ominus} = \varphi^{\ominus}_{+} - \varphi^{\ominus}_{-} = \varphi^{\ominus}_{Cu^{2+}/Cu} - \varphi^{\ominus}_{H^+/H_2} = +0.3419V$$

$$\varphi^{\ominus}_{Cu^{2+}/Cu} = +0.3419V$$

3. 标准电极电位表 书后附录中列出了常见电极298.15K时的标准电极电位。使用标准电极电位表应注意：

（1）不论电极实际进行氧化反应还是还原反应，电极电位的数值及符号不变。例如：

$$Zn \rightleftharpoons Zn^{2+} + 2e \quad \varphi^{\ominus}_{Zn^{2+}/Zn} = -0.7618V$$

$$Zn^{2+} + 2e \rightleftharpoons Zn \quad \varphi^{\ominus}_{Zn^{2+}/Zn} = -0.7618V$$

（2）标准电极电位是强度性质，其值与电极反应式中计量系数的写法无关。例如：

$$\frac{1}{2}Cl_2(g) + e \rightleftharpoons Cl^-(aq) \quad \varphi^{\ominus}_{Cl_2/Cl^-} = 1.358V$$

$$Cl_2(g) + 2e \rightleftharpoons 2Cl^-(aq) \quad \varphi^{\ominus}_{Cl_2/Cl^-} = 1.358V$$

4. 标准电极电位的应用

（1）判断标准状态下氧化剂和还原剂的相对强弱 标准电极电位$\varphi^{\ominus}_{Ox/Red}$的值越大，电对中氧化态的氧化性越强，还原态的还原能力越弱；$\varphi^{\ominus}_{Ox/Red}$越小，电对中还原态的还原性越强，氧化态的氧化能力愈弱。

例9-5 标准状态下，找出电对Fe^{3+}/Fe^{2+}、Cu^{2+}/Cu、I_2/I^-、Sn^{4+}/Sn^{2+}、Cl_2/Cl^-中最强的氧化剂和最强的还原剂，并列出各物质氧化或还原能力的强弱顺序。

解 查附表知$\varphi^{\ominus}_{Fe^{3+}/Fe^{2+}} = 0.771V$，$\varphi^{\ominus}_{Cu^{2+}/Cu} = 0.3419V$，$\varphi^{\ominus}_{I_2/I^-} = 0.5355V$，$\varphi^{\ominus}_{Sn^{4+}/Sn^{2+}} = 0.151V$，$\varphi^{\ominus}_{Cl_2/Cl^-} = 1.358V$，有$\varphi^{\ominus}_{Cl_2/Cl^-} > \varphi^{\ominus}_{Fe^{3+}/Fe^{2+}} > \varphi^{\ominus}_{I_2/I^-} > \varphi^{\ominus}_{Cu^{2+}/Cu} > \varphi^{\ominus}_{Sn^{4+}/Sn^{2+}}$。因此，在标准状态下$Cl_2$是最强的氧化剂，$Sn^{2+}$是最强的还原剂。各氧化态氧化能力强弱顺序为$Cl_2 > Fe^{3+} > I_2 > Cu^{2+} > Sn^{4+}$；各还原态还原能力强弱顺序为$Sn^{2+} > Cu > I^- > Fe^{2+} > Cl^-$。

（2）选择合适的氧化剂或还原剂

例9-6 在含有I^-、Br^-、Cl^-的混合溶液中，其浓度均为$1.0mol \cdot L^1$，欲使I^-氧化而不使Br^-、Cl^-氧化，试从Fe^{3+}和Ce^{4+}选出合理的氧化剂。

解 查表知$\varphi^{\ominus}_{I_2/I^-} = 0.5355V$、$\varphi^{\ominus}_{Br_2/Br^-} = 1.066V$、$\varphi^{\ominus}_{Cl_2/Cl^-} = 1.358V$、$\varphi^{\ominus}_{Ce^{4+}/Ce^{3+}} = 1.720V$、$\varphi^{\ominus}_{Fe^{3+}/Fe^{2+}} = 0.771V$。由电极电位可知，$Ce^{4+}$的氧化性很强，它可以把$I^-$、$Br^-$、$Cl^-$全部氧化；$Fe^{3+}$可以氧化$I^-$，但不能氧化$Br^-$和$Cl^-$。因此，$Fe^{3+}$是合适的氧化剂。

$$2Fe^{3+} + 2I^- \rightleftharpoons 2Fe^{2+} + I_2$$

第三节　Nernst 方程及影响电极电位的因素

标准电极电位是在标准态下测得的，只能应用于标准态。实际工作中，绝大多数氧化还原反应都是在非标准态下进行的，那么非标准态的电极电位和电池电动势与哪些因素有关呢？

一、Nernst 方程

自发进行的氧化还原反应所对应的原电池的电动势 E 恒为正值。根据热力学知识，$\Delta_r G_m < 0$ 是等温等压下化学反应自发进行的判断依据。因此，电池电动势和 Gibbs 自由能变之间必定有某种内在联系。

对于任一电池反应

$$aA + bB \rightleftharpoons dD + eE$$

化学反应的等温式为

$$\Delta_r G_m = \Delta_r G_m^{\ominus} + RT\ln Q$$

因为 $\Delta_r G_m = -nFE$，$\Delta_r G_m^{\ominus} = -nFE^{\ominus}$，将两式代入等温式得

$$-nFE = -nFE^{\ominus} + RT\ln Q$$

$$E = E^{\ominus} - \frac{RT}{nF}\ln Q$$

将反应商表示式代入上式得

$$E = E^{\ominus} - \frac{RT}{nF}\ln\frac{(c_D)^d(c_E)^e}{(c_A)^a(c_B)^b} \tag{9.3}$$

式(9.3)即为电池电动势的 **Nernst 方程**（Nernst equation）。该式给出了电池电动势与反应物浓度和温度之间的定量关系。将式(9.3)展开，可得电极电位的 Nernst 方程式。

对于任一电极反应

$$a\text{Ox} + ne \rightleftharpoons b\text{Red}$$

$$\varphi_{\text{Ox/Red}} = \varphi_{\text{Ox/Red}}^{\ominus} + \frac{RT}{nF}\ln\frac{c_{\text{Ox}}^a}{c_{\text{Red}}^b} \tag{9.4}$$

式中：R 为气体常数（8.314J·K^{-1}·mol^{-1}），F 为 Faraday 常数（96485C·mol^{-1}），T 为绝对温度（K），在式(9.3)中，n 为电池反应中的电子转移数；在式(9.4)中，n 为电极反应中的电子转移数，c_{Ox}^a 和 c_{Red}^b 分别代表电对中氧化型和还原型及相关介质的浓度。

当温度为 298.15K 时，将相关常数代入式(9.3)和式(9.4)，即可得

$$E = E^{\ominus} - \frac{0.05916}{n}\lg\frac{(c_D)^d(c_E)^e}{(c_A)^a(c_B)^b} \tag{9.5}$$

$$\varphi_{\text{Ox/Red}} = \varphi_{\text{Ox/Red}}^{\ominus} + \frac{0.05916}{n}\lg\frac{c_{\text{Ox}}^a}{c_{\text{Red}}^b} \tag{9.6}$$

使用 Nernst 方程式时应注意以下几点：

(1) 电极反应中有纯固体、纯液体或介质水时，其浓度不列入方程式中。溶液中溶质的浓度用相对浓度 $c/c^{\ominus}$（$c^{\ominus} = 1\text{mol}\cdot\text{L}^{-1}$）表示，如果是气体则用相对分压 $p/p^{\ominus}$（$p^{\ominus} = 100\text{kPa}$）表示。

(2) 电极反应中氧化型和还原型物质前的系数不等于 1 时，其系数应作为浓度（活度）的方次写在 Nernst 方程的指数项中。

(3) 电极反应中有 H^+ 或 OH^- 等参加时，其浓度应代入 Nernst 方程且将电极反应中的系数作为浓度的指数。

下面列举了 298.15K 时正确书写电极反应 Nernst 方程的情况。

$$Br_2(l) + 2e \rightleftharpoons 2Br^-$$

$$\varphi_{Br_2/Br^-} = \varphi_{Br_2/Br^-}^{\ominus} + \frac{0.05916}{2}\lg\frac{1}{c_{Br^-}^2}$$

$$O_2 + 4H^+ + 4e \rightleftharpoons 2H_2O$$

$$\varphi_{O_2,H^+/H_2O} = \varphi^{\ominus}_{O_2,H^+/H_2O} + \frac{0.05916}{4}\lg\frac{(p_{O_2}/p^{\ominus}) \times c^4_{H^+}}{1}$$

$$MnO_2 + 4H^+ + 2e \rightleftharpoons Mn^{2+} + 2H_2O$$

$$\varphi_{MnO_2,H^+/Mn^{2+}} = \varphi^{\ominus}_{MnO_2,H^+/Mn^{2+}} + \frac{0.05916}{2}\lg\frac{c^4_{H^+}}{c_{Mn^{2+}}}$$

例 9-7 计算 298.15K 时下列电池的电动势，并写出电池反应式。

$(-)Pt \mid I_2, I^-(0.1mol \cdot L^{-1}) \parallel MnO_4^-(0.1mol \cdot L^{-1}), Mn^{2+}(0.1mol \cdot L^{-1}), H^+(0.01mol \cdot L^{-1}) \mid Pt(+)$

解 由附录中查出标准电极电位 $\varphi^{\ominus}_{I_2/I^-} = 0.5355V$，$\varphi^{\ominus}_{MnO_4^-,H^+/Mn^{2+}} = 1.507V$。

负极反应 $2I^- - 2e \rightleftharpoons I_2$

正极反应 $MnO_4^- + 8H^+ + 5e \rightleftharpoons Mn^{2+} + 4H_2O$

电池反应 $2MnO_4^- + 10I^- + 16H^+ \rightleftharpoons 2Mn^{2+} + 5I_2 + 8H_2O$

按式(9.6)分别计算非标准状态下的电极电位：

$$\varphi_{I_2/I^-} = \varphi^{\ominus}_{I_2/I^-} + \frac{0.05916}{2}\lg\frac{1}{c_{I^-}^{\ 2}} = 0.5355 + \frac{0.05916}{2}\lg\frac{1}{0.01} = 0.5947(V)$$

$$\varphi_{MnO_4^-,H^+/Mn^{2+}} = \varphi^{\ominus}_{MnO_4^-,H^+/Mn^{2+}} + \frac{0.05916}{5}\lg\frac{c_{MnO_4^-}c^8_{H^+}}{c_{Mn^{2+}}} = 1.507 + \frac{0.05916}{5}\lg\frac{0.1 \times 0.01^8}{0.1} = 1.318(V)$$

$$E = \varphi^{\ominus}_{Mn_4^-,H^+/Mn^{2+}} - \varphi^{\ominus}_{I_2/I^-} = 1.318V - 0.5947V = 0.7233V$$

二、影响电极电位的因素

从电极的 Nernst 方程式可知，电极反应式中各物质的浓度发生变化可以对电极电位产生影响。下面就溶液酸度、沉淀和难解离物质的生成等对电极电位的影响分别进行讨论。

（一）酸度对电极电位的影响

对于有 H^+ 或 OH^- 的参与的电极反应，溶液酸度的变化会对其电极电位产生显著的影响。

例 9-8 $MnO_4^- + 8H^+ + 5e \rightleftharpoons Mn^{2+} + 4H_2O$，$\varphi^{\ominus}_{MnO_4^-/Mn^{2+}} = 1.507V$。求 298.15K 时，pH = 6，$c_{MnO_4^-} = c_{Mn^{2+}} = 1mol \cdot L^{-1}$ 时的电极电位。

解 根据电极反应式可知 $n = 5$；在 298.15K 时按式(9.6)有

$$\varphi_{MnO_4^-,H^+/Mn^{2+}} = \varphi^{\ominus}_{MnO_4^-,H^+/Mn^{2+}} + \frac{0.05916}{5}\lg\frac{c_{MnO_4^-}c^8_{H^+}}{c_{Mn^{2+}}}$$

将 pH = 6，$c_{H^+} = 1 \times 10^{-6} mol \cdot L^{-1}$，$c_{MnO_4^-} = c_{Mn^{2+}} = 1mol \cdot L^{-1}$ 带入上式得

$$\varphi_{MnO_4^-,H^+/Mn^{2+}} = 1.507V + \frac{0.05916V}{5}\lg(1.0 \times 10^{-6})^8 = 0.9406V$$

由计算可以看出，当溶液 $c_{H^+} = 1mol \cdot L^{-1}$ 降为 pH = 6 时，电极电位从 +1.507V 降到 +0.9406V，降低幅度为 0.568V。H^+ 浓度越低，电极电势越小，MnO_4^- 的氧化能力越低；反之，H^+ 浓度越高，电极电势越大，MnO_4^- 的氧化能力越强。所以，通常在酸性较强的溶液中使用 $KMnO_4$ 作氧化剂。

（二）沉淀生成对电极电位的影响

在氧化还原电对中，氧化型或还原型物质生成沉淀将显著地改变它们的浓度，使电极电位发生变化。

例 9-9　在 298.15K 时，电极反应 $Ag^+ + e \rightleftharpoons Ag$，$\varphi^{\ominus}_{Ag^+/Ag} = 0.7996V$。若在此电极溶液中加入 NaCl，使其生成 AgCl 沉淀，设平衡时溶液中 Cl^- 的浓度为 $1.0mol \cdot L^{-1}$，求此时的电极电位。（已知 AgCl 的 $K_{sp} = 1.77 \times 10^{-10}$）

解　$Ag^+ + Cl^- \xrightarrow{\Delta} AgCl$，$[Ag^+][Cl^-] = K_{sp} = 1.77 \times 10^{-10}$，则有

$$[Ag^+] = \frac{K_{sp}}{[Cl^-]} = 1.77 \times 10^{-10} mol \cdot L^{-1}$$

根据电极反应式可知 $n = 1$，在 298.15K 时按式（9.6）有

$$\varphi_{Ag^+/Ag} = \varphi^{\ominus}_{Ag^+/Ag} + \frac{0.05916}{1}\lg c_{Ag^+} = 0.7996V - 0.5769V = 0.2227V$$

显然，沉淀生成使 Ag^+ 的浓度降低，使得电极电位值降低。例题中，由于 $c_{Cl^-} = 1.0mol \cdot L^{-1}$，因而计算所得的电极电位实际上是电对 AgCl/Ag 按电极反应 $AgCl + e \rightleftharpoons Ag + Cl^-$ 的标准电极电位，即 $\varphi^{\ominus}_{AgCl/Ag} = 0.2227V$。

（三）配合物生成对电极电位的影响

在氧化还原电对中，若加入的配体能够与氧化型或还原型物质反应生成配离子，将会使氧化型或还原型物质的浓度降低，从而引起电极电位的变化。

例 9-10　298.15K 时，电极反应 $Cu^{2+} + 2e \rightleftharpoons Cu$，$\varphi^{\ominus}_{Cu^{2+}/Cu} = 0.3419V$。若在此电极溶液中加入过量的氨水，使其转变为难解离的 $[Cu(NH_3)_4]^{2+}$ 配离子。设反应达到平衡时溶液中 NH_3 和 $[Cu(NH_3)_4]^{2+}$ 的浓度均为 $1.0mol \cdot L^{-1}$，求此时的电极电位。（已知 $[Cu(NH_3)_4]^{2+}$ 的 $K_s = 2.1 \times 10^{13}$）

解　根据配位平衡 $Cu^{2+} + 4NH_3 \rightleftharpoons [Cu(NH_3)_4]^{2+}$，反应达到平衡时

$$[Cu^{2+}] = \frac{[[Cu(NH_3)_4]^{2+}]}{K_s[NH_3]^4} = \frac{1}{K_s} = \frac{1}{2.1 \times 10^{13}} = 4.76 \times 10^{-14}$$

根据电极反应式可知 $n = 2$；在 298.15K 时按式（9.6）有

$$\varphi_{Cu^{2+}/Cu} = \varphi^{\ominus}_{Cu^{2+}/Cu} + \frac{0.05916}{2}\lg c_{Cu^{2+}} = 0.3419V + \frac{0.05916V}{2}\lg 4.76 \times 10^{-14} = -0.052V$$

计算可知，与氨水形成 $[Cu(NH_3)_4]^{2+}$ 后，Cu^{2+} 的浓度降低，从而引起铜电对的电极电位降低。由于 $[NH_3] = [[Cu(NH_3)_4]^{2+}] = 1.0mol \cdot L^{-1}$，因而计算所得的电极电位实际上是电对 $[Cu(NH_3)_4]^{2+}$/Cu 基于电极反应 $[Cu(NH_3)_4]^{2+} + 2e \rightleftharpoons Cu + 4NH_3$ 的标准电极电位，即 $\varphi^{\ominus}_{[Cu(NH_3)_4]^{2+}/Cu} = -0.052V$。

（四）生成弱酸（或弱碱）对电极电位的影响

在氧化还原电对中，若氧化型或还原型物质生成弱酸（或弱碱），将使它们的浓度降低，使电极电位发生变化。

例 9-11　标准氢电极的电极反应为 $2H^+ + 2e \rightleftharpoons H_2$，$\varphi^{\ominus}_{H^+/H_2} = 0.000V$。设在 298.15K 时，若在此电极溶液中加入 NaAc，反应达到平衡时溶液中 HAc 及 Ac^- 浓度均为 $1.0mol \cdot L^{-1}$，H_2 的分压仍为 100kPa，求此时的电极电位。（已知 $K_{a,(HAc)} = 1.75 \times 10^{-5}$）

解　向标准氢电极的 H^+ 溶液中加入 NaAc，氢电极溶液中存在下列平衡

$$H^+ + Ac^- \rightleftharpoons HAc$$

反应达到平衡时，溶液中

$$[H^+] = \frac{[HAc]K_{a,HAc}}{[Ac^-]} = 1.75 \times 10^{-5} mol \cdot L^{-1}$$

根据电极反应式可知 $n = 2$；在 298.15K 时按式（9.6）有

$$\varphi_{H^+/H_2} = \varphi^{\ominus}_{H^+/H_2} + \frac{0.05916}{2}\lg\frac{c^2_{H^+}}{p_{H_2}/100} = 0.000 + \frac{0.05916}{2}\lg\frac{c^2_{H^+}}{100/100} = -0.281V$$

显然，由于弱碱 NaAc 加入，H^+的浓度降低，从而导致电极电位下降。

第四节 电极电位及电动势的应用

一、判断氧化还原反应进行的方向

氧化还原反应进行的方向可以根据氧化剂和还原剂的强弱来判断，即较强的氧化剂和较强的还原剂作用，生成较弱的氧化剂和较弱的还原剂。

$$\text{强氧化剂}_1 + \text{强还原剂}_2 \rightleftharpoons \text{弱还原剂}_1 + \text{弱氧化剂}_2$$

除了直接比较两对电对的电极电位大小外，还可以根据电池电动势的正负判断反应的方向。根据$\Delta_r G_m = -nFE$，在等温等压条件下

$\Delta_r G_m < 0, E > 0, \varphi_+ > \varphi_-$ 反应自发正向进行

$\Delta_r G_m > 0, E < 0, \varphi_+ < \varphi_-$ 反应自发逆向进行

$\Delta_r G_m = 0, E = 0, \varphi_+ = \varphi_-$ 反应达到平衡状态

例 9-12 判断 298.15K 时下列反应进行的方向。

$$Fe + Cu^{2+}(0.00001mol \cdot L^{-1}) \rightleftharpoons Fe^{2+}(1.0mol \cdot L^{-1}) + Cu$$

解 将上述反应写成两个半反应，并查出它们的标准电极电位

负极反应 $Fe - 2e \rightleftharpoons Fe^{2+}$ $\varphi^{\ominus}_{Fe^{2+}/Fe} = -0.447V$

正极反应 $Cu^{2+} + 2e \rightleftharpoons Cu$ $\varphi^{\ominus}_{Cu^{2+}/Cu} = 0.3419V$

按式(9.6)有

$$\varphi_{Cu^{2+}/Cu} = \varphi^{\ominus}_{Cu^{2+}/Cu} + \frac{0.05916}{2}\lg\frac{c_{Cu^{2+}}}{1} = 0.3419 + \frac{0.05916}{2}\lg\frac{1\times10^{-5}}{1} = 0.1944V$$

$$\varphi_{Fe^{2+}/Fe} = \varphi^{\ominus}_{Fe^{2+}/Fe} = -0.447V$$

$$E = \varphi_{Cu^{2+}/Cu} - \varphi_{Fe^{2+}/Fe} = [0.1944 - (-0.447)]V = 0.6414V > 0$$

故反应可自发地向右进行。

例 9-13 当 $c_{H_3AsO_4} = c_{HAsO_2} = c_{I^-} = 1.0mol \cdot L^{-1}$时，判断 298.15K 时反应

$$HAsO_2 + I_2 + 2H_2O \rightleftharpoons H_3AsO_4 + 2I^- + 2H^+$$

在中性和酸性($c_{H^+} = 1.0mol \cdot L^{-1}$)溶液中反应进行的方向。

解 将上述反应写成两个半反应，并从附录中查出它们的标准电极电位

正极反应 $I_2 + 2e \rightleftharpoons 2I^-$ $\varphi^{\ominus}_{I_2/I^-} = 0.5355V$

负极反应 $HAsO_2 + 2H_2O - 2e \rightleftharpoons H_3AsO_4 + 2H^+$

$$\varphi^{\ominus}_{H_3AsO_4/HAsO_2} = 0.560V$$

在中性溶液中，$c_{H^+} = 1.0\times10^{-7}mol \cdot L^{-1}$，碘电对的电极电位为 $\varphi_{I_2/I^-} = \varphi^{\ominus}_{I_2/I^-} = 0.5355V$，砷电对的电极电位为

$$\varphi_{H_3AsO_4,H^+/HAsO_2} = \varphi^{\ominus}_{H_3AsO_4,H^+/HAsO_2} + \frac{0.05916}{2}\lg\frac{c_{H_3AsO_4}\cdot c^2_{H^+}}{c_{HAsO_2}} = 0.560 + \frac{0.05916}{2}\lg\frac{1\times(1.0\times10^{-7})^2}{1} = 0.1459V$$

由于 $\varphi_{I_2/I^-} > \varphi_{H_3AsO_4/HAsO_2}$，因此 I_2 是比 H_3AsO_4 更强的氧化剂，而 $HAsO_2$ 是比 I^- 更强的还原剂。故上述反应能自发地向右进行。即

$$HAsO_2 + I_2 + 2H_2O = H_3AsO_4 + 2I^- + 2H^+$$

在酸性溶液中，$c_{H^+} = 1.0mol \cdot L^{-1}$，即为标准状态。

碘电对的电极电位为 $\varphi_{I_2/I^-} = \varphi^{\ominus}_{I_2/I^-} = 0.5355V$

砷电对的电极电位为 $\varphi^{\ominus}_{H_3AsO_4,H^+/HAsO_2} = 0.560V$

因为 $\varphi_{I_2/I^-} < \varphi_{H_3AsO_4,H^+/HAsO_2}$，所以 H_3AsO_4 是比 I_2 更强的氧化剂，而 I^- 是更强的还原剂。故上述反应能自发地逆向进行。即

$$H_3AsO_4 + 2I^- + 2H^+ = HAsO_2 + I_2 + 2H_2O$$

二、判断氧化还原反应进行的程度及平衡常数

氧化还原反应同沉淀、酸碱和配位等反应一样，在一定条件下也能达到平衡。氧化还原反应进行的程度，可以用平衡常数 K 值的大小来衡量，而平衡常数可以根据电极电位或电池电动势求算。

根据 $\Delta_r G^{\ominus}_m = -nFE^{\ominus}$，$\Delta_r G^{\ominus}_m = -RT\ln K^{\ominus}$，则得

$$-RT\ln K^{\ominus} = -nFE^{\ominus}$$

$$\ln K^{\ominus} = \frac{nFE^{\ominus}}{RT} = \frac{nF(\varphi^{\ominus}_{+} - \varphi^{\ominus}_{-})}{RT}$$

在 298.15K 时，则有

$$\lg K^{\ominus} = \frac{nE^{\ominus}}{0.05916} = \frac{n(\varphi^{\ominus}_{+} - \varphi^{\ominus}_{-})}{0.05916} \qquad (9.7)$$

式中：n 是配平的氧化还原反应方程式中转移的电子数。从式(9.7)可以看出，在一定温度下，氧化还原反应的标准平衡常数只与标准状态的电池电动势 $E^{\ominus}$ 及转移的电子数有关。

如果 $\varphi^{\ominus}_{氧化剂} > \varphi^{\ominus}_{还原剂}$，则 K 值就大于1，如果 $\varphi^{\ominus}_{氧化剂} < \varphi^{\ominus}_{还原剂}$，则 K 值就小于1。$(\varphi^{\ominus}_{氧化剂} - \varphi^{\ominus}_{还原剂})$ 数值越大，则 K 值越大，表示这个反应进行得越完全。也就是说，氧化还原反应平衡常数 K 值大小，决定于氧化剂和还原剂的本性而与反应物的浓度无关。一般认为，对 $n = 2$ 的反应，$E^{\ominus} > 0.2V$ 时，或者 $n = 1$，$E^{\ominus} > 0.4$时，均有 $E^{\ominus} > 10^6$，此平衡常数较大，可以认为反应已经进行完全。

例 9-14 计算下列反应在 298.15K 的平衡常数，并判断反应进行的程度。

$$2Cu(s) + 2HI(aq) \rightleftharpoons 2CuI(s) + H_2(g)$$

解 把上述反应设计为一个原电池

负极反应 $2Cu + 2I^- - 2e \rightleftharpoons 2CuI \qquad \varphi^{\ominus}_{CuI/Cu} = -0.185V$

正极反应 $2H^+ + 2e \rightleftharpoons H_2 \qquad \varphi^{\ominus}_{H^+/H_2} = 0.000V$

$$E^{\ominus} = \varphi^{\ominus}_{+} - \varphi^{\ominus}_{-} = \varphi^{\ominus}_{H^+/H_2} - \varphi^{\ominus}_{CuI/Cu} = 0.000V - (-0.185V) = 0.185V$$

$$\lg K^{\ominus} = \frac{n(\varphi^{\ominus}_{+} - \varphi^{\ominus}_{-})}{0.05916} = \frac{2 \times [0 - (-0.185)]}{0.05916} = 6.25$$

$$K^{\ominus} = 1.79 \times 10^6$$

此反应的标准常数较大，正向反应能进行到底。

利用电极电位不但可以求得氧化还原反应的平衡常数，还可以根据电池反应的平衡关系计算质子转移平衡常数、溶度积常数以及稳定常数等其他类型的平衡常数。

例 9-15 已知 298.15K 时

$$2H^+ + 2e \rightleftharpoons H_2 \quad \varphi^{\ominus}_{H^+/H_2} = 0.000V$$

$$2HAc + 2e \rightleftharpoons H_2 + 2Ac^- \quad \varphi^{\ominus}_{HAc/H_2} = -0.281V$$

求 HAc 的 K_a。

解 HAc 的解离平衡为 $HAc \rightleftharpoons Ac^- + H^+$,根据电极电位的高低,可以确定 H^+/H_2 作正极,HAc/H_2 作负极,则原电池电池反应为

$$H^+ + Ac^- \rightleftharpoons HAc \quad (n=1)$$

显然,该电池反应即为 HAc 在水溶液中的解离过程的逆反应,故电池反应的标准平衡常数的倒数即为 HAc 的 K_a。因此有

$$\lg K^{\ominus} = \frac{nE^{\ominus}}{0.05916} = \frac{1 \times [0.000 - (-0.281)]V}{0.05916V} = 4.75$$

$$\lg K_a = \lg(1/K^{\ominus}) = -4.75 \quad K_a = 1.8 \times 10^{-5}$$

例 9-16 已知 $\varphi^{\ominus}_{AgCl/Ag} = 0.22233V$,$\varphi^{\ominus}_{Ag^+/Ag} = 0.7996V$,求 298.15K 时 AgCl 的溶度积常数 K_{sp}。

解 AgCl 的溶解沉淀平衡为 $AgCl \rightleftharpoons Cl^- + Ag^+$,其溶度积常数 K_{sp} 即为反应的平衡常数 $K^{\ominus}$。根据电极电位的高低,可以确定 Ag^+/Ag 电极作正极,AgCl/Ag 电极作负极,故原电池反应为

$$Cl^- + Ag^+ \rightleftharpoons AgCl(s)$$

显然,该电池反应就是 AgCl(s) 溶解平衡的逆反应,其平衡常数的倒数即为为 AgCl(s) 的 K_{sp}。因此有

$$\lg K^{\ominus} = \frac{nE^{\ominus}}{0.05916} = \frac{n(\varphi^{\ominus}_{Ag^+/Ag} - \varphi^{\ominus}_{AgCl/Ag})}{0.05916} = \frac{1 \times (0.7996 - 0.22233)V}{0.05916V} = 9.7578$$

$$K^{\ominus} = 5.73 \times 10^9$$

$$K_{sp,(AgCl)} = \frac{1}{K^{\ominus}} \qquad K_{sp,(AgCl)} = 1.75 \times 10^{-10}$$

第五节 电位法测定溶液的 pH

电位法(potential analysis)是通过测量原电池的电动势来确定待测离子浓度的方法。在电位法中,通常将待测溶液作为原电池的电解质溶液,在待测溶液中插入两个性能不同的电极,其中一个电极的电极电位随待测离子浓度的变化而变化,这种能指示待测离子浓度的电极称为**指示电极**(indicator electrode)。另一个电极的电极电位不随待测离子浓度的变化而变化,具有恒定的电位值,这种电极称为**参比电极**(reference electrode)。指示电极和参比电极同时插入待测溶液中组成原电池,通过测量原电池的电动势,即可求得待测离子的浓度。

一、参比电极

测定溶液的 pH 常用**饱和甘汞电极**(saturated calomel electrode)作为参比电极。

(一)饱和甘汞电极

饱和甘汞电极的构造如图 9-4 所示。饱和甘汞电极由两个玻璃套管组成。内管上部为汞,连接电极引线。在汞的下方充填甘汞($HgCl_2$)和汞的糊状物。内管的下端用石棉或脱脂棉塞紧。外管上端有一个侧口,用以加入饱和氯化钾溶液,不用时侧口用橡皮塞塞紧。外管下端有一支管,支管口用多孔的素烧瓷塞紧,外边套以橡皮帽。使用时摘掉橡皮帽,使与外部溶液相通。

电极组成 $Pt \mid Hg_2Cl_2(s) \mid Hg(l) \mid KCl$(饱和)

电极反应 $Hg_2Cl_2 + 2e \rightleftharpoons 2Hg + 2Cl^-$

298.15K 时电极电位

$$\varphi_{Hg_2Cl_2/Hg} = \varphi^{\ominus}_{Hg_2Cl_2/Hg} + \frac{0.05916}{1}\lg\frac{1}{c^2_{Cl^-}}$$

式中：$\varphi^{\ominus}_{Hg_2Cl_2/Hg}$ 为定值，在饱和 KCl 溶液中，c_{Cl^-} 也为定值，故饱甘汞电极的电极电位为定值，298.15K 时为 0.2412V。

饱和甘汞电极的电位稳定，再现性好，而且装置简单，容易保养，使用方便，因此广泛地用作参比电极。

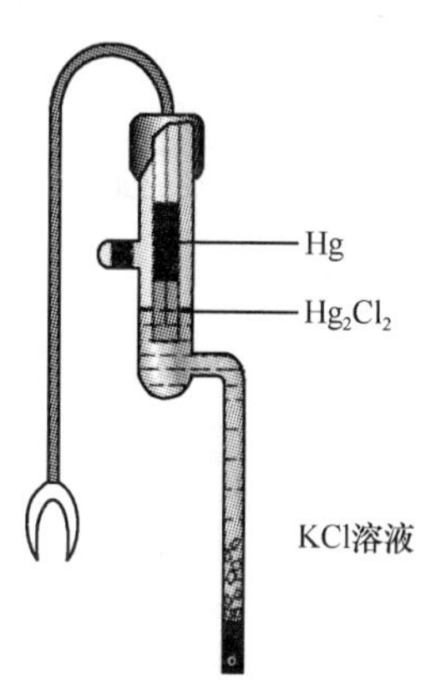

图 9-4 饱和甘汞电极示意图

（二）银-氯化银电极

银-氯化银电极（silver-silver chloride electrode，SSE）属于金属-金属难溶盐-阴离子电极。玻璃管的下端用石棉丝封住，内盛有 KCl 溶液，溶液中插入一根镀有 AgCl 的银丝，上端用导线引出。

电极组成式 $Ag \mid AgCl(s) \mid Cl^-(c)$

电极反应 $AgCl + e \rightleftharpoons Ag + Cl^-$

298.15K 时电极电位

$$\varphi_{AgCl/Ag} = \varphi^{\ominus}_{AgCl/Ag} + \frac{0.05916}{1}\lg\frac{1}{c_{Cl^-}}$$

在 298.15K 时，若 KCl 溶液为饱和溶液、$1mol \cdot L^{-1}$ 和 $0.1mol \cdot L^{-1}$ 时，$\varphi_{AgCl/Ag}$ 分别为 0.1971V、0.2223V 和 0.288V。此电极对温度变化不敏感，甚至可以在 80℃以上使用。

二、指示电极

指示电极的作用是指示与被测物质的浓度相关的电极电位。指示电极对被测物质的指示是有选择性的，一种指示电极往往只能指示一种物质的浓度，常用的 pH 指示电极为**玻璃电极**（glass membrane electrode）。

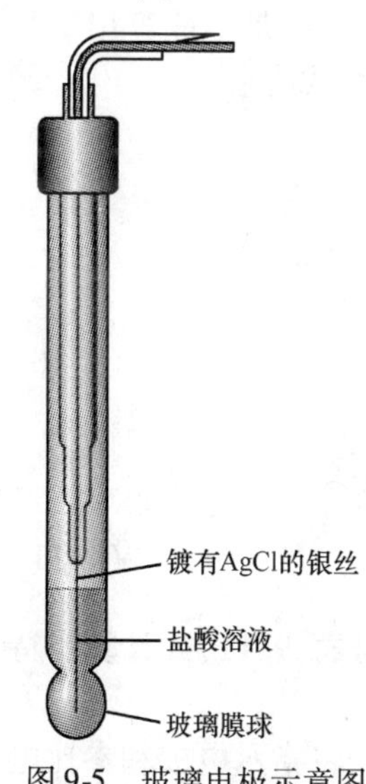

图 9-5 玻璃电极示意图

玻璃电极的构造如图 9-5 所示。在玻璃管的下端连接一个厚度为 50～100μm 的半球形玻璃膜。膜内盛有 $0.1mol \cdot L^{-1}$ 盐酸溶液称为参比溶液。在参比溶液中插入一根镀有氯化银的银丝，构成氯化银电极，为内参比电极。氯化银电极的电极反应为

$$AgCl + e \rightleftharpoons Ag + Cl^-$$

将氯化银电极的银丝与导线相连即构成玻璃电极。玻璃电极可表示为：

$$Ag, AgCl(s) \mid HCl(mol \cdot L^{-1}) \mid \text{玻璃膜} \mid \text{待测溶液}(H^+)$$

因为玻璃电极内充液中 Cl^- 浓度为一常数，故内参比电极的电极电位值也为常数。

玻璃电极在使用前应先在蒸馏水中浸泡 12～24h，使玻璃膜外侧硅酸盐层吸水膨润形成一层水化凝胶层。玻璃膜内侧浸泡在盐酸中，也形成一层水化凝胶层。

当将浸泡过的玻璃电极插入具有一定 pH 的待测溶液中时，在玻璃膜外侧溶液中氢离子与膜外水化凝胶层中钠离子进行交换。玻璃膜内侧参比溶液中的氢离子与膜内水化凝胶层中钠离子进行交换。当膜两侧 H^+ 浓度不同，离子交换达到平衡时，由于离子交换速度和扩散速度不同而出现了电位差。这种电位差称为膜电位。由于膜内参比溶液的氢离子浓度为定值，所以膜电位仅由膜外溶液的氢离子浓度决定。膜电位值与 H^+ 浓度的关系符合 Nernst 方程式。

$$\varphi_{\text{玻}} = \varphi^{\ominus}_{\text{玻}} + \frac{2.303RT}{F}\lg c_{H^+} = K_{\text{玻}} - \frac{2.303RT}{F}\text{pH}$$

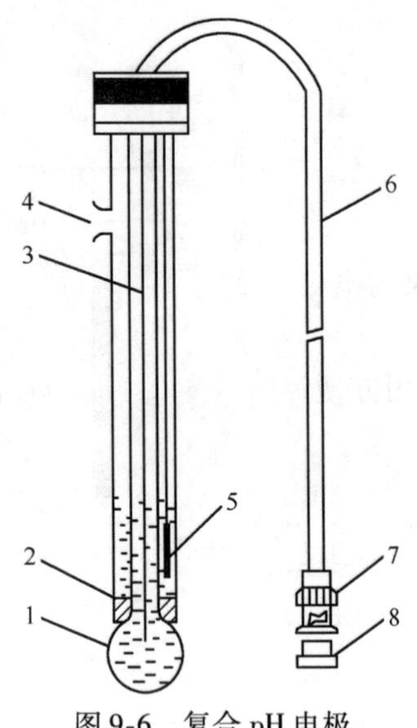

图9-6　复合pH电极

1. 玻璃电极;2. 瓷塞;3. 内参比电极;4. 充液口;5. 参比电极体系;6. 导线;7. 插口;8. 防尘塞

式中:$\varphi^{\ominus}_{玻}$值与内参比电极的电极电位、膜内溶液的H^+浓度以及膜表面状态有关。在一定条件下,玻璃电极的$\varphi^{\ominus}_{玻}$为常数。

三、pH复合电极

将指示电极和参比电极组装在一起就构成**复合电极**(combination electrode)。测定pH用的复合电极通常由玻璃电极-甘汞电极组合而成(如图9-6)。参比电极的补充液由外套上端小孔加入。复合电极的优点在于使用方便,并且测定值较稳定。

四、电位法测定溶液的pH

电位法测定溶液的pH常用饱和甘汞电极作参比电极,玻璃电极作指示电极,置于待测溶液中组成如下电池。此电池可用下式表示:

$$(-)Ag\mid AgCl(s)\mid Cl^-,H^+\mid 玻璃膜\mid 待测pH液\parallel KCl(饱和),Hg_2Cl_2(s)\mid Hg(l)(+)$$

或简化为:

$$(-)玻璃电极\mid 待测试液(c_{待测})\parallel SCE(+)$$

测出的电动势为饱和甘汞电极和玻璃电极的电位差值,即:

$$E=\varphi_{甘}-\varphi_{玻}=\varphi_{甘}-(K_{玻}-\frac{2.303RT}{F}pH)$$

在一定的温度下,$\varphi_{甘}$为常数,令$K=\varphi_{甘}-K_{玻}$

$$E=\varphi_{甘}-\varphi_{玻}=K+\frac{2.303RT}{F}pH \tag{9.8}$$

上式为溶液pH与电池电动势的关系式。测出E值后,若不知道常数K的数值,还是不能算出pH。因此要先用已知pH为pH_s的标准缓冲溶液进行测定,测出电动势为E_s,则可得关系式为

$$E_s=K+\frac{2.303RT}{F}pH_s \tag{9.9}$$

将电池装置中的标准缓冲溶液换成待测pH_x的溶液,测出电动势为E_x,则有

$$E_x=K+\frac{2.303RT}{F}pH_x \tag{9.10}$$

将式(9.9)代入式(9.10)得

$$pH_x=pH_s+\frac{(E_x-E_s)F}{2.303RT} \tag{9.11}$$

式中:pH_s为已知数,E_x和E_s为先后两次测出的电动势,F、R和T为常数,故可根据式(9.11)式计算出待测溶液的pH。

pH计(又称酸度计)就是依照上述原理测定溶液的pH。在实际测量过程中,先将指示电极和参比电极插入pH一定的标准缓冲溶液中组成原电池,测定此电池的电动势并转换成pH,通过调整仪器的电阻参数使仪器的测量值与标准缓冲溶液的pH一致,这一过程称为定位,然后直接测定待测溶液的pH,仪表上显示的pH即为待测溶液的pH。

知识拓展

细胞膜与膜电位

生物体的每一个细胞都被厚度约为(60～100)×10^{-10}m 的薄膜——细胞膜所包围。细胞膜内、外都充满液体,在液体中都溶有一定量的电解质。哺乳动物体液的电解质总浓度约为0.3mol·L^{-1}。细胞膜由两个分子厚度的卵磷脂层所组成,称为类脂双层。卵磷脂分子是两亲分子,其疏水链伸向膜的中间,亲水部分伸向膜的内、外两侧,球状蛋白分子分布在膜中,有的蛋白分子一部分嵌在膜内,一部分在膜外,也有的蛋白分子横跨整个膜。可以把细胞膜看成由排列的类酯分子和蛋白质组成的二维溶液。这些膜蛋白在生物体的活性传输(活性细胞能把化学物种从化学势低的区域传送到化学势高的区域)和许多化学反应中起催化作用,并充任离子透过膜的通道。膜在生物体的细胞代谢和信息传递中起着关键的作用,在神经细胞中,细胞膜能传递神经脉冲。K^+离子比Na^+和Cl^-离子更易于透过细胞膜,因此细胞膜两侧K^+离子的浓度差最大。静止神经细胞内液体中K^+离子的浓度是细胞外的35倍左右。为使问题简单起见,我们不考虑Na^+、Cl^-和H_2O透过细胞膜的情况,而只考虑K^+离子透过细胞膜,膜电位是膜两边离子有选择性地穿透膜而使两边浓度不等而引起的电位差,它是指膜两侧的平衡电位差。设用适当的装置,将细胞内、外液体组成以下电池:

Ag,AgCl|KCl(aq)|内液(β)|细胞膜|外液(α)|KCl(aq)|AgCl,Ag

由于细胞内液中K^+离子浓度比外液中的浓度大,所以K^+离子倾向于由β相穿过膜向细胞膜外液α相扩散,致使α相一边产生净正电荷,而在β相一边产生负电荷。α相一边产生的正电荷会阻止K^+进一步向α相扩散,而β相产生的负电荷会加速K^+从α相向β相扩散,最后达到动态平衡,此时K^+离子在α和β两相中的电化学势相等,由于K^+离子从β相向α相转移,造成α相的电位高于β相。

实验测得神经细胞的膜电位约为-70mV,这是由于活机体中溶液是处于平衡状态所造成的。对于静止肌肉细胞,膜电位约为-90mV,肝细胞约为-40 mV。

Summary

Oxidation-redaction reaction is a kind of important chemical reaction in which the oxidation number of element changes. In a oxidation-redaction reaction the electrons transfer from one substance to another. Oxidation-redaction reaction involves both oxidation and redaction of the reaction in the same time, the oxidizing agent obtains the electrons with its oxidation number decreasing, and the reducing agent loses electrons with its oxidation increasing. Each redox reaction can be separated into two half-reactions, one representing the oxidation step and the other reduction step, they all include a redox couple(Ox/Red). The ion-electron method is an important method for balancing the oxidation-redaction reaction.

Primary cells is a device which can change chemical energy into electrical energy. Primary cells consists of two electrodes, also known as half-cell, the electrode which electrons are given is the negative electrode, oxidation reaction take plays on negative electrode; reduction reaction occurs on positive electrode. Oxidation or reduction half-reaction is called the electrode reaction. The overall reaction is called the cell reaction.

The absolute electrode potential can not be measured, can only measure the relative value. Select the standard hydrogen electrode for criteria, the electrode potential of the standard hydrogen electrode is zero, it can be expressed for $\varphi^{\ominus}_{H^+/H_2} = 0.000V$. The standard means the concentration of all are 1.0mol·L^{-1}, partial pressure of gas is standard pressure (100kPa) at 25℃. The standard electrode potential of an electrode can be determined by comparing with a standard hydrogen electrode.

The relative strength of the oxidizing agent or the reducing agent can be obtained by comparing with the standard electrode potential, and the higher the standard electrode potential, the stronger the capacity of oxidizing state gaining electrons in redox couple; the lower the standard electrode potential, the stronger of the capacity of reducing state losing electrons in redox couple. The standard electrode potential has intensive to property, it depends on the nature of redox couple and temperature, but it is not relative to the half-reaction equation. The standard electrode potential also can be used to calculate oxidation and redaction equilibrium constant $K^{\ominus}$ with the following equation:

$$\lg K^{\ominus} = \frac{nE^{\ominus}}{0.05916} = \frac{n(\varphi_{+}^{\ominus} - \varphi_{-}^{\ominus})}{0.05916}$$

The electrode potential of an electrode and electromotive force of a cell under non-standard state depends on temperature, concentration. The quantitative relationship can be expressed by the Nernst equation.

An electrode at 25℃: $a\mathrm{Ox} + ne^{-} \rightleftharpoons b\mathrm{Red}$

$$\varphi_{\mathrm{Ox/Red}} = \varphi_{\mathrm{Ox/Red}}^{\ominus} + \frac{0.05916}{n}\lg\frac{c_{\mathrm{Ox}}^{a}}{c_{\mathrm{Red}}^{b}}$$

An cell at 25℃: $a\mathrm{A} + b\mathrm{B} \rightleftharpoons d\mathrm{D} + e\mathrm{E}$

$$E = E^{\ominus} - \frac{0.05916}{n}\lg\frac{c_{\mathrm{D}}^{d} \times c_{\mathrm{E}}^{e}}{c_{\mathrm{A}}^{a} \times c_{\mathrm{B}}^{b}}$$

Saturated calomel electrode and silver chloride electrode are usually used as a reference electrode, and glass electrode is used as a indicator electrode which responds to H^+. Using reference electrode, glass electrode and standard buffer solution, the pH value of a solution can be determined, the cell expression and formula as followings

$(-)\mathrm{Ag} \mid \mathrm{AgCl(s)} \mid \mathrm{Cl^-, H^+} \mid$ 玻璃膜 $\mid$ 待测 pH 液 $\parallel \mathrm{KCl}$(饱和)$, \mathrm{Hg_2Cl_2(s)} \mid \mathrm{Hg(1)}(+)$

$$\mathrm{pH}_x = \mathrm{pH}_s + \frac{(E_x - E_s)F}{2.303RT}$$

习　　题

1. 指出下列化合物中画线元素的氧化值：$Na_2\underline{Cr}O_4$、$Na_2\underline{S_2}O_8$、$K\underline{Cl}O_3$、$Na\underline{H}$、$K_2\underline{O_2}$、$K_2\underline{Mn}O_4$
2. 用氧化数法配平下列方程式：
   (1) $K_2Cr_2O_7 + FeSO_4 + H_2SO_4 \rightleftharpoons Fe_2(SO_4)_3 + Cr_2(SO_4)_3 + K_2SO_4 + H_2O$
   (2) $HNO_3 + As_2S_3 + H_2O \rightleftharpoons H_2SO_4 + H_3AsO_4 + NO$
3. 用离子电子法配平下列方程式
   (1) $KClO_3 + FeSO_4 + H_2SO_4 \rightleftharpoons KCl + Fe_2(SO_4)_3 + H_2O$
   (2) $NaCrO_2 + Br_2 + NaOH \rightleftharpoons Na_2CrO_4 + NaBr + H_2O$
4. 将下述化学反应设计成电池：
   (1) $H_2 + I_2(s) \rightleftharpoons 2HI(aq)$
   (2) $AgCl(s) \rightleftharpoons Ag^+(aq) + Cl^-(aq)$
5. 高锰酸钾与浓盐酸作用制取氯气的反应如下：
   $$2KMnO_4 + 16HCl \rightleftharpoons 2KCl + 2MnCl_2 + 5Cl_2 + 8H_2O$$
   将此反应设计为原电池，写出正负极反应、电极组成式和电池组成式。
6. 选择题
   (1) 根据下列标准电极电位，指出在标准态时不可共存于同一溶液的是
   $Br_2 + 2e \rightleftharpoons 2Br^-$　　$\varphi_{Br_2/Br^-}^{\ominus} = 1.066V$
   $2Hg^{2+} + 2e \rightleftharpoons Hg_2^{2+}$　　$\varphi_{Hg^{2+}/Hg}^{\ominus} = 0.920V$
   $Fe^{3+} + e \rightleftharpoons Fe^{2+}$　　$\varphi_{Fe^{3+}/Fe^{2+}}^{\ominus} = 0.771V$
   $Sn^{2+} + 2e \rightleftharpoons Sn$　　$\varphi_{Sn^{2+}/Sn}^{\ominus} = -0.1375V$
   A. Br^-和Hg^{2+}；B. Br^-和Fe^{3+}；C. Fe^{3+}和Hg_2^{2+}；D. Sn 和Fe^{3+}
   (2) 对于由反应 $Zn + 2Ag^+ \rightleftharpoons Zn^{2+} + 2Ag$ 构成的原电池来说，欲使其电动势增加，可采取的措施有
   A. 增大Zn^{2+}的浓度；B. 增大Ag^+的浓度；C. 加大锌电极；D. 降低Ag^+的浓度
   (3) 下列哪一反应设计出来的电池不需要用到惰性电极？
   A. $H_2 + Cl_2 \rightleftharpoons 2HCl(aq)$；B. $Ce^{4+} + Fe^{2+} \rightleftharpoons Ce^{3+} + Fe^{3+}$
   C. $Ag^+ + Sn \rightleftharpoons Ag + Sn^{2+}$；D. $Cl_2 + Sn^{2+} \rightleftharpoons 2Cl^- + Sn^{4+}$
   (4) 把下列标准状态下的反应设计成原电池，其电池符号为

$$Fe^{2+} + Ag^{+} \rightleftharpoons Fe^{3+} + Ag$$

A. $(-)Fe \mid Fe^{3+}(1mol \cdot L^{-1}) \parallel Ag^{+}(1mol \cdot L^{-1}) \mid Ag(+)$;

B. $(-)Pt \mid Fe^{2+} \mid Fe^{3+}(1mol \cdot L^{-1}) \parallel Ag^{+}(1mol \cdot L^{-1}) \mid Ag(+)$;

C. $(-)Pt \mid Fe^{2+}(1mol \cdot L^{-1}), Fe^{3+}(1mol \cdot L^{-1}) \parallel Ag^{+}(1mol \cdot L^{-1}), Ag \mid Pt(+)$;

D. $(-)Pt \mid Fe^{2+}(1mol \cdot L^{-1}), Fe^{3+}(1mol \cdot L^{-1}) \parallel Ag^{+}(1mol \cdot L^{-1}) \mid Ag(+)$

(5)下列叙述中正确的是

A. 因为 $Ni^{2+} + 2e \rightleftharpoons Ni$ 的 $\varphi^{\ominus}_{Ni^{2+}/Ni} = -0.257V$，故 $2Ni^{2+} + 4e \rightleftharpoons 2Ni$ 的 $\varphi^{\ominus}_{Ni^{2+}/Ni} = -0.514V$；

B. MnO_4^-/Mn^{2+} 电对中的 MnO_4^- 的氧化能力随溶液的 pH 降低而增大；

C. 因为，$\varphi^{\ominus}_{Cl_2/Cl^-} > \varphi^{\ominus}_{MnO_2/Mn^{2+}}$，所以绝不能用 MnO_2 与盐酸作用制取 Cl_2；

D. 已知 $\varphi^{\ominus}_{Zn^{2+}/Zn} = -0.7618V$ 和 $\varphi^{\ominus}_{Cu^{2+}/Cu} = 0.3419V$。铜锌原电池的电动势之所以为 1.104V，原因在于 Cu^{2+} 的浓度较 Zn^{2+} 的大。

[(1) D;(2) B;(3) C;(4) D;(5) B]

7. 解释如下现象：

(1) 镀锡的铁，铁先腐蚀，镀锌的铁，锌先腐蚀。

(2) 铁能置换铜而三氯化铁能溶解铜。

(3) 久置于空气中的氢硫酸溶液会变混浊。

(4) 将 $MnSO_4$ 溶液滴入 $KMnO_4$ 酸性溶液得到 MnO_2 沉淀。

(5) $Cu^{+}(aq)$ 在水溶液中会歧化为铜和 $Cu^{2+}(aq)$。

(6) Cr^{2+} 在水溶液中不稳定，会与水反应。

(7) 得不到 FeI_3 这种化合物。

8. 计算反应 $Fe + Cu^{2+} \rightleftharpoons Fe^{2+} + Cu$ 的平衡常数，若反应结束后溶液中 $[Fe^{2+}] = 0.1mol \cdot L^{-1}$，试问此时溶液中的 Cu^{2+} 浓度为多少？

[4.68×10^{26}; $2.14 \times 10^{-28} mol \cdot L^{-1}$]

9. 将反应 $SnCl_2 + 2FeCl_3 \rightleftharpoons 2FeCl_2 + SnCl_4$ 设计成原电池，写出电池的正、负极，并计算标准状态下的电池电动势。

[0.620 V]

10. 根据能斯特方程计算下列电极的电极电位：

(1) $2H^{+}(0.10mol \cdot L^{-1}) + 2e \rightleftharpoons H_2(200kPa)$

(2) $Cr_2O_7^{2-}(1.0mol \cdot L^{-1}) + 14H^{+}(0.0010mol \cdot L^{-1}) + 6e \rightleftharpoons 2Cr^{3+}(1.0mol \cdot L^{-1}) + 7H_2O$

(3) $Br_2(l) + 2e \rightleftharpoons 2Br^{-}(0.10mol \cdot L^{-1})$

[-0.068V; 0.818V; 1.125V]

11. 下列原电池的电动势是 0.200V，求 Cd^{2+} 离子浓度应该是多少？

$$(-)Cd \mid Cd^{2+}(?\ mol \cdot L^{-1}) \parallel Ni^{2+}(2mol \cdot L^{-1}) \mid Ni(+)$$

[$0.0299mol \cdot L^{-1}$]

12. 在 $0.1000mol \cdot L^{-1} Fe^{2+}$ 溶液中，插入 Pt 电极(+)和 SCE(-)，在 25℃时测得电池电动势为 0.395V，问有多少 Fe^{2+} 被氧化成 Fe^{3+}？

[0.53% 的 Fe^{2+} 被氧化为 Fe^{3+}]

13. 在 298.15K 时，测定下列电池的 $E = 0.48V$，试求溶液的 pH。

$$(-)Pt, H_2(100kPa) \mid H^{+}(x\ mol \cdot L^{-1}) \parallel Cu^{2+}(1mol \cdot L^{-1}) \mid Cu(+)$$

[pH = 2.33]

(孙 莲)

第十章 原子结构与元素周期律

自然界中数百万种单质和化合物，都是由一百多种元素的原子按照一定的组成和结构形成的，由于物质的结构和组成不同，其性质也就千差万别。因此对原子结构的认识是了解物质内部结构和性质的基础。原子是由原子核和带负电荷的电子组成。在发生化学反应时，原子核并不发生变化，只涉及核外电子运动状态的改变。本章着重研究原子核外电子的运动状态和规律，为认识分子的结构及性质提供重要的基础。

第一节 核外电子运动状态及特性

一、微观粒子运动的特性

微观粒子是指光子、电子、原子、中子等基本粒子，它们的质量极小，但运动范围窄小，运动速度极快（相当于光速或接近光速）。因此，微观粒子的运动规律绝不同于宏观物体，而有其自身的特殊性——量子化和波粒二象性。

（一）微观粒子的量子化特征

1900 年，Planck M 提出了能量量子化假设。他认为：能量有一最小单位 ε_0，黑体辐射的能量一定是最小单位 ε_0 的整数倍，即 $\varepsilon = n\varepsilon_0 = nh\nu$。其中 ε_0 称为**量子**（quantum），h 是 **Planck 常数**（Planck constant），其值等于 6.626×10^{-34} J · s。因此，黑体辐射的能量谱是不连续的。

在 Planck 能量量子化假设的基础上，1905 年 Einstein 提出了光子学说。他认为光能的最小单位是光量子，光的能量只能是光量子的整数倍，是不连续的。不仅如此，微观粒子其他物理量的变化也是不连续的。微观世界能量（或其他物理量）变化的这种不连续性称为量子化。与微观世界相比，宏观物体的物理量很大，人们可以观测到它的连续变化量，如宏观物体的电量是连续的库仑值变化，而微观粒子所带的电荷只能以电子电量 e 的整数倍变化。因此，量子化是微观世界的特有属性。

1911 年英国物理学家 Rutherford E 根据 α 粒子散射实验提出了原子的有核模型（nuclear model），用一束高速运动的 α 粒子轰击金箔时，发现大部分 α 粒子几乎不受阻碍地直线穿过，只有极少数 α 粒子发生大角度散射，甚至反射，这表明原子中绝大部分空间是空的，正电荷所占的空间很小，因此当 α 粒子通过金箔时，只有极少数几个遇到质量较大的带正电荷的部分排斥，这个带正电荷的部分位于原子中心，这就是原子核。

Rutherford 在 α 粒子散射实验的基础上，提出了“行星系式”原子模型。该模型认为：原子核好比太阳，电子好比是绕太阳运动的电子的行星，电子绕核高速运动。根据他的模型，绕核旋转的电子会连续辐射电磁波，得到连续光谱；并且，电子能量不断减小，电子运动轨道的半径也将不断减小，电子最终会堕入原子核，导致原子毁灭。但事实上，原子没有毁灭。这显然无法解释原子的线状光谱和原子的稳定性。

当一束白光通过石英棱镜时，不同波长的光由于折射率不同，形成红、橙、黄、绿、蓝、紫等没有明显界线的彩色光谱，这种带状光谱称为连续光谱。原子受激发所得光谱却是不连续的**线状光谱**（line spectrum）。氢原子核外只有 1 个电子，因此氢原子光谱是最简单的原子光谱。氢原子光谱在可见光区有 4 条比较明显的谱线：H_α、H_β、H_γ、H_δ，波长分别在 656.3nm、486.1nm、434.1nm、410.2 nm，此外，在红外区和紫外区也有一系列谱线（图 10-1）。

为了解释氢原子线状光谱的事实，1913 年，丹麦的物理学家 Bohr N 把 Planck 量子化观点应用于 Rutherford 的原子模型，提出了氢原子的模型。Bohr 氢原子模型假设如下：

（1）氢原子核外的电子不是在任意轨道上绕核运动，而只能在某些特定的轨道上运动。电子在这些轨道上运动时并不吸收能量也不辐射能量。在这些轨道上运动的电子所处的状态称为原子的**定态**（stationary state）。这些轨道的半径（r）与相应的能量（E）为

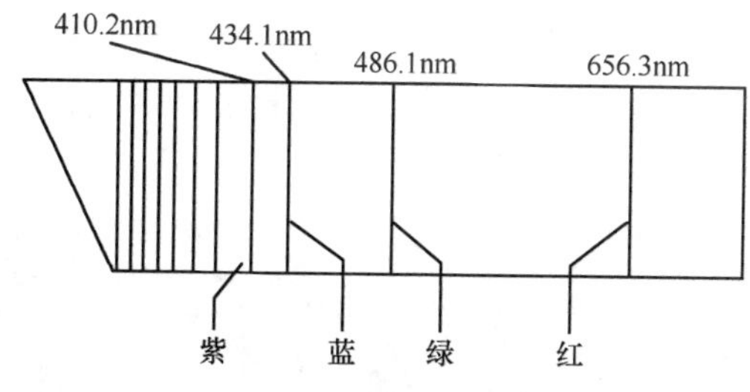

图 10-1　氢原子光谱

$$r = a_0 \cdot n^2 \tag{10.1}$$

$$E = -2.18 \times 10^{-18} \frac{Z^2}{n^2}(\mathrm{J}) \tag{10.2}$$

式中：$a_0 = 52.9$ pm，称为 Bohr 半径。n 只能取 1，2，3……等正整数，称为量子数。原子在正常或稳定状态时，电子尽可能处于能量最低的轨道，这种状态称为**基态**（ground state）。除基态外，其他能量较高的各种状态均称为**激发态**（excited state）。氢原子处于基态时，电子在 $n=1$ 的轨道上运行，能量最低，为 2.18×10^{-18}J。

Bohr 将具有一定能量的轨道称为一个能级。显然，氢原子中电子所处轨道的 n 值不同，使得氢原子所具有的能量也不同，即氢原子中的轨道的能级不是连续的，而是随着 n 值的变化被分为不同的能级。核外电子的运动状态具有量子化的特征。

（2）当原子从外界获得能量时，电子便可以吸收能量被激发到较高的能级，此时原子处于激发态。激发态能量较高，不稳定，又会迅速地回到基态或能量较低的能级。这个过程称为**跃迁**（transition），它以光子的形式释放能量。跃迁时，吸收或释放的光子能量大小决定于两个能级间的能量差：

$$h\nu = E_2—E_1 \tag{10.3}$$

式中：ν 是光子的频率，h 为 Planck 常数。由于各能级的能量是确定的，不连续的，发出的光子的频率也是特定的不连续的，Bohr 由此计算的氢原子在可见光区内的四条谱线的波长与实验值十分吻合。

Bohr 理论成功地解释了氢原子线状光谱产生的原因及其规律性，对于原子结构理论的发展起到了很重要的作用。但是该理论对氢原子光谱的精细现象无法解释，也不能解释多电子原子的光谱。更不能解释原子如何形成分子的化学键本质。Bohr 理论未能冲破经典物理学束缚，把电子看做是沿固定轨道运动的微小的经典力学的粒子，而没有认识到微观粒子除具有量子化特征外，还具有波粒二象性。因此没有完全揭示微观粒子的特性及运动规律。

（二）微观粒子的波粒二象性

根据 Einstein 的光子学说，光不但具有**波动性**（wave duality）的特点，而且还具有**粒子性**（particle duality）的特点，称为**波粒二象性**（particle-wave duality）。

在光的波粒二象性的启发下，1923 年，法国年轻的物理学家 de Broglie L 大胆地提出了电子、原子等微观粒子也具有波粒二象性的假设，并预言质量为 m、运动速度为 v 的实物粒子，其相应的波长为

$$\lambda = \frac{h}{mv} \tag{10.4}$$

上述关系式称为 **de Broglie 关系式**(de Broglie relation)。式中 h 为 Planck 常数，mv 为实物粒子的动量(p)。德布罗意关系式把微观粒子的粒子性 $p(m、v)$ 和波动性 λ 通过普朗克常数 h 联系在一起。根据式(10.4)可以计算出子弹($m=1.0\times10^{-2}$kg,$v=300$m·s^{-1})的波长为 10^{-22}pm;电子($m=9.1\times10^{-31}$kg,$v=5.9\times10^{6}$m·s^{-1})的波长为 123pm。结果表明，子弹物质波的波长太小，其波动性难以表现出来，所以像子弹这样的宏观物体只表现出粒子性，而电子的物质波的波长则相当于 X 射线的波长范围(1 ~ 10 000pm)。

1927 年，Davisson C J 和 Germer L H 的电子衍射实验证实了 de Broglie 的假设。当电子射线穿过一薄晶片(或晶体粉末)时，在荧光屏上得到了与光的衍射图相类似的明暗相间的衍射环纹图(图 10-2)。由电子衍射图测得的电子波波长与式(10.4)计算的数值完全相符。电子衍射的实验结果说明电子运动与光相似，具有波动性。后来进一步的实验证实了中子、质子、原子等微观粒子都具有波动性。因此，波粒二象性是微观粒子的基本属性。

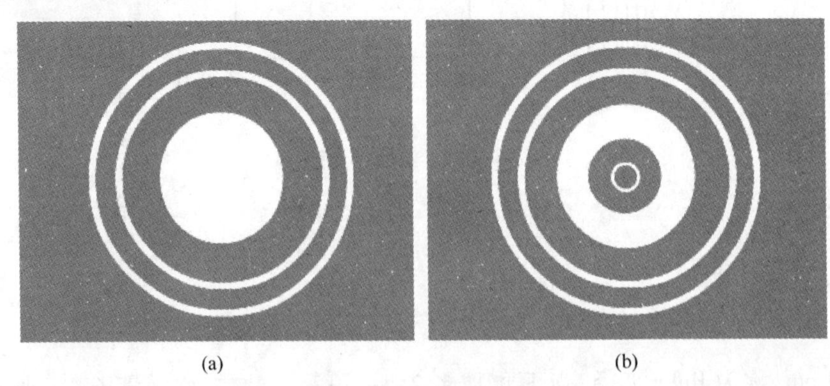

(a)　　(b)

图 10-2　衍射实验图像

(a)电子衍射图;(b)X 射线衍射图

电子的波动性绝不意味着电子是波浪式前进的粒子流，电子波(物质波)与机械波、电磁波不同，它没有明确的物理意义。在衍射实验中，用强电子流可以在短时间内得到衍射图，但单个电子在相同条件下重复极多次也可以获得与强电子流一样的衍射图。由此可见，电子的衍射(波动性)不是许多电子相互影响的结果，而是电子本身运动所固有的规律性。电子的波动性是大量电子个体运动或者是单个电子多次相同实验的统计结果。波的衍射强度大的地方(电子波强度大的地方)就是电子出现几率大的地方，衍射强度小的地方，电子出现的几率小，即波的强度反映了电子出现的几率。因此，电子等实物粒子波是一种几率波。

(三) 测不准原理

1927 年，德国科学家 Heisenberg 提出，不可能同时准确地确定微观粒子的位置和动量，粒子的位置测得愈准确，动量(或速度)就测得愈不准确;反之，它的动量测得愈准确，位置就测得愈不准确。这就是著名的**测不准原理**(uncertainty principle)。

$$\Delta x \cdot \Delta p \geqslant \frac{h}{4\pi} \tag{10.5}$$

式中:x 为微观粒子在空间某一方向的位置坐标; Δx 为确定粒子位置时的测不准量; Δp 为确定粒子动量的测不准量，h 为 Planck 常数。

测不准原理是微观粒子波动性的必然结果。它的运动不存在确定的运动轨迹，不遵守经典力学规律。但是，微观粒子的运动规律可以用量子力学来描述，即表达它在空间出现的概率及其他全部特征。

二、波函数与原子轨道

1926 年，奥地利物理学家 Schrödinger 根据 de Broglie 物质波的观点，提出了描述核外电子运动状态的波动方程，即 **Schrödinger 方程**(Schrödinger's equation)

$$\frac{\partial^2\psi}{\partial x^2}+\frac{\partial^2\psi}{\partial y^2}+\frac{\partial^2\psi}{\partial z^2}+\frac{8\pi^2 m}{h^2}(E—V)\psi = 0 \tag{10.6}$$

这是量子力学中研究微观粒子最重要的基本方程。式中 m 是电子的质量，x,y,z 是电子在核外空间的坐标，E 是体系的总能量，即电子的动能和势能之和，V 是电子的势能，$E-V$ 是电子的动能，h 是 Planck 常数。ψ 是该方程的解，但它不是一个数值，而是一个描述微观粒子空间运动状态的函数式 $\psi(x,y,z)$，称为**波函数**(wave function)。Schrödinger 方程把电子的粒子性(如 E,V,m 等)与波动性(如 ψ)有机地结合在一起，从而更真实、更全面地反映了电子的运动规律。Schrödinger 方程的求解要经过复杂的数学运算，这不是本课程的任务，所以不做更深的讨论。

Schrödinger 方程有许多解，每个合理的解 ψ 都表示核外电子运动的一种状态，量子力学通常用波函数 ψ 来描述电子的运动状态。与 ψ 相对应的 E 就是电子处于该状态时的能量。因此，一个波函数 ψ 确定后，电子在核外空间的某种状态便已确定，也就可以确定电子离核的平均距离和能量。所以习惯上把波函数仍称为**原子轨道**(atomic orbit)。如 ψ_{1s}称为 1s 原子轨道，ψ_{2p}称为 2p 原子轨道等。必须注意，原子轨道和波函数是同义词，但这里的“轨道”已完全不同于 Bohr 的定态轨道的概念。例如 ψ_{1s}表示原子核外 1s 电子的运动状态，并不表示 1s 电子有确定的运动轨道。

第二节　量子数和氢原子的波函数

一、量　子　数

通过解 schrödinger 方程可得出氢原子的波函数 Ψ，但 schrödinger 方程在数学上的许多解是不合理的，必须满足特定的条件才具有物理意义，这就是用来描述核外电子运动状态的特征函数。

这种 schrödinger 方程的特定解可用限定数——**量子数**(quantum number)来表示。当量子数按一定的规律取值并组合时，所得到的波函数才是合理的。这些量子数为 n、l、m。当 n、l、m 三个量子数取值一定时，就确定了一个原子轨道的波函数 $\psi_{n,l,m}$，它们与另一个量子数 m_s 一同描述特定核外电子的运动状态。现对各量子数的取值范围、物理意义介绍如下。

1. 主量子数 n　**主量子数**(principal quantum number)表示电子出现几率最大的区域离核的远近，是决定电子能量高低的主要因素。取除 0 以外的正整数。$n=1,2,3\cdots\cdots n$ 等。n 值越大，电子离核的平均距离越远，电子的能量越高。

主量子数 n 还决定电子离核的平均距离，或者说决定原子轨道的大小，所以也称**电子层数**(electron shell number)。n 愈大，电子离核平均距离愈大，通常将 n 值相同的电子称同层电子，其 n 值相同轨道属同一电子层。当 $n=1,2,3,4\cdots$时，分别称为第一，二，三，四，…电子层，相应用光谱符号 K，L，M，N，…来表示。

2. 角量子数 l　**角量子数**(angular quantum number)表示原子轨道(或电子云)的形状。在多电子原子中，它和主量子数 n 一起决定电子的能量。

l 的取值受主量子数 n 的限制，只能取小于 n 并包括 0 和的正整数。$l=0,1,2,3\cdots\cdots(n-1)$，共 n 个数值。对于同一个 n 值，可能有 n 个 l 值，这表明同一电子层中有 n 个不同的亚层。例如 $n=1$ 时，只有一个角量子数，$l=0$；$n=2$ 时，有两个角量子数，$l=0$，$l=1$。依此类推。

按光谱学习惯 $l=0$ 时，用符号 s 表示，称 s 轨道，其轨道或电子云呈球形分布；$l=1$ 时，用符号 p 表示，称 p 轨道，其轨道或电子云呈哑铃形分布；$l=2$ 时，用符号 d 表示，称 d 轨道，其轨道或电子云呈花瓣形分布。

在多电子原子中，l 还决定电子能量高低。当主量子数相同，轨道角动量量子数不同的电子，其能量是不相等的，当 n 相同，l 值愈大，能量愈高，所以 $E_{ns}<E_{np}<E_{nd}<E_{nf}$。

同一电子层中的电子可以分为若干个**能级**(energy level)或称**亚层**(subshell)，轨道角动量量子数决定了同一电子层中不同亚层。通常 $l=0,1,2,3$ 的能级分别称为 s、p、d、f 能级，或 s、p、d、f 亚层，例如：$n=2$ 时，l 值可取 0 和 1，分别称为 2s 亚层和 2p 亚层。

由于原子轨道的形状不同，因而在这些不同形状的原子轨道上运动的电子，所具有的能量也就不同。当主量子数 n 相同时，l 的数值越大，电子具有的能量就越高。

3. 磁量子数 m　**磁量子数**(magnetic quantum number)决定原子轨道在空间的伸展方向。它的取值受角量子数限制，它可以取 $-l$ 到 $+l$ 之间的整数。即 $m=0, \pm1, \pm2, \pm3, \cdots\cdots \pm l$，共 $2l+1$ 个数值。例如，对于 $l=0$ 的 s 亚层轨道，$m=0$，只有一个取值，则 s 轨道在空间只有一个伸展方向，s 亚层的轨道数为 1；对于 $l=1$ 的 p 亚层轨道，$m=0, \pm1$，有三个取值，则 p 亚层轨道在空间有三个伸展方向，p 亚层的轨道数为 3，3 个轨道分别沿 x、y、z 轴伸展，分别用 p_x、p_y、p_z 表示。

磁量子数 m 只决定原子轨道和电子云在空间的伸展方向。它与电子的能量无关。n 与 l 相同仅 m 值不同的原子轨道，其能量相同，称为**简并轨道**(equivalent orbital)或**等价轨道**(degenerate orbital)。如 p 亚层有三条简并轨道 p_x, p_y, p_z；d 亚层有五条简并轨道 $d_{xy}, d_{yz}, d_{xz}, d_{z^2}, d_{x^2-y^2}$。

4. 自旋量子数 m_s　自旋量子数(spin quantum number)只能取 $+\frac{1}{2}$ 和 $-\frac{1}{2}$ 两个值，分别表示顺时针和逆时针两种自旋运动，通常用符号"↑"和"↓"表示。

综上所述，n、l、m 一组量子数可以决定一个原子轨道的离核远近、形状和伸展方向。也对应表示这个原子轨道的波函数 $\psi_{n,,l,m}$。当三个量子数确定时，波函数随即确定。当 $n=2, l=1$ 时，m 只能取 $-1, 0, +1$。n、l、m 三个量子数的组合方式只有(2,1,-1)、(2,1,0)和(2,1,1)，表示了 2 p 原子轨道在空间的三个不同伸展方向，用波函数 $\psi_{n,l,m}$ 表示即为波函数 $\psi_{2,1,-1}$、$\psi_{2,1,0}$ 和 $\psi_{2,1,1}$。每个电子层的轨道数为 n^2。n、l、m、m_s 四个量子数可以确定某一个电子在核外的运动状态。由于每一个原子轨道中可容纳自旋相反的两个电子，每个电子层容纳的电子总数为轨道的 2 倍，即 $2n^2$ 个(表 10-1)。

表 10-1　三个量子数及对应的原子轨道

n	l	m	轨道名称	轨道数	轨道总数
1	0	0	1s	1	1
2	0	0	2s	1	4
	1	-1,0,+1	2p	3	
3	0	0	3s	1	9
	1	-1,0,+1	3p	3	
	2	-2,-1,0,+1,+2	3d	5	
4	0	0	4s	1	16
	1	-1,0,+1	4p	3	
	2	-2,-1,0,+1,+2	4d	5	
	3	-3,-2,-1,0,+1,+2,+3	4f	7	

二、氢原子的波函数

波函数是描述核外电子运动状态的函数。它和其他任意函数一样，可以用图像来形象描述，但由于它是三维空间坐标(x,y,z)的函数，很难用恰当而又简单的直观图形表示清楚。通常把直角坐标变换为球坐标(r, θ, ϕ)，则波函数变为球坐标的函数(r, θ, ϕ)。球坐标与直角坐标的关系如图 10-3 所示。

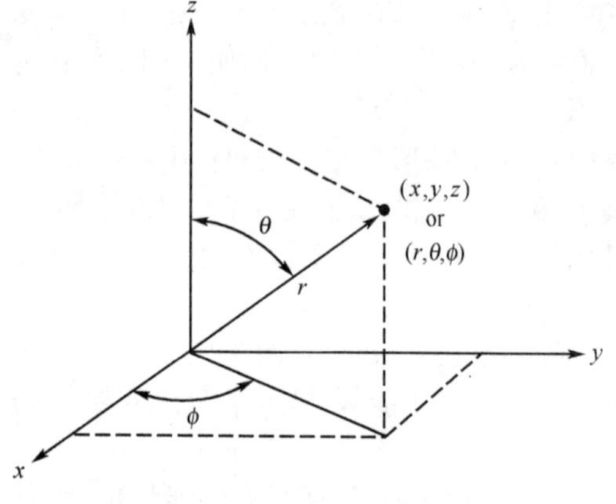

图 10-3　球坐标与直角坐标系的变换关系

$$\psi(x,y,z) \xrightarrow{\text{坐标变换}} \psi(r,\theta,\phi)$$

直角坐标系　　　　球坐标系

$$x = r \cdot \sin\theta \cdot \cos\phi$$

$$y = r \cdot \sin\theta \cdot \sin\phi$$

$$z = r \cdot \cos\theta$$

$$r = \sqrt{x^2 + y^2 + z^2}$$

为了便于表示原子轨道的空间图像，可以把波函数 $\psi_{n,l,m}(r,\theta,\phi)$ 写成两项之积的形式，即

$$\psi_{n,l,m}(r,\theta,\phi) = R_{n,l}(r) Y_{l,m}(\theta,\phi) \qquad (10.7)$$

$R_{n,l}(r)$ 是与半径 r 有关的径向分布部分，称为**径向波函数**(radial wave function)。$Y_{l,m}(\theta,\phi)$ 是与 θ、ϕ 有关的角度分布部分，称为**角度波函数**(angular wave function)，它由量子数 l 和 m 决定。通过径向和角度分布可以了解原子轨道的形状和方向。表 10-2 中列出了 K 层和 L 层氢原子轨道的径向波函数和角度波函数。

表 10-2　氢原子的一些波函数

轨道	$\psi_{n,l,m}(r,\theta,\phi)$	$R_{n,l}(r)$	$Y_{l,m}(\theta,\varphi)$
1s	$\sqrt{\frac{1}{\pi a_0^3}}e^{-r/a_0}$	$2\sqrt{\frac{1}{a_0^3}}e^{-r/a_0}$	$\sqrt{\frac{1}{4\pi}}$
2s	$\frac{1}{4}\sqrt{\frac{1}{2\pi a_0^3}}(2-\frac{r}{a_0})e^{-r/2a_0}$	$\sqrt{\frac{1}{8\pi a_0^3}}(2-\frac{r}{a_0})e^{-r/2a0}$	$\sqrt{\frac{1}{4\pi}}$
$2p_z$	$\frac{1}{4}\sqrt{\frac{1}{2\pi a_0^3}}(\frac{r}{a_0})e^{-r/2a0}\cos\theta$	$\sqrt{\frac{1}{24\pi a_0^3}}(\frac{r}{a_0})e^{-r/2a0}$	$\sqrt{\frac{3}{4\pi}}\cos\theta$
$2p_x$	$\frac{1}{4}\sqrt{\frac{1}{2\pi a_0^3}}(\frac{r}{a_0})e^{-r/2a0}\sin\theta\cos\phi$	$\sqrt{\frac{1}{24\pi a_0^3}}(\frac{r}{a_0})e^{-r/2a_0}$	$\sqrt{\frac{3}{4\pi}}\sin\theta\cos\phi$
$2p_y$	$\frac{1}{4}\sqrt{\frac{1}{2\pi a_0^3}}(\frac{r}{a_0})e^{-r/2a0}\sin\theta\sin\phi$	$\sqrt{\frac{1}{24\pi a_0^3}}(\frac{r}{a_0})e^{-r/2a_0}$	$\sqrt{\frac{3}{4\pi}}\sin\theta\sin\phi$

(一) 氢原子轨道的角度分布图

原子轨道的角度分布图是角度波函数的图形，它描绘 $Y_{l,m}(\theta,\phi)$ 值随方位角改变而变化的情况。氢原子的 s、p、d 轨道的角度分布图形(如图 10-5)，由于角度波函数 $Y_{l,m}(\theta,\phi)$ 只与轨道角动量量子数 l 和磁量子 m 有关，而与主量子数 n 无关，只要 l,m 相同，即使 n 不同，其角度分布图像相同。图中氢原子 s 轨道角度波函数的值在任意方位角为常数，因而形成一个球面，球面所在的球体就 s 轨道的图形。p 轨道的角度波函数的值随方位角和的改变而改变。以 $2p_z$ 轨道为例，Y_{pz} 函数 $\sqrt{3/4\pi}\cos\theta$，将各种不同 θ 角代入这个函数，结果如表 10-3：

表 10-3　函数结果

θ	0°	30°	60°	90°	120°	150°	180
$\cos\theta$	1	0.866	0.5	0	-0.5	-0.866	-1
Ypz	0.489	0.423	0.244	0	-0.244	-0.423	-0.489

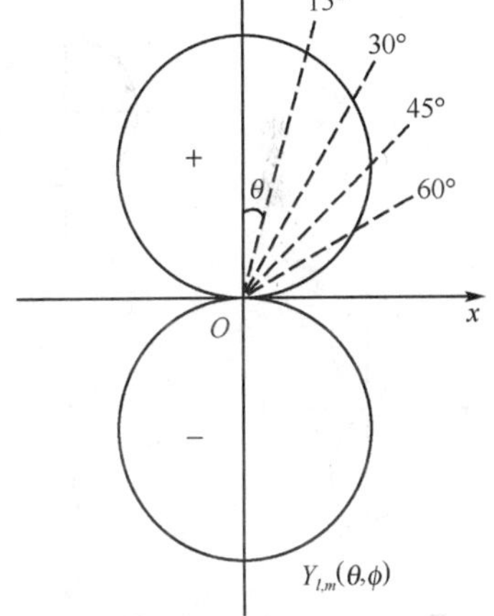

图 10-4　原子轨道角度分布图

根据表中数据，绘出图 10-4 的双波瓣形，每一波瓣形成一个球体，两波瓣沿轴方向伸展。在 x、y 平面上方和下方，两波瓣的波函数的值相反，在 x、y 平面上波函数值为零，这个平面称为节面(nodal plane)，Ypx、Ypy 的轨道角度分布图像的含义与此类同。

d_{xy}、d_{xz}、d_{yz} 轨道的角度分布图的波瓣沿坐标轴夹角 45°的方向伸展，$d_{x^2-y^2}$、d_{z^2} 在坐标轴上伸展。d_{z^2} 的图形负波瓣呈环状，但和其他 d 轨道是等价的。这些图形一般各有两个节面，波瓣呈橄榄形。

原子轨道角度分布图中的正负号表示波函数角度部分 $Y_{l,m}(\theta,\phi)$ 在这些特定方位角上取值的正负，同时也反映了电子的波动性，它不应理解为电荷符号。它在阐明化学键形成时有重要意义。

(二) 电子云的角度分布图

电子在核外空间某区域出现机会的多少叫做概率，在某处附近微单位体积中出现的概率称为概率密度。显然，电子在核外空间某区域出现的概率等于概率密度与该区域总体积的乘积。

前已述及，电子波是概率波，波在空间某点的强度大，电子在该点附近微体积中出现的概率也大，即概率密度也大。根据光的波动性，光的强度 ∝ |振幅|^2，而 $\psi(x,y,z)$ 即是表示电子波振幅的函数式，故电子波的强度正比于波函数的平方。因此 $|\psi|^2$ 表示了电子在核外空间某处的概率密度。为了形象地表示电子在核外概率密度的分布情况，采用了电子云图的表示方法，即用疏密程度不同的小黑点表示概率密度的大小，这种图像被形象地称为电子云，图 10-6 即为不同类型电子云的空间图像。

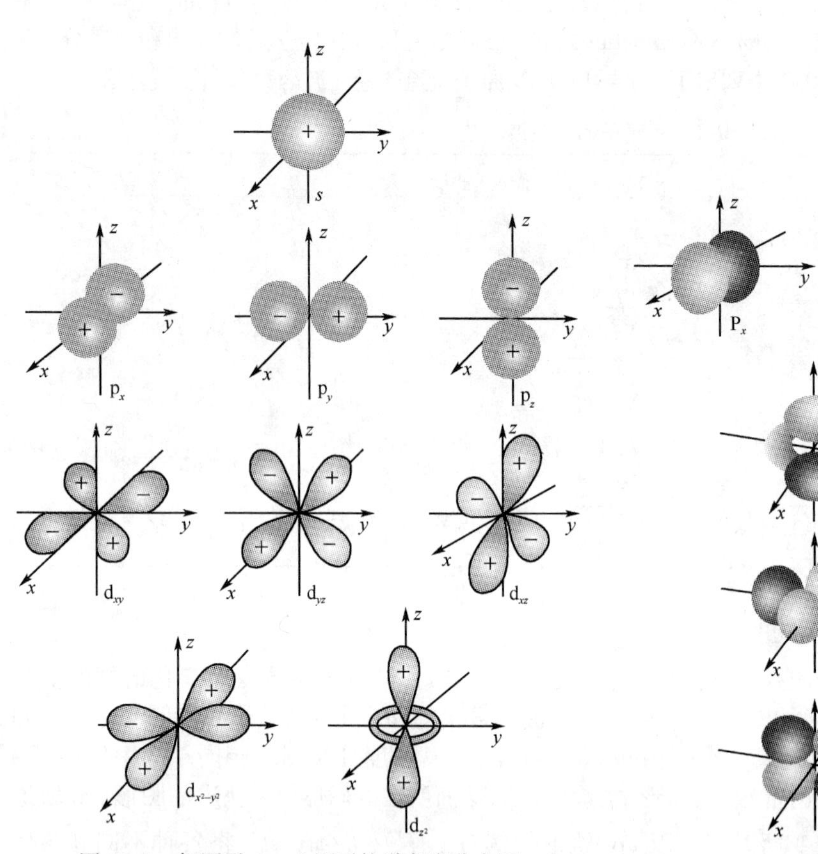

图 10-5　氢原子 s、p、d 原子轨道角度分布图

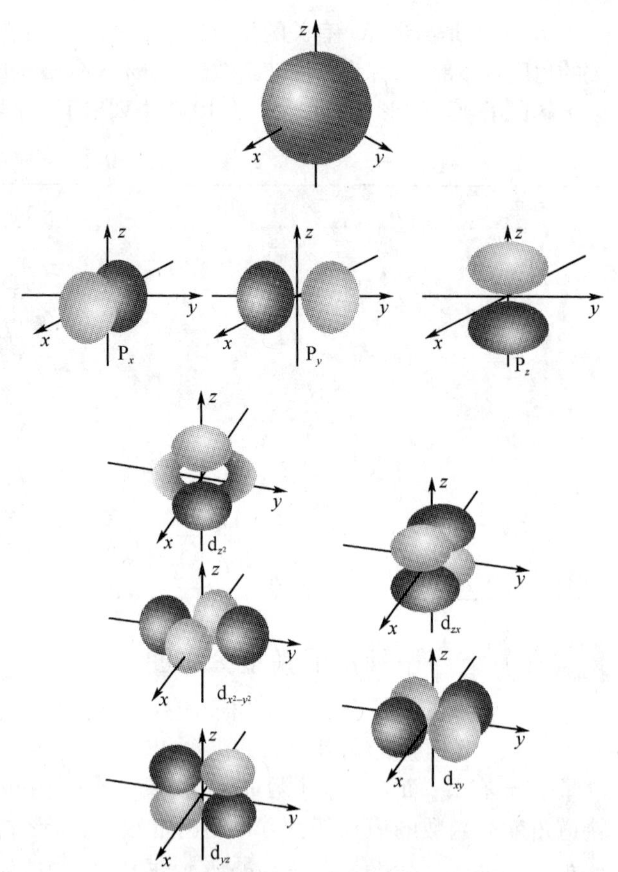

图 10-6　电子云示意图

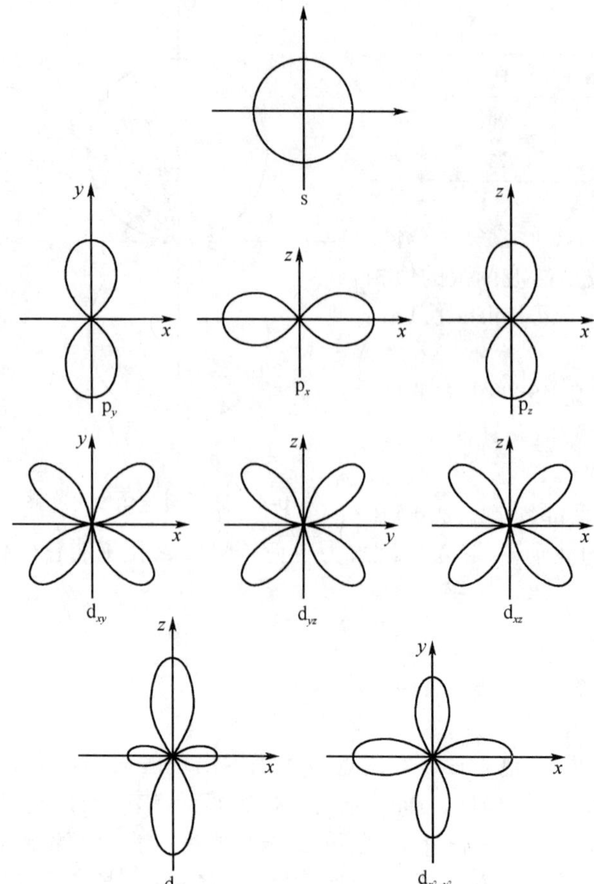

图 10-7　电子云的角度分布图

类似于将波函数写成径向和角度两部分乘积，同样也可将 $|\psi|^2$ 写成径向和角度部分的乘积：

$$|\psi|^2 = R^2(r) \cdot Y^2(\theta,\phi) \qquad (10.8)$$

将 $Y^2(\theta,\phi)$ 随角度 (θ,ϕ) 变化作图，便得到电子云的角度分布图（图 10-7）。它反映了电子在核外空间不同角度（方向）上概率密度的分布情况，但不表示电子出现的概率密度与距离的关系。电子云的角度分布图与原子轨道的角度分布图形十分类似，它们的区别：(1) 电子云角度分布图所表现的是概率密度分布 $|Y|^2$ 而不是概率分布，没有正负号；(2) 形状上电子云角度分布图比原子轨道的角度分布图要瘦些，这是因为 Y 值小于 1，平方后 $|Y|^2$ 值更小。

需要说明的是，图 10-5、图 10-6、图 10-7 是描述电子运动状态的三种常用的图形表示方法，它们的形状相似，只是描述的出发点不同，代表的含义有所不同，熟知上述原子轨道和电子云的不同图形，对学习化学键的形成及有机物的结构有重要意义。

(三) 氢原子轨道的径向分布图

径向分布函数(radial distribution function)用 $D(r)$ 表示，$D(r) = R_{n,l}^2(r) \cdot 4\pi r^2$，表示电子在以原子核为中心，半径为 r，微分厚度为 dr 的同心圆薄球壳内出现的概率，即氢原子核外电子在薄球壳层内出现的概率与离核距离 r 的关系(图 10-8)。

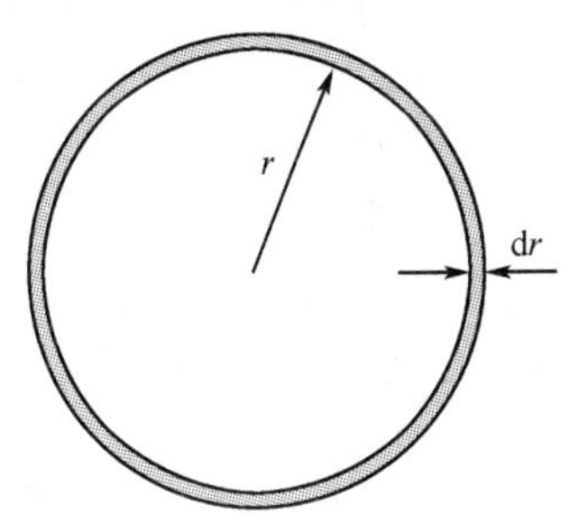

图 10-8 球形薄球壳夹层示意图

薄球壳夹层的表面积为 $4\pi r^2$，薄球壳夹层的体积为 $4\pi r^2 dr$，所以：

$$概率 = |\psi|^2 4\pi r^2 dr = R_{n,l}{}^2(r) 4\pi r^2 dr = D(r)\ dr$$

以 $D(r)$ 为纵坐标，以 r 为横坐标，可得径向分布函数图。图 10-9 是氢原子各轨道状态的径向分布函数图。

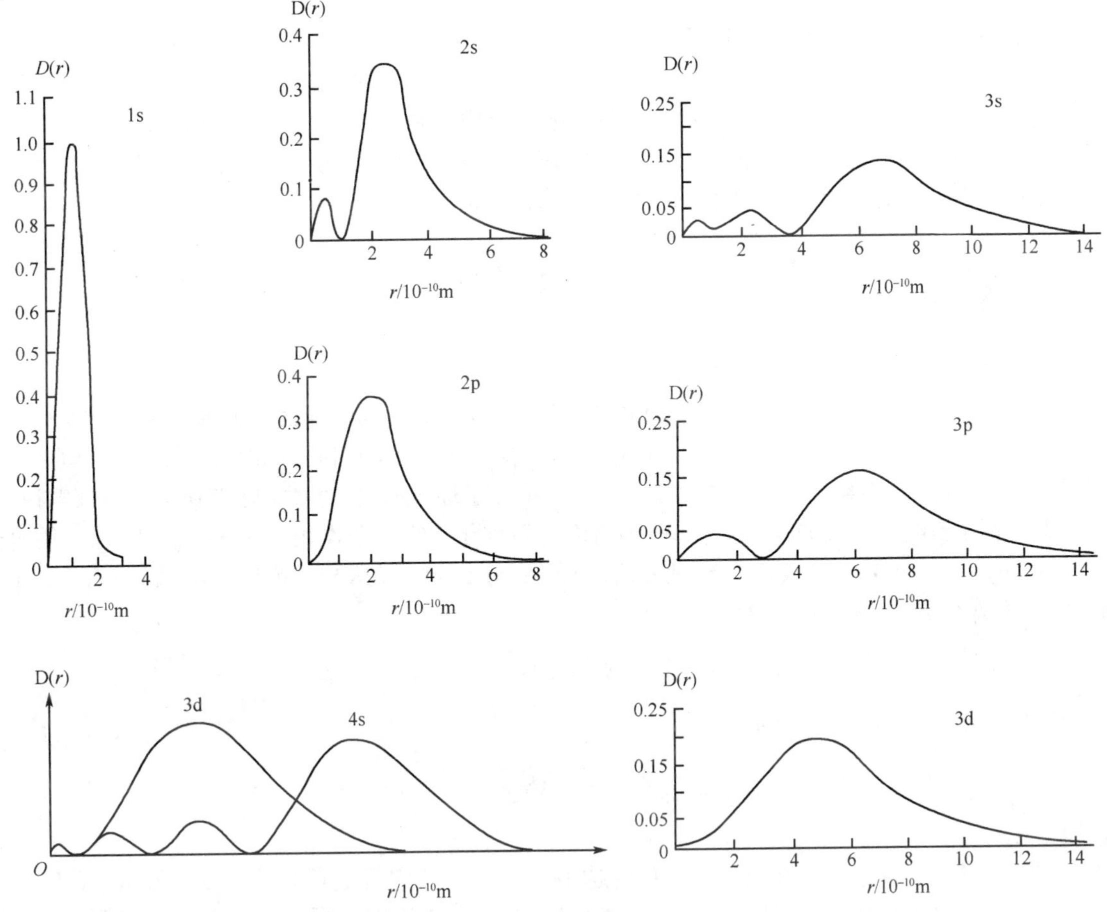

图 10-9 氢原子各轨道状态的径向分布函数图

图中 1s 轨道的径向分布函数图的极大值正好在 $r = 52.9$pm 处，这表明电子在半径 52.9pm 附近的一薄壳内出现的概率最大，比任何其他地方同样厚度薄层球体内电子出现的概率大。这个电子出现概率最大的球壳离核的距离称为 Bohr 半径。概率极大值地方与概率密度最大的地方不一致，这是因为概率密度是随半径 r 的增大而减小的，但球壳体积却是随半径 r 的增大而增加的，这两种变化趋势相反的因素结合在一起，就会出现一个极大值。

不同状态的电子，其径向分布图中的峰数不同，各态电子出现概率峰的数目为 $n-l$。因此对于 ns 电子云，n 越大，峰数越多，峰数等于 n。如图 10-8 所示，3s 电子有 3 个峰，3s 电子除了主要出现在离核较远的区域外，还可以“钻穿”到离核较近区域。对于 np 态电子，$l=1$，有 $n-1$ 个峰，对 nd 态电子，$l=2$，有 $n-2$ 个峰。

对于角量子数 l 相同，主量子数 n 不同的各态原子，其主峰距核距离不同，n 越小，距核越近，n 越大，距核越远，就好像电子处于某一电子层。

主量子数 n 相同的各态原子，其主峰离核的距离大致相同。但 l 越小，径向分布函数峰越多，电子在核附近出现的可能性越大，其第一个小峰距核越近。从图 10-9 可以看出，第一个峰离核距离的远近顺序是 $ns < np < nd < nf$，说明不同 l 的"钻穿"到核附近的能力不同。例如 4s 的第一个峰甚至钻穿到 3d 的主峰离核更近的距离之内去了。这说明 Bohr 理论中假设的固定轨道是不存在的，外层电子出现在内层正是电子波动性的反映。

综上所述，电子的概率径向分布不仅反映了电子出现的概率与距核远近的关系，也反映出核外电子概率分布的层次性和穿透性，这是多电子原子发生能级交错的根本原因。

第三节 多电子原子的原子结构

氢原子和类氢原子的核外只有一个电子，该电子仅受到核的吸引作用，故可用 Schrödinger 方程精确求解出其电子运动的波函数及其对应的能量，而在多电子原子中，除存在原子核对核外电子的吸引外，还存在电子间的排斥，其 Schrödinger 方程要复杂得多，通常做近似处理。尽管如此，氢原子结构的结论仍可近似应用到多电子原子中：在多电子原子中的每个电子都有其对应的波函数，其具体形式也取决于一组量子数 n、l、m。各电子层中的轨道数与氢原子中各电子层轨道数相等；多电子原子波函数的角度部分 $Y(\theta,\varphi)$ 和氢原子的相似，因此，多电子原子各原子轨道和电子云的角度分布图与氢原子的角度分布图也相似；多电子原子的能量等于处于各能级的电子能量的总和。

一、多电子原子的能级

（一）屏蔽效应

由于多电子原子的 Schrödinger 方程较为复杂，通常用屏蔽效应和钻穿效应的原理来做近似处理。

设想核电荷数为 Z 的多电子原子中，某中电子 i 除受原子核的吸引外，同时还要受到其他 $(Z-1)$ 个电子的排斥，这种排斥实际上相当于 $(Z-1)$ 个电子屏蔽住了原子核，使电子 i 感受到的有效核电荷数 Z^* 降低，抵消了部分核电荷对其的吸引力，这种作用称为对电子 i 的**屏蔽作用**（screening effect）。用**屏蔽常数 $\boldsymbol{\sigma}$**（screening constant）表示其他电子所抵消掉的部分核电荷，这样，**有效核电荷**（effective nuclear charge）可用下式计算

$$Z^* = Z - \sigma$$

此时，电子 i 的能量公式(10.2)表示

$$E = -\frac{Z^{*2} \times 2.18 \times 10^{-18}}{n^2}\ (\mathrm{J})$$

由上式可以看出，某电子被其他电子屏蔽得越多，即 σ 愈大，它所受到的核的吸引就越小（Z^* 越小），能量越高；一般来说，内层电子对外层电子具有屏蔽作用，反之则没有。同层电子之间也存在一定的屏蔽作用，主要表现在 l 较小的电子对 l 较大的电子的屏蔽作用。多电子原子的能级与 n 和 l 的关系有如下规律性：

（1）当 l 相同，n 不同时，n 越大，电子层数越多，外层电子受到的屏蔽作用越强，轨道能级愈高。如 $E_{1s} < E_{2s} < E_{3s} < \cdots\cdots$，$E_{2p} < E_{3p} < E_{4p} < \cdots\cdots$

（2）当 n 相同 l 不同时，l 越小的电子受其他电子的屏蔽作用小，能量较低。l 越小的电子受其他电子的屏蔽作用较小，这是由于钻穿效应影响的结果。

（二）钻穿效应

由径向分布图（图 10-9）可知，n 相同，l 不同时，l 愈小，$D(r)$ 的峰越多，部分电子云穿过内层电子而离核更近，从而回避了其他电子对它的屏蔽作用，自身承受的有效核电荷数越多，这种现象称为**钻穿效应**（penetrating effect）。显然，电子的钻穿能力愈强，离核愈近，受到其他电子的屏蔽就愈弱，能量就愈低。如 $E_{ns} < E_{np} < E_{nd} < E_{nf} < \cdots\cdots$

电子的穿透性实际上就是电子波动性的反映。在多原子电子中，由于其波动性，每个电子都有屏蔽

其他电子的作用，同时又有被其他电子所屏蔽和回避其他电子屏蔽的作用，钻穿效应使得电子在回避其他电子屏蔽的同时，也造成了对其他电子的屏蔽。因此，屏蔽效应和钻穿效应是两个相互联系而又相互区别的概念，正是由于这两种效应的影响，使得多原子电子的能级不仅决定于 n，而且与 l 有关。

n 和 l 都不同时，一般 n 越大，轨道能级愈高。但有时会出现反常现象，比如 3d 和 4s，$E_{4s} < E_{3d}$，称为能级交错。这种现象可以从 4s 电子的钻穿能力强这方面来考虑。

美国著名结构化学家 Pauling L 根据大量的光谱数据及理论计算结果，提出了多电子原子的原子轨道的近似能级顺序，如图 10-10 所示。

按能级的高低可以把原子轨道划分为若干个能级组。不同能级组的原子轨道之间能量差别较大，而同一能级组内各能级之间的能量差别较小。图 10-10 中每个方框代表一个能级组，每个圆圈代表一个原子轨道。1s 能级属于第 1 能级组。从 ns 到 np 能级构成第 n 能级组，$(n-1)$d 或 $(n-2)$f 也属于第 n 能级组。

我国化学家徐光宪教授，根据光谱实验数据，提出了基态多电子原子轨道的能级高低的半定量方法，即用 $(n+0.7l)$ 计算，值愈大，轨道能级愈高。并把 $n+0.7l$ 值的第一位数字相同的各能级组合为一组，称为某能级组（表 10-4）。这样计算的能级与 Pauling 近似能级顺序相吻合。

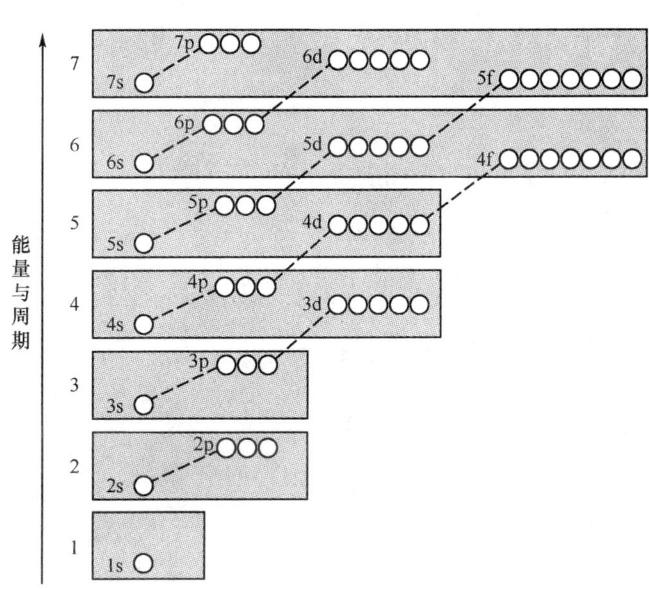

图 10-10　原子轨道近似能级图

表 10-4　用徐光宪公式计算的能级组

能级	1s	2s	2p	3s	3p	4s	3d	4p	5s	4d	5p	6s	4f	5d	6p
$n+0.7l$	1.0	2.0	2.7	3.0	3.7	4.0	4.4	4.7	5.0	5.4	5.7	6.0	6.1	6.4	6.7
能级组	1	2		3		4			5			6			

二、原子的电子组态

原子核外的电子排布又称为**电子组态**（electronic configuration）。在多电子原子中，核外电子排布遵守下面三条基本规律。

（一）Pauli 不相容原理

1925 年，奥地利物理学家 Pauli W 提出，在同一原子中不可能有四个量子数完全相同的两个电子，亦即在同一原子中没有运动状态完全相同的电子。这就是 **Pauli 不相容原理**（Pauli exclusion principle）。如果两个电子的 n、l、m 三个量子数相同，那么自旋量子数 m_s 必然相反。例如 Mg 原子 3s 轨道上的两个电子，用 (n,l,m,m_s) 一组量子数来描述其运动状态，一个是 $(3,0,0,+\frac{1}{2})$，另一个则是 $(3,0,0,-\frac{1}{2})$。因此，在一个原子轨道中最多只能容纳两个自旋方向相反的电子。一个电子层有 n^2 个原子轨道，最多可以容纳的电子数为 $2n^2$。

（二）能量最低原理

系统的能量越低越稳定，这是自然界的普遍规律，原子中的电子也不例外。核外电子排布时，总是先占据能量最低的轨道，当低能量轨道占满后，才排入高能量的轨道，以使整个原子能量最低。这就是**能量最低原理**。轨道能量的高低按照近似能级图所示的能级顺序。

例如，氢原子和氦原子的电子组态分别是 $1s^1$ 和 $1s^2$，1s 的上角标 1 和 2 表示在 1s 轨道上有 1 个或 2 个电子。锂原子核外有 3 个电子，首先两个电子占满 1s 轨道，第三个电子填充在 2s 轨道上，其电子组态

为 $1s^2 2s^1$。20 号 Ca 的电子组态是 $1s^2 2s^2 2p^6 3s^2 3p^6 4s^2$，在 K、L、M 电子层填充了 18 个电子以后，根据近似能级顺序，$E_{4s} < E_{3d}$，最后的两个电子不是填充到 3d 轨道中，而是占据 4s 轨道。

（三）Hund 规则

德国科学家 Hund F 根据大量的光谱实验数据指出，电子在能量相同的轨道（即简并轨道）上排布时，总是尽可能以自旋相同的方向分占不同的轨道，因为这样的排布方式总能量最低，这就是 **Hund 规则**（Hund's rule）。例如氮原子组态是 $1s^2 2s^2 2p^3$，三个 2p 电子的运动状态是：

$$2,1,0,+\frac{1}{2};\quad 2,1,1,+\frac{1}{2};\quad 2,1,-1,+\frac{1}{2}$$

或者用原子轨道方框图表示：

	1s	2s	2p				1s	2s	2p		
$_7N$	↑↓	↑↓	↑	↑	↑	，而不是	↑↓	↑↓	↑↓	↑	

碳原子的电子状态表示为：

	1s	2s	2p				1s	2s	2p		
$_6C$	↑↓	↑↓	↑	↑		，而不是	↑↓	↑↓	↑↓		

Hund 通过光谱实验还进一步提出了补充规则：简并轨道全充满（如 p^6、d^{10}、f^{14}），半充满（如 p^3、d^5、f^7）或全空（如 p^0、d^0、f^0）的这些状态都是能量较低的稳定状态。例如$_{29}$Cu 原子基态的电子排布式为 $1s^2 2s^2 2p^6 3s^2 3p^6 3d^{10} 4s^1$，而不是 $1s^2 2s^2 2p^6 3s^2 3p^6 3d^9 4s^2$。

在书写 20 号元素以后基态原子的电子组态时应注意，虽然电子填充按近似能级顺序进行，但电子组态必须按电子层排列。例如，填充电子时 4s 比 3d 能量低，但填满电子后，4s 的能量则高于 3d，所以形成离子时，先失去 4s 电子，3d 仍然是内层轨道。

为简化电子组态的书写，把内层已填充满至稀有气体电子层构型的部分，用稀有气体的元素符号加方括号表示，称为**原子芯**（atomic kernel）。例如 Fe 的基态写作 [Ar] $3d^6 4s^2$，原子芯 [Ar] 表示 $1s^2 2s^2 2p^6 3s^2 3p^6$，Ag 的基态写作 [Kr] $4d^{10} 5s^1$。

原子芯写法的优点是简便，更主要的是指明了化学反应中原子芯部分的电子结构不发生变化，结构发生改变的是**价电子**（valence electron），突出了元素的价层电子排布，使其一目了然。价电子所处的电子层称为**价电子层或价层**（valence shell）。例如 Fe 原子的价层电子组态是 $3d^6 4s^2$，Ag 原子的价层电子组态是 $4d^{10} 5s^1$。

书写离子的电子组态时，可以仿照在原子电子组态的基础上加上（负离子）或失去（正离子）的电子。例如 Fe^{2+}：[Ar] $3d^6 4s^0$，Cl^-：[Ar] $3s^2 3p^6$。

例 10-1 写出$_{24}$Cr 的基态电子组态。

解 根据能量最低原理，将铬的 24 个电子从能量最低的 1s 轨道排起，1s 轨道只能排 2 个电子，第 3、4 个电子填入 2s 轨道，2p 能级有三个简并轨道，填 6 个电子，再填入 3s、3p，3p 填满后共填入 18 个电子。因为 4s 能量比 3d 低，所以应先填入 4s 轨道两个电子，剩下的电子填入 3d，成为 $1s^2 2s^2 2p^6 3s^2 3p^6 4s^2 3d^4$，但按照 Hund 规则，半充满状态是能量较低的稳定状态，因此应填充为 $4s^1 3d^5$。铬原子的基态电子组态为：$1s^2 2s^2 2p^6 3s^2 3p^6 3d^5 4s^1$。

第四节　元素周期表

在自然界发现的化学元素中，其性质随着核电荷数的递增而呈现周期性的变化，这是由于原子的电子组态发生了周期性变化的结果，元素周期表则是原子电子组态和元素性质周期性变化的表现形式。

一、原子的电子层结构和周期

从各元素原子的电子层结构可知，当主量子数 n 依次增加时，n 每增加 1 个数值就增加一个能级组，也就增加一个新的电子层，而每一个能级组就相当于周期表中的一个周期。元素在周期表中所处的周期数就等于它的最外电子层数。

(1) 每一个能级组对应元素周期表中的一个周期(period)，即周期数等于能级组序数。第 1 能级组只有 1s 能级，形成第 1 周期。其后，第 n 能级组从 ns 能级开始 np 能级结束，形成第 n 周期。

(2) 各周期的元素的数目与能级组最多能容纳的电子数目一致。周期中元素原子的外层电子组态从 ns^1 开始到 np^6 结束。例如第 4 周期元素，原子的外层电子组态始于 $4s^1$，止于 $4s^24p^6$，但第 4 能级组还有 3d 能级可以容纳 10 个电子，所以第 4 周期有 18 个元素。各周期元素的数目按 2、8、8、18、18、32、32 的顺序增加。

(3) 元素所在周期等于该元素原子的电子层数，也等于元素原子的最高能级组数。例如第 4 周期元素，其电子层结构包括 1s, 2s2p, 3s3p, 4s3d4p 四个能级组，最高能级组为 4s3d4p，正好为第四能级组。

由于轨道的能级交错，周期表中各元素原子的最外层电子数最多不超过 8 个。若最外层电子数超过 8 个，除了填入 s、p 轨道外还应填入 d 轨道，而这只有在 $n \geq 3$ 时才有可能。例如第四周期，由于 $E_{3d} > E_{4s}$，电子首先填入 4s，然而电子填入 4s 轨道就增加了一个新的电子层，3d 就成了次外层。因此，原子最外层电子数最多不会超过 8 个。由于同样的原因，原子的次外层的电子数最多不会超过 18 个。

二、价层电子组态与族

性质相似的元素归为一族。族对应于原子的价层电子组态。周期表中有主族(A 族)和副族(B 族)之分。

主族：周期表中共有 8 个主族，即 ⅠA ~ ⅧA。凡内层轨道全充满，最后 1 个电子填入 ns 或 np 亚层上的，为 ⅠA ~ ⅧA 主族元素，价层电子的总数等于族数(用罗马数字表示)，即等于 ns、np 两个亚层上电子数目的总和。例如元素$_{13}$Al，核外电子组态是 $1s^22s^22p^63s^23p^1$，电子最后填入 3p 亚层，价层电子组态为 $3s^23p^1$，价层电子数为 3，故为ⅢA 族。ⅧA(也称为 0 族)为稀有气体，其最外层也已填满，呈稳定结构。

副族：在族号罗马数字后加“B”表示副族，副族全是金属元素。周期表中共有 ⅠB ~ ⅧB 8 个副族。凡最后一个电子填入$(n-1)$d 或$(n-2)$f 亚层上的都属于副族。ⅢB ~ ⅦB 族元素，其价电子总数等于$(n-1)$d、ns 两个亚层电子数目的总和，也等于其族数。例如，元素$_{23}$V 的填充次序是 $1s^22s^2 2p^63s^23p^6 3d^3 4s^2$，价层电子组态是 $3d^34s^2$，所以是ⅤB 族。ⅠB、ⅡB 族由于其$(n-1)$d 亚层已经填满，所以最外层 ns 亚层上电子数等于其族数。ⅧB (也称为第Ⅷ族)处在周期表的中间，共有三个纵列。最后 1 个电子填在$(n-1)$d 亚层上。但它们价层电子组态是$(n-1)d^{6\sim10}ns^{0\sim2}$，电子总数是在 8 个至 10 个之间。

三、区

根据价层电子组态的特点，可将周期表中的每族元素简单地分为 5 个区(图 10-11)。

1. s 区元素 价层电子组态是 ns^1 或 ns^2，位于周期表的左侧，包括ⅠA 和ⅡA 族元素，都是化学性质活泼的金属元素，在化学反应中容易失去电子形成 +1 或 +2 价离子，该区元素在化合物中没有可变的氧化值。第一周期的 H 在 s 区，它不是金属元素，在化合物中它的氧化值是 +1，在金属氢化物中是 -1。

2. p 区元素 价层电子组态是 $ns^2np^{1\sim6}$，位于周期表的右侧，包括ⅢA ~ ⅧA 族元素。大部分是非金属元素。p 区元素多有可变的氧化值。ⅧA 为稀有气体也属于 p 区。

3. d 区元素 价层电子组态一般为$(n-1)d^{1\sim9}ns^{1\sim2}$，但有例外。它包括ⅢB ~ ⅧB 族元素。它们都是金属，每种元素都有多种氧化值。

4. ds 区元素 价层电子组态为$(n-1)d^{10}ns^{1\sim2}$，包括ⅠB、ⅡB 族两族元素。该区不同于 d 区元素，它们次外层$(n-1)$d 轨道是充满的，比较稳定，能提供的价电子数比较少。它们为过渡金属元素，可表现有不同的氧化值。

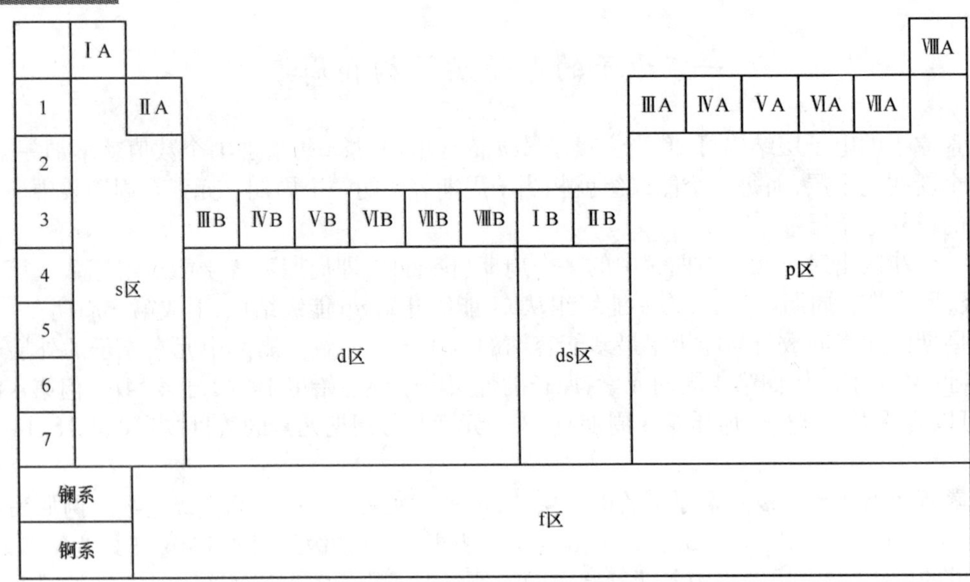

图 10-11 周期表中元素的分区

5. f 区元素 价层电子组态一般为$(n-2)f^{0\sim14}(n-1)d^{0\sim1}ns^2$，包括镧系和锕系元素。该族元素原子的最外层电子数目、次外层电子数目大都相同，只有$(n-2)$层电子数目不同，所以系内各元素化学性质极为相似。

例 10-2 写出原子序数为 29 的元素原子的电子组态，并指出该元素在周期表中所属周期、族和区。
解 该元素的原子核外有 29 个电子。根据电子填充顺序，其的电子组态为 $1s^22s^22p^63s^23p^63d^{10}4s^1$ 或写成$[Ar]3d^{10}4s^1$。其中最外层电子的主量子数 $n=4$，所以属于第 4 周期元素。最外层 s 电子为 1，次外层 d 电子全满，所以它位于ⅠB 族，应属于 ds 区元素。

四、过渡元素

过渡元素(transition element)原指ⅧB 族元素，后来包括的范围扩大了。副族元素和主族元素的原子结构特征和性质有着明显的不同，因此，全部副族元素都称为过渡元素。其中，镧系和锕系元素称为**内过渡元素**(inner transition element)。过渡元素包括 d 区、ds 区和 f 区的元素。

除钯(Pd:$4d^{10}5s^0$)以外，过渡元素原子的最外层电子数只有 1~2 个电子，因此它们都是金属元素。由于过渡元素原子的$(n-1)$d 轨道未充满或刚充满，或 f 轨道也未充满，所以在化合物中常表现有多种氧化值。

五、元素性质的周期性变化规律

由于原子的电子层结构呈周期性变化，故与电子层结构有关的元素的基本性质，如原子半径、电负性、电离能等，也呈现出明显的周期性变化。

(一) 原子半径

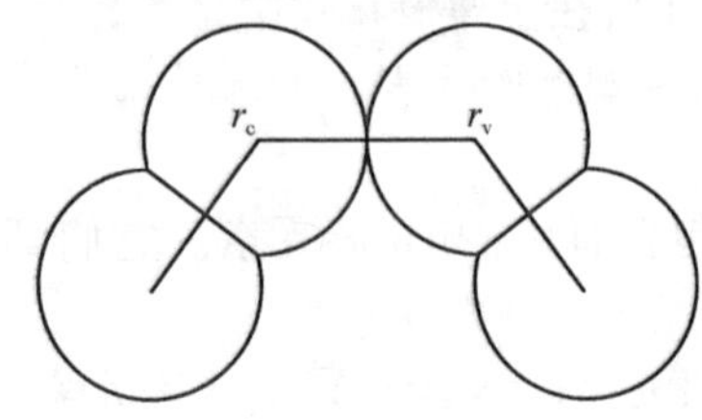

图 10-12 共价半径(r_c) van der Waals 半径(r_v)示意图

一般所说的**原子半径**(atomic radius)有三种：以共价单键结合的两个相同原子核间距离的一半称为**共价半径**(covalent radius)；单质分子晶体中相邻分子间两个非键合原子核间距离的一半称为 **van der Waals 半径**(van der Waals radius)；金属单质的晶体中相邻两个原子核间距离的一半称为**金属半径**(metallic radius)，见图 10-12。

表 10-5 列出了各种原子的原子半径，表中除稀有气体为 van der Waals 半径外，其余均为共价半径。

表 10-5 元素原子的共价半径/pm

H 30																	He 58
Li 123	Be 89											B 81	C 77	N 74	O 74	F 72	Ne 112
Na 157	Mg 136											Al 125	Si 117	P 110	S 104	Cl 99	Ar 154
K 203	Ca 174	Sc 144	Ti 132	V 122	Cr 119	Mn 118	Fe 117	Co 116	Ni 115	Cu 118	Zn 121	Ga 125	Ge 124	As 121	Se 117	Br 114	Kr 169
Rb 216	Sr 191	Y 162	Zr 145	Nb 134	Mo 130	Tc 127	Ru 125	Rh 125	Pd 128	Ag 134	Cd 138	In 142	Sn 142	Sb 139	Te 137	I 133	Xe 196
Cs 236	Ba 198	La 169	Hf 144	Ta 134	W 130	Re 128	Os 126	Ir 127	Pt 130	Au 134	Hg 139	Tl 144	Pb 150	Bi 151	Po 146	At 145	Rn 220

从表 10-5 中看出，原子半径随原子序数的增加呈现周期性变化，这与原子有效核电荷的周期性变化相关。因为有效核电荷愈大，对外层电子的吸引力愈大，原子半径就愈小。各周期的主族从左到右，电子层数不变，有效核电荷增加明显，原子半径的逐渐减少趋势也较明显。长周期中的过渡元素原子半径先是缓慢缩小然后略有增大。内过渡元素，由于其有效核电荷变化不大，原子半径几乎不变。表 10-4 中稀有气体原子半径突然增大，因为它是 van der Waals 半径。

同一主族从上到下，由于电子层数增加，使屏蔽效应明显加大，所以原子半径递增。

（二）元素的电负性

Pauling 在 1932 年引入**电负性**（electronegativity）的概念。元素的电负性是指元素的原子在分子中吸引成键电子的能力。电负性越大，原子在分子中吸引电子的能力越强，反之就越弱。Pauling 指定最活泼的非金属氟的电负性为 4.0，根据热化学的数据和分子的键能计算出其他元素电负性的相对数值，见表 10-6。

表 10-6 Pauling 的元素电负性

H 2.20																	He 0.58
Li 1.00	Be 1.50											B 2.00	C 2.60	N 3.05	O 3.50	F 4.00	Ne 1.12
Na 0.90	Mg 1.20											Al 1.50	Si 1.90	P 1.90	S 2.60	Cl 3.15	Ar 1.54
K 0.80	Ca 1.00	Sc 1.30	Ti 1.50	V 1.60	Cr 1.60	Mn 1.50	Fe 1.80	Co 1.80	Ni 1.80	Cu 1.90	Zn 1.60	Ga 1.60	Ge 1.90	As 2.00	Se 2.45	Br 2.85	Kr 1.69
Rb 0.80	Sr 1.00	Y 1.30	Zr 1.60	Nb 1.60	Mo 1.80	Tc 1.90	Ru 2.20	Rh 2.20	Pd 2.20	Ag 1.90	Cd 1.70	In 1.70	Sn 1.80	Sb 2.05	Te 2.30	I 2.65	Xe 1.96
Cs 0.70	Ba 0.90	La 1.10	Hf 1.30	Ta 1.30	W 1.70	Re 1.90	Os 2.20	Ir 2.20	Pt 2.20	Au 2.40	Hg 1.90	Tl 1.80	Pb 1.80	Bi 1.90	Po 2.00	At 2.20	Rn 2.20

元素的电负性也呈现周期性的变化：同一周期中，从左到右电负性递增；同主族中，从上到下电负性递减。副族元素电负性没有明显的变化规律。

元素电负性的大小可用以衡量元素的金属性和非金属性的强弱。一般地说，金属元素的电负性在 2.0 以下，非金属的电负性在 2.0 以上，但这不是一个严格的界限。氟电负性最大，位于周期表的右上方，是非金属性最强的元素。

利用元素电负性的差值可以判断分子的极性和键型。如果两原子的电负性差值为 0 时，说明该分子为同核双原子分子，属于非极性共价键，如 H_2、Cl_2 等；如果两原子的电负性差值小于 1.7 时，说明该分子为异核双原子分子，相应的化学键属于极性共价键，如 HCl、HBr 等；如果两原子的电负性差值大于 1.7 时，所形成的为离子型化合物（离子晶体），化学键为离子键，如 NaCl、KCl 等。

（三）原子的电离能

原子失去电子的难易，可以用电离能来衡量。**电离能**（ionization energy）是指气态原子在基态时失去电子所需的能量。常使用 1mol 气态原子（或阳离子）都失去某一个电子所需的能量（$kJ \cdot mol^{-1}$）表示。

原子失去第一个电子所需的能量称为第一电离能,用 I_1 表示;失去第二个电子所需的能量称为第二电离能,用 I_2 表示;余类推。各级电离能的大小顺序是: $I_1 < I_2 < I_3$。因为离子的电荷正值越来越大,离子半径越来越小,所以失去这些电子逐渐变难,需要能量越高。

$$I_1 \qquad M \rightarrow M^{+} + e$$

$$I_2 \qquad M^{+} \rightarrow M^{2+} + e$$

电离能的数值大小,主要取决于原子有效核电荷、原子半径以及原子的电子层结构。

一般说来,同一周期的元素具有的电子层数相同,从左到右核电荷越多,原子半径越小,核对外层电子的引力越大。因此,每一周期电离能最低的是碱金属,越往右电离能越大。同一族元素,原子半径增大起主要作用。半径越大,核对电子引力越小,越易失去电子,电离能越小。需要注意的是,每一周期的最后元素稀有气体原子由于它们有 ns^2np^6 的稳定电子层结构,具有最高的电离能。

过渡元素由于电子是填充入内层,引起屏蔽效应大,它抵消了核电荷增加所产生的影响,因此它们的第一电离能变化不大。

第五节　元素和人体健康

随着人们生活水平的提高,社会的发展和科学的进步,生命科学越来越引起人们的关注。在生命科学中元素与健康的关系为众所周知,与人们的生理、病理、生长、发育、遗传、健康等都有关系。研究化学元素与人体关系,尤其是微量元素与人体健康的关系,对于了解生命现象具有十分重要的意义。

一、必需元素和非必需元素

至今已经登录和命名了114种元素,其中92种存在于自然界,93号～114号为人工元素。在人体内含有自然界中存在的92种元素中的80余种,它们在体内的分布和含量有着较大的差异,各自发挥着不同的生理功能,总称为**生命元素**(biological element)。在正常人体中,必需元素的含量基本上是恒定的,按元素在人体内含量多少划分,占人体质量0.05%以上的称为**常量元素**(macro element),有11种。含量低于0.05%为**微量或痕量元素**(microelement or trace element)。按元素对人体正常生命的作用可将元素分为**必需元素**(essential element)和**非必需元素**(non-essential element)。必需元素包括常量元素和微量元素,见表10-7。

表10-7　人体所含元素的总量及组成

常量元素	体内总量(g)	重量组成(%)	必需微量元素	体内总量(g)	重量组成(%)
O 氧	43000	61	Zn 锌	2.3	0.0033
C 碳	16000	23	Br 溴	0.20	0.00029
H 氢	7000	10	Cu 铜	0.072	0.00010
N 氮	1800	2.6	Sn 锡	<0.017	0.00002
Ca 钙	1000	1.4	Se 硒	0.015	0.00002
P 磷	780	1.1	Mn 锰	0.012	0.00002
S 硫	140	0.20	I 碘	0.013	0.00002
K 钾	140	0.20	Ni 镍	0.010	0.00001
Na 钠	100	0.14	Mo 钼	<0.0093	0.00001
Cl 氯	95	0.12	Cr 铬	<0.0018	0.000003
Mg 镁	19	0.027	Co 钴	0.0015	0.000002
Fe 铁	4.2	0.006	U 铀	0.00005	0.000001
F 氟	2.6	0.0037			

由于环境污染或从饮食中摄取量过大,时间过长,对人体健康有害的元素称为**有毒或有害元素**(poisonous or harmful element),例如铅、镉、汞等。

常量元素集中在周期表中前20号元素之内,包括钠、钾、钙、镁四种金属。微量元素中大部分为过渡金属元素。s区、p区元素对生命体的作用,从上到下,营养作用减弱,毒性加强。从左到右也是如此。

应该说明的是,人体必需和非必需元素的划分是相对的,随着科学技术的发展,目前认为是非必需的某种元素,将来可能发现该元素是人体所必需的。例如,1974年联合国卫生组织公布的必需微量元素只有Fe、I、Co、F、Zn、Cu、Cr、Mo、Se等9种,后来又相继发现Mn、V、Sn、Si、B、Ni、Ge、As等也是人体必需微量元素。另外,一种元素有毒无毒也不是绝对的,有严格的量的范围,即使是必需元素,过量摄入也会变得有毒。

二、必需元素的生物功能简介

生命元素在体内以不同的形式存在,金属元素大多以与各种生物配体(大环化合物、氨基酸、蛋白质、肽、核酸、维生素等)形成金属配合物的形式存在。生命元素的生物功能涉及生命活动的各个方面。下面对常见的微量金属元素的生物功能做一简单介绍。

1. 铁 铁是人体内含量最丰富的微量元素,几乎体内所有组织都含有铁。在体内大部分以同蛋白质结合或形成配合物的形式存在。铁是血红蛋白和肌红蛋白的组成部分,在体内参与氧的运输和贮存。它也是细胞色素的组成成分,参与氧的利用。铁在血红蛋白、肌红蛋白和细胞色素中都以Fe(Ⅱ)与原卟啉形成配合物。铁还是很多酶的活性中心。膳食中若铁含量长期不足,或机体吸收利用不良以及失铁过多,可引起缺铁性贫血。

2. 锌 锌分布在人体各个组织,视觉神经中含量最高,其次是精液。现在发现生物体内的含锌酶超过200种,主要有碳酸酐酶、碱性磷酸酶、RNA和DNA聚合酶等。也是体内主要激素胰岛素的组成成分。因此,锌在组织呼吸,机体代谢,蛋白质合成以及DNA复制和转录中起着重要作用。缺锌将使许多酶活性下降,引起代谢紊乱,发育和生长受阻,影响生殖和视力。

3. 铜 正常成人体内含铜0.1g左右。体内的铜除了少量以Cu^{2+}、Cu^{+}游离态在胃中存在外,大部分以结合状态的金属蛋白质和金属酶的形式存在于肌肉、骨骼、肝脏和血液中。它主要参与造血过程,影响铁的运输和代谢。血液中的铜大部分与α球蛋白结合在一起,以铜蓝蛋白形式存在。铜蓝蛋白的主要生物功能是具有铁氧化酶的作用,能动员体内的铁在有氧条件下将Fe^{2+}氧化为Fe^{3+},参与铁的运输和代谢,促进铁进入骨髓,加速血红蛋白的合成。

4. 钴 钴在人体内的含量仅1.1~1.5mg,主要以维生素B_{12}(钴胺素)的形式存在,并通过维生素B_{12}发挥其生物功能。维生素B_{12}又称辅酶B_{12},它参与核酸及与造血有关物质的代谢,能促进红细胞的生长发育和成熟。钴缺乏可引起巨幼红细胞贫血。

5. 锰 锰在体内的含量为12~20mg,分布于一切组织中。体内的锰主要是以金属酶的形式存在。锰作为辅因子参与多个酶系统,能激活多种酶,参与蛋白质和能量代谢,还参与遗传信息的传递。缺锰地区癌症发病率增高。

三、环境污染中对人体有害的元素

工业发展在使社会物质文明获得极大进步的同时,也给环境带来了严重污染。某些重金属环境污染问题日益引起人们的重视,这些元素包括铅、镉、汞、铊等。对有害的重金属元素的毒理学研究表明,其毒性机制主要是阻断生物高分子表现活性所必需的功能基团、取代生物高分子中的必需金属离子,或者改变生物高分子具有活性的构象,从而破坏人体免疫系统,产生神经毒性或者致癌。

1. 铅 铅及其化合物对人体均有较大毒性,成人血铅浓度超过$0.8mg \cdot L^{-1}$时,临床上就会出现明显的中毒症状。铅及其化合物主要危害造血系统、心血管系统、神经系统、肾脏,对儿童智能产生不可逆的影响。铅是危害儿童健康的头号环境因素,其主要来源于使用含四乙基铅防爆剂汽油的汽车尾气,我国许多城市已禁止使用含铅汽油。另外,染料、油漆、陶瓷器皿、杀虫剂、橡胶、冶炼等工业生产过程中的三废也常常造成铅中毒。

2. 汞 我国明代(1637 年)宋应星就记录了对汞中毒的预防。汞及其大部分化合物都有毒,汞蒸气易于扩散,并且是脂溶性的,易被人体吸收,导致蛋白凝固。有机汞的毒性大于无机汞,主要危害中枢神经系统和肾脏。汞中毒极难治愈。震惊世界的日本熊本县水俣镇 1956 年发生的水俣病,就是甲基汞中毒,致使上千人患病,二百余人死亡。污染源是一家氮肥工厂,工厂废水中的有机汞造成鱼中毒,通过食物链造成人中毒。

3. 镉 镉是毒性极强的金属,在自然界以醋酸盐和硝酸盐的形式存在,是世界最优先研究的污染物。镉可以造成急性中毒导致死亡,也可以在人体内积蓄造成慢性中毒,典型的症状是骨痛病。二次大战后,日本富山县神通川流域发生的骨通病是镉造成。患者 258 人,死亡 128 例,发病年龄 30 岁 ~70 岁,几乎全是女性,以 47 ~54 岁绝经前后发病最多。污染源是上游一家锌冶炼厂,它的含镉废水污染了稻田,居民吃了“镉米”慢性中毒。

4. 砷 少量的砷是强壮剂,是人体必需的微量元素之一,过量的砷对人体十分有害。砷的三价化合物毒性很大,五价化合物毒性较小。有机砷化合物毒性一般小于无机砷。工业污染多是三价砷,可在体内积蓄造成慢性中毒,主要危害神经系统,抑制酶活性,影响新陈代谢致使细胞死亡。口服砷的中毒剂量(以 As_2O_3 计)为 550mg,致死量为 0. 06 ~0. 3g。

知识拓展

量子医学

在漫长的人类历史中,人类与侵入并危害我们身体的细菌、病毒及其他有害物质进行着不懈的斗争,但结果却是我们的对手越来越强大,人类自身的免疫能力越来越弱,这种状况已引起全世界医学界的关注。近年来,一种扎根于中国传统中医学理论的新型医学科学——量子医学在世界各地迅速发展并进入实际临床应用。

量子医学的发展是由量子物理学的发现而演变而成的。所有生物体及物质均带有极其微弱的磁场,通过量子共振检测仪对生物体及物质中的微弱磁场进行捕捉和解析,从而达到了疾病诊断治疗的目的。在临床医学上应用量子共振检测仪对疾病进行诊断与治疗的技术则称为量子医学。

量子医学从诊断思维模式上和治疗方法上都有别于传统的西医或中医。传统的西医或中医都有类似于“望、闻、问、切”的诊断方法,在诊断中首先会倾听病人诉说其自觉症状以便做初步分析,然后进行检查以缩小诊断范围,接着进行血液检查、基因检查等以进一步确诊,最后如果确诊,则根据经验法则规划治疗方案,如果无法确诊,则继续追踪以期待更多的检查资料来诊断,或在病情恶化后提供更多的病情数据。

而量子医学是以人们自身无法意识到的身体变化为切入点,其理论基础是量子物理和非线性数学或混沌数学,它针对整个有机体,直接分析人体的功能状态并寻找病因,完全不需要疾病分类,所使用的材料取自自然界,没有负面效应。在传统的医学领域,只有等到疾病形成才能确诊予以治疗,而量子医学在疾病形成前就可以早期察觉并有效处理。

量子医学的理论认为,人体是一个平衡的整体。有时我们的身体已失去了平衡,但身体还没有病态的反应。量子医学就是从人体的平衡入手,它认为任何疾病都是人体失去平衡的结果。在诊疗中则抛弃对具体身体部位的检查,首先以量子医学超速检测仪,倾听病人身体对电子检测项目的反应,从而替代病人自主的述说。通过检测,确定病人体质状态发生变化的原因,如是否有遗传因素表现而导致功能变化;是否有毒素存在体内干扰身体机能;脊椎结构是否不正引起神经系统异常;情绪状态是否异常并对生理造成影响;营养状况是否均衡等等。目前的量子医学检测仪可以迅速地检查出数十项人体功能的失衡,从而针对各项原因规划处理方向,将病因一一去除。

量子医学是建立在量子力学、量子生物学、量子药理学和生命信息学基础上的现代医学新门类。它将医学从细胞层次推进到了构成人体的基本微粒子——量子层次。为治愈当今世界众多“不治之症”开辟了新途径。

Summary

Bohr accounted for line spectra of excited atoms by reasoning that electrons are in specific energy levels. The work in quantum mechanics by Planck, Einstein, and de Broglie indicated that electrons must have wavelike properties. Pauli explained that electrons appear to have spin, but the Heisenberg uncertainty principle pointed out that we cannot determine the precise path of an electron. Schrödinger's wave equation made it possible to calculate regions of high electron density.

The electron's wave function(ψ, atomic orbital) is a mathematical description of the electron's wavelike motion in an atom. Each wave function associated with one of the atom's allowed energy states. The probability density of finding the electron at a particular location is represented by ψ^2. Three features of the atomic orbital are described by quantum numbers: size(n), shape (l), and orientation(m). Orbitals with the same n and l values constitute a sublevel; sublevels with the same n value constitute an energy level.

The nth energy level has n sublevels. Energy sublevels, designated as s, p, d, and f, have 1, 3, 5, 7 orbitals, respectively. Each orbital can hold a maximum of two electrons, which must have opposite spins. Electrons fill orbitals with the lowest energy fist, as shown in Figure 10-6. Electron configurations and orbital diagrams can be used to specify the electron arrangements in sublevels of atoms.

The placement of elements in the periodic table can be used to predict the electron configurations of atoms and ions. The representative elements have s and p valence electrons, electrons but for transition elements, the highest energy electrons go into orbitals in d sublevels. Inner transition elements are involved with the filling of orbitals in f sublevels.

In 1869, Mendeleev published a periodic table of the elements that resembles our modern periodic table.

There are seven horizontal rows of elements in the modern periodic table; they are called periods. The variation in chemical and physical properties in one period roughly parallels the variation in proper ties for other periods, beginning with shiny, reactive metals at the left of the periodic table, followed by dull solids, reactive nonmetals, and finally a noble gas. Within vertical columns, called groups o families of elements, all atom have the save number of valence electrons and enter into similar chemical reactions.

Atomic size within a period of elements tends to decrease as atomic number increases but within a group, atomic size increase as atomic number increase. El ectronegativity decreases down a main group and increases across a period.

习　题

1. 试区别下列名词或概念：
   (1) 定态，基态与激发态；
   (2) 概率与概率密度；
   (3) 原子轨道与电子云。
2. 判断下列说法是否正确？应如何改正？
   (1) s 电子轨道是绕核旋转的一个圆圈，p 电子是走∞字形；
   (2) 电子云图中黑点越密之处表示那里的电子越多；
   (3) 主量子数为 4 时，有 4s，4p，4d，4f 四条轨道；
   (4) 多电子原子轨道能级与氢原子的能级相同。
3. 氧原子中有 8 个电子，试写出各电子的四个量子数。
4. 已知某元素原子的电子具有下列量子数，试排列出它们能量高低的次序：

   (1) $3, 2, +1, +\frac{1}{2}$　　(2) $2, 1, +1, -\frac{1}{2}$　　(3) $2, 1, 0, +\frac{1}{2}$

   (4) $3, 1, -1, -\frac{1}{2}$　　(5) $3, 1, 0, +\frac{1}{2}$　　(6) $2, 0, 0, -\frac{1}{2}$

   [(1) > (4) = (5) > (2) = (3) > (6)]
5. 下列元素基态原子的电子组态，各违背了什么原理？写出改正后的电子组态。

   (1) B: $1s^2 2s^3$　　(2) Be: $1s^2 2p^2$　　(3) N: $1s^2 2s^2 2p_x^{\ 2} 2p_y^{\ 1}$

   [(1) $1s^2 2s^2 2p^1$; (2) $1s^2 2s^2$; (3) $1s^2 2s^2 2p_x^{\ 1} 2p_y^{\ 1} 2p_z^{\ 1}$]

6. 按所示格式填写下表：

原子序数	原子电子组态	价层电子组态	周期	族
49				
	$1s^22s^22p^6$			
		$3d^54s^1$		
			6	ⅡB

7. 不参考周期表，试给出下列原子或离子的电子组态和未成对电子数。
   (1) 第4周期第七个元素；
   (2) 第4周期的稀有气体元素；
   (3) 原子序数为38的元素的最稳定离子；
   (4) 4p轨道半充满的主族元素。
8. 已知M^{2+}离子的3d轨道中有五个电子，试指出：
   (1) 基态M原子的核外电子组态；
   (2) 基态M原子的最外层和最高能级组中电子数各为多少？
   (3) M元素在周期表中的位置。

[(1)$1s^22s^22p^63s^23p^63d^54s^2$；(2)7个；(3)第四周期d区ⅦB族元素]

9. 下列电子组态中，哪种属于基态？哪种属于激发态？哪种是错误的？
   (1) $1s^22s^12p^2$　(2) $1s^22s^22p^63s^13d^1$　(3) $1s^22s^22d^1$
   (4) $1s^22s^22p^43s^1$　(5) $1s^22s^32p^1$　(6) $1s^22s^22p^63s^1$

[(6)属于基态；(1)、(2)和(4)属于激发态；(3)和(5)错]

10. 铁在人体内的运输和代谢需要铜的参与。在血浆中，铜以铜蓝蛋白形式存在，催化氧化Fe^{2+}成Fe^{3+}，从而使铁被运送到骨髓。试用原子结构的基本理论解释为什么Fe^{3+}比Fe^{2+}要稳定的多？

(席晓岚　冯　宇)

第十一章 共价键与分子间力

在自然界中，除了稀有气体外其他元素的原子都不具有稳定结构，它们不是以孤立的单个原子出现，而是以分子或晶体的形式存在。在分子或晶体中直接相邻的两原子或离子间存在的强烈的相互作用力称为**化学键**(chemical bond)。化学键主要包括**离子键**(ionic bond)、**共价键**(covalent bond)和**金属键**(metallic bond)。在以共价键结合的分子中，原子按照一定的次序排列，形成具有一定空间结构的分子。物质的性质与分子的结构密切相关，同时还与分子间存在的作用力有关。分子与分子之间存在的作用力，称为分子间作用力。分子间作用力主要包括**范德华力**(van der Waals force)和**氢键**(hydrogen bond)。本章着重讨论共价键的形成过程、分子的空间构型以及分子间的作用力。

第一节 现代价键理论

1916 年美国化学家 Lewis GN 提出了共价键学说，建立了经典的共价键理论。他认为，共价键是由成键原子双方各自提供外层单电子组成共用电子对而形成的。形成共价键后，成键原子都达到稀有气体的原子结构。

经典的共价键理论初步揭示了共价键与离子键的区别，但是，这一理论把电子看成是静止不动的负电荷，必然会遇到许多不能解决的问题。例如：

(1) 同性电荷应该相斥，两个电子皆带负电荷，为何能够相互配对成键？

(2) 共价键和离子键不同，有方向性，如何解释？

(3) 有许多化合物中心原子最外层电子数少于 8 个(如 BF_3)或多于 8 个(如 PCl_5)，但这些化合物稳定存在，为什么？

为了解决这些矛盾，1927 年德国化学家 Heitler W 和 London F 首先把量子力学应用到分子结构中，揭示了共价键的本质。后来 Pauling L 等在此基础上加以发展，建立起现代**价键理论**(valence bond theory，简称 VB 法)和**杂化轨道理论**(hybrid orbital theory)。1932 年，美国化学家 Muiliken RS 和德国化学家 Hund F 提出了**分子轨道理论**(molecular orbital theory，简称 MO 法)。VB 法和 MO 法是两种重要的现代共价键理论。

一、氢分子共价键的形成和本质

1927 年 Heitler W 和 London F 用量子力学方法处理氢原子形成氢分子的过程。计算表明，当两个氢原子彼此接近时，它们之间的相互作用渐渐增大。图 11-1 表明了氢分子形成过程中体系能量随核间距的变化。在两个氢原子距离较近时，原子间的相互作用和电子的自旋方向密切相关，如果两个氢原子的单电子自旋方向相反，随着核间距 r 的减小，体系能量 E 随之降低。当核间距 r 达到 87pm(测定值 74pm)时，体系能量出现最低值 $E = -388\text{kJ}\cdot\text{mol}^{-1}$(测定值为 $-458\text{kJ}\cdot\text{mol}^{-1}$)，两个氢原子之间形成了稳定的共价键，这称为氢分子的基态；如果两个氢原子的单电子自旋方向相同时，随着核间距 r 的减小，体系能量 E 升高，比两个孤立的氢原子能量高得多，不能形成稳定的共价键，这称为氢分子的排斥态。

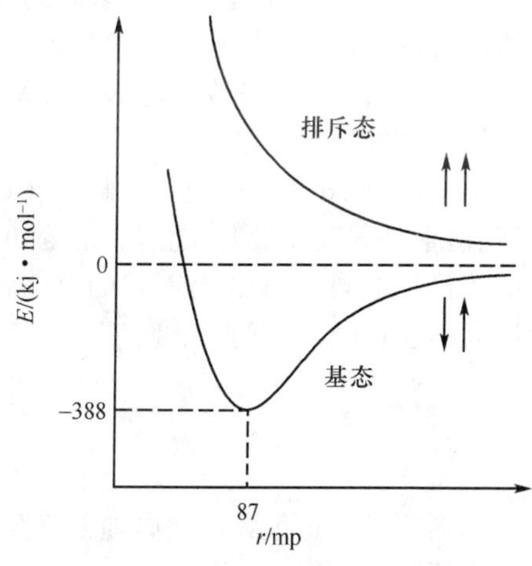

图 11-1 氢分子形成过程中能量变化示意图

图 11-2 表示了两个原子轨道的重叠情况，如果电子自旋方向相反，两个 1s 轨道重叠时(用 ψ_1 和 ψ_2 代表 2 个氢原子的 1s 轨道)，核间电子云密度增大(核间出现电子云的密集区)，两个氢原子之间相互吸引，形成稳定的基态氢分子，平衡核间距即为 H_2 的键长，最低 E 值等于 H_2 的键能。相反，若电子自旋方

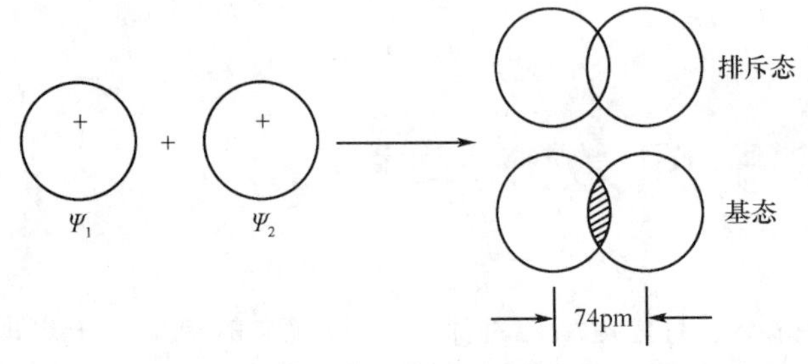

图 11-2 氢分子的两种状态

向相同，两氢原子的 1s 轨道重叠时，核间电子云密度减小（核间出现电子云的空白区），两个氢原子相互排斥而不能键合，这种不稳定状态即为氢分子的排斥态。

综上所述，两个氢原子能成键是因为自旋方向相反的两个单电子占据的两个氢原子的 1s 轨道相互叠加，叠加后两个电子在核间出现的概率密度增加。这个浓密的电子云负电区域削弱了两个核之间的静电排斥作用，使体系能量降低，促成了共价键的形成。因此，价键理论认为共价键的本质是电性的，但因这种结合力是两核间的电子云密集区对两核的吸引力，成键的这对电子是围绕两个原子核运动的，只不过在两核间出现的概率大而已，而不是正、负离子间的库仑引力，所以它不同于离子键。

二、现代价键理论的要点

将氢分子的研究结果推广到其他双原子分子和多原子分子，便可归纳出现代价键理论的要点：

（1）两个原子接近时，只有自旋方向相反的单电子可以相互配对，使电子云密集于两核间，系统能量降低，形成稳定的共价键。

（2）共价键有饱和性。自旋方向相反的单电子配对形成共价键后，就不能再和其他原子中的单电子配对。所以，每个原子所能形成共价键的数目取决于该原子中的单电子数目。例如，氢原子的单电子和另一个氢原子的单电子配对后，形成 H_2，H_2 则不能再与第三个原子配对了，所以不可能有 H_3 生成。

（3）共价键有方向性。两原子轨道重叠愈多，核间电子云愈密集，形成的共价键愈稳定。这是因为，共价键尽可能沿着原子轨道最大重叠的方向形成，叫做**原子轨道最大重叠原理**。我们知道，原子轨道在空间是有一定取向的，除 s 轨道呈球形对称外，其他的 p、d、f 等轨道都有一定的空间伸展方向。为了形成稳定的共价键，除了 s 轨道与 s 轨道成键没有方向限制外，其他原子轨道在成键时只有沿着一定的方向靠近才能达到最大程度的重叠，这就是共价键有方向性的原因。例如，在形成 HCl 分子时，如图 11-3(a)所示，H 原子的 1s 轨道与 Cl 原子的 $3p_x$ 轨道只有沿着 x 轴的方向进行同号重叠，轨道重叠程度才最大，能形成稳定的共价键。图 11-3(b)轨道虽然是沿着 x 轴的方向相互靠近，但是轨道的符号不同，不能进行有效的重叠，故不能成键。图 11-3(c)和图 11-3(d)所示，两原子轨道没有进行最大程度重叠，故不能成键。

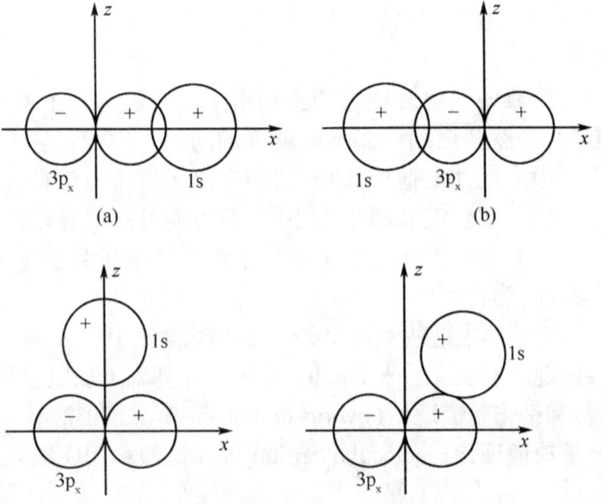

图 11-3 氯化氢分子的成键示意图

三、共价键的类型

根据原子轨道最大重叠原理，成键时轨道之间可有两种不同的重叠方式，从而形成两种类型的共价键，σ 键和 π 键。

（一）σ 键和 π 键

原子轨道沿键轴（成键原子核连线）方向以“头碰头”（同号）方式进行重叠，所形成的键叫 σ 键。例如 H_2 分子中 s-s 轨道、HCl 分子中的 s-p_x 以及 Cl_2 分子中 p_x-p_x 轨道在成键时，两原子轨道沿键轴方向以

“头碰头”的方式重叠，分别形成 s-s、s-p_x、p_x-p_x σ 键，原子轨道重叠部分沿键轴呈圆柱形对称分布，x 轴为圆柱形轴心，见图 11-4(a)。因为 σ 键以“头碰头”方式发生最大程度的重叠，所以键能大，稳定性高。当主量子数与角量子数相同的原子轨道沿键轴方向以“头碰头”方式重叠时，其 p 轨道的重叠程度较 s 轨道重叠程度大，所以说，p-p 重叠形成的 σ 键(可记为 σ_{p-p})比 s-s 重叠形成的 σ 键(可记为 σ_{s-s})牢固。

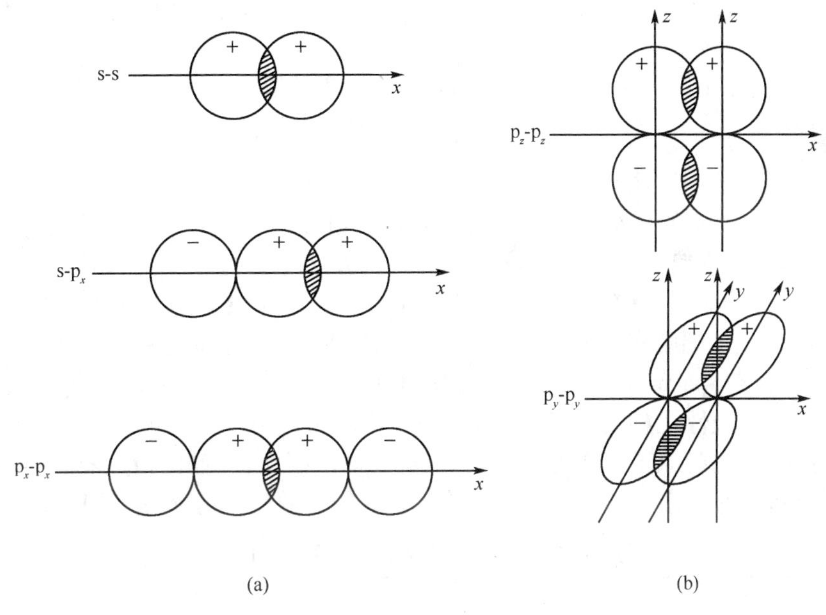

图 11-4　σ 键与 π 键形成示意图
(a)σ 键；(b)π 键

两原子轨道沿键轴方向以(键轴两侧平行同号)“肩并肩”方式重叠，所形成的键叫 π 键，例如，N 原子的电子组态为 $1s^2 2s^2 2p_x^1 2p_y^1 2p_z^1$，其中 3 个单电子分别占据 3 个互相垂直的 p 轨道。当两个 N 原子结合成 N_2 分子时，各以 1 个 p 轨道沿键轴(设为 x 轴)方向以“头碰头”方式重叠形成 1 个 σ 键后，余下的 $2p_y$ 和 $2p_y$、$2p_z$ 和 $2p_z$ 轨道只能以“肩并肩”方式进行平行重叠，形成 2 个 π 键，如图 11-4(b)所示，其分子结构式可用 N≡N 表示。π 键原子轨道重叠部分垂直于键轴并呈镜面反对称分布(原子轨道在镜面两边波瓣的符号相反)，如图 11-5 所示，xy 平面(或 xz 平面)为对称镜面。由两个 p 轨道重叠形成的 π 键叫 π_{p-p} 键。

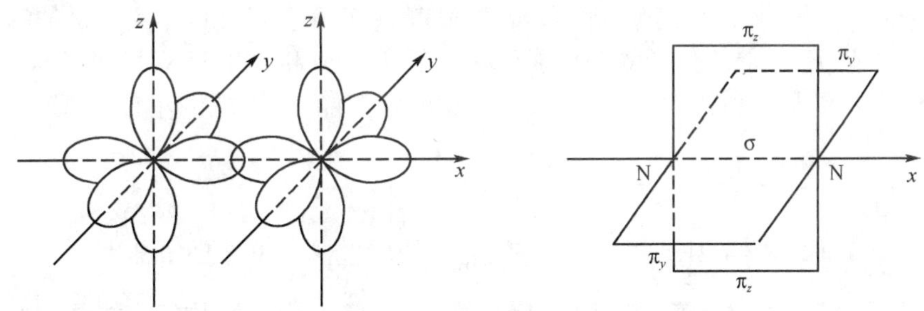

图 11-5　N_2 分子形成示意图

由于 π 键的轨道重叠程度小，所以 π 键比 σ 键键能小。π 键较易断开，化学活泼性强，一般与 σ 键共存于双键或叁键中。σ 键是构成分子的骨架，可单独存在于两原子间，以共价键结合的两原子间只可能有 1 个 σ 键。共价单键都是 σ 键，双键中有 1 个 σ 键和 1 个 π 键，叁键中有 1 个 σ 键和 2 个 π 键。

(二) 配位共价键

一般地，共价键是由成键两原子各提供 1 个电子配对成键的，如 H_2、O_2、HCl 等分子中的共价键。如果共价键的形成是由成键两原子中的一个原子单独提供电子对进入另一个原子的空轨道共用而成键，这种共价键称为**配位共价键**(coordinate covalent bond)，**简称配位键**(coordination bond)。为区别于正常共价键，配位键用“→”表示，箭头从提供电子对的原子指向接受电子对的原子。例如，在 CO 分子中，O 原子除了以 2 个 2p 单电子与 C 原子 2 个 2p 单电子形成 1 个 σ 键和 1 个 π 键外，还单独提供一对**孤对电子**(lone pair electron)进入 C 原子的 1 个 2p 空轨道共用，形成 1 个配位键，这可表示为

$$:\dot{\underset{\cdot}{C}}\cdot + \cdot\ddot{\underset{\cdot}{O}}: \longrightarrow :C \equiv O:$$

由此可见，要形成配位键必须同时具备两个条件：一个是成键原子的价电子层有孤对电子；另一个是成键原子的价电子层有空轨道。

配位键的形成方式虽和正常共价键不同，但形成以后，两者是没有区别的。

（三）共价键的极性

键的极性是由于成键原子的电负性不同而引起的。当成键原子的电负性相同时，核间的电子云密集区域在两核的中间位置，两个原子核所形成的正电荷重心和成键电子对形成的负电荷重心恰好重合，这样的共价键称为**非极性共价键**(nonpolar covalent bond)。如 H_2、O_2 分子中的共价键就是非极性共价键。当成键原子的电负性不同时，核间的电子云密集区域偏向电负性较大的原子一端，使之带部分负电荷 δ^-，而电负性较小的原子一端则带部分正电荷 δ^+，两成键原子的正电荷重心与负电荷重心不重合，这样的共价键称为**极性共价键**(polar covalent bond)。如 HCl 分子中的 H—Cl 键就是极性共价键。成键原子的电负性差值愈大，键的极性就愈大。当成键原子的电负性相差很大时，可以认为成键电子对完全转移到电负性较大的原子上，这时原子转变为离子，形成离子键。因此，从键的极性看，可以认为离子键是最强的极性键，极性共价键是由离子键到非极性共价键之间的一种过渡情况，见表 11-1。

表 11-1 键型与成键原子电负性差值的关系

物质	NaCl	HF	HCl	HBr	HI	Cl_2
电负性差值	2.1	1.9	0.9	0.7	0.4	0
键型	离子键	极性共价键				非极性共价键

四、键 参 数

能表征化学键性质的物理量称为**键参数**(bond parameter)。共价键的键参数主要有键能、键长及键角。

（一）键能

键能(bond energy)是从能量角度来衡量共价键强度的物理量。键能的定义与键的解离能密切相关。对于双原子分子，键能(E)就等于分子的解离能(D)。在 100kPa 和 298.15K 下，将 1mol 想气态分子 AB 解离为理想气态的 A + B 原子所需要的能量，称为 AB 的解离能，解离能的单位为 $kJ \cdot mol^{-1}$，常用符号 $D_{(A—B)}$ 表示。

例如，H_2 分子

$$H_2(g) \rightarrow 2H(g) \qquad E_{(H—H)} = D_{(H—H)} = 436\ kJ \cdot mol^{-1}$$

对于多原子分子，键能不完全等于解离能，而是等于几个等价键的平均解离能。例如，NH_3 分子中有三个等价的 N—H 键，但是三级解离能都不相等：

$$NH_3(g) \rightarrow NH_2(g) + H(g) \qquad D_1 = 435kJ \cdot mol^{-1}$$

$$NH_2(g) \rightarrow NH(g) + H(g) \qquad D_2 = 397kJ \cdot mol^{-1}$$

$$NH(g) \rightarrow N(g) + H(g) \qquad D_3 = 339kJ \cdot mol^{-1}$$

NH_3 分子中 N—H 键的键能为：

$$E_{N—H} = \frac{D_1 + D_2 + D_3}{3} = \frac{1171}{3} = 390\ kJ \cdot mol^{-1}$$

同一种共价键在不同分子中的键能虽有差别,但差别不大。我们可用不同分子中同一种键能的平均值即平均键能作为该键的键能。键能数据是通过热化学方法或光谱数据测得的。一般键能愈大,键愈牢固,含有该键的分子就愈稳定。表 11-2 列出了一些双原子分子的键能和某些键的平均键能。

表 11-2　一些双原子分子的键能和某些键的平均键能 E/($kJ \cdot mol^{-1}$)

分子	键能	分子	键能	共价键	平均键能	共价键	平均键能
H_2	436	HF	565	C—H	413	N—H	391
F_2	165	HCl	431	C—F	460	N—N	159
Cl_2	247	HBr	366	C—Cl	335	N═N	418
Br_2	193	HI	299	C—Br	289	N≡N	946
I_2	151	NO	286	C—I	230	O—O	143
N_2	946	CO	1071	C—C	346	O═O	495
O_2	493			C═C	610	O—H	463
				C≡C	835		

(二) 键长

分子中两成键原子的核间平均距离称为**键长**(bond length)。理论上用量子力学方法可以近似算出键长,而实际上对于复杂分子往往是通过光谱及衍射实验方法测出来的。表 11-3 列出了一些共价键的键长与键能数据,同一种键在不同分子中的键长几乎相等,因而可用其平均值即平均键长作为该键的键长。例如,C—C 单键的键长在金刚石中为 154. 2pm,在乙烷中为 153. 3pm,在丙烷中为 154pm,在环己烷中为 153pm。因此将 C—C 单键的键长定为 154pm。相同原子形成的共价键,其单键键长 > 双键键长 > 叁键键长。例如 C = C 键长为 134pm,C ≡ C 键长为 120pm。两原子形成的同型共价键的键长愈短,键愈牢固。

表 11-3　一些共价键的键长与键能

共价键	键长/pm	键能/($kJ \cdot mol^{-1}$)	共价键	键长/pm	键能/($kJ \cdot mol^{-1}$)
H—H	74	436	C—O	143	360
F—F	128	165	C—C	177	326
Cl—Cl	198	247	O—H	96	463
Br—Br	228	193	N≡N	110	946
I—I	266	151	C—C	154	346
N—N	145	159	C═C	134	610
C—H	109	413	C≡C	120	835
O—O	148	143	S—S	205	264
C—N	147	305	C═O	121	736
N—H	101	389	S—H	136	368

(三) 键角

分子中相邻两个化学键之间的夹角称为**键角**(bond angle)。键角说明键的方向,它是反映分子空间构型的一个重要参数。例如实验测得 H_2O 分子的键角为 104°45′,表明 H_2O 分子的空间构型为 V 字型;CO_2 分子的键角为 180°,表明 CO_2 分子为直线形。通常我们可根据分子中的键角和键长来确定分子的空间构型。键角可通过光谱实验或衍射方法测得。

第二节　杂化轨道理论

价键理论成功地说明了共价键的形成,解释了共价键的方向性和饱和性,但在解释多原子分子的空间构型方面却遇到了一些困难。例如甲烷分子中基态碳原子的电子构型是 $1s^2 2s^2 2p_x^{\ 1} 2p_y^{\ 1}$,有两个未成对电子，与氢原子只能形成含有两个共价键的“CH_2”分子，而且键角应该是90°，但自然界中存在的是CH_4分子而不是“CH_2”分子，CH_4分子的空间构型为正四面体，键角109°28′，四个 C—H 键键能、键长完全等同。为了解释共价分子的空间构型，1931 年 Pauling L 等人在价键理论的基础上提出了**杂化轨道理论**（hybrid orbital theory）。杂化轨道理论实质上仍属于现代价键理论，但它在成键能力、分子的空间构型等方面丰富和发展了现代价键理论。

一、杂化轨道理论的要点

（1）在形成分子的过程中，由于原子间的相互影响，同一原子中能量相近的原子轨道，可以进行线性组合，重新分配能量和空间方向，组成数目相等的新的原子轨道，这种轨道重新组合的过程称为**杂化**（hybridization），杂化后形成的新轨道称为**杂化轨道**（hybrid orbital）。

（2）有几个原子轨道参加杂化，就能组合成几个杂化轨道。杂化轨道的角度波函数在某个方向的值比杂化前大得多，更有利于原子轨道间最大限度地重叠，因而杂化轨道比原来轨道的成键能力强。

（3）杂化轨道之间力图在空间取最大夹角分布，以使相互间排斥能最小。不同类型的杂化轨道之间的夹角不同，成键后所形成的分子就具有不同的空间构型。

二、轨道杂化类型及实例

（一）sp 型和 dsp 型杂化

按照参加杂化的原子轨道种类不同，轨道的杂化可分为 sp 和 spd 两种主要类型。对于非过渡元素，由于 ns、np 能级接近，往往采用 sp 型杂化。对于过渡元素，由于 $(n-1)$d、ns、np 或 ns、np、nd 能级比较接近，常采用 spd 型杂化。

1. sp 型杂化 能量相近的 ns 轨道和 np 轨道之间的杂化称为 sp 型杂化。按参加杂化的 s 轨道、p 轨道数目的不同，sp 型杂化又可分为 sp、sp^2、sp^3 三种杂化类型。

（1）sp 杂化：由 1 个 ns 轨道和 1 个 np 轨道组合成 2 个 sp 杂化轨道的过程称为 sp 杂化，所形成的轨道称为 sp 杂化轨道。2 个 sp 杂化轨道的形状相同，均为一头特别大，另一头特别小，每个杂化轨道中都含有 $\frac{1}{2}$ 的 s 轨道成分和 $\frac{1}{2}$ 的 p 轨道成分，两个杂化轨道的能量是完全等同的。为使相互间的排斥能最小，轨道对称轴间的夹角为 180°。当 2 个 sp 杂化轨道与其他原子轨道重叠成键后形成直线型的分子。sp 杂化过程及 sp 杂化轨道的形状如图 11-6 所示。

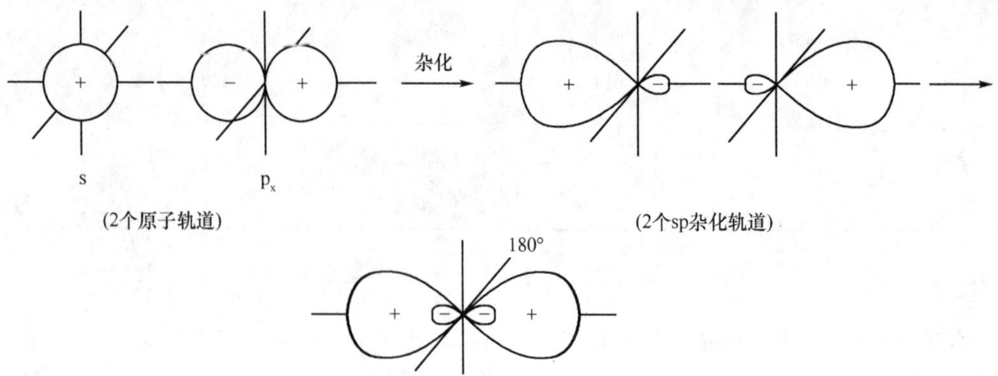

图 11-6 s 和 p 轨道组合成 sp 杂化轨道示意图

例 11-1 实验测出，$BeCl_2$ 分子中有 2 个完全等同的 Be—Cl 键，键角为 180°，分子的空间构型为直线型。试用杂化轨道理论说明 $BeCl_2$ 分子的空间构型。

解 Be 原子的电子组态为 $1s^22s^2$，在形成 $BeCl_2$ 分子的过程中，Be 原子的 1 个 2s 电子被激发到 2p 空轨道,激发态 Be 原子的价层电子组态为 $2s^12p_x^{\ 1}$,这 2 个含有单电子的 2s 轨道和 $2p_x$ 轨道进行 sp 杂化,形成夹角为 180°的 2 个完全等同的 sp 杂化轨道,它们各与 2 个 Cl 原子中含有单电子的 $3p_x$ 轨道重叠,形成 2 个完全等同的 $\sigma_{sp\text{-}p}$ 键,所以 $BeCl_2$ 分子的空间构型为直线型(图 11-7),$BeCl_2$ 分子的形成过程及空间构型表示为:

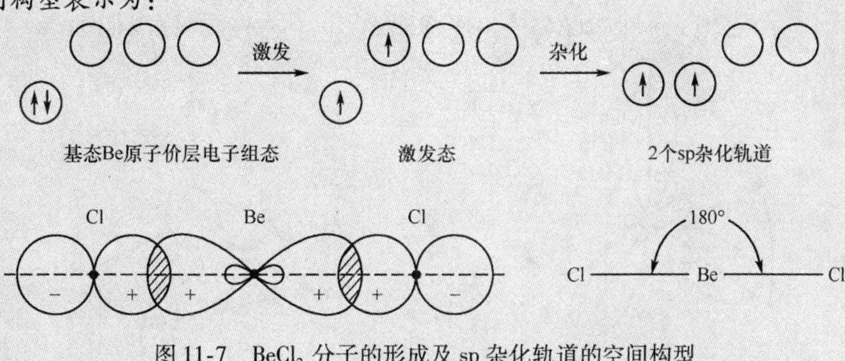

图 11-7 $BeCl_2$ 分子的形成及 sp 杂化轨道的空间构型

(2)sp^2 杂化:由 1 个 ns 轨道与 2 个 np 轨道组合成 3 个 sp^2 杂化轨道的过程称为 sp^2 杂化。3 个 sp^2 杂化轨道的能量和形状完全相同,均为一头大,另一头小,每个 sp^2 杂化轨道含有 $\frac{1}{3}$ 的 s 轨道成分和 $\frac{2}{3}$ 的 p 轨道成分。为使轨道间的排斥能最小,3 个 sp^2 杂化轨道对称轴的夹角为 120°,杂化轨道呈正三角形分布,如图 11-8(a)。当 3 个 sp^2 杂化轨道分别与其他 3 个相同原子的轨道重叠成键后,形成正三角构型的分子。

例 11-2 实验测定,BF_3 分子中有 3 个完全等同的 B—F 键,键角为 120°,分子的空间构型为正三角形。试用杂化轨道理论说明 BF_3 分子的空间构型。

解 BF_3 分子的中心原子是 B,其价层电子组态为 $2s^22p_x^{\ 1}$。在形成 BF_3 分子的过程中,B 原子在 F 原子的影响下,2s 轨道上的 1 个电子被激发到 2p 空轨道,价层电子组态为 $2s^12p_x^{\ 1}2p_y^{\ 1}$,1 个 2s 轨道和 2 个 2p 轨道进行 sp^2 杂化,形成夹角均为 120°的 3 个完全等同的 sp^2 杂化轨道,当它们各与 1 个 F 原子的 2p 轨道重叠时,就形成 3 个 sp^2-p 的 σ 键。故 BF_3 分子的空间构型是正三角形,如图 11-8(b)所示。其形成过程可表示为:

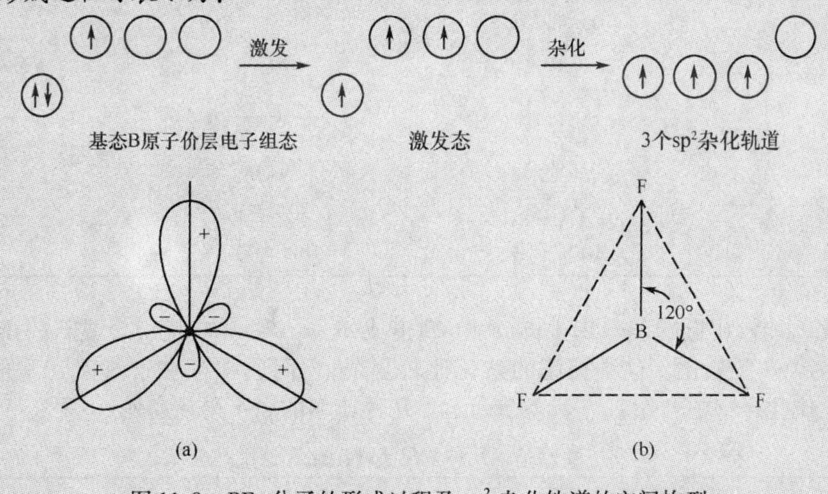

图 11-8 BF_3 分子的形成过程及 sp^2 杂化轨道的空间构型

(a)SP^2 杂化轨道;(b)平面三角形的 BF_3 分子

(3)sp^3 杂化:由 1 个 ns 轨道和 3 个 np 轨道组合成 4 个 sp^3 杂化轨道的过程称为 sp^3 杂化。4 个 sp^3 杂化轨道的能量和形状完全相同,每个 sp^3 杂化轨道含有 $\frac{1}{4}$ 的 s 轨道成分和 $\frac{3}{4}$ 的 p 轨道成分。为使轨道间的排斥能最小,4 个 sp^3 杂化轨道分别指向正四面体的四个顶角,杂化轨道间的夹角均为 109°28′,如图 11-9(a)所示。当它们分别与其他 4 个相同原子的轨道重叠成键后,就形成正四面体构型的分子。

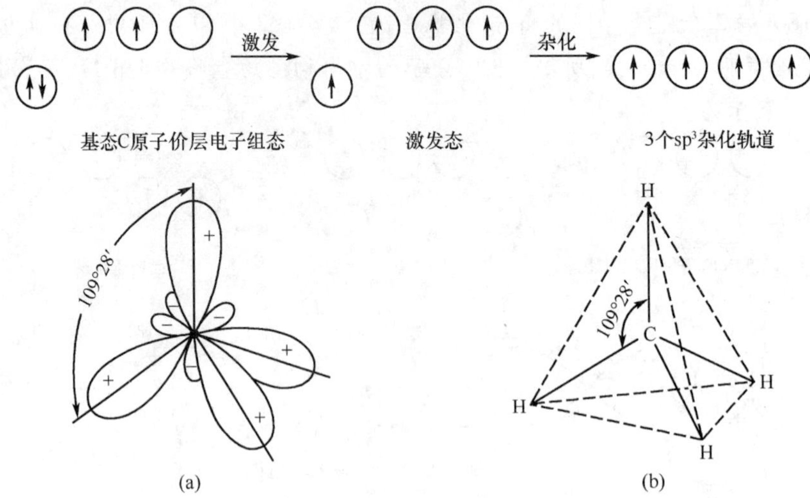

图 11-9 CH_4 分子构型及 sp^3 杂化轨道的空间构型

(a) sp^3 杂化轨道;(b)正四面体构型的 CH_4 分子

例 11-3 实验测定结果表明,CH_4 分子中有 4 个完全等同的 C—H 键,键角为 109°28′,分子的空间构型为正四面体。试用杂化轨道理论说明 CH_4 分子的空间构型。

解 中心原子 C 的价层电子组态为 $2s^2 2p_x^{\ 1} 2p_y^{\ 1} 2p_z^{\ 0}$,在形成 CH_4 分子的过程中,C 原子的 2s 轨道上的 1 个电子被激发到 2p 空轨道上去,价层电子组态为 $2s^1 2p_x^{\ 1} 2p_y^{\ 1} 2p_z^{\ 1}$,1 个 2s 轨道和 3 个 2p 轨道进行 sp^3 杂化,形成夹角均为 109°28′的 4 个完全等同的 sp^3 杂化轨道,当它们各与 1 个 H 原子的 1s 轨道重叠时,形成 4 个 sp^3-s 的 σ 键。故 CH_4 分子的空间构型是正四面体,其形成过程见图 11-9(b)。

通过对 sp 型杂化的讨论,现将三种杂化过程归纳于表 11-4 中。

表 11-4 sp 型的三种杂化

杂化类型	sp	sp^2	sp^3
参与杂化的原子轨道	1 个 s 和 1 个 p	1 个 s 和 2 个 p	1 个 s 和 3 个 p
杂化轨道数	2 个 sp 杂化轨道	3 个 sp^2 杂化轨道	4 个 sp^3 杂化轨道
杂化轨道所含成分	$\frac{1}{2}$ s 与 $\frac{1}{2}$ p	$\frac{1}{3}$ s 与 $\frac{2}{3}$ p	$\frac{1}{4}$ s 与 $\frac{3}{4}$ p
杂化轨道间夹角	180°	120°	109°28′
空间构型	直 线	正三角形	正四面体
实例	$BeCl_2$, C_2H_2	BF_3, BCl_3	CH_4, CCl_4

2. spd 型杂化 能量相近的$(n-1)$d 与 ns、np 轨道或 ns、np 与 nd 轨道组合成新的 dsp 或 spd 型杂化轨道的过程统称为 spd 型杂化。这种类型的杂化比较复杂,它们通常存在于过渡元素形成的化合物中(将在第十二章配位化合物中介绍)。表 11-5 列出了几种典型的 spd 杂化实例:

表 11-5 几种常见 spd 杂化实例

杂化类型	dsp^2	dsp^3 或 sp^3d	d^2sp^3 或 sp^3d^2
杂化轨道数	4	5	6
空间构型	平面四方形	三角双锥	正八面体
实例	$[Ni(CN)_4]^{2-}$	PCl_5	$[Fe(CN)_6]^{3-}$, $[Co(NH_3)_6]^{2+}$

（二）等性杂化与不等性杂化

按杂化后形成的几个杂化轨道的能量和成分是否相同，轨道的杂化可分为等性杂化和不等性杂化。

1. 等性杂化 参与杂化的轨道中都含有未成对电子或都是空轨道，杂化后形成的各杂化轨道所含原来轨道的成分相等，能量完全相同，这种杂化称为**等性杂化**（equivalent hybridization）。如上述三种 sp 型杂化，形成的 $BeCl_2$、BF_3、CH_4 分子中 Be、B、C 原子由于电子激发，参加杂化的轨道中都含有未成对电子，杂化后它们各自形成的杂化轨道的能量和所含原来轨道成分相等，属于等性杂化。在配离子 $[Fe(CN)_6]^{3-}$ 和 $[Fe(H_2O)_6]^{3+}$ 中，中心原子 Fe^{3+} 的价层空轨道分别以 d^2sp^3 和 sp^3d^2 杂化成键，也属于等性杂化。采用等性杂化轨道成键所形成分子的空间构型均为对称形结构。

2. 不等性杂化 含有孤对电子的原子轨道参与杂化，杂化后所形成的几个杂化轨道所含原来轨道的成分不同，而且能量不完全相等，这种杂化称为**不等性杂化**（non-equivalent hybridization）。现以 NH_3 分子和 H_2O 分子的形成为例予以说明。

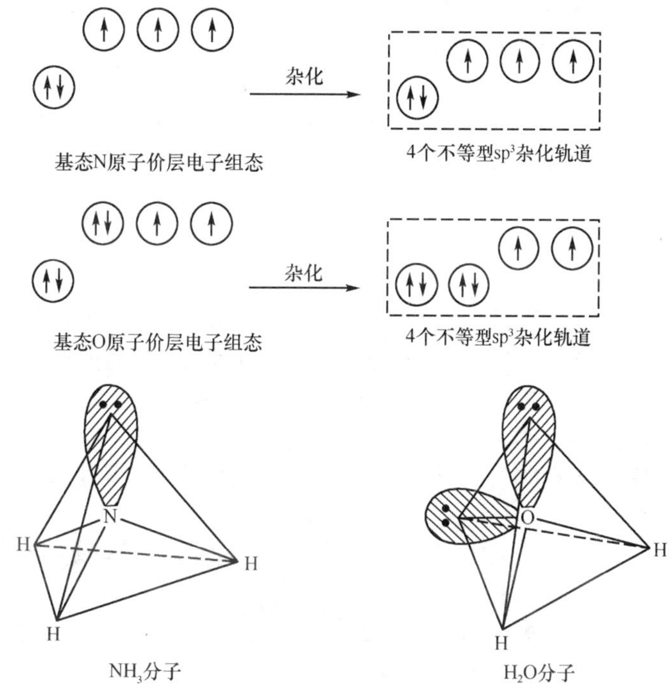

图 11-10 NH_3 与 H_2O 分子的形成及结构示意图

例 11-4 实验测知，NH_3 分子中有 3 个 N—H 键，键角为 107°，分子的空间构型为三角锥形，试用杂化轨道理论说明 NH_3 分子的空间构型。

解 NH_3分子中的 N 原子，其价层电子组态为 $2s^22p_x^{\ 1}2p_y^{\ 1}2p_z^{\ 1}$。在形成 NH_3 分子的过程中，N 原子的 1 个已被孤对电子占据的 2s 轨道与 3 个含有未成对电子的 p 轨道进行不等性 sp^3 杂化。在形成的 4 个 sp^3 杂化轨道中，其中 1 个已被 N 原子的孤对电子占据，该 sp^3 杂化轨道含有较多的 2s 轨道成分，能量较其他 3 个 sp^3 杂化轨道低，另外 3 个有未成对电子的 sp^3 杂化轨道则含有较多 2p 轨道成分，能量略高于含有孤对电子的 sp^3 杂化轨道，故 N 原子的 sp^3 杂化是不等性杂化。当 3 个含有未成对电子的 sp^3 杂化轨道各与 1 个 H 原子的 1s 轨道重叠，则形成 3 个 sp^3-s 的 σ 键。由于 N 原子中有孤对电子的杂化轨道不参与成键，其电子云较密集于 N 原子周围，对成键电子对产生强排斥作用，使 N—H 键的夹角被压缩至 107°（小于 109°28′），习惯上孤对电子不包括在分子的空间构型中。所以 NH_3 分子的空间构型呈三角锥形，见图 11-10。

例 11-5 实验测得，H_2O 分子中有 2 个 O—H 键，键角为 104°45′，分子的空间构型为“V”字形。试解释 H_2O 分子的空间构型。

解 中心原子 O 的价层电子组态为 $2s^22p_x^22p_y^12p_z^1$。在形成 H_2O 分子的过程中，O 原子以 sp^3 不等性杂化形成 4 个 sp^3 不等性杂化轨道，其中两个杂化轨道中含有孤对电子，另外两个含有未成对电子的 sp^3 杂化轨道有较多的 2p 轨道成分，它们各与 1 个 H 原子的 1s 轨道重叠，形成 2 个 sp^3-s 的 σ 键。由于含孤对电子的杂化轨道不参与成键，电子云密集于 O 原子周围，对成键电子对有较强排斥作用，结果使 O—H 键间夹角压缩至 104°45′，孤对电子不列入分子结构，所以 H_2O 分子的空间构型为“V”字形，见图 11-10。

第三节 价层电子对互斥理论

杂化轨道理论成功地解释了共价分子的空间构型，但是，一个分子的中心原子究竟采取哪种类型的轨道杂化，有时是难以确定的，因而也就难以预测分子的空间构型。1940 年美国的 Sidgwick NV 等人相继提出了**价层电子对互斥理论**（valence shell electron pair repulsion theory），简称 VSEPR 法，该理论比较简单，不需要原子轨道概念，而且在解释、判断和预见分子的构型方面取得了显著成绩，该法主要适用于主族元素间形成的 AB_n 型分子或离子。

一、价层电子对互斥理论的要点

一个 AB_n 型多原子共价分子或离子，中心原子 A 周围所配置的原子或原子团 B（称为配体）的空间构型，主要决定于中心原子 A 的价层电子对的数目和相互间的排斥作用，价层电子对包括**成键电子对**（bonded electron pair）和**孤电子对**（lone electron pair）。在中心原子周围，这些电子对将在尽可能互相远离的位置排布，以使彼此间的排斥力最小。分子的空间构型总是采取排斥能最小的那种结构。根据此理论，只要知道分子或离子中的中心原子的价层电子对数目，就能比较容易而准确地判断 AB_n 型共价分子或离子的空间构型。

二、价层电子对的计算及分子空间构型的判断

应用价层电子对互斥理论，可按下述规定和步骤判断分子的空间构型：

1. 确定中心原子中价层电子对数

$$\text{价层电子对数} = \frac{\text{中心原子价电子数} + \text{配体电子数} \pm \text{离子电荷数}}{2}$$

中心原子价层电子对数目等于中心原子 A 原有的价层电子数、配位原子 B 提供的共用电子数以及离子电荷数三者加和除以 2。在计算价层电子对数时规定：卤素原子和 H 原子作为配体，提供 1 个电子，卤素原子作为中心原子按提供 7 个电子计算；氧族元素的原子作为配体时不提供电子，作为中心原子按提供 6 个价电子计算；对于多原子离子，若是多原子阴离子则加上其电荷数，若是多原子阳离子则减去其电荷数。计算电子对数时，若剩余 1 个电子，当作 1 对电子处理。如果 AB_n 分子中存在双键或叁键，按生成单键来考虑，作为 1 对电子看待，由于多重键具有较多的电子而斥力大，其斥力大小顺序是：

三键 > 双键 > 单键 > 单电子

2. 判断分子的空间构型 中心原子周围的价层电子对可分为 2 种，一种是成键电子对，另一种是孤电子对。价层电子对数等于成键电子对数与孤电子对数的加合。在描述分子构型时不包括孤对电子。分子的构型是由中心原子和与它成键的原子来决定，也就是说由成键电子对的空间分布决定。根据中心原子的价层电子对数，从表 11-6 中找出相应的价层电子对构型后，再根据价层电子对中的孤电子对数，确定电子对的排布方式和分子的空间构型。

例 11-6 试判断 PO_4^{3-} 离子的空间构型。

解 PO_4^{3-} 离子的负电荷数为 3，中心原子 P 有 5 个价电子，O 原子不提供电子，所以 P 原子的价层电子对数为 $(5+3)/2=4$，其排布方式为四面体。因价层电子对中无孤对电子，所以 PO_4^{3-} 离子为正四面体构型。

例 11-7 试判断 H_2S 分子的空间构型。

解 S 是 H_2S 分子的中心原子，它有 6 个价电子，与 S 化合的 2 个 H 原子各提供 1 个电子，所以 S 原子价层电子对数为 $(6+2)/2=4$，其排布方式为四面体，因价层电子对中有 2 对孤对电子，且斥力大于成键电子对，使成键电子对夹角变小，略去孤对电子后，H_2S 分子的空间构型为“V”字形。

表 11-6 理想的价层电子对构型和分子构型

A 的电子对数	价层电子对构型	分子类型	成键电子对数	孤电子对数	分子构型	实例
2	直线	AB_2	2	0	 直线	$HgCl_2$，CO_2
3	平面三角形	AB_3	3	0	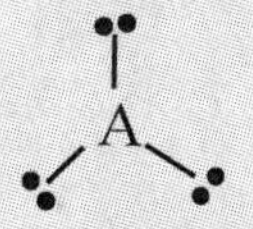 平面正三角形	BF_3，NO_3^-
		AB_2	2	1	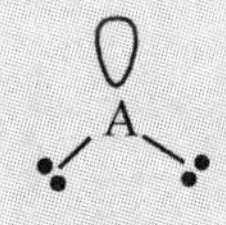 “V”形	$PbCl_2$，SO_2
4	四面体	AB_4	4	0	 正四面体	SiF_4，SO_4^{2-}
		AB_3	3	1	 三角锥	NH_3，H_3O^+
		AB_2	2	2	 “V”形	H_2O，H_2S
5	三角双锥	AB_5	5	0	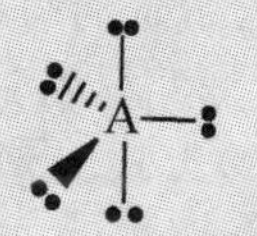 三角双锥	PCl_5，PF_5
		AB_4	4	1	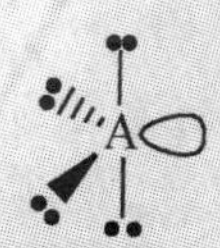 变形四面体	SF_4，$TeCl_4$
		AB_3	3	2	 “T”形	ClF_3
		AB_2	2	3	 直线	I_3^-，XeF_2

续表

A 的电子对数	价层电子对构型	分子类型	成键电子对数	孤电子对数	分子构型	实例
6	八面体	AB_6	6	0	正八面体	SF_6，AlF_6^{3-}
		AB_5	5	1	四方锥	BrF_5，SbF_5^{2-}
		AB_4	4	2	平面正方形	ICl_4^-，XeF_4

例 11-8 试判断 HCN 分子的空间构型。

解 HCN 的结构式为 H—C≡N，含有 1 个 C≡N 叁键，看作 1 对成键电子，1 个 C—H 单键为 1 对成键电子，故 C 原子的价层电子对数为 2，且无孤对电子，所以 HCN 分子的空间构型为直线形。

分子中若有多重键或 π 键不会改变分子的基本形状，但对键角有一定影响。一般说来，含单键的键角小，含双键的键角略大。例如 C_2H_4 分子和 HCHO 分子中，键角∠HCC 和∠HCO 略大于 120°，而∠HCH 略小于 120°。

例 11-9 试判断 HCHO 分子的空间构型

解 HCHO 中心原子 C 的价电子数为 4，两个 H 原子共提供 2 个电子，O 原子不提供电子，则中心原子 C 的价电子对数等于(4+2+0)/2=3，HCHO 分子中有 3 个配位原子，成键电子对为 3，孤对电子数为 0，所以 HCHO 应为平面三角形。

例 11-10 试判断 $CH_2=CH_2$ 分子的空间构型

解 在 $CH_2=CH_2$ 分子中，C 原子的价层电子对数均为 3，无孤对电子存在，按理其键角都应是 120°，但由于多重键的存在对 C—H 键的成键电子对有较大斥力，使其键角小于 120°。

第四节 分子轨道理论简介

现代价键理论，杂化轨道理论和价层电子对互斥理论，可以成功地解释共价键的形成和共价分子的空间构型，因而得到了广泛的应用。但它们也有局限性。例如，O 原子的电子组态为 $1s^22s^22p_x^{\ 1}2p_y^{\ 1}2p_z^{\ 2}$，按现代价键理论推测，2 个 O 原子应以 1 个 σ 键和 1 个 π 键结合成 O_2 分子，O_2 分子中不存在单电子。但是磁性实验测定表明，O_2 分子是顺磁性物质，它有 2 个自旋平行的单电子。另外，现代价键理论也不能解释分子中存在单电子键（如在 H_2^+ 中）和三电子键（如在 O_2 分子中）等问题。1932 年美国化学家 Mulliken RS 和德国化学家 Hund F 提出一种新的共价键理论——**分子轨道理论**（molecular orbital theory），简称 MO 法。该理论强调分子的整体性，认为原子形成分子以后，电子不再局限于每个原子，而是在整个分子范围内运动，所以说分子轨道理论是从分子整体考虑的理论。MO 法能较好地说明多原子分子的结构，在现代共价键理论中占有很重要的地位。

一、分子轨道理论的要点

1. 分子轨道理论把分子作为一个整体来处理，分子中的每个电子都在整个分子空间中运动，每个电子都有一定的运动状态　在原子结构中用波函数 ψ 来描述电子的运动状态，并把波函数 ψ 称为原子轨道。同样，电子在分子中的运动状态也可用波函数 ψ 来描述，称为**分子轨道**(molecular orbital)。同理 $|\psi|^2$ 表示分子中电子在空间各处出现的概率密度或电子云。每个分子轨道都有相应的能量和形状。分子轨道和原子轨道的主要区别在于：①在原子中，电子的运动只受单个原子核的作用，原子轨道是单核系统；而在分子中，电子则在所有原子核势场作用下运动，分子轨道是多核系统。②原子轨道的名称用 s、p、d 等符号表示，而分子轨道的名称则相应地用 σ、π、δ 等符号表示。

2. 分子轨道是由分子中原子轨道线性组合(linear combination of atomic orbitals，简称 LCAO)**即相加、相减组成的**　分子轨道数目等于参加组合的原子轨道数。例如 a、b 两个氢原子的 1s 轨道相组合时，可形成两个分子轨道，其中一个分子轨道是由 a、b 两个原子的波函数正值与正值相结合而成。相应的电子出现的概率密度在两核间增大，这就使分子轨道获得了附加的稳定性，分子的能量降低。这样的分子轨道称为**成键分子轨道**(bonding molecular orbital)，用符号 σ_{1s} 表示。成键 σ_{1s} 轨道形成的同时，还会形成一个**反键分子轨道**(antibonding molecular orbital)，用符号 σ_{1s}^* 表示。反键分子轨道相当于两个原子的电子波函数相减组合而成。反键分子轨道中，电子在两核之间电子出现的概率密度小，甚至为零，其能量高于相应的原子轨道，不利于成键。

3. 分子轨道形成的条件　原子轨道线性组合时，必须符合下述三条原则才能有效地组成分子轨道。

(1) 对称性匹配原则：只有当两个原子轨道的对称性匹配时才能组合成分子轨道，这称为对称性匹配原则。

什么样的两个原子轨道才是对称性匹配的呢？

不同的原子轨道，其角度分布函数的几何图形不同，它们对于某些点、线、面等有着不同的空间对称性。将两个原子轨道的角度分布图进行两种对称性操作，即旋转和反映操作，可以判断其对称性是否匹配。旋转是绕键轴(以 x 轴为键轴)旋转 180°，反映是对包含键轴的某一个平面(xy 平面或 xz 平面)进行反映，即照镜子。若操作后原子轨道的空间位置、形状和波瓣符号均未改变称为对旋转或反映操作对称，若有改变称为反对称。若两个原子轨道对旋转、反映两种对称操作均为对称或均为反对称则二者称为对称性匹配；若其中一个原子轨道对某对称操作是对称的，而另一原子轨道对同一操作是反对称的，则二者为对称性不匹配，不能组合成分子轨道。

如图 11-11，s 和 p_x 原子轨道对旋转和反映两个操作均为对称；p_x 和 p_x 原子轨道对旋转和反映两个操作均为对称；p_y 和 p_y、p_z 和 p_z 对旋转和反映两个操作均为反对称，它们也都属于对称性匹配，对称性匹配的原子轨道可以组成分子轨道。但是 s 和 p_y 或 p_z、p_x 和 p_y 或 p_z 原子轨道对旋转和反映操作后对称性不同，例如 s 和 p_x 轨道两项操作都具有对称性，而 p_z 和 p_y 原子轨道对旋转和反映操作均属于反对称，所以 s 和 p_y 或 p_z、p_x 和 p_y 或 p_z 均属于对称性不匹配，不能组合成分子轨道，如图 11-11(f)、(g)所示。由此可见，判断两原子轨道是否对称性匹配，必须由旋转和反映两种操作来确定。

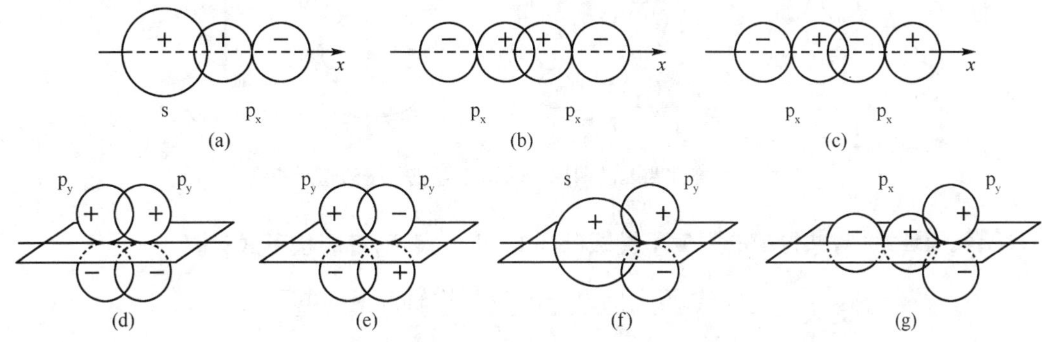

图 11-11　原子轨道对称性匹配示意图

（2）能量近似原则：在符合对称性匹配的前提下，参与成键的原子轨道能级相差很大时不能有效的组合成分子轨道，只有能量相近的原子轨道才能有效地组合成分子轨道，这称为**能量近似原则**。

例如H原子的 $E_{1s} = -1312\text{kJ}\cdot\text{mol}^{-1}$；F原子的 $E_{1s} = -671\ 81\text{kJ}\cdot\text{mol}^{-1}$，$E_{2s} = -3870.8\text{kJ}\cdot\text{mol}^{-1}$，$E_{2p} = -1797.4\text{kJ}\cdot\text{mol}^{-1}$；当H原子和F原子形成HF分子时，假设H原子和F原子沿着x轴方向成键，从对称性匹配情况看，H原子的1s轨道可以和F原子的1s、2s或 $2p_x$ 轨道组合成分子轨道，但根据能量近似原则，H原子的1s轨道只能和F原子的 $2p_x$ 轨道组合才有效。因此，H原子与F原子是通过 σ_{s-p_x} 单键结合成HF分子的。

（3）轨道最大重叠原则：对称性匹配的两个原子轨道进行线性组合时，其重叠程度愈大，则组合成的分子轨道的能量愈低，所形成的化学键愈牢固，这称为**轨道最大重叠原则**。

在上述三条原则中，对称性匹配原则是首要的，它决定原子轨道有无组合成分子轨道的可能性。能量近似原则和轨道最大重叠原则是在符合对称性匹配原则的前提下，决定分子轨道组合效率的问题。

4. 电子在分子轨道中的排布 电子在分子轨道中的排布与在原子轨道中的排布所遵循的原则相同，即Pauli不相容原理、能量最低原理和Hund规则。

5. 分子轨道的类型 分子轨道可分为σ键分子轨道和π键分子轨道。符合对称性匹配原则的两原子轨道沿着两个核的连线即键轴（x轴）发生“头碰头”方式重叠所形成的分子轨道称为σ分子轨道，如图11-12中 $s-s$、$s-p_x$、p_x-p_x 的组合。σ分子轨道对键轴呈圆柱形对称。若两个原子轨道相加，则相当于同号波瓣重叠，增加两核之间的几率密度，形成σ成键轨道，若两个原子轨道相减，则相当于异号波瓣重叠，减小了核间的几率密度，形成反键轨道 σ^*。而对于图11-12中的两个 p_y 轨道，则是沿键轴以“肩并肩”的形式发生重叠，这样形成的分子轨道称为π分子轨道。π分子轨道对键轴呈镜面反对称分布。两个原子轨道相加形成成键轨道π，两者相减则成为反键轨道 π^*。

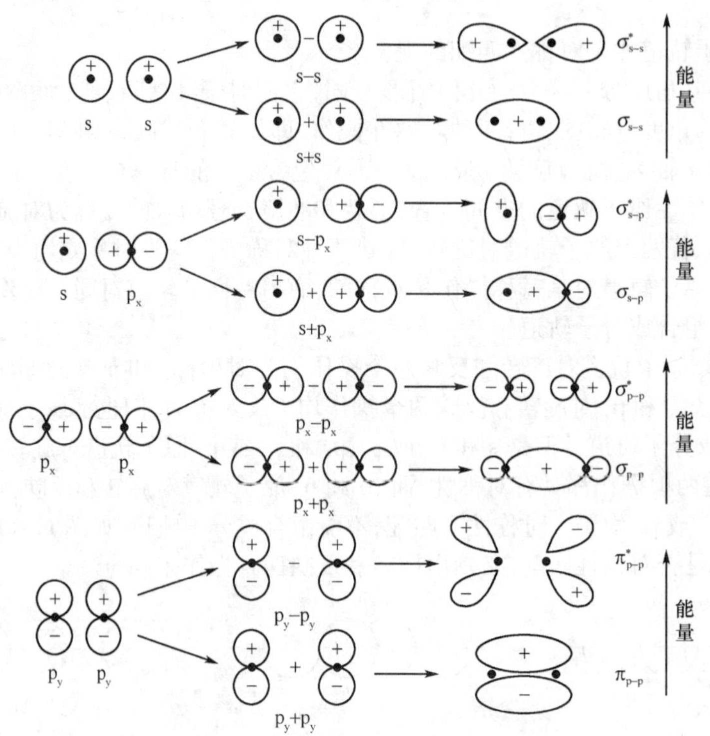

图11-12 对称性匹配的两原子轨道组合成分子轨道示意图

6. 在分子轨道理论中，共价键的强度用键级（bond order）表示，键级按下式计算

$$\text{键级} = \frac{\text{成键轨道上的电子数} - \text{反键轨道上的电子数}}{2}$$

键级可以为整数，也可以为分数。一般说来，键级愈大，键的强度愈大，分子愈稳定；键级为零，则表明原子不可能结合成分子。

二、第二周期元素双原子分子的分子轨道能级图

按照能级高低顺序将分子轨道排列起来,可得到分子轨道能级顺序。

(一) 同核双原子分子的轨道能级图

由于分子轨道比较复杂,现在对分子轨道能级顺序了解得比较清楚的只有第一、二周期元素形成的双原子分子。在第二周期元素中,同核双原子分子的分子轨道能级顺序有两种:一种是组成原子的2s和2p轨道的能量相差较大(>1500kJ · mol^{-1}),在组合成分子轨道时,不会发生2s和2p轨道的相互作用,只是两原子的s-s和p-p轨道的线性组合,因此,由这些原子组成的同核双原子分子的分子轨道能级顺序为

$$\sigma_{1s} < \sigma_{1s}^* < \sigma_{2s} < \sigma_{2s}^* < \sigma_{2p_x} < \pi_{2p_z} = \pi_{2p_z} < \pi_{2p_y}^* = \pi_{2p_z}^* < \sigma_{2p_x}^*$$

图11-13(a)即是此能级顺序的分子轨道能级图,O_2、F_2分子的分子轨道能级排列符合此顺序。另一种是组成原子的2s和2p轨道的能量相差较小(<1500kJ · mol^{-1}),在组合成分子轨道时,一个原子的2s轨道除能和另一个原子的2s轨道发生重叠外,还可与其2p轨道重叠,其结果是使σ_{2p_x}分子轨道的能量超过π_{2p_y}和π_{2p_z}分子轨道。由这些原子组成的同核双原子分子的分子轨道能级顺序为

$$\sigma_{1s} < \sigma_{1s}^* < \sigma_{2s} < \sigma_{2s}^* < \pi_{2p_y} = \pi_{2p_z} < \sigma_{2p_x} < \pi_{2p_y}^* = \pi_{2p_z}^* < \sigma_{2p_x}^*$$

图11-13(b)即是此能级顺序的分子轨道能级图。第二周期元素组成的同核双原子分子中,除O_2、F_2外,其余Li_2、Be_2、B_2、C_2、N_2等分子的分子轨道能级排列均符合此顺序。

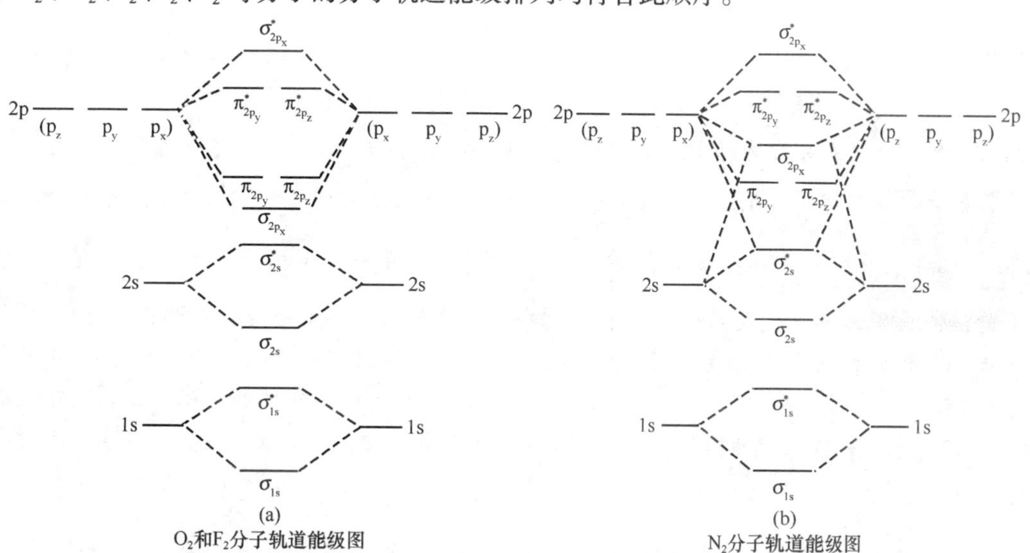

图11-13 同核双原子分子的两种分子轨道能级顺序

(a)$\pi_{2p} > \sigma_{2p}$;(b)$\sigma_{2p} > \pi_{2p}$

例11-11 实验测得硼分子为顺磁性物质,试用分子轨道理论解释。

解 B原子的电子结构为$1s^2 2s^2 2p^1$,2个硼原子共有10个电子。硼分子的分子轨道能级顺序与氮分子的相同,按照三个原理填充电子,内层4个1s电子分别进入(σ_{1s})和(σ_{1s}^*)轨道,由于成键的(σ_{1s})与反键的(σ_{1s}^*)在能量上相互抵消,净成键作用为零。因此,可以认为内层电子对成键作用几乎没有贡献,它们基本上保留在原子轨道上。余下6个价层电子,4个分别进入(σ_{2s})和(σ_{2s}^*)轨道,还有2个电子按照Hund规则,分别填充在两个能量相等的π_{2p}轨道,且自旋平行。其电子排布式:

$$B_2[(\sigma_{1s})^2(\sigma_{1s}^*)^2(\sigma_{2s})^2(\sigma_{2s}^*)^2(\pi_{2py})^1(\pi_{2pz})^1]$$

按此排布,硼分子中有2个单电子,说明B_2分子属于顺磁性物质。

例 11-12 试用 MO 法说明 N_2 分子的结构。

解 N 原子的电子组态为 $1s^2 2s^2 2p^3$。N_2 分子中共有 14 个电子，按图 11-13(b)的能级顺序依次填入相应的分子轨道，N_2 分子的分子轨道式为：

$$N_2[KK(\sigma_{2s})^2(\sigma_{2s}^*)^2(\pi_{2p_y})^2(\pi_{2p_z})^2(\sigma_{2p_x})^2$$

KK 是指$(\sigma_{1s})^2(\sigma_{1s}^*)^2$两个 N 原子的内层电子，根据计算，原子内层轨道上的电子在形成分子时基本上处于原来的原子轨道上，可以认为它们未参与成键。$(\sigma_{2s})^2$ 的成键作用与$(\sigma_{2s}^*)^2$ 的反键作用相互抵消，对成键无贡献。实际对成键有贡献的只是$(\pi_{2p_y})^2(\pi_{2p_z})^2(\sigma_{2p_x})^2$ 三对电子，$(\pi_{2p_y})^2(\pi_{2p_z})^2$ 各构成一个 π 键，$(\sigma_{2p_x})^2$ 构成 1 个 σ 键；所以 N_2 分子中有 1 个 σ 键和 2 个 π 键。由于电子都填入成键轨道，而且分子中 π_{2p}轨道的能量低于 σ_{2p}，使系统的能量大为降低，故 N_2 分子特别稳定。其键级为$(8-2)/2=3$。因为分子中无单电子，显抗磁性。

例 11-13 试用 MO 法说明 O_2 分子的结构和顺磁性及其化学活泼性。

解 O 原子的电子组态为 $1s^2 2s^2 2p^4$，在 O_2 分子中共有 16 个电子，O_2 分子中的电子按图 11-13(a)所示的能级顺序依次填入相应的分子轨道，其分子轨道式为：

$$O_2[KK(\sigma_{2s})^2(\sigma_{2s}^*)^2(\sigma_{2p_x})^2(\pi_{2p_y})^2(\pi_{2p_z})^2(\pi_{2p_y}^*)^1(\pi_{2p_z}^*)^1]$$

其中内层电子对成键不起作用，$(\sigma_{2s})^2$ 成键作用与$(\sigma_{2s}^*)^2$ 的反键作用相互抵消，对成键无贡献。实际 8 个电子对成键有贡献，其中进入 σ_{2p_x}轨道构成一个 σ 键；另外 4 个进入二重简并的 π_{2p_z}和 π_{2p_y}轨道，最后 2 个分别以单电子状态占据两个简并的 $\pi_{2p_z}^*$和 $\pi_{2p_y}^*$反键轨道，并且自旋平行。分子中有 2 个单电子。$(\pi_{2p_y})^2$ 与$(\pi_{2p_y}^*)^1$ 构成 1 个三电子 π 键；$(\pi_{2p_z})^2$ 与$(\pi_{2p_z}^*)^1$ 构成另外 1 个三电子 π 键。所以 O_2 分子中有一个 σ 键和两个“三电子 π 键”。氧分子的结构式可写成 $O\overset{\cdots}{\underset{\cdots}{—}}O$，其中短线代表 σ 键，线上、下的三点代表两个三电子 π 键。磁性实验证明氧分子是顺磁性的。

在每个三电子 π 键中，2 个电子在成键轨道，1 个电子在反键轨道，故一个三电子 π 键只相当于半个 π 键，键能只有单键的一半，两个三电子 π 键相当于一个正常的 π 键。事实上，O_2 的键能只有 $495kJ \cdot mol^{-1}$，这比一般双键的键能低。正因为 O_2 分子中含有结合力弱的三电子 π 键，所以它的化学性质比较活泼，O_2 分子的键级为$(8-4)/2=2$。O_2 分子可以失去电子变成氧分子离子，O_2^+ 键级为 $2\frac{1}{2}$，O_2 分子也可接受 1 个或 2 个电子，进入 $\pi_{2p_y}^*$或 $\pi_{2p_z}^*$反键轨道，形成超氧负离子 O_2^- 和过氧负离子 O_2^{2-}，键级分别为 1.5 和 1。同核双原子分子键级愈大，键愈牢固，分子也愈稳定。

（二）异核双原子分子的轨道能级图

异核双原子分子和同核双原子分子一样，可通过原子轨道的线性组合来构成分子轨道。所用原则和处理同核双原子分子一样，同样也遵循对称性匹配原则，能量近似原则和轨道最大重叠原则。

对于第二周期元素的异核双原子分子或离子，可近似地用第二周期的同核双原子分子的方法去处理。影响分子轨道能级高低的主要因素是原子的核电荷数。若分子中两个原子的原子序数之和等于或小于 N 原子序数的两倍（即 14），则此异核双原子分子或离子的分子轨道能级图与图 11-13(b)相同；若两个组成原子的原子序数之和大于 N 原子序数的两倍时，则此异核双原子分子或离子的分子轨道能级图符合图 11-13(a)的能级顺序。例如 CO 分子共有 14 个电子，这 14 个电子在分子轨道中按 N_2 分子轨道能级高低顺序分布。CO 分子轨道的电子排布式和分子轨道表示式为：

$$CO[KK(\sigma_{2s})^2(\sigma_{2s}^*)^2(\pi_{2p_y})^2(\pi_{2p_z})^2(\sigma_{2p_x})^2]$$

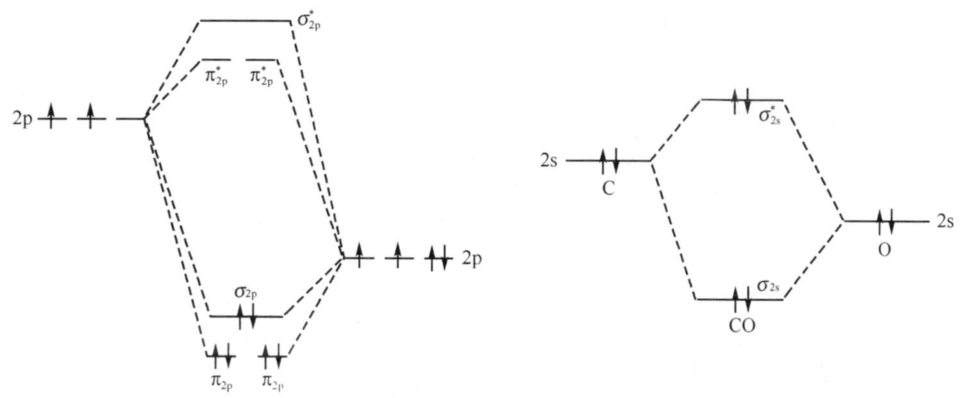

图 11-14 一氧化碳分子轨道及电子填充

CO 与 N_2 分子结构相似，如果异核双原子分子或离子与同核双原子分子所含的原子序数相同，分子中的电子数也相同，这样的不同分子被称为**等电子体**(isostere)。经验告诉我们，等电子体的分子具有相似的结构，而且性质上也有许多相似之处。CO 与 N_2 分子为等电子体，键级都等于 3，性质很相似，如 CO 和 N_2 的熔点分别为 -200℃，-210℃；其沸点分别为 -190℃，-196℃。由于在 CO 分子中，O 与 C 元素处在同一周期，氧的电负性比碳大，并且核电荷数差 2 个，所以氧原子的 2s 和 2p 轨道的能量较碳原子相应轨道能量低，在组成分子轨道能级图中，氧原子轨道能量低于碳原子，组成的分子轨道也是不对称的，成键分子轨道中的电子集中在电负性较大的原子一边；反键分子轨道中的电子集中在电负性较小的原子一边。

例 11-14 试比较 NO 分子和 NO^+ 离子的稳定性。

解 因为 N 的原子序数与 O 的原子序数之和为 15，故 NO 分子的分子轨道排布式为

$$NO[(\sigma_{1s})^2(\sigma_{1s}^*)^2(\sigma_{2s})^2(\sigma_{2s}^*)^2(\sigma_{2p_x})^2(\pi_{2p_y})^2(\pi_{2p_z})^2(\pi_{2p_y}^*)^1]$$

其中对成键有贡献的是：$(\sigma_{2p_x})^2$ 构成一个 σ 键；$(\pi_{2p_z})^2$ 构成一个 π 键；$(\pi_{2p_y})^2$ 和 $(\pi_{2p_y}^*)^1$ 构成一个三电子 π 键。键级为 $(8-3)/2=2.5$。可以预料，NO 分子失去 1 个电子成为 NO^+ 后，$\pi_{2p_y}^*$ 轨道将是空的，则 NO^+ 中有一个 σ 键和两个 π 键，键级为 $(8-2)/2=3$。故 NO^+ 比 NO 稳定性高。

异核双原子分子中，如果成键两原子不属于同一周期，两原子之间内层轨道能级高低可以相差很大，但是，最外层轨道的能级高低总是相近的，根据能量近似原则可以利用最外层原子轨道组成分子轨道。2 个异核原子的原子轨道重叠形成的是不对称分子轨道，成键分子轨道比较集中在电负性大的原子一边，2 个原子电负性差越大，偏向越大。

例 11-15 试分析 HF 分子的形成。

解 HF 是异核双原子分子。但因 H 和 F 不属于同一周期，因而不能采用上述两例的方法来确定其分子轨道能级顺序。根据分子轨道理论提出的原子轨道线性组合三原则进行综合分析，可以确定：H 原子的 1s 轨道和 F 原子的 $2p_x$ 轨道（这些轨道的能级数据在前面能量近似原则一段中已介绍）沿键轴（x 轴）方向能最大程度重叠，有效地组成一个成键分子轨道 3σ 和一个反键分子轨道 4σ。而 F 原子的其他原子轨道在形成 HF 分子的过程中，基本保持它们原来的原子轨道性质，对成键没有贡献，统称为**非键轨道**(non-bonding orbital)。HF 分子的分子轨道能级图和电子排布如图 11-15 所示。图中的 1σ、2σ 和两个 1π 均为非键轨道。HF 分子的键级为 1，分子中有一个 σ 键。

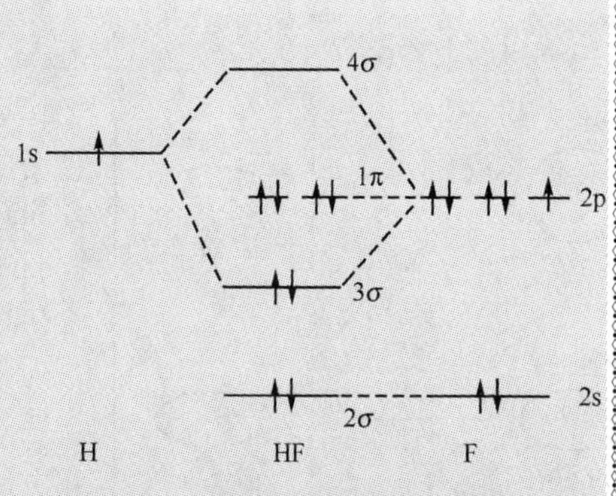

图 11-15 HF 分子轨道及电子填充

第五节 分子间作用力

前面我们讨论了分子内部原子与原子之间强烈的作用力，即化学键。化学键的键能大约在 150 ~ 650kJ · mol^{-1}。物质的分子与分子之间也存在比较弱的作用力，一般在几到几十 kJ · mol^{-1}。由于分子间相互作用力的存在，气体才可以液化或凝聚成固体。分子间的作用力主要包括 van der Waals 力和氢键。van der Waals 力的产生与分子的极化密切相关。分子的极化是指分子在外电场作用下发生的结构变化。

一、分子的极性与分子的极化

（一）分子的极性

对于双原子分子，分子的极性与键的极性是一致的。同核双原子分子的化学键为非极性共价键，构成的分子一定是非极性分子，如 H_2、Cl_2、O_2等分子；异核双原子分子的化学键为极性共价键，构成的分子一定是极性分子，如 HCl、HF 等分子。

对于多原子分子，如果分子中所有的化学键都是非极性共价键，该分子必然为非极性分子；如果化学键是极性的，分子是否有极性，不仅取决于键的极性，而且还与分子的空间构型有关。例如 NH_3和 BF_3，NH_3 分子的几何构型为三角锥形，是极性分子；而 BF_3分子的几何构型为平面三角形，属于非极性分子。

多原子分子是根据分子中正、负电荷重心是否重合，将分子分为极性分子和非极性分子。正、负电荷重心相重合的分子是**非极性分子**（nonpolar molecule）；不重合的是**极性分子**（polar molecule）。分子的极性（molecular polar）用**电偶极矩**（electric dipole moment）来定量衡量。极性分子或极性键都可以看成是由两个大小相等，符号相反的电荷 q^+ 和 q^- 组成的偶极子，电偶极矩的定义为正、负电荷重心的距离 d 与正或负电荷重心上的电量 q 的乘积：

$$\vec{\mu} = q \cdot d$$

电偶极矩是一个矢量，化学上规定其方向是从正电荷重心指向负电荷重心，其数量级为 10^{-30}C · m。电偶极矩是量度分子极性的大小依据，分子电偶极矩为零的分子是非极性分子，$\vec{\mu} \neq 0$ 的分子为极性分子，并且电偶极矩愈大表示分子的极性愈强。电偶极矩可以用实验方法测得。表 11-7 列出了一些分子的电偶极矩测定值。

表 11-7 一些分子的电偶极矩 $\vec{\mu}$ /(10^{-30}C · m)

分子	$\vec{\mu}$	分子	$\vec{\mu}$	分子	$\vec{\mu}$	分子	$\vec{\mu}$	分子	$\vec{\mu}$	分子	$\vec{\mu}$
H_2	0	BF_3	0	CO	0.40	CO_2	0	H_2O	6.16	HBr	2.63
Cl_2	0	CH_4	0	HCN	6.99	CS_2	0	SO_2	5.33	HI	1.27
N_2	0	H_2S	3.67	HCl	3.43						

（二）分子的极化

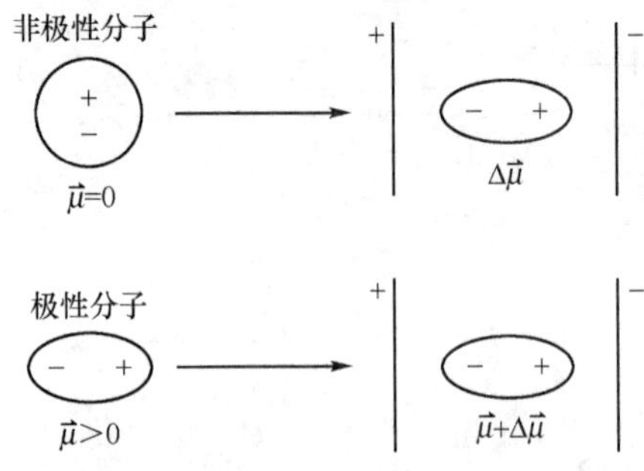

图 11-16 外电场对分子极性影响示意图

如图 11-16 所示，极性分子的正、负电荷重心不重合，分子中始终存在一个正极和一个负极，故极性分子具有**永久偶极**（permanent dipole）。极性分子中固有的偶极矩，称为**永久偶极矩**（permanent dipole moment）。非极性分子的正、负电荷重心本来是重合的（$\vec{\mu}$=0），但在外电场的作用下，发生相对位移，引起分子变形而产生的偶极称为**诱导偶极**（induced dipole），由此而产生偶极矩（$\Delta\vec{\mu} > 0$）称为**诱导偶极矩**（induced dipole moment）。无论是极性分子还是非极性分子在外电场的作用下都会产生诱导偶极矩，诱导偶极矩使极性分子的偶极矩增加。外电场可以是阴、阳离子，也可以是极性分子。

外电场使分子变形产生偶极或增大偶极矩的现象称为分子的**极化**（polarizing）。分子在外电场的作用下，正负电荷中心产生相对位移，分子发生变形，称为分子的**变形**

性(deformability)。电场愈强,分子半径愈大,变形性愈大,诱导偶极矩愈大。

分子的极化不仅在外电场的作用下产生,分子间相互作用时也可发生,这正是分子间存在相互作用力的重要原因。

二、分子间作用力

物质的分子与分子间存在着一种比较弱的作用力,一般在几到几十 $kJ \cdot mol^{-1}$,是化学键键能的 1/100~1/10。分子间作用力主要包括 van der Waals 力和氢键。

(一) van der Waals 力

van der Waals 力是分子间存在的一种较弱的作用力,它最早是由荷兰物理学家 Van der Waals 提出的,该作用力对物质的物理性质如沸点、溶解度、表面张力等有重要影响。按作用力产生的原因和特性,这种力可分为取向力、诱导力和色散力三种。

1. 取向力 当极性分子相互靠近时,它们的固有偶极之间因同极相斥,异极相吸,分子将发生相应取向转动,使分子处于异极相邻的状态,如图 11-17 所示。极性分子的这种运动称为取向,这种由于永久偶极的取向而产生的分子间吸引力称为**取向力**(orientation force)。取向力发生在极性分子之间。取向力的大小主要取决于极性分子电偶极矩的大小,偶极矩愈大,取向力愈大。取向力还与温度和分子间距离有关,温度愈高,分子间距离愈远,取向力愈小。

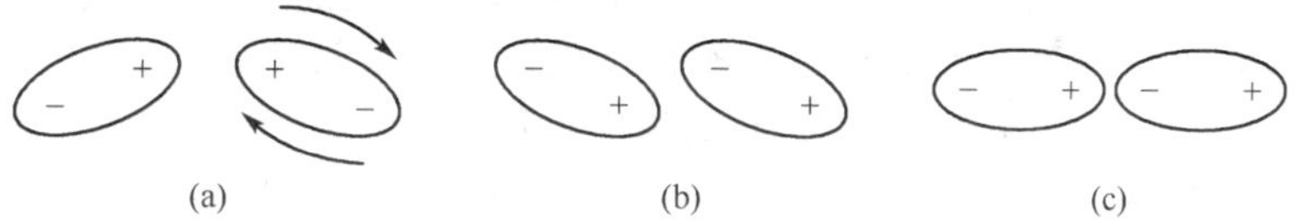

图 11-17 取向力产生示意图

2. 诱导力 当极性分子与非极性分子接近时,由于极性分子的永久偶极所产生的电场对非极性分子产生了影响,使非极性分子变形,正、负电荷重心发生相对位移而产生诱导偶极,如图 11-18 所示。这种诱导偶极与极性分子的永久偶极之间产生的相互吸引力称为**诱导力**(induction force)。诱导力发生在极性分子与非极性分子之间以及极性分子之间。诱导力的大小取决于极性分子的电偶极矩的大小以及非极性分子的变形性的大小。当极性分子与极性分子互相靠近时,在彼此的永久偶极的影响下,相互极化产生诱导偶极矩,使极性分子的偶极矩增大。因此对极性分子之间的诱导力是一种附加的取向力。O_2、N_2 等非极性分子在水中有一定的溶解度就是因为这些分子与水分子之间的作用力中存在诱导力。

3. 色散力 非极性分子的偶极矩虽为零,由于分子内部的电子在不停地运动,而且原子核也在不停地振动着,使它们的相对位置不断发生改变,从而在某一瞬间可造成分子的正、负电荷重心不重合产生瞬间偶极。这一瞬间偶极将诱导与它相邻的分子产生瞬间偶极,相邻的非极性分子的瞬间偶极彼此影响,使之相互处于异极相邻的状态,如图 11-19 所示。瞬间偶极不断地产生和消失,从而分子的异极相邻状态不断地重复着,使得非极性分子之间始终存在相互作用力。这种由于瞬间偶极间所产生的相互作用力,称为**色散力**(dispersion force)。

影响色散力大小的主要因素是分子的变形性。分子半径愈大,核对外层电子的吸引能力愈弱,分子愈容易变形产生瞬间偶极,从而色散力愈大。

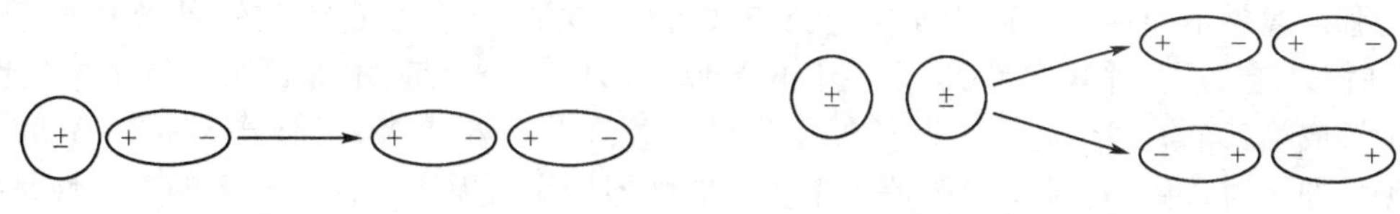

图 11-18 诱导力产生示意图 图 11-19 色散力产生示意图

这种瞬间偶极虽然存在的时间很短,但是任何分子都有不断运动的电子和不停振动的原子核,都会不断产生瞬间偶极,所以色散力存在于各种分子之间,并且在 van der Waals 力中占有相当大的比重。

van der Waals 力从本质讲是一种静电引力,没有方向性和饱和性,只要周围空间允许就能相互吸引,但其作用距离很小,仅在几百 pm 以内。van der Waals 力的大小与距离的六次方成反比,随着分子间距离增大作用力迅速下降。

分子间不同作用力的分布情况是：在非极性分子之间只有色散力；在极性分子和非极性分子之间，既有诱导力也有色散力；而在极性分子之间，取向力、诱导力和色散力都存在。对于大多数分子，色散力是主要的。只有极性大的分子，取向力才比较显著。诱导力通常都很小。表11-8列出了上述三种作用力在一些分子间的分配情况。

表11-8 分子间 van der Waals 力的分配情况(单位：$kJ \cdot mol^{-1}$)

分子	取向力	诱导力	色散力	总能量	分子	取向力	诱导力	色散力	总能量
Ar	0.000	0.000	8.49	8.49	HCl	3.305	1.004	16.82	21.13
CO	0.003	0.008	8.74	8.75	NH_3	13.31	1.548	14.94	29.80
HI	0.025	0.113	25.86	26.00	H_2O	36.38	1.929	8.996	47.31
HBr	0.686	0.502	21.92	23.11					

物质的沸点、熔点等物理性质与分子间的作用力有关，一般说来 van der Waals 力小的物质，其沸点和熔点都较低。如 HCl、HBr、HI 的 van der Waals 力依次增大，其沸点和熔点依次递增。在常温下，氯是气体，溴是液体，碘是固体。

(二) 氢键

水与其同系物比较，水的物理性质有些反常。按照 van der Waals 力解释，水和硫化氢、硒化氢、碲化氢属于同系物，从上到下，分子半径依次增大，分子间作用力增强，熔点、沸点依次升高。但事实上水的熔点、沸点最高。同样 HF 和 NH_3 在同系物中都有类似反常现象。这说明水分子之间、氟化氢分子之间和氨分子之间除了存在 van der Waals 力外，还存在另外一种作用力，这就是我们将要讨论的氢键。

1. 氢键的形成 当 H 原子与电负性很大、半径很小的 X 原子(如 F、O、N、等)以共价键结合成 X—H 分子时，电子对被强烈地吸引偏向于 X 原子，使 H 原子几乎变成裸露的质子而带正电荷。由于 H 原子半径很小，而具有大的正电荷场强。当这个 H 原子与 X 原子形成共价键后，再与另一个电负性很大、半径小并在外层有孤对电子的 Y 原子(如 F、O、N 等)产生的定向吸引作用，称为**氢键**(hydrogen bond)。形成氢键的结构可表示为：

$$X—H\cdots Y$$

形成的氢键用虚线表示，其中 X、Y 可以是同种元素的原子，如 O—H…O，F—H…F，也可以是不同元素的原子，如 N—H…O。由此可见，若要形成氢键：①分子中必须有一个 H 原子；②分子中同时含有电负性大，半径小且含有孤对电子的 Y 原子(如 F、O、N 等)；③分子中的 H 必须与电负性特别大的 X 原子直接相连形成强极性键。

氢键的强弱与 X、Y 原子的电负性及半径大小有关。X、Y 原子的电负性愈大、半径愈小，形成的氢键愈强。Cl 的电负性比 N 的电负性略大，但半径比 N 大，只能形成较弱的氢键。C 的电负性较小，很难形成氢键。常见氢键的强弱顺序是：

$$F—H\cdots F > O—H\cdots O > O—H\cdots N > N—H\cdots N > O—H\cdots Cl > O—H\cdots S$$

2. 氢键的特点 氢键属于静电作用力，键能一般在 42 $kJ \cdot mol^{-1}$ 以下，它比化学键弱得多，但比 van der Waals 力强。氢键不同于 van der Waals 力，具有饱和性和方向性。所谓饱和性是指 H 原子与 X 原子形成共价键后，只能吸引一个电负性大、半径小的 Y 原子形成一个氢键，不能再与第二个电负性大、半径小的 Y 原子形成第二个氢键。这是因为 H 原子半径比 X、Y 原子小得多，当形成 X—H…Y 后，第二个 Y 原子再靠近 H 原子时，将会受到 X 和 Y 原子电子云的强烈排斥而无法成键。氢键的方向性是指以 H 原子为中心的 3 个原子 X—H…Y 尽可能在一条直线上(图 11-20)，这样 X 原子与 Y 原子间的距离较远，排斥力较小，Y 与 H 的吸引力大，形成的氢键稳定。

氢键可以分为分子间氢键和分子内氢键两种。一个分子的 X—H 键与另一个分子的 Y 原子相结合形成的氢键，称为分子间氢键。例如在氟化氢与氟化氢分子间、氨与水分子间、水与乙醇分子之间形成的氢键，如图 11-20 所示。一个分子的 X—H 键与它内部的原子 Y 相结合而形成的氢键，称为分子内氢键，如图 11-21。硝酸、邻硝基苯酚分子内部形成氢键，即是分子内形成的氢键。

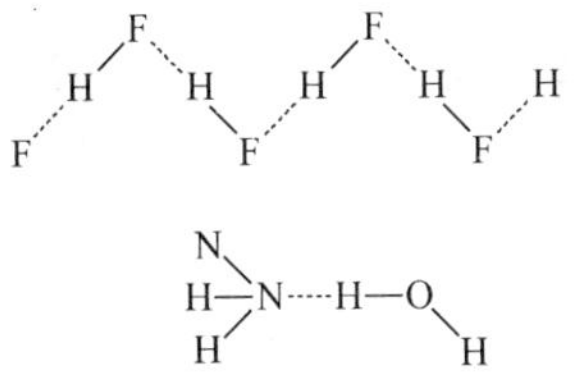

图 11-20 氟化氢、氨及水的分子间氢键

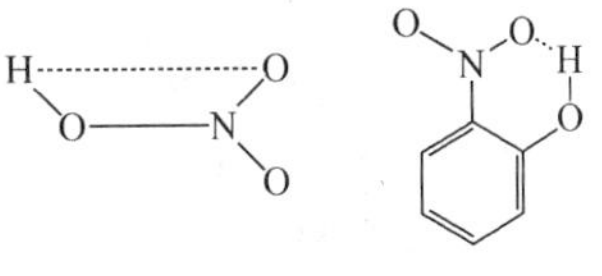

图 11-21 硝酸、邻硝基苯酚中的分子内氢键

图 11-21 分子内氢键虽不在一条直线上，但形成了较稳定的环状结构。能形成氢键的物质相当广泛，例如许多无机含氧酸和有机羧酸、醇、胺、蛋白质等物质的分子之间都存在着氢键。

3. 氢键的形成对物质性质的影响 因为破坏氢键需要消耗能量，所以在化合物中能形成分子间氢键的物质，其沸点、熔点比不能形成分子间氢键的高。前面已经讨论过因分子间氢键的形成，使水、氨和氟化氢在同系物中，其熔点、沸点要比不能形成分子间氢键的物质高。同样，熔化热和汽化热等也偏高。相反，分子内氢键的形成，一般使化合物的沸点和熔点降低。例如，邻位硝基苯酚的熔点是 318K，而间硝基苯酚和对硝基苯酚的熔点分别为 369K 和 387K。这是因为氢键具有饱和性，H 原子形成分子内氢键，不能再形成分子间氢键，从而使分子之间作用力较形成分子间氢键的弱。间硝基苯酚和对硝基苯酚还可形成分子间氢键，所以它们的熔点高于前者。

氢键的形成也影响物质的溶解度，若溶质和溶剂间能形成分子间氢键，可使溶解度增大；例如氨、乙醇、乙酸等与水都可形成分子间氢键，所以氨在水中溶解度很大，乙醇、乙酸几乎与水混溶。若溶质形成分子内氢键，则在极性溶剂中溶解度小，而在非极性溶剂中溶解度增大。如邻硝基苯酚分子可形成分子内氢键，对硝基苯酚分子因硝基与羟基相距较远不能形成分子内氢键，但它能与水分子形成分子间氢键，所以邻硝基苯酚在水中的溶解度比对硝基苯酚溶解度小，而在苯中溶解度邻位大于对位。

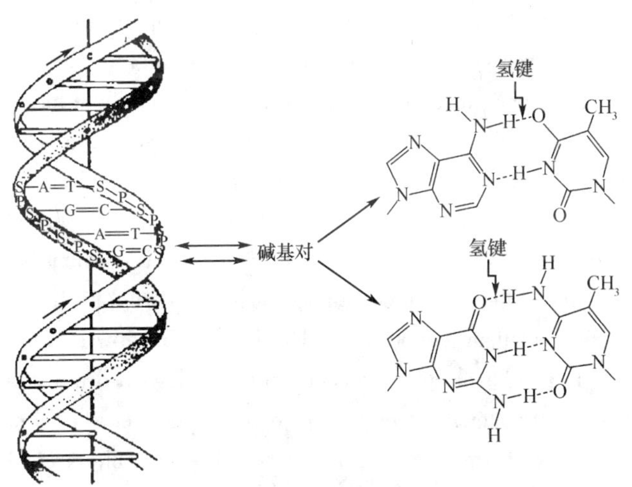

图 11-22 DNA 双螺旋结构及碱基配对形成氢键示意图

一些生物高分子物质如蛋白质、核酸中均有分子内氢键。DNA 脱氧核糖核酸分子中，两条多核苷酸链靠碱基之间（C═O···H—N 和 C═N···H—N）形成氢键配对而相连，即腺嘌呤（A）与胸腺嘧啶（T）配对形成 2 个氢键，鸟嘌呤（G）与胞嘧啶（C）配对形成 3 个氢键。它们盘曲成双螺旋结构（图 11-22）的各圈之间也是靠氢键维系而增强其稳定性，一旦氢键被破坏，分子的空间结构发生改变，生理功能就会丧失。因此对医学学生来说，氢键的概念具有相当重要的意义。

知识拓展

分子极性与生物活性

极性药物分子中由于电子密度分布不均匀，使得分子中显示出部分的正电性和负电性，它们通过静电引力与组织的活性部位或受体结合而产生活性。所带电荷越强，与活性部位结合越牢固，生物活性也就越强。药物分子中存在吸电子原子或基团时，可通过诱导效应或共轭效应使某些邻近原子的电子密度降低，形成一正电中心即生物活性中心。药物的生物活性中心与组织的活性部位或受体的负电荷部位相互吸引，从而显示生物活性。例如苯巴比妥、异烟肼、氯仿及哌替啶（杜冷丁）等均具有生物活性中心，其电性的强弱将影响它们的生物活性大小。

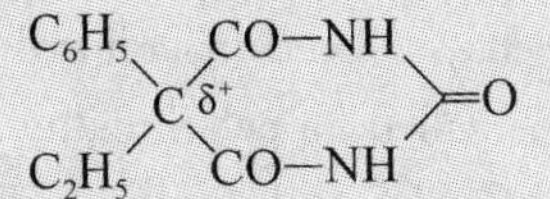

苯巴比妥 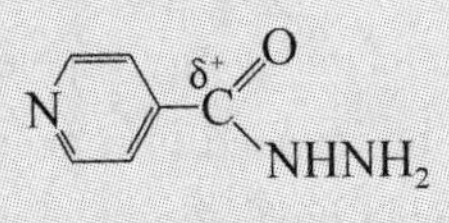　　异烟肼　　氯仿（$CHCl_3$）　　哌替啶

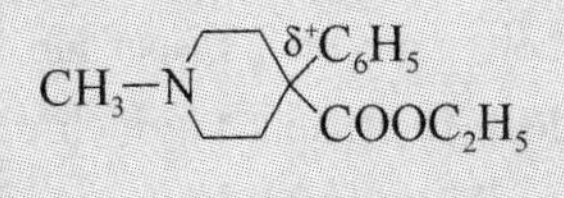

在以共价键组成的药物分子中，由于相互连接的原子或基团的电负性大小不同，分子的极性和药物活性也就不同。例如氯化甲烷的全身麻醉作用随着碳原子电子密度降低而递增，其作用强度的次序为：$CH_4 < CH_3Cl < CH_2Cl_2 < CHCl_3$，又如在巴比妥类安眠药中，其5-位碳原子以不同电负性的基团取代时，催眠作用强度就有所不同，随着吸电子基团的增加，催眠作用有所增强。

C_2H_5　$CO-NH$ ／ $C^{\delta+}$ ＼ $=O$ ／ C_2H_5　$CO-NH$

巴比妥

C_2H_5　$CO-NH$ ／ $C^{\delta+}$ ＼ $=O$ ／ $CH_2=CH-C_2H_2$　$CO-NH$

乙基丙烯基巴比妥

$CH_2=CH-C_2H_2$　$CO-NH$ ／ $C^{\delta+}$ ＼ $=O$ ／ $CH_2=CH-C_2H_2$　$CO-NH$

二丙烯基巴比妥

巴比妥、乙基丙烯基巴比妥、二丙烯基巴比妥随着丙烯基的增加，其相对作用强度顺序为1：2.5：3.7。

Summary

According to Valence Bond (VB) Theory, a covalent bond is formed between two atoms when an atomic orbital on one atom overlaps with an atomic orbital on the other. In general, the greater the overlap of the orbitals, the stronger is the bond. Since both electrons occupy the same orbital, their spins must be paired. A given atomic orbital can only overlap with one other orbital on a different atom, so a given atomic orbital can only form one bond with an orbital on one other atom. Sigma bonds (σ bonds) are formed by the overlap of orbitals of s-s, s-p, end-to-end p-p, and hybrid orbitals. Sigma bonds allow free rotation around the bond axis. The side-by-side overlap of p orbitals produces a pi bond (π bond). Pi bonds do not permit free rotation around the bond axis. In complex molecules, the basic molecular framework is built with σ bonds. A double bond consists of one σ bond and one π bond. A triple bond consists of one σ bond and tow π bonds. If covalent bond is formed by the overlap of a vacant orbital on one atom with a filled orbital on another, it is called coordinate covalent bond. Once formed, a coordinate covalent bond is no different than any other covalent bond. An arrow is sometimes used to indicate the donated pair of electrons.

In many molecules the bonding is best described in terms of hybrid orbitals which result from the mixing or combining of pure atomic orbitals (s, p, d, etc),. The number of orbitals in a hybrid set is equal to the number of pure orbitals combined. In addition, the geometrical relationship among the hybrids depends upon the character of that set. for example, two sp hybrids have their major lobes pointed in opposite directions, 180° apart; a set of three sp^2 hybrids has major lobes at 120° in a plane; and four sp^3hybrids show tetrahedral geometry, having lobes at 109.5° from each other.

VSEPR method is based upon the idea that valence-shell electron pairs tend to orient themselves so as to minimize interelectronic repulsion. Use of the VSEPR approach involves first finding thc lowest-energy electron-pair geometry and then deciding which pairs are lone pairs and which are bonding pairs. The locations of the bonding pairs then define the geometry of the molecule.

In Molecular Orbital (MO) Theory molecular orbitals (MOs) are obtained by combining the atomic orbitals (AOs) on the atoms in the molecule. As is the case with hybrid orbitals the number of MOs equals the number of Aos which have combined. Electrons occupy MOs of molecules in much the same way as they occupy the AOs of atoms, that is, in its ground state a molecule has its lower energy. MO electronic configurations can be built up much as are AO configurations. Bonding MOs concentrate electron density between nuclei; antibonding MOs remove electron density from between nuclei. When occupied, the former contribute toward stability in the molecule, and the latter to instability.

Intermolecular forces act between molecules or between molecules and ions. Generally, these forces are much weaker than bonding forces. Dipole-dipole forces and ion-dipole forces are involved in the attraction of molecules with dipole moments. Dispersion forces are the result of temporary dipole moments induced in ordinarily nonpolar molecules. The extent to which a dipole moment can be induced in a molecule is called its polarizability. The term "van der Waals forces" refers to the total effect of dipole-dipole, dipole-induced dipole, and dispersion forces. Hydrogen bonding is a relatively strong dipole-dipole force that acts between a polar bond containing a hydrogen atom and the bonded electronegative atoms, O, N, or F. Hydrogen bonds between water molecules are particularly strong.

习　题

1. 按照现代价键理论,共价键的本质是什么?
2. 结合共价键形成的条件,说明共价键为什么具有方向性和饱和性?
3. 何谓 σ 键,何谓 π 键?
4. 试用杂化轨道理论解释 HOCl 分子如何成键及键角是 103°而不是 109°28′?
5. H_3O^+ 离子的中心原子 O 采用何种类型杂化,说明 H_3O^+ 的成键情况,中心原子的价层电子对构型和离子的构型如何?
6. 如何区别:
   (1) σ 键和 π 键　　(2) 共价键与配位键
   (3) 键能与离解能　　(4) 等性杂化与不等性杂化
   (5) 成键轨道与反键轨道　　(6) 永久偶极与瞬间偶极
7. 下列分子 $BeCl_2$、BCl_3、H_2S、NH_3、CCl_4、$CHCl_3$ 的偶极矩分别为 0、0、3.67、4.87、0、3.50。(1) 指出哪些是非极性分子的,哪些是极性分子?(2)判断分子的空间构型。
   [(1) 无,无,有,有,无,有;(2) 直线形,平面三角形,V 形,三角锥形,正四面体,四面体]
8. 根据杂化轨道理论回答下列问题

分子	CH_4	H_2O	NH_3	CO_2	C_2H_4
键角	109°28′	104°45′	107°18′	180°	120°

   (1) 上表中各种物质的中心原子以何种类型杂化轨道成键?
   (2) NH_3、H_2O 的键角为什么比 CH_4 小? CO_2 键角为何是 180°? 乙烯为何是 120°的键角?
   [(1)sp^3 等性杂化,sp^3 不等性杂化,sp^3 不等性杂化,sp 杂化,sp^2 杂化]
9. 什么叫原子轨道的杂化? 为什么要杂化?
10. 以 O_2 和 N_2 分子结构为例,说明两种共价键理论(VB 法和 MO 法)的主要论点。
11. BF_3 的几何构型是平面三角形,但 NF_3 的几何构型却是三角锥形,试用杂化轨道理论加以说明。
12. 指出下列各分子中碳所采取的杂化方式,并说明分子中有几个 π 键?
    C_2H_2　C_2H_4　CH_3OH　CH_2O　CH_4　$CHCl_3$
    [(1)sp,sp^2,sp^3,sp^2,sp^3,sp^3;(2)2,1,0,1,0,0]
13. 指出下列化合物 BCl_3、$SiCl_4$、AsF_3、$HgCl_2$、NO_2^- 中心原子可能采用的杂化类型,并预测分子的空间构型。
    [(1)sp^2,sp^3,不等性 sp^3,sp,不等性 sp^3;(2)平面三角形,正四面体,三角锥形,直线型,V 字形]
14. 利用价层电子对互斥理论判断下列分子或离子的几何构型:
    BeF_2,BF_3,H_2O,NH_3,CO_2,SO_2,CO_3^{2-},ClO_4^-,BrO_3^-,ClO_2^-,NO_2^-,AsF_5,$PbCl_2$
    [直线形:BeF_2,CO_2;"V"字形:H_2O,SO_2,ClO_2^-,$PbCl_2$,NO_2^-;正三角形:BF_3,CO_3^{2-};三角锥形:NH_3,BrO_3^-;三角双锥形:$PbCl_2$;正四面体:ClO_4^-]
15. 按分子轨道理论,写出 CN^- 的电子组态,说明磁性。
    [(1)$(\sigma_{1s})^2(\sigma_{1s}^*)^2(\sigma_{2s})^2(\sigma_{2s}^*)^2(\pi_{2p})^4(\sigma_{2px})^2$;(2)反磁性]
16. 写出 NO 分子的分子轨道表示式,并回答下列问题。
    (1) 键级是多少?
    (2) NO 分子的键长应比 NO^- 长还是短?
    (3) NO 分子的中有几个单电子?
    (4) 根据键级推测化合物 NO^+ 存在的可能性。

(5) 说明 NO、NO^- 和 NO^+ 的磁性。

[$[KK(\sigma_{2s})^2(\sigma_{2s}^*)^2(\sigma_{2p_x})^2(\pi_{2p_y})^2(\pi_{2p_z})^2(\pi_{2p_y}^*)^1]$

(1)2.5;(2)比 NO^- 短;(3)1;(4);存在。

(5)NO 和 NO^-;顺磁性, NO^+;反磁性]

17. 写出下列双原子分子或离子的分子轨道表示式,判断能否存在,计算键级并说明磁性和键型。H_2、H_2^+、Li_2、B_2、B_2^+、Cl_2、He_2^+、He_2

18. 按照组成分子轨道的对称性匹配原则,写出能与下列原子轨道组成分子轨道的各种原子轨道。s、p_x、p_y、p_z、$d_{x^2-y^2}$

[$s-s$、$s-p_x$;p_x-s、p_x-p_x;p_y-p_y;p_z-p_z;$d_{x^2-y^2}-d_{x^2-y^2}$]

19. 说明下列各组分子间存在什么形式的分子间力?

(1) HCl 分子间;(2) He 分子间;(3) H_2O 分子间;(4) HCl 与 N_2 分子间;(5) 苯和 CCl_4 之间;(6) CH_3OH 和 H_2O 之间

[(1)三种范德华力;(2)色散力;(3)三种范德华力,氢键;

(4)诱导力,色散力;(5)色散力;(6)三种范德华力,氢键]

20. 共价键的极性及极性大小可用成键两原子的什么来判断,共价分子的极性及极性大小用什么来量度?

[(1)电负性差;(2)电偶极距]

21. 已知乙醇(C_2H_5OH)和二甲醚(CH_3OCH_3)是同分异构体,但前者沸点为78.8℃,后者的沸点为-23℃,为什么?

[乙醇分子间存在氢键]

22. 试由下列各物质的沸点,推断它们分子间力的大小,排出顺序,这一顺序与分子量的大小有何关系?

Cl_2:239K、O_2:90.1K、N_2:75.1K、H_2:20.3K、I_2:454.3K、Br_2:331.9K

[由大到小:I_2　Br_2　Cl_2　O_2　N_2　H_2]

23. 比较下列各组分子的分子电偶极矩的大小:

(1) CO_2 和 SO_2　　(2) CCl_4 和 CH_4　　(3) PH_3 和 NH_3

(4) BF_3 和 NH_3　　(5) H_2O 和 H_2S

[$\vec{\mu}_{CO_2} < \vec{\mu}_{SO_2}$, $\vec{\mu}_{CCl_4} = \vec{\mu}_{CH_4}$, $\vec{\mu}_{PH_3} < \vec{\mu}_{NH_3}$, $\vec{\mu}_{BH_3} < \vec{\mu}_{NH_3}$, $\vec{\mu}_{H_2O} > \vec{\mu}_{H_2S}$]

24. 某一化合物的分子式为 AB_2,A 属于第ⅥA 元素,B 属于第ⅦA 元素,A 和 B 在同一周期,它们的电负性分别为 3.44 和 3.98,试回答下列问题:

(1) 已知 AB_2 分子键角为 103.3°,试推测 AB_2 分子中心原子 A 成键时采取的杂化轨道类型及 AB_2 的空间构型。

(2) A－B 键的极性如何? AB_2 的极性如何?

(3) AB_2 分子间的作用力是什么?

(4) AB_2 和 H_2O 分子相比,哪一个熔、沸点高些?

[(1)不等性 sp^3,"V"形;(2)极性;(3)三种范德华力;(4)H_2O]

25. 指出下列化合物中是否存在氢键以及氢键的类型。

(1) NH_3　　(2) H_3BO_3　　(3) CFH_3　　(4) 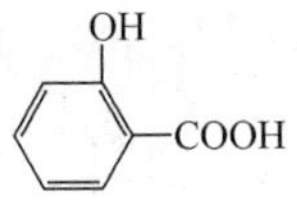 (OH, COOH)　　(5) 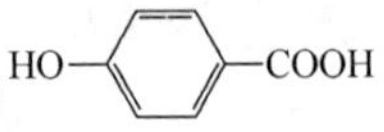 HO—⟨ ⟩—COOH

[(1)、(4)、(5)存在氢键;(4)分子内氢键;(1)、(5)分子间氢键]

26. 按照沸点由低到高的顺序依次排列下列两组物质。

(1) H_2、CO、Ne、HF

(2) CI_4、CF_4、CBr_4、CCl_4

[(1)H_2 < Ne < CO < HF;(2)CF_4 < CCl_4 < CBr_4 < CI_4]

(沈云修)

第十二章　配位化合物

配位化合物（coordination compound）简称配合物，是一类组成复杂、应用极为广泛的化合物。自1798年法国化学家Tassaert获得钴氨配合物$[Co(NH_3)_6]Cl_3$以来，人们相继合成了成千上万种配合物，并在动植物的机体中发现了许多极为重要的配合物。

配合物与生物体和医学的关系十分密切。人体的生理及病理过程涉及许多金属元素的作用，这些金属元素大多与蛋白质、核酸等结合成配合物而发挥作用。人体的许多必需微量元素都是以配合物形式存在的。例如，担负着体内氧气运输作用的血红蛋白是Fe^{2+}与蛋白质结合而成的配合物；体内70余种含锌的酶（如乳酸脱氢酶、核糖核酸和脱氧核糖核酸合成酶等）均是金属配合物，它们在体内起着支配生化反应的作用。临床上用于治疗和预防疾病的一些药物如治疗贫血症的枸橼酸铁铵、治疗血吸虫病的酒石酸锑钾、具有抗癌作用的顺式二氯二氨合铂（Ⅱ）等都是配合物。此外，在生化检验、环境监测及药物分析等领域，以配位反应为基础的分析方法也有极为广泛的应用。

20世纪70年代以来，在生物学和无机化学相互交叉、渗透中发展起来的新兴的边缘学科——生物无机化学，它的基本任务就是在分子水平上研究生命金属与生物配体之间的相互作用，从而揭示人体内某些疾病的发病机制，制备出新的药物——金属配合物。它是当代自然科学中最活跃，具有很多生长点的前沿学科之一，因此学习和掌握配合物的一些基本知识对医学生来说是非常必要的。

第一节　配位化合物的基本概念

一、配位化合物的定义

什么是配合物？让我们先看以下实验事实：向盛有$CuSO_4$溶液的试管中加入$6mol \cdot L^{-1}$的氨水，开始有天蓝色$Cu(OH)_2$沉淀生成，继续滴加氨水，沉淀消失，得到一深蓝色的澄清溶液。在此溶液中加入适量乙醇，便会析出深蓝色的结晶。向这种结晶中加入NaOH溶液，既无氨气产生也无天蓝色$Cu(OH)_2$沉淀生成，但加入少量$BaCl_2$溶液时，则有白色$BaSO_4$沉淀析出。这说明溶液中存在着SO_4^{2-}，却几乎检查不出Cu^{2+}离子和NH_3分子。经X-射线分析，该深蓝色结晶的化学组成是$[Cu(NH_3)_4]SO_4$，它在水溶液中全部解离为$[Cu(NH_3)_4]^{2+}$和SO_4^{2-}。像$[Cu(NH_3)_4]^{2+}$这种由阳离子（或原子）与一定数目的阴离子或中性分子以配位键形成的不易解离的复杂离子（或分子）称为**配离子**（或配位分子）。带正电荷的配离子称为**配阳离子**，如$[Cu(NH_3)_4]^{2+}$、$[Ag(NH_3)_2]^+$等；带负电荷的配离子称为**配阴离子**，如$[Fe(NCS)_4]^-$。含有配离子的化合物和配位分子统称为**配合物**。配合物可以是酸、碱、盐，也可以是电中性的配位分子。如$[Cu(NH_3)_4]SO_4$、$[Cu(NH_3)_4](OH)_2$、$H_2[Pt(Cl)_6]$、$[Ni(CO)_4]$和$K_3[Fe(CN)_6]$都是配合物。习惯上把配离子也称为配合物。

二、配位化合物的组成

大多数配合物由配离子和与其带有相反电荷的离子组成。配离子是配合物的特征部分，由中心原子（离子）和配体组成，称为配合物的**内层**（inner sphere），通常写在方括号之内。配合物中与配离子带相反电荷的离子称为配合物的**外层**（outer sphere）。配合物的内层与外层之间以离子键结合，在水溶液中配合物易解离出外层离子，而配离子很难解离。以$Cu(NH_3)_4]SO_4$为例，其组成可表示为

$$[Cu(NH_3)_4]SO_4$$

中心原子　配体

内层　外层

配合物

显然，配位分子如[$Ni(CO)_4$]等只有内层，没有外层。

（一）中心原子

在配离子（或配位分子）中，接受孤对电子的阳离子或原子统称为**中心原子**（central atom）。中心原子位于配离子的中心位置，是配离子的核心部分。中心原子多为金属离子，特别是过渡金属的离子，如[$Ag(NH_3)_2$]$^+$中的中心原子为 Ag^+。某些副族元素的原子和高氧化数的非金属元素原子也是比较常见的中心原子，如[$Ni(CO)_4$]和[SiF_6]$^{2-}$中的 Ni(0) 和 Si(Ⅳ) 都是中心原子。

（二）配体和配位原子

在配合物中，与中心原子以配位键结合的阴离子或中性分子称为**配体**（ligand），如[$Ag(NH_3)_2$]$^+$、[$Ni(CO)_4$]和[SiF_6]$^{2-}$中的 NH_3、CO 和 F^- 都是配体。配体中直接向中心原子提供孤对电子形成配位键的原子称为**配位原子**（ligating atom），如 NH_3 中的 N 原子、CO 中的 C 原子、F^- 中的 F 原子等。配位原子的最外电子层中都含有孤对电子，常见的配位原子是电负性较大的非金属元素的原子，如 N、O、C、S、F、Cl、Br、I 等。

根据配体中所含配位原子数目的多少，可将配体分为**单齿配体**（monodentate ligand）和**多齿配体**（multidentate ligand）。只含有一个配位原子的配体称为**单齿配体**，如 NH_3、H_2O、CN^-、F^-、Cl^-、Br^-、I^- 等，其配位原子分别为 N、O、C、F、Cl、Br、I；含有两个或两个以上配位原子的配体称为**多齿配体**，如乙二胺 $H_2N-CH_2-CH_2-NH_2$（简写为 en）、草酸根（—OOC—COO—）是双齿配体，乙二胺四乙酸根（可用符号 Y^{4-} 表示，结构如下）是六齿配体。

$$\begin{array}{lcl} ^{-}\ddot{O}OCH_2C\diagdown & & \diagup CH_2CO\ddot{O}^{-} \\ & \ddot{N}CH_2CH_2\ddot{N} & \\ ^{-}\ddot{O}OCH_2C\diagup & & \diagdown CH_2CO\ddot{O}^{-} \end{array}$$

应该注意的是，有些配体虽然含有两个配位原子，但由于两个配位原子靠得太近，只能利用其中一个原子与中心原子形成配位键，故仍属单齿配体，如硝基 NO_2^-（N 为配位原子），亚硝酸根 ONO^-（O 为配位原子），硫氰根 SCN^-（S 为配位原子）、异硫氰根 NCS^-（N 为配位原子）等。

一些常见的配体见表 12-1。

表 12-1 常见的配体

类型	配位原子	实例
单齿配体	C	CN^-，CO
	N	NH_3，NO，NR_3，RNH_2，C_5H_5N，NCS^-，NH_2^-，NO_2^-
	O	ROH，R_3PO，R_2O，H_2O，R_2SO，OH^-，$RCOO^-$，$C_2O_4^{2-}$，ONO^-，SO_4^{2-}
	P	PH_3，PR_3，PX_3，PR_2
	S	R_2S，RSH，SCN^-
	X	F^-，Cl^-，Br^-，I^-
双齿配体	N	乙二胺 $H_2\overset{\nearrow}{N}-CH_2-CH_2-\overset{\nwarrow}{N}H_2$
	O	乙酰丙酮离子 $\left[H_3C-C(=\overset{\nearrow}{O})-CH=C(-\overset{\nwarrow}{O})-CH_3\right]^-$
三齿配体	N	二乙基三胺 $H_2\overset{\nearrow}{N}-CH_2-CH_2-\overset{\uparrow}{N}H-CH_2-CH_2-\overset{\nwarrow}{N}H_2$
五齿配体	N，O	乙二胺三乙酸根离子 $\left[O{=}C(-O\rightarrow)-CH_2-\overset{\uparrow}{N}H-CH_2-CH_2-\overset{\uparrow}{N}\left(CH_2-C(=O)-\overset{\nwarrow}{O}\right)_2\right]^{3-}$
六齿配体	N，O	乙二胺四乙酸根离子 $\left[\left(\overset{\nearrow}{O}(O{=})C-CH_2\right)_2\overset{\uparrow}{N}-CH_2-CH_2-\overset{\uparrow}{N}\left(CH_2-C(=O)-\overset{\nwarrow}{O}\right)_2\right]^{4-}$

（三）配位数

配离子（或配位分子）中直接与中心原子以配位键结合的配位原子的数目称为**配位数**（coordination number）。从本质上讲，配位数就是中心原子与配体形成配位键的数目。如果配体均为单齿配体，则中心原子的配位数与配体的数目相等。例如，$[Zn(NH_3)_4]^{2+}$配离子中的配体是NH_3，NH_3是单齿配体，则Zn^{2+}离子的配位数是4。如果配体中有多齿配体，则中心原子的配位数与配体的数目不相等。例如，$[Cu(en)_2]^{2+}$配离子中的配体en是双齿配体，一个en分子中有两个N原子与Cu^{2+}形成配位键，因此Cu^{2+}离子的配位数是4而不是2。同理，$[Co(en)_2(NH_3)Cl]^{2+}$中Co^{3+}的配位数是6而不是4。配合物中，中心原子的常见配位数是2、4、6。

中心原子的配位数主要取决于中心原子和配体的电子层结构、体积和电荷三个因素。

从中心原子的价电子层结构考虑，第二周期元素的价电子层空轨道为2s、2p，最多只能容纳4对电子，其配位数最大为4，如$[BeCl_4]^{2-}$、$[BF_4]^-$等；第三周期以后的元素，价电子层空轨道为$(n-1)$d、ns、np或ns、np、nd，它们的配位数可超过4，如$[AlF_6]^{3-}$、$[SiF_6]^{2-}$等。

中心原子的体积愈大，配体的体积愈小，中心原子能结合的配体愈多，愈有利于生成配位数大的配离子。例如，Al^{3+}与半径较小的F^-可形成配位数为6的$[AlF_6]^{3-}$，而与半径较大的Cl^-只能形成配位数为4的$[AlCl_4]^-$；中心原子B(Ⅲ)的半径比Al^{3+}小，所以B(Ⅲ)只能形成配位数为4的$[BF_4]^-$。

从静电作用考虑，中心原子的电荷愈多，对配体的吸引力愈强，愈有利于形成配位数大的配离子。如Ag^+与NH_3形成$[Ag(NH_3)_2]^+$，而Cu^{2+}与NH_3可形成$[Cu(NH_3)_4]^{2+}$。中心原子相同时，配体所带电荷愈多，配体间的排斥力就愈大，不利于配体与中心原子的结合，配位数相应变小。如Ni^{2+}与NH_3可形成配位数为6的$[Ni(NH_3)_6]^{2+}$，而与CN^-只能形成配位数为4的$[Ni(CN)_4]^{2-}$。

此外，中心原子的配位数还与配合物形成时的外界条件有关，特别是与温度和溶液的浓度有关。通常，增大配体浓度和降低温度有利于形成配位数大的配合物。

某些金属离子常见的、较稳定的配位数见表12-2。

表12-2 金属离子的配位数

配位数	金属离子	实例
2	Ag^+、Cu^+、Au^+	$[Ag(NH_3)_2]^+$、$[Cu(CN)_2]^-$
4	Cu^{2+}、Zn^{2+}、Cd^{2+}、Hg^{2+}、Al^{3+}、Sn^{2+}、Pb^{2+}、Co^{2+}、Ni^{2+}、Pt^{2+}、Fe^{3+}、Fe^{2+}	$[HgI_4]^{2-}$、$[Zn(CN)_4]^{2-}$、$[Pt(NH_3)_2Cl_2]$
6	Cr^{3+}、Al^{3+}、Pt^{4+}、Fe^{3+}、Fe^{2+}、Co^{3+}、Co^{2+}、Ni^{2+}、Pb^{4+}	$[PtCl_6]^{2-}$、$[Co(NH_3)_2(H_2O)Cl_3]$、$[Fe(CN)_6]^{3-}$、$[Ni(NH_3)_6]^{2+}$、$[Cr(NH_3)_4Cl_2]^+$

（四）配离子的电荷

配离子的电荷数（charge number of coordination ion）等于中心原子和配体总电荷的代数和。例如，在$[Zn(NH_3)_4]^{2+}$中，NH_3是中性分子，所以配离子的电荷就等于中心原子的电荷数，为+2。而在$[HgI_4]^{2-}$中，配离子的电荷数$=1\times(+2)+4\times(-1)=-2$。由于配合物是电中性的，因此，外层离子的电荷总数和配离子的电荷总数相等，而符号相反。所以可由外层离子的电荷推断出配离子的电荷及中心原子的氧化值。例如，$K_3[Fe(CN)_6]$中，外层是三个K^+，外层离子电荷为+3，则配离子$[Fe(CN)_6]^{3-}$的电荷为-3，因此中心原子的氧化值为+3；而在$K_4[Fe(CN)_6]$中，中心原子的氧化值为+2。

三、配合物的命名

配位化合物的命名与一般无机化合物的命名原则相同，即阴离子在前、阳离子在后，像一般无机化合物中的二元化合物、酸、碱、盐一样命名为“某化某”、“某酸”、“氢氧化某”和“某酸某”。

配离子及配位分子的命名是将配体名称列在中心原子之前，配体的数目用二、三、四等数字表示，复杂的配体名称写在圆括号中，以免混淆，不同配体之间以中圆点“·”分开，在最后一种配体名称之后缀以“合”字，中心原子后以加括号的罗马数字表示其氧化值。即按以下顺序命名，配体数-配体名称－“合”－中心原子名称（氧化值）。

若与中心原子结合的配体有多种，则命名顺序为：无机配体在前，有机配体在后；在无机配体或有机配体中，先列出阴离子，后列出中性分子；在同类配体中（同为阴离子或同为中性分子），按配位原子的元素符号的英文字母顺序列出配体；配体的化学式相同，但配位原子不同时，则按配位原子的元素符号的英文字母顺序排列。

例如：

$[Cu(NH_3)_4]^{2+}$	四氨合铜（Ⅱ）离子
$[CoCl_2(NH_3)_4]^+$	二氯·四氨合钴（Ⅲ）离子
$[Cu(en)_2]Cl_2$	氯化二（乙二胺）合铜（Ⅱ）
$[Ag(NH_3)_2]Cl$	氯化二氨合银（Ⅰ）
$K_3[Fe(CN)_6]$	六氰合铁（Ⅲ）酸钾
$H_2[PtCl_6]$	六氯合铂（Ⅳ）酸
$[Co(ONO)(NH_3)_5]SO_4$	硫酸亚硝酸根·五氨合钴（Ⅲ）
$[Co(NH_3)_5(H_2O)]_2(SO_4)_3$	硫酸五氨·水合钴（Ⅲ）
$[Co(NH_3)_2(en)_2]Cl_3$	氯化二氨·二（乙二胺）合钴（Ⅲ）
$NH_4[Cr(NCS)_4(NH_3)_2]$	四（异硫氰酸根）·二氨合铬（Ⅲ）酸铵

没有外层的配合物，即配位分子，中心原子的氧化值可不必标明，如：

$[Ni(CO)_4]$	四羰基合镍
$[PtNH_2(NO_2)(NH_3)_2]$	氨基·硝基·二氨合铂

第二节 配合物的化学键理论

配合物的各种物理、化学性质取决于配合物的内层结构，特别是内层中配体与中心原子间的结合力。配合物的化学键理论，就是阐明这种结合力的本性，并用它解释配合物的某些性质，如配位数、几何构型、磁性等。最初的配位化学理论是由瑞士化学家维尔纳（Alfred Werner）于 1893 年提出的，随着科学的发展，人们对配合物的研究越来越深入，相继提出了价键理论、晶体场理论、配位场理论和分子轨道理论等。本节重点介绍价键理论，并简单介绍晶体场理论。

一、配合物的价键理论

（一）价键理论的基本要点

1931 年，美国化学家 Pauling L 把杂化轨道理论应用到配合物上，提出了配合物的价键理论。其基本要点如下：

（1）中心原子与配体中的配位原子之间以配位键结合，即配位原子提供孤对电子，填入中心原子的价电子层空轨道形成配位键。配体为电子对给予体，中心原子为电子对接受体。

（2）为了增强成键能力和形成结构匀称的配合物，中心原子所提供的空轨道首先进行杂化，以杂化后的空轨道与配位原子的孤对电子轨道在键轴方向重叠成键。

（3）配合物的空间构型、稳定性和中心原子的配位数，取决于中心原子所提供杂化轨道的数目和类型。表 12-3 为中心原子常见的杂化轨道类型和配合物的空间构型。

表 12-3 中心原子常见的杂化轨道类型和配合物的空间构型

配位数	杂化轨道	空间构型	实例
2	sp	直线	$[Ag(NH_3)_2]^+$、$[AgCl_2]^-$、$[Au(CN)_2]^-$
4	sp^3	四面体	$[Ni(CO)_4]$、$[Cd(CN)_4]^{2-}$、$[ZnCl_4]^{2-}$、$[Ni(NH_3)_4]^{2+}$
	dsp^2	平面四方形	$[Ni(CN)_4]^{2-}$、$[PtCl_4]^{2-}$、$[Pt(NH_3)_2Cl_2]$
6	sp^3d^2	八面体	$[FeF_6]^{3-}$、$[Fe(NCS)_6]^{3-}$、$[Co(NH_3)_6]^{2+}$、$[Ni(NH_3)_6]^{2+}$
	d^2sp^3	八面体	$[Fe(CN)_6]^{3-}$、$[Co(NH_3)_6]^{3+}$、$[Fe(CN)_6]^{4-}$、$[PtCl_6]^{2-}$

（二）外轨配合物和内轨配合物

根据价键理论，在形成配合物的过程中，中心原子提供何种类型的杂化轨道，取决于中心原子的电子层结构和配体中配位原子的电负性。过渡元素作为中心原子时，其价电子空轨道往往包括次外层的 d 轨道，根据中心原子杂化时所提供的空轨道所属电子层的不同，配合物可分为两种类型。一种是中心原子全部用最外层价电子空轨道（ns、np、nd）进行杂化成键，所形成的配合物称为**外轨配合物**（outer-orbital coordination compound）；另一种是中心原子用次外层 d 轨道，即 $(n-1)$d 和最外层的 ns、np 轨道进行杂化成键，所形成的配合物称为**内轨配合物**（inner-orbital coordination compound）。下面分别以配位数为 2、4、6 的配合物为例加以讨论。

1. 配位数为 2 的配合物 以 $[Ag(NH_3)_2]^+$ 的形成为例。Ag^+ 的价层电子组态为 $4d^{10}$，当它与 NH_3 分子形成 $[Ag(NH_3)_2]^+$ 时，Ag^+ 用 1 个 5s 轨道和 1 个 5p 轨道进行杂化，形成的 2 个 sp 杂化轨道与 2 个 NH_3 中的 N 原子形成 2 个配位键，从而形成空间构型为直线的 $[Ag(NH_3)_2]^+$ 离子。Ag^+ 是用最外层的空轨道 5s 和 5p 轨道进行杂化而成键的，因此 $[Ag(NH_3)_2]^+$ 属外轨配离子。它的电子排布如下：

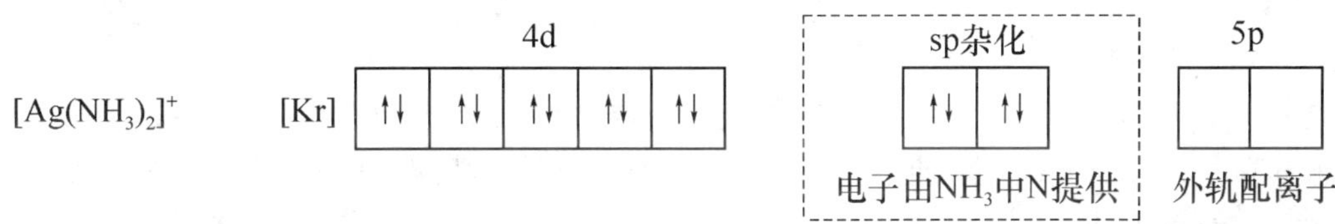

2. 配位数为 4 的配合物 配位数为 4 的配合物有两种空间构型，一种是四面体如 $[Ni(NH_3)_4]^{2+}$ 配离子，另一种是平面正方形如 $[Ni(CN)_4]^{2-}$ 离子。在 $[Ni(NH_3)_4]^{2+}$ 配离子中，Ni^{2+} 的价层电子组态为 $3d^8$，当 Ni^{2+} 与 NH_3 接近时，它用 1 个 4s 轨道和 3 个 4p 轨道进行 sp^3 杂化，形成的 4 个 sp^3 杂化轨道与 4 个 NH_3 中的 N 原子形成 4 个配位键，从而形成空间构型为正四面体的配离子 $[Ni(NH_3)_4]^{2+}$，属外轨配离子。

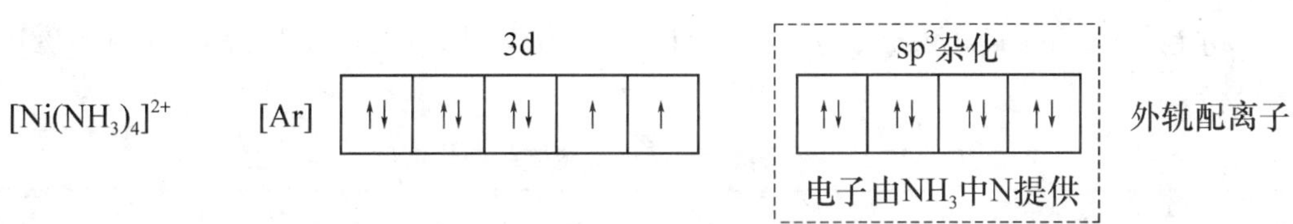

在 $[Ni(CN)_4]^{2-}$ 配离子中，当 Ni^{2+} 与 CN^- 接近时，在 CN^- 离子的影响下，Ni^{2+} 离子 3d 电子发生重排，空出的 1 个 3d 轨道与 1 个 4s 轨道、2 个 4p 轨道进行杂化，形成 4 个能量相同的 dsp^2 杂化轨道。Ni^{2+} 离子用 4 个 dsp^2 杂化轨道与 4 个 CN^- 离子中的 C 原子形成配位键，从而形成空间构型为平面正方形的 $[Ni(CN)_4]^{2-}$ 离子。Ni^{2+} 是用次外层 d 轨道，即 3d 和最外层的 4s、4p 轨道进行杂化而成键的，因此 $[Ni(CN)_4]^{2-}$ 离子属内轨配离子。

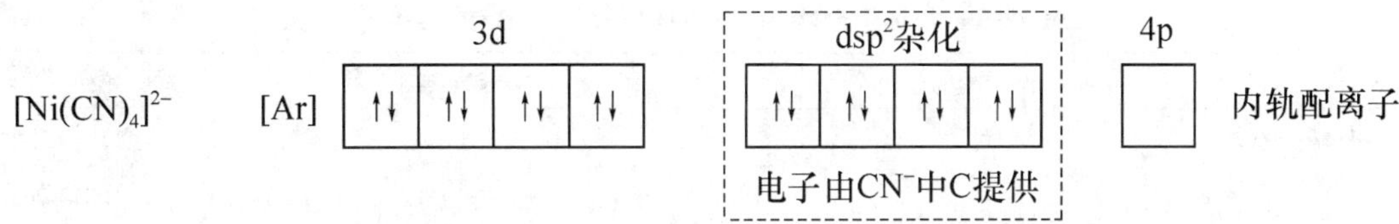

3. 配位数为 6 的配合物 $[FeF_6]^{3-}$ 和 $[Fe(CN)_6]^{3-}$ 都是配位数为 6 的配合物。在 $[FeF_6]^{3-}$ 配离子中，Fe^{3+} 的价层电子组态为 $3d^5$，当它与 F^- 离子形成 $[FeF_6]^{3-}$ 时，外层 1 个 4s 轨道、3 个 4p 轨道和 2 个 4d 轨道进行杂化，形成 6 个能量相等的 sp^3d^2 杂化轨道，与 6 个 F^- 离子中的 F 原子形成 6 个配位键，从而形成空间构型为正八面体的配离子 $[FeF_6]^{3-}$。此时 Fe^{3+} 的杂化轨道全由最外层价电子空轨道杂化而成，故 $[FeF_6]^{3-}$ 属外轨配离子。

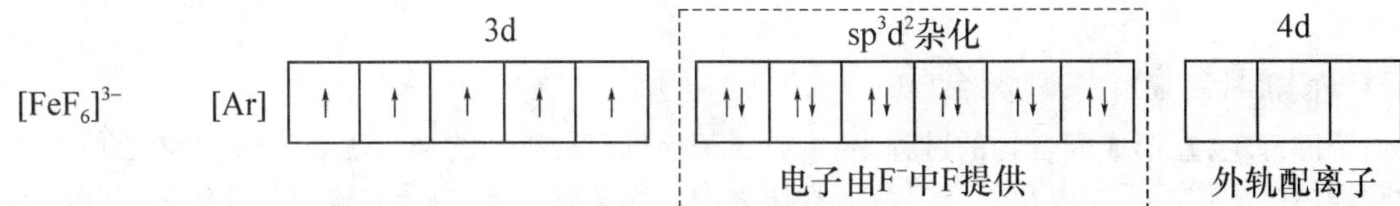

在$[Fe(CN)_6]^{3-}$配离子中，当Fe^{3+}离子与CN^-形成$[Fe(CN)_6]^{3-}$时，在CN^-离子的影响下，3d轨道上的电子发生重排，5个电子合并在3个3d轨道中，空出2个3d轨道，与1个4s轨道、3个4p轨道进行d^2sp^3杂化，形成的6个能量相等的d^2sp^3杂化轨道，与6个CN^-中的C形成6个配位键，从而形成空间构型为正八面体的配离子$[Fe(CN)_6]^{3-}$。此时Fe^{3+}采用次外层3d空轨道和最外层4s、4p空轨道进行杂化成键，故配离子$[Fe(CN)_6]^{3-}$属内轨配离子。

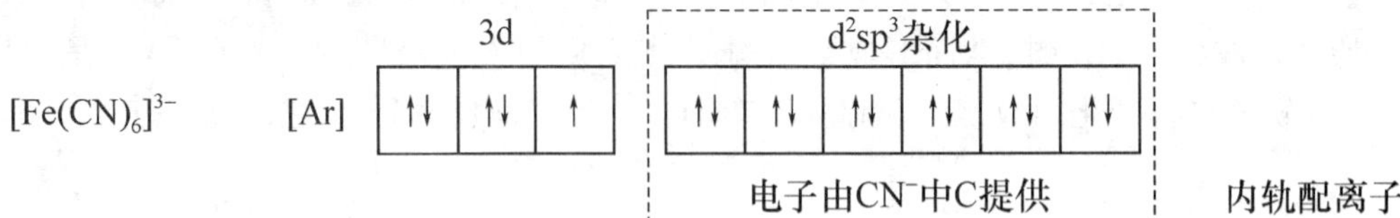

值得指出的是，在内轨配合物中，配位原子所提供的孤对电子深入到中心原子的$(n-1)$d轨道，由于$(n-1)$d轨道的能量低于nd轨道，通常同一中心原子所形成的内轨配合物比外轨配合物稳定。

（三）配合物的磁矩

某种配合物是外轨配合物还是内轨配合物，通常可利用配合物的中心原子的未成对电子数进行判断。根据磁学理论，配合物如有未成对电子，由于电子自旋产生的磁矩不能抵消（成对电子自旋相反，磁矩可以互相抵消），就表现出顺磁性，且未成对电子越多，磁矩就越大。配合物如果没有未成对电子，则表现为反磁性。配合物的磁矩(μ)与未成对电子数(n)之间有如下近似关系：

$$\mu \approx \sqrt{n(n+2)}\mu_B \tag{12.1}$$

式中：μ_B为**玻尔磁子**(Bohr magnetion)，$\mu_B = 9.27\times10^{-24}\ A\cdot m^2$。未成对电子数为1～5时的磁矩理论值如表12-4所示。

表12-4 未成对电子数与磁矩的理论值

n	0	1	2	3	4	5
μ/μ_B	0.00	1.73	2.83	3.87	4.90	5.92

假定配体和外层离子的电子都已成对，那么配合物的未成对电子数就是中心原子的未成对电子数。因此，将测得配合物的磁矩与理论值对比，确定中心原子的未成对电子数n，比较形成配合物前后中心原子的未成对电子数，由此即可判断配合物中成键轨道的杂化类型和配合物的空间构型，从而区分出内轨配合物和外轨配合物。表12-5列出了几种配合物的磁矩实验值，据此可以判断配合物的类型。

表12-5 几种配合物的未成对电子数与磁矩的实验值

配合物	中心原子的d电子	μ/μ_B	未成对电子数	配合物类型
$[Fe(H_2O)_6]SO_4$	6	4.91	4	外轨配合物
$K_3[FeF_6]$	5	5.45	5	外轨配合物
$Na_4[Mn(CN)_6]$	5	1.57	1	内轨配合物
$K_3[Fe(CN)_6]$	5	2.13	1	内轨配合物
$[Co(NH_3)_6]Cl_3$	6	0	0	内轨配合物

中心原子与配体究竟是形成外轨配合物还是内轨配合物，取决于中心原子的电子层结构和配体的性质。

当中心原子的$(n-1)$d 轨道全充满(d^{10})时,没有可利用的$(n-1)$d 空轨道,只能形成外轨配合物,如$[Ag(CN)_2]^-$、$[Zn(CN)_4]^{2-}$、$[CdI_4]^{2-}$、$[Hg(CN)_4]^{2-}$等均为外轨配离子。

当中心原子的$(n-1)$d 轨道电子数不超过 3 个时,至少有 2 个$(n-1)$d 空轨道,所以总是形成内轨配合物。如Cr^{3+}和Ti^{3+}离子所形成的$[Cr(H_2O)_6]^{3+}$和$[Ti(H_2O)_6]^{3+}$均为内轨配离子。

当中心原子的$(n-1)$d 轨道中的电子数为 4 ~7 个,既可以形成内轨配合物又可以形成外轨配合物,此时配体是决定配合物类型的主要因素。若配体中的配位原子的电负性较大(如卤素原子和氧原子等),不易给出孤对电子,则倾向于占据中心原子的最外层轨道形成外轨配合物。如F^-、H_2O与Fe^{3+}离子形成$[FeF_6]^{3-}$和$[Fe(H_2O)_6]^{3+}$都是外轨配离子。若配体中的配位原子的电负性较小(如 C、N 原子等),容易给出孤对电子,对中心原子的$(n-1)$d 电子影响较大,使中心原子 d 电子重排,空出$(n-1)$d 轨道形成内轨配合物。如CN^-离子与Fe^{3+}离子形成的$[Fe(CN)_6]^{3-}$离子是内轨配离子。

价键理论认为,不论外轨配合物还是内轨配合物,配体与中心原子间的价键本质上均属共价键。

综上所述,价健理论较好地解释了配合物的形成、空间构型、配位数和磁性等,在配位化学的发展过程中起了很大的作用。但是,由于价键理论只孤立地看到配体与中心原子的成键,只讨论配合物的基态性质,对激发态却无能为力,忽略了成键时在配体电场影响下,中心原子 d 轨道能量的变化,因而它在解释配合物的颜色、吸收光谱及某些配合物的稳定性时遇到了困难。在这些方面,晶体场理论和其他配合物理论进行了成功的解释。

二、晶体场理论

1929 年,Bethe H 首先提出了晶体场理论(crystal field theory,CFT),当时并未引起人们足够的重视。直到 20 世纪 50 年代,晶体场理论成功地解释了金属配合物的吸收光谱后,才得到迅速发展。

(一) 晶体场理论的基本要点

(1) 在配合物中,中心原子与配体之间靠静电作用力相结合。中心原子是带正电的点电荷,配体(或配位原子)是带负电的点电荷。它们之间的作用犹如离子晶体中正、负离子之间的离子键。

(2) 中心原子在周围配体所形成的负电场的作用下,原来能量相同的 5 个简并 d 轨道能级发生了分裂。有些 d 轨道能量升高,有些则降低。分裂能的大小与配体的场强、中心原子的半径及电荷等因素有关。

(3) 由于 d 轨道能级发生分裂,中心原子 d 轨道上的电子在分裂后的能级上重新排布,使系统的总能量降低,配合物更稳定。

(二) 中心原子 d 轨道能级的分裂

配合物的中心原子大多为过渡金属元素离子,其价电子层有 5 个能量相同、空间取向不同的 d 轨道,在具有不同对称性的配体静电场的作用下,将受到不同的影响。如果将中心原子放在球形对称的负电场中,5 个 d 轨道上的电子所受负电场的斥力是完全相同的,能量虽都升高,但不发生分裂,仍属同一能级。当有配体靠近中心原子时,由于配体的数目和性质不同,中心原子的具有一定空间构型的 d 轨道所受到的排斥力会有所不同。例如八面体、正四面体、平面正方形等晶体场与球形对称场相比,对称性降低,在这样的配体场中,中心原子的 d 轨道能级将发生分裂。在不同对称性配体场的作用下,d 轨道有着不同的分裂方式。下面仅以八面体构型的配合物为例予以介绍。

若在配位数为 6 的正八面体配合物中,6 个配体分别沿着 3 个坐标轴正负两个方向($\pm x$、$\pm y$、$\pm z$)接近中心原子,中心原子的 d 轨道和配体的相对位置如图 12-1 所示,d_{z^2}和$d_{x^2-y^2}$轨道的电子云极大值方向正好指向配体,在这两个轨道上的电子,因配体的静电而受到较大的排斥,使这两个轨道的能量升高(与球形场相比),而d_{xy}、d_{yz}、d_{xz}轨道的电子云极大值方向正好在配体的空隙之间,受到的排斥作用相对较小,能量虽也升高,但比球形场中的低些。这样,在正八面体配合物中,中心原子原来能量相等的 5 个简并 d 轨道分裂成两组:一组是能量较高的d_{z^2}和$d_{x^2-y^2}$二重简并轨道,称为 **d_γ 能级**;一组为能量较低的d_{xy}、d_{xz}和d_{yz}三重简并轨道,称为 **d_ε 能级**,如图 12-2 所示。图中E_0为生成配合物前自由离子 d 轨道的能量,E_s为球形场中金属离子 d 轨道的能量。

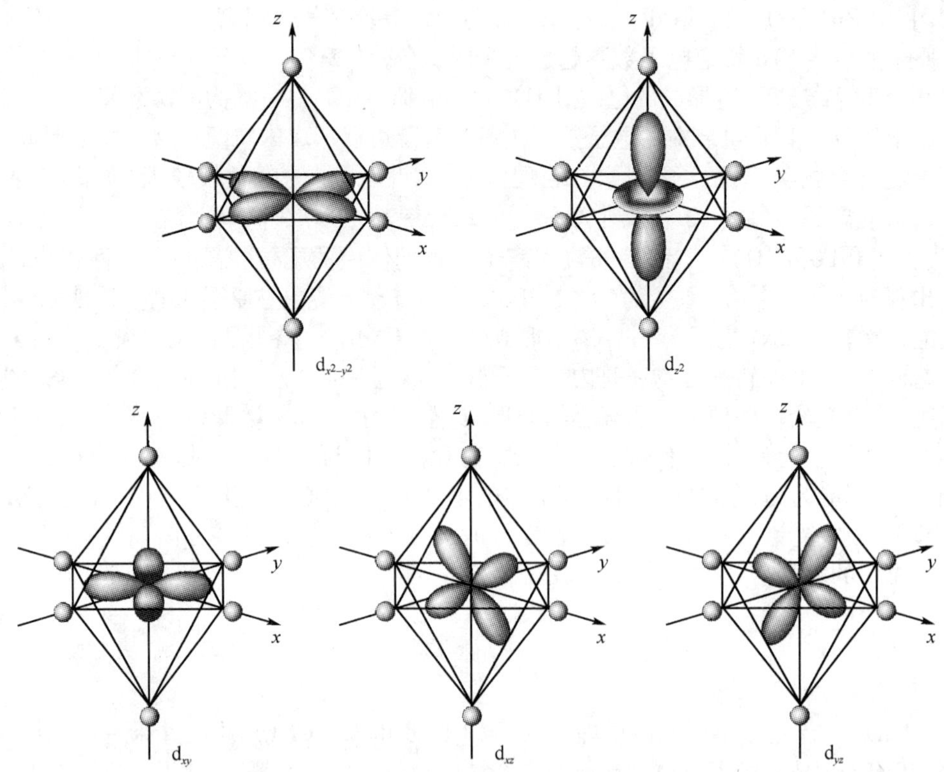

图 12-1 正八面体配合物 d 轨道和配体的相对位置

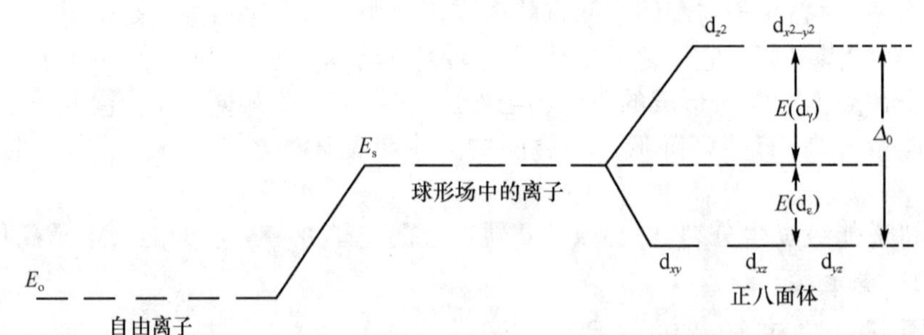

图 12-2 中心原子 d 轨道在正八面体场中的能级分裂

在其他晶体场中，中心原子 d 轨道的能级分裂情况见图 12-3。

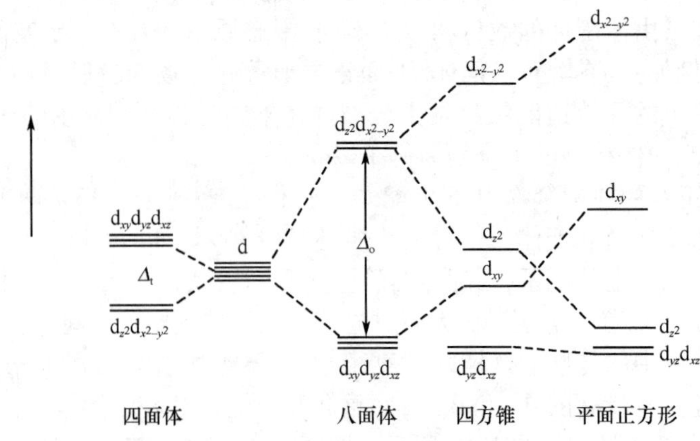

图 12-3 中心原子 d 轨道在不同晶体场中的能级分裂情况

（三）分裂能

在不同构型的配合物中，中心原子 d 轨道分裂的方式和程度都不相同。d 轨道能级分裂后最高能级与最低能级之间的能量差称为**分裂能**(splitting energy)，用符号 Δ 表示。八面体场的分裂能为 d_γ 与 d_ε 两能级之间的能量差，用符号 Δ_0 表示。

根据晶体场理论，可以计算出八面体场中 d_γ 和 d_ε 轨道的相对能量。在八面体配合物中，中心原子 5 个 d 轨道在球形负电场作用下能量均升高，以升高后的平均能量 $E_s=0$ 作为比较标准。在八面体场中 d 轨道分裂前后的总能量应保持不变，则有：

$$\begin{cases} 2E(d_\gamma)+3E(d_\varepsilon)=E_s=0 \\ E(d_\gamma)-E(d_\varepsilon)=\Delta_o \end{cases}$$

解此联立方程得：$E(d_\gamma)=+0.6\Delta_0$，$E(d_\varepsilon)=-0.4\Delta_0$

这说明正八面体场中 d 轨道能级分裂的结果是：d_γ 能级中每个轨道的能量上升 $0.6\Delta_0$，而 d_ε 能级中每个轨道的能量下降 $0.4\Delta_0$。

对于相同构型的配合物来说，影响分裂能的因素有配体的性质、中心原子的氧化值和中心原子的半径。

1. 配体的性质 对于给定的中心原子而言，分裂能的大小与配体场的强弱有关。配位场愈强，分裂能就愈大，由正八面体配合物的光谱实验得出的配体场强由弱到强的顺序如下：

$I^- < Br^- < Cl^- < \underline{S}CN^- < F^- < S_2O_3^{2-} < OH^- \approx \underline{O}NO^- < C_2O_4^{2-} < H_2O < \underline{N}CS^- \approx EDTA < NH_3 < en < SO_3^{2-} < \underline{N}O_2^- << CN^- < CO$

这一顺序称**光谱化学序列**(spectrochemical series)。配体中元素符号下划有短横的为配位原子。通常把位于 H_2O 以前的配体称为弱场配体，CN^-、CO 称为强场配体，H_2O 和 CN^- 之间的配体是强是弱，取决于中心原子的情况，可结合配合物的磁矩来确定。

2. 中心原子的氧化值 对于配体相同的配合物，分裂能取决于中心原子的氧化值。中心原子的氧化值愈高，则分裂能就愈大。例如，$[Co(H_2O)_6]^{2+}$ 的分裂能为 111.3kJ · mol^{-1}，$[Co(H_2O)_6]^{3+}$ 的分裂能为 222.5kJ · mol^{-1}；$[Fe(H_2O)_6]^{2+}$ 的分裂能为 124.4kJ · mol^{-1}，$[Fe(H_2O)_6]^{3+}$ 的分裂能为 163.9kJ · mol^{-1}。这是因为中心原子的氧化值越高，中心原子所带的正电荷就越多，对配体的吸引力就越大，中心原子与配体之间的距离就越近，中心原子外层的 d 电子与配体之间的斥力就越大，所以分裂能也就越大。

3. 中心原子的半径 中心原子氧化值及配体相同的配合物，其分裂能随中心原子半径的增大而增大。半径愈大，d 轨道离核愈远，d 轨道与配体之间的距离减小，受配体电场的排斥作用增强，因而分裂能增大。

（四）八面体场中中心原子的 d 电子排布

在八面体配合物中，中心原子的 d 电子排布倾向于使系统的能量最低。

对于具有 $d^1 \sim d^3$ 构型的中心原子，根据能量最低原理和 Hund 规则，电子应分占 d_ε 能级各个轨道，且自旋方向相同。

对于 $d^4 \sim d^7$ 构型的中心原子，当形成八面体型配合物时，d 电子可以有两种排布方式：一种方式是按照能量最低原理，中心原子的 d 电子尽量排布在能量最低的 d_ε 轨道上；另一种方式是按照 Hund 规则，d 电子尽量分占 d 轨道且自旋方向相同。中心原子究竟采取何种排布方式，这取决于分裂能 Δ_0 和**电子成对能**(electron pairing energy) P 的相对大小。当轨道中已排布一个电子时，再有一个电子进入而与其成对时，必须克服电子之间的相互排斥作用，所需的能量称为电子成对能。

当 $\Delta_0 < P$ 时，电子成对所需的能量较高，中心原子的 d 电子尽可能分占较多的 d 轨道，形成高自旋配合物（通常，把中心原子 d 电子数目相同的配合物中单电子数多的配合物称为**高自旋配合物**，单电子数少的配合物称为**低自旋配合物**）。当 $\Delta_0 > P$ 时，电子成对所需的能量较低，中心原子的 d 电子将尽可能占据能量较低的 d_ε 轨道，形成低自旋配合物。

表 12-6 列出了正八面体配合物中心原子 d 电子的排布情况。从表 12-6 可以看出，中心原子的 d 电子构型为 $d^1 \sim d^3$ 及 $d^8 \sim d^{10}$ 时，d 电子只有一种排布方式。中心原子的 d 电子构型为 $d^4 \sim d^7$ 时，d 电子有

两种排布方式：若与强场配体结合时，$\Delta_0 > P$，形成低自旋配合物；若与弱场配体结合时，$\Delta_0 < P$，形成高自旋配合物。

表 12-6　正八面体配合物中 d 电子的排布

d 电子数	弱场($P > \Delta_0$)			单电子数	强场($P < \Delta_0$)			单电子数
	d_ε	d_γ			d_ε	d_γ		
1	↑			1	↑			1
2	↑ ↑			2	↑ ↑			2
3	↑ ↑ ↑			3	↑ ↑ ↑			3
4	↑ ↑ ↑	↑	高自旋	4	↑↓ ↑ ↑		低自旋	2
5	↑ ↑ ↑	↑ ↑	高自旋	5	↑↓ ↑↓ ↑		低自旋	1
6	↑↓ ↑ ↑	↑ ↑	高自旋	4	↑↓ ↑↓ ↑↓		低自旋	0
7	↑↓ ↑↓ ↑	↑ ↑	高自旋	3	↑↓ ↑↓ ↑↓	↑	低自旋	1
8	↑↓ ↑↓ ↑↓	↑ ↑		2	↑↓ ↑↓ ↑↓	↑ ↑		2
9	↑↓ ↑↓ ↑↓	↑↓ ↑		1	↑↓ ↑↓ ↑↓	↑↓ ↑		1
10	↑↓ ↑↓ ↑↓	↑↓ ↑↓		0	↑↓ ↑↓ ↑↓	↑↓ ↑↓		0

（五）晶体场稳定化能

由于配体负电场的作用，中心原子的 d 轨道发生能级分裂，d 电子从未分裂前的 d 轨道进入分裂后的 d 轨道所造成的系统总能量的降低值，称为**晶体场稳定化能**（crystal field stabilization energy，CFSE）。晶体场稳定化能体现了形成配合物后系统能量比未分裂时系统能量下降的情况，CFSE 的绝对值愈大，表示系统能量降低得愈多，配合物愈稳定。

晶体场稳定化能的大小与中心原子的 d 电子数目、配体所形成的晶体场的强弱以及配合物的空间构型有关。正八面体配合物的晶体场稳定化能可按下式计算：

$$\text{CFSE} = xE(d_\varepsilon) + yE(d_\gamma) + (n_2 - n_1)P \tag{12.2}$$

式中：x 为 d_ε 能级上的电子数，y 为 d_γ 能级上的电子数，n_1 为球形场中中心原子 d 轨道上的电子对数，n_2 为配合物中 d 轨道上的电子对数。

例如，构型为 d^3 的中心原子，形成八面体配合物时 d 电子分布为 $d_\varepsilon^3 d_\gamma^0$，成对电子数与未分裂前相同，其晶体场稳定化能为：

$$\text{CFSE} = 3 \times (-0.4\Delta_0) + (0-0)P = -1.2\Delta_0$$

又如，构型为 d^4 的中心原子，弱场时 d 电子分布为 $d_\varepsilon^3 d_\gamma^1$，其晶体场稳定化能为：

$$\text{CFSE} = 3 \times (-0.4\Delta_0) + 1 \times (0.6\Delta_0) + (0-0)P = -0.6\Delta_0$$

强场时 d 电子分布为 $d_\varepsilon^4 d_\gamma^0$，比未分裂时多了 1 对成对 d 电子，其晶体场稳定化能为：

$$\text{CFSE} = 4 \times (-0.4\Delta_0) + (1-0)P = -1.6\Delta_0 + P$$

同理，可计算出其他 d 电子构型的中心原子在八面体配位场中的晶体场稳定化能，如表 12-7 所示。

（六）d-d 跃迁和配合物的颜色

可见光是各种波长光线的混合光。物质在可见光照射下呈现的颜色，是由物质对混合光的选择性吸收引起的。物质若吸收可见光中的红色光，便呈现蓝绿色；若吸收蓝绿色的光便显红色，即物质呈现的颜色与该物质选择吸收光的颜色互为补色，物质的颜色和吸收光颜色的互补关系将在紫外-可见分光光度法一章中详细介绍。

表 12-7　八面体场 d^n 离子的晶体场稳定化能

d^n	弱场($P>\Delta_0$)		强场($P>\Delta_0$)	
	电子排布	CFSE	电子排布	CFSE
d^1	$d_\varepsilon^1 d_\gamma^0$	$-0.4\Delta_0$	$d_\varepsilon^1 d_\gamma^0$	$-0.4\Delta_0$
d^2	$d_\varepsilon^2 d_\gamma^0$	$-0.8\Delta_0$	$d_\varepsilon^2 d_\gamma^0$	$-0.8\Delta_0$
d^3	$d_\varepsilon^3 d_\gamma^0$	$-1.2\Delta_0$	$d_\varepsilon^3 d_\gamma^0$	$-1.2\Delta_0$
d^4	$d_\varepsilon^3 d_\gamma^1$	$-0.6\Delta_0$	$d_\varepsilon^4 d_\gamma^0$	$-1.6\Delta_0+P$
d^5	$d_\varepsilon^3 d_\gamma^2$	0	$d_\varepsilon^5 d_\gamma^0$	$-2.0\Delta_0+2P$
d^6	$d_\varepsilon^4 d_\gamma^2$	$-0.4\Delta_0$	$d_\varepsilon^6 d_\gamma^0$	$-2.4\Delta_0+2P$
d^7	$d_\varepsilon^5 d_\gamma^2$	$-0.8\Delta_0$	$d_\varepsilon^6 d_\gamma^1$	$-1.8\Delta_0+P$
d^8	$d_\varepsilon^6 d_\gamma^2$	$-1.2\Delta_0$	$d_\varepsilon^6 d_\gamma^2$	$-1.2\Delta_0$
d^9	$d_\varepsilon^6 d_\gamma^3$	$-0.6\Delta_0$	$d_\varepsilon^6 d_\gamma^3$	$-0.6\Delta_0$
d^{10}	$d_\varepsilon^6 d_\gamma^4$	0	$d_\varepsilon^6 d_\gamma^4$	0

含有 d^1 到 d^9 电子构型的金属离子，所形成的配合物一般是有颜色的。晶体场理论认为，这些配合物的中心原子的 d 轨道没有充满，d 电子选择吸收了与分裂能相当的可见光的某一波长的光子后，从低能级的 d_ε 轨道跃迁到高能级的 d_γ 轨道，这种跃迁称为 **d-d 跃迁**。实验测定结果表明，d-d 跃迁所需的能量（即配合物的分裂能 Δ）与可见光所具有的能量相当，从而使配合物呈现被吸收光的补色光的颜色。

例如，当用可见光照射$[Ti(H_2O)_6]^{3+}$时，由于 Ti^{3+} 的电子组态为 $3d^1$，在正八面体场中这个 d 电子排布在能量较低的 d_ε 能级轨道上，该电子吸收可见光中波长为 492.7nm（为蓝绿色光）的光子后，跃迁到 d_γ 能级轨道上，即可见光中蓝绿色的光被吸收，溶液呈红色。

电子构型为 d^{10} 的离子（例如 Zn^{2+}、Ag^+ 等），因 d_γ 能级轨道上已充满电子，没有空位，它们的配合物不可能产生 d-d 跃迁，因而它们的配合物没有颜色。

分裂能的大小不同，配合物选择吸收可见光的波长就不同，配合物就呈现不同的颜色。配体的场强愈强，则分裂能愈大，d-d 跃迁时吸收的光子能量就愈大，即吸收光波长愈短。

综上所述，配合物之所以呈现一定的颜色，是由于中心原子的 d 电子进行 d-d 跃迁时选择吸收了一定波长的可见光。因此，配合物呈现颜色必须具备以下两个条件：

(1) 中心原子的外层 d 轨道未填满；

(2) 分裂能必须在可见光的能量范围内。

第三节　配 位 平 衡

中心原子与配体生成配离子的反应称为配位反应，而配离子解离出中心原子和配体的反应称为解离反应。在水溶液中存在着配离子的生成反应与解离反应，生成反应速率等于解离反应速率时的状态称为配位平衡。在配位平衡中，配位反应的趋势远大于配离子解离的趋势。

一、配位平衡常数

在 $AgNO_3$ 溶液中加入过量氨水生成$[Ag(NH_3)_2]^+$离子，同时，极少部分$[Ag(NH_3)_2]^+$离子发生解离：

$$Ag^+ + 2NH_3 \rightleftharpoons [Ag(NH_3)_2]^+$$

当配位反应与解离反应达到平衡时，依据化学平衡原理，其平衡常数表达式为

$$K_s = \frac{[Ag(NH_3)_2^+]}{[Ag^+][NH_3]^2} \tag{12.3}$$

式(12.3)中$[Ag^+]$、$[NH_3]$和$[Ag(NH_3)_2^+]$分别为 Ag^+、NH_3 和$[Ag(NH_3)_2]^+$的平衡浓度。配位平衡的

平衡常数用 K_s 表示，称为**配合物的稳定常数**(stability constant)，是配合物在水溶液中稳定程度的量度。对于配体个数相同的配离子，K_s 值愈大，表示形成配离子的倾向愈大，配离子就愈稳定。例如，298.15K 时，$[Ag(CN)_2]^-$ 和 $[Ag(NH_3)_2]^+$ 的 K_s 分别为 1.3×10^{21} 和 1.1×10^{7}，所以 $[Ag(CN)_2]^-$ 离子比 $[Ag(NH_3)_2]^+$ 离子稳定。配体个数不等的配离子之间，要通过 K_s 的表示式计算才能比较配离子的稳定性。一般配合物的 K_s 数值均很大，如为方便起见，常用 $\lg K_s$ 表示配合物的稳定性。

实际上，配离子的形成或解离是分步进行的。例如

$$Ag^+ + NH_3 \rightleftharpoons [Ag(NH_3)]^+ \quad K_{s1}=\frac{[Ag(NH_3)^+]}{[Ag^+][NH_3]}$$

$$[Ag(NH_3)]^+ + NH_3 \rightleftharpoons [Ag(NH_3)_2]^+ \quad K_{s2}=\frac{[Ag(NH_3)_2^+]}{[Ag(NH_3)^+][NH_3]}$$

若将第一、二两步平衡式相加，得

$$Ag^+ + 2NH_3 \rightleftharpoons [Ag(NH_3)_2]^+$$

其平衡常数用 β_2 表示：

$$\beta_2=\frac{[Ag(NH_3)_2^+]}{[Ag^+][NH_3]^2}=\frac{[Ag(NH_3)^+]}{[Ag^+][NH_3]}\times\frac{[Ag(NH_3)_2^+]}{[Ag(NH_3)^+][NH_3]}$$

即

$$\beta_2 = K_{s1}\cdot K_{s2} \tag{12.4}$$

若配合物为 ML_n，溶液中存在 n 个平衡，K_{s1}、K_{s2}、K_{s3}、$\cdots K_{sn}$ 分别为各级配离子的逐级稳定常数，则

$$\beta_n = K_{s1}\cdot K_{s2}\cdot K_{s3}\cdots K_{sn} \tag{12.5}$$

β_n 称为累积稳定常数，最后一级累积稳定常数 β_n 与 K_s 相等，称为总稳定常数。总稳定常数在处理配位平衡问题上较为方便，可利用总稳定常数 K_s 来计算体系中相关物种的浓度。常见的配离子的稳定常数见附录。

例 12-1 计算在含有 $0.10mol\cdot L^{-1}\ CuSO_4$ 和 $1.8mol\cdot L^{-1}$ 氨水溶液中 Cu^{2+} 离子的浓度和配离子 $[Cu(NH_3)_4]^{2+}$ 的浓度。已知 $[Cu(NH_3)_4]^{2+}$ 的 $K_s=2.1\times10^{13}$

解 设溶液中 Cu^{2+} 离子浓度为 $x\ mol\cdot L^{-1}$

此时体系中生成 $[Cu(NH_3)_4]^{2+}$，存在如下平衡

$$[Cu(NH_3)_4]^{2+} \rightleftharpoons Cu^{2+} + 4NH_3$$

平衡 $\quad 0.10-x \approx 0.10\ mol\cdot L^{-1} \quad\quad x \quad\quad 1.8-0.10\times4+4x \approx 1.4\ mol\cdot L^{-1}$

根据

$$K_s=\frac{[Cu(NH_3)_4^{2+}]}{[Cu^{2+}][NH_3]^4}$$

可得

$$2.1\times10^{13}=\frac{0.10mol\cdot L^{-1}}{x mol\cdot L^{-1}\times(1.4mol\cdot L^{-1})^4}$$

$$x=[Cu^{2+}]=1.2\times10^{-15}mol\cdot L^{-1}$$

则，配离子 $[Cu(NH_3)_4]^{2+}$ 的浓度 $[Cu(NH_3)_4^{2+}]=0.10mol\cdot L^{-1}$。

二、配位平衡的移动

配位平衡与其他化学平衡一样，也是一种相对的、有条件的动态平衡。若改变平衡系统的条件，平衡就会发生移动。溶液的酸度改变、沉淀剂、氧化剂或还原剂以及其他配体的存在，都有可能引起配位平衡的移动甚至转化（即为其他平衡所取代）。

（一）溶液酸度的影响

根据酸碱质子理论，配离子中很多配体如 F^-、CN^-、SCN^-、OH^-、NH_3 等都是碱，可接受质子，生成难解离的共轭弱酸。若配体的碱性较强，溶液中 H^+ 浓度又较大时，配体与质子结合，导致配离子解离。如

$$[Cu(NH_3)_4]^{2+} \rightleftharpoons Cu^{2+} + 4NH_3$$

$$+\ 4H^+ \rightleftharpoons 4NH_4^+$$

平衡移动方向

这种从配体方面考虑，因溶液酸度增大而导致配离子解离，稳定性降低的作用称为酸效应。溶液的酸度愈强，配离子愈不稳定。当溶液的酸度一定时，配体的碱性愈强，配离子愈不稳定。

另一方面，配离子的中心原子大多是过渡金属离子，它们在水溶液中往往发生水解，导致中心原子浓度降低，配位反应向解离方向移动。溶液的碱性愈强，中心原子愈容易发生水解。如

$$[FeF_6]^{3-} \rightleftharpoons Fe^{3+} + 6F^-$$

$$+\ 3OH^- \rightleftharpoons Fe(OH)_3\downarrow$$

平衡移动方向

这种因金属与溶液中的 OH^- 结合而导致配离子解离，稳定性降低的作用称为水解作用。

从上面的讨论可知，酸度对于配位平衡的影响是复杂的，既要考虑配体的酸效应，又要考虑中心原子的水解作用。从避免中心原子水解的角度考虑，pH 愈低愈好；从配离子抗酸能力考虑，则 pH 愈高愈好。在一定酸度下，究竟是以配位反应为主，还是水解反应为主，或者是 H^+ 与配体结合成弱酸的酸碱反应为主，必须综合考虑配离子的稳定性、配体碱性强弱和中心原子氢氧化物的溶解度等因素。通常，在保证不生成氢氧化物沉淀的前提下提高溶液 pH，以保证配离子的稳定性。

（二）沉淀平衡的影响

若在 AgCl 沉淀中加入大量氨水，可使白色 AgCl 沉淀溶解生成无色透明的配离子 $[Ag(NH_3)_2]^+$。反之，若再向该溶液中加入 NaBr 溶液，立即出现淡黄色沉淀，反应如下：

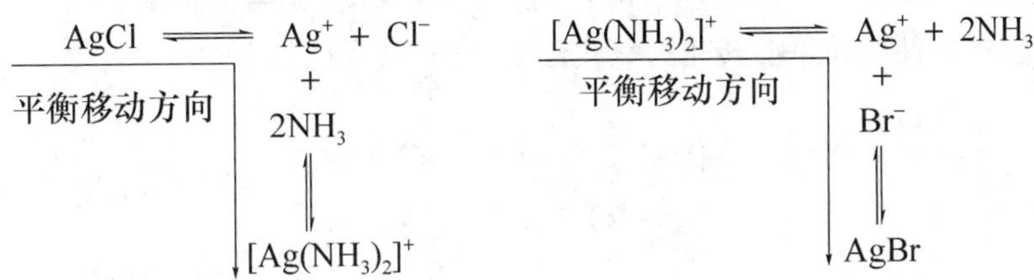

前者因加入配位剂 NH_3 而使沉淀平衡转化为配位平衡，后者因加入较强的沉淀剂而使配位平衡转化为沉淀平衡。两种平衡转化的方向，取决于配离子的稳定常数 K_s 及难溶物质 K_{sp} 的大小。例如，在 $[Ag(NH_3)_2]^+$ 溶液中加入 NaBr 溶液，体系中存在如下平衡：

$$[Ag(NH_3)_2]^+ + Br^- \rightleftharpoons AgBr + 2NH_3$$

根据化学平衡原理,则

$$K = \frac{[NH_3]^2}{[Ag(NH_3)_2^+][Br^-]}$$

分子分母同乘以$[Ag^+]$,得

$$K = \frac{[Ag^+][NH_3]^2}{[Ag(NH_3)_2^+][Ag^+][Br^-]} = \frac{1}{K_{s,[Ag(NH_3)_2]^+} \cdot K_{sp,AgBr}}$$

从上式可以看出,配离子稳定性愈差,K_s 愈小,沉淀剂与中心原子形成沉淀的 K_{sp} 愈小,则 K 值愈大,配位平衡就愈容易转化为沉淀平衡,配离子愈容易解离;相反,配离子愈稳定,K_s 愈大,沉淀的 K_{sp} 愈大,则 K 值愈小,就愈容易使沉淀平衡转化为配位平衡。

例 12-2 如果 0.3mol AgCl 刚好能溶解于 1L 氨水中,则该氨水浓度应为多少?已知 $K_{s,[Ag(NH_3)_2]^+} = 1.1 \times 10^7$,$K_{sp,AgCl} = 1.77 \times 10^{-10}$

解 AgCl 溶于 NH_3 溶液中的反应为

$$AgCl(s) + 2NH_3(aq) \rightleftharpoons [Ag(NH_3)_2]^+(aq) + Cl^-(aq)$$

反应的平衡常数为

$$\begin{aligned} K &= \frac{[Ag(NH_3)_2^+][Cl^-]}{[NH_3]^2} = \frac{[Ag(NH_3)_2^+][Cl^-]}{[NH_3]^2} \cdot \frac{[Ag^+]}{[Ag^+]} \\ &= K_{s,[Ag(NH_3)_2]^+} \cdot K_{sp,AgCl} \\ &= 1.1 \times 10^7 \times 1.77 \times 10^{-10} \\ &= 1.95 \times 10^{-3} \end{aligned}$$

设该氨水浓度为 x mol·L^{-1},则当 0.3mol AgCl 完全溶解达平衡时,

$[Ag(NH_3)_2^+] = [Cl^-] = 0.3\text{mol} \cdot L^{-1}$,$[NH_3] = (x - 2 \times 0.3)\ \text{mol} \cdot L^{-1} = (x - 0.6)\text{mol} \cdot L^{-1}$

将平衡浓度代入平衡常数表达式中,得

$$K = \frac{(0.3\ \text{mol} \cdot L^{-1})^2}{(x\ \text{mol} \cdot L^{-1} - 0.6\ \text{mol} \cdot L^{-1})^2} = 1.95 \times 10^{-3}$$

$$x = 7.4\ \text{mol} \cdot L^{-1}$$

即氨水浓度为 7.4mol·L^{-1},此时 0.3mol AgCl 刚好能溶解于 1L 该氨水中。

(三)氧化还原平衡的影响

溶液中的氧化还原平衡可以影响配位平衡,使配位平衡移动,配离子解离。如 I^- 可将$[FeCl_4]^-$配离子中的 Fe^{3+} 还原成 Fe^{2+},使配位平衡转化为氧化还原平衡,其反应如下:

$$[FeCl_4]^- \rightleftharpoons Fe^{3+} + 4Cl^-$$

$$Fe^{3+} + I^- \rightleftharpoons Fe^{2+} + \frac{1}{2}I_2$$

平衡移动方向

在另一种情况下,配位平衡可以使氧化还原平衡改变方向,使原来不可能发生的氧化还原反应在配

体存在下发生。例如金矿中的金十分稳定，以游离态形式存在。在水中 $\varphi^{\ominus}_{Au^+/Au}$（+1.692V）> $\varphi^{\ominus}_{O_2/OH^-}$（+0.401V），$O_2$ 不可能将 Au 氧化成 Au^+。若在金矿粉中加入稀 NaCN 溶液，再通入空气，由于生成十分稳定的 $[Au(CN)_2]^-$，使电对 Au^+/Au 的电极电位降低，Au 与 O_2 的反应便可进行。

$$4Au + O_2 + 2H_2O \rightleftharpoons 4OH^- + 4Au^+$$

$$4Au^+ + 8CN^- \rightleftharpoons 4[Au(CN)_2]^-$$

平衡移动方向

（四）其他配位平衡的影响

在某一配位平衡体系中，加入能与该中心原子形成另一种配离子的配位剂时，配离子能否转化，取决于两种配离子 K_s 的相对大小。转化的方向总是由 K_s 小的转化成 K_s 大的配合物，即由较不稳定的转化成较稳定的配合物。

例 12-3 在 298.15K 时，反应 $[Zn(NH_3)_4]^{2+} + 4OH^- \rightleftharpoons [Zn(OH)_4]^{2-} + 4NH_3$ 能否正向进行？在 $1mol \cdot L^{-1}$ NH_3 溶液中 $[Zn(NH_3)_4]^{2+}/[Zn(OH)_4]^{2-}$ 等于多少？在该溶液中 Zn^{2+} 主要以哪种配离子形式存在？

解 查表得 298.15K 时，配离子 $[Zn(NH_3)_4]^{2+}$ 的稳定常数 K_{s1} 为 2.88×10^9，配离子 $[Zn(OH)_4]^{2-}$ 的稳定常数 K_{s2} 为 3.16×10^{15}，反应 $[Zn(NH_3)_4]^{2+} + 4OH^- \rightleftharpoons [Zn(OH)_4]^{2-} + 4NH_3$ 的平衡常数计算如下：

$$K = \frac{[Zn(OH)_4^{2-}][NH_3]^4}{[Zn(NH_3)_4^{2+}][OH^-]^4} \cdot \frac{[Zn^{2+}]}{[Zn^{2+}]} = \frac{K_{s2}}{K_{s1}} = \frac{3.16 \times 10^{15}}{2.88 \times 10^9} = 1.10 \times 10^6$$

K 值很大，说明在水溶液中由 $[Zn(NH_3)_4]^{2+}$ 转化为 $[Zn(OH)_4]^{2-}$ 的反应是可以实现的。由此可见，配离子转化反应总是向生成 K_s 值大的配离子方向进行。

在 $1mol \cdot L^{-1}$ 氨溶液中存在下面两个配位平衡

$$Zn^{2+} + 4NH_3 \rightleftharpoons [Zn(NH_3)_4]^{2+} \quad ①$$

$$Zn^{2+} + 4OH^- \rightleftharpoons [Zn(OH)_4]^{2-} \quad ②$$

由① $K_{s1} = \frac{[Zn(NH_3)_4^{2+}]}{[Zn^{2+}][NH_3]^4}$ 得 $[Zn(NH_3)_4^{2+}] = K_{s1} \cdot [Zn^{2+}][NH_3]^4$；由② $K_{s2} = \frac{[Zn(OH)_4^{2-}]}{[Zn^{2+}][OH^-]^4}$ 得 $[Zn(OH)_4{}^{2-}] = K_{s2} \cdot [Zn^{2+}][OH^-]^4$

$$\frac{[Zn(NH_3)_4^{2+}]}{[Zn(OH)_4^{2-}]} = \frac{K_{s1} \cdot [Zn^{2+}][NH_3]^4}{K_{s2} \cdot [Zn^{2+}][OH^-]^4} = \frac{K_{s1}}{K_{s2}} \cdot \frac{[NH_3]^4}{[OH^-]^4} \quad ③$$

在 298.15K 时，$1mol \cdot L^{-1}$ NH_3 溶液中，设 OH^- 的平衡浓度为 $x mol \cdot L^{-1}$

即 $$NH_3 + H_2O \rightleftharpoons OH^- + NH_4^+$$

平衡时 $1-x$ x x

$$K_{b,NH_3} = \frac{[NH_4^+][OH^-]}{[NH_3]} = \frac{x \cdot x}{1-x} \approx \frac{x^2}{1} = x^2 = 1.79 \times 10^{-5}$$

$$[OH^-] = mol \cdot L^{-1} = \sqrt{1.79 \times 10^{-5}} mol \cdot L^{-1}$$

$$[NH_3] = (1 - x)\,mol \cdot L^{-1} \approx 1\,mol \cdot L^{-1}$$

所以由式③得

$$\frac{[Zn(NH_3)_4^{2+}]}{[Zn(OH)_4^{2-}]} = \frac{K_{s1}}{K_{s2}} \cdot \frac{[NH_3]^4}{[OH^-]^4} \approx \frac{2.88 \times 10^9}{3.16 \times 10^{15}} \times \frac{(1mol \cdot L^{-1})^4}{(\sqrt{1.79 \times 10^{-5} mol \cdot L^{-1}})^4} = 2.84 \times 10^3$$

可见，在 $1mol \cdot L^{-1}$ NH_3 溶液中，反应 $[Zn(NH_3)_4]^{2+} + 4OH^- \rightleftharpoons [Zn(OH)_4]^{2-} + 4NH_3$ 发生逆转，此时 Zn^{2+} 主要以配离子 $[Zn(NH_3)_4]^{2+}$ 形式存在。

所以在一般情况下，我们只需比较反应式两侧配离子的 K_s 值就可以判断反应进行的方向，但是，溶液中两个配位剂浓度相差倍数较大时，也可以影响配位反应的方向。

第四节　螯合物与生物医学

一、螯　合　物

前已提及，含有两个或两个以上配位原子的配体称为多齿配体。由中心原子与多齿配体形成的环状配合物称为**螯合物**(chelate)。例如，一个 Cu^{2+} 与两个乙二胺分子形成的具有两个五元环的配合物就是具有环状结构的螯合物(如图 12-4)。乙二胺这种能与中心原子形成螯合物的多齿配体称为**螯合剂**(chelating agent)。常见的螯合剂是氨羧螯合剂，它们是一类具有氨基 N 和羧基 O 的有机化合物，如乙二胺四乙酸(EDTA)及其盐。EDTA 是一个六齿配体，其中 4 个羧基氧原子和 2 个氨基氮原子共提供 6 对孤对电子，因此配位能力很强，几乎能与所有金属离子形成十分稳定的螯合物，它的负离子与金属离子最多可形成有 5 个螯合环的螯合物。例如 EDTA 与 Ca^{2+} 形成的螯合物，其结构如图 12-5 所示。

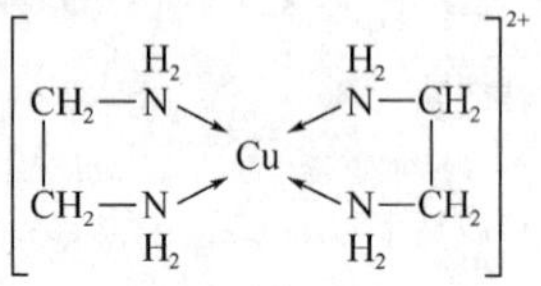

图 12-4　$[Cu(en)_2]^{2+}$ 的结构

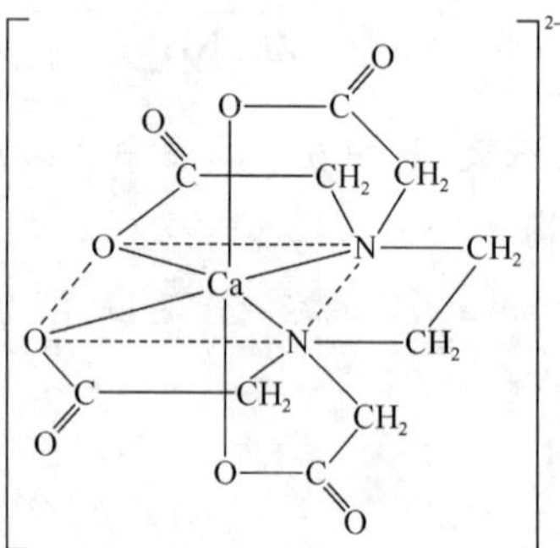

图 12-5　CaY^{2-} 的结构

螯合剂的结构特点是：

(1) 含有两个或两个以上能给出孤对电子的配位原子；

(2) 配位原子之间应间隔两个或三个其他原子。

同一金属离子与多齿配体所形成的螯合物，比与单齿配体形成的配合物要稳定得多。例如，$[Cu(en)_2]^{2+}$ 的 K_s 为 1.0×10^{21}，而 $[Cu(NH_3)_4]^{2+}$ 的 K_s 仅为 2.1×10^{13}。这种由于生成螯合物而使配合物稳定性大大增加的作用称为**螯合效应**(chelating effect)。

螯合物的稳定性与中心原子与配体所形成的螯合环的大小及螯合环的数目有关。绝大多数螯合物中，以五元环和六元环的螯合物最稳定，而小于五元环或大于六元环的螯合物不稳定，且很少见。这是因为组成螯合环的各原子在同一平面时，五元环和六元环这两种环的键角是 108°和 120°，张力小，环稳定。例如 Ca^{2+} 与 EDTA 同系物 $(—OOCCH_2)_2N(CH_2)_nN(CH_2COO—)_2$ 所形成的螯合物，其稳定常数随着成环情况的不同而改变。从表 12-8 可以看出，Ca^{2+} 与乙二胺四乙酸根离子形成了 5 个五元环，因此所形成的螯合物稳定常数很大，而与丁二胺四乙酸根离子和戊二胺四乙酸根离子形成七元环和八元环时，其稳定常数大大减小。

表 12-8　Ca^{2+}与 EDTA 同系物配合物的 $\lg K_s$

配体名称	n	成环情况	$\lg K_s$	配体名称	n	成环情况	$\lg K_s$
乙二胺四乙酸根离子	2	5 个五元环	11.0	丁二胺四乙酸根离子	4	4 个五元环,1 个七元环	5.1
丙二胺四乙酸根离子	3	4 个五元环,1 个六元环	7.1	戊二胺四乙酸根离子	5	4 个五元环,1 个八元环	4.6

实验表明,多齿配体与中心原子形成的螯合物中,螯合环越多,该螯合物越稳定。这是因为螯合环愈多,配体可动用的配位原子就愈多,同一种配体与中心原子所形成的配位键就愈多,配体脱离中心原子的机会就愈小,因此螯合物就愈稳定。图 12-6 说明了螯合环数目与螯合物稳定性的关系。

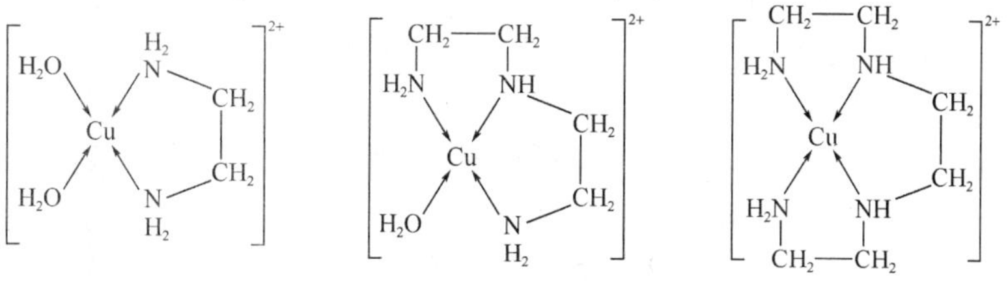

1个环 $\lg\beta_1=10.67$　　2个环 $\lg\beta_1=15.9$　　3个环 $\lg\beta_1=20.5$

图 12-6　螯环数与螯合物稳定性的关系

二、配合物在生物医学上的意义

(一) 配合物在维持机体正常生理功能中的作用

生物体内的微量金属元素,尤其是过渡金属元素,主要是通过形成配合物来完成生物化学功能的。人体必需的金属离子,绝大多数也是以螯合物的形式存在于体内,参与重要的生化反应和生命的各个代谢过程,发挥着极为重要的作用。现在已知的 1000 多种生物酶中,约有 1/3 是金属配合物。例如,人体必需的微量元素锌、铁、铜、锰、钴等常以生物配合物的形式存在于体内,成为酶的活性中心或酶激活剂。目前,已知近 100 种酶的活性与锌有关,如羧肽酶系、氨肽酶系、二肽酶、碳酸酐酶、醇脱氢酶、碱性磷酸酶、DNA 聚合酶、RNA 聚合酶等的活性部分均含有锌。超氧化物歧化酶(SOD)及参与造血过程及铁的代谢的血浆铜蓝蛋白都是含铜的酶等。这些酶在维持体内正常代谢活动中发挥着非常重要的作用。

生物体中能与这些金属元素配位形成稳定性较大的配合物或螯合物的离子和分子称为生物配体,通常指蛋白质、核酸、多糖、磷脂及其各级降解产物(如氨基酸、肽、核苷、核苷酸和低聚糖等),以及机体中的其他活性物质(如激素等)。它们都具备螯合剂的条件,能与生物体中有重要生物活性的金属离子配位生成稳定的螯合物而发挥作用。例如植物赖以生存的光合作用的催化剂——叶绿素是 Mg^{2+} 与卟啉环生成的螯合物;维生素 B_{12} 是咕啉(类卟啉化合物)和钴(Ⅱ)的配合物(图 12-7);人体内传输氧气的血红蛋白中的亚铁血红素是卟啉与 Fe^{2+} 的螯合物(图 12-8)等。

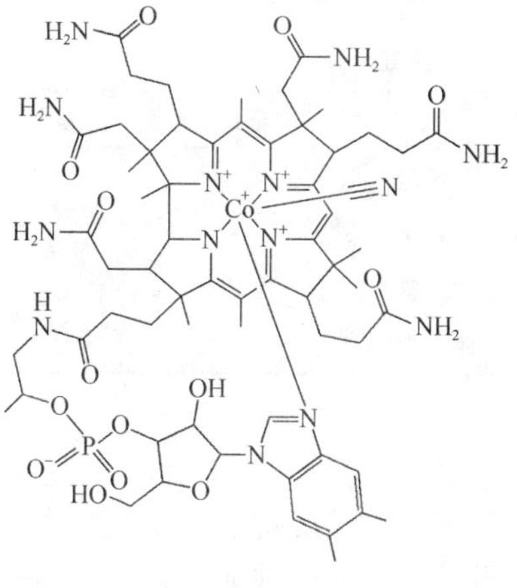

图 12-7　维生素 B_{12} 的结构

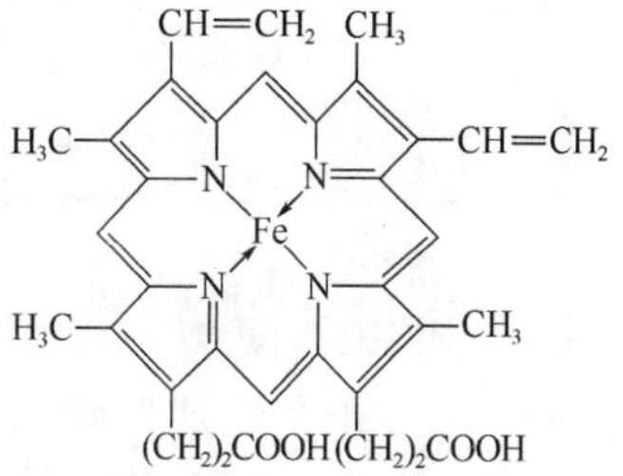

图 12-8　血红素的结构

除了卟啉类化合物，蛋白质也是非常重要的生物配体。蛋白质是由 20 多种氨基酸按不同的比例和顺序通过肽键(下图虚线框中)连接而成。其结构复杂(有四级结构)，具有专一的活性。结构变形，活性便遭破坏。

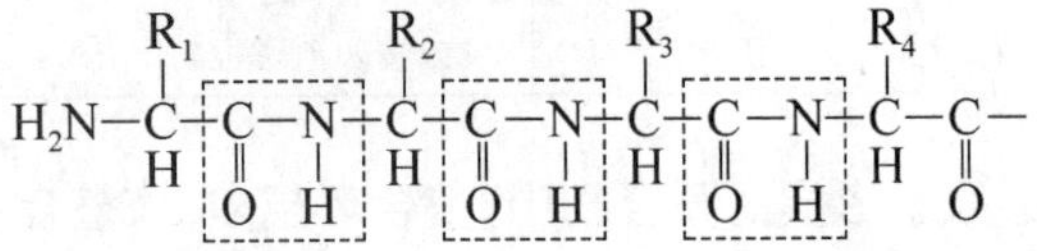

$$H_2N-\underset{H}{\overset{R_1}{C}}-\boxed{\underset{O}{\overset{\|}{C}}-\underset{H}{N}}-\underset{H}{\overset{R_2}{C}}-\boxed{\underset{O}{\overset{\|}{C}}-\underset{H}{N}}-\underset{H}{\overset{R_3}{C}}-\boxed{\underset{O}{\overset{\|}{C}}-\underset{H}{N}}-\underset{H}{\overset{R_4}{C}}-\underset{O}{\overset{\|}{C}}-$$

蛋白质作为多齿配体与金属离子结合时，主要靠分子中肽键上的羰基和亚氨基，以及氨基酸残基上的羟基、氨基、羧基、杂环氮。由于蛋白质的多级结构，蛋白质分子中两个配位原子之间往往间隔很多个氨基酸残基，使有关基团有一定的取向和顺序，一般以扭曲多面体构型与金属离子配位，形成具有一定结构和特定功能的金属蛋白和金属酶。

核苷酸和核酸均为重要的生物配体，它们通过磷酸根和碱基上 O 及 N 与金属离子配位，形成稳定的螯合环(图 12-9)。

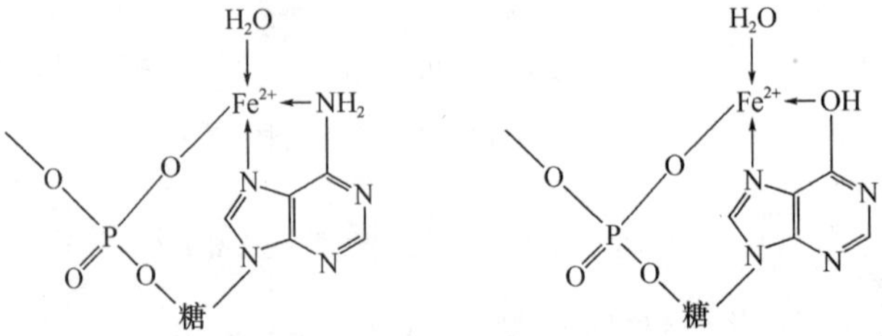

H_2O Fe^{2+} NH_2 O P O O 糖 N N N N　　H_2O Fe^{2+} OH O P O O 糖 N N N N

图 12-9　核苷酸和核酸与 Fe^{2+} 形成的配位键

当人体必需的金属元素严重缺乏或过量时，对人体健康都有危害。如缺铁时，可出现贫血；铬缺乏时，可引起糖尿病、动脉硬化；缺锌可致发育停滞，抑制性成熟，降低免疫功能等。为了弥补生命必需金属的缺乏，必须从体外及时予以补充。在补给金属元素时，选用不同的化合物形式将直接影响机体的摄取效果。大量动物实验研究表明，以金属配合物或螯合物形式补给，可大大提高生物利用率，减小或消除刺激性。例如，缺铁可以直接服用乳酸亚铁，但更好的补铁形式是补充铁与卟啉配体所形成的螯合物制剂，这样生物利用率可提高数百倍；钴的不足可用维生素 B_{12} 进行补充。

(二) 配合物的解毒作用

在临床上常常会遇到重金属或类金属(汞、砷)中毒的病人。现代医学依据配合物的特性及配位平衡原理，对于体内有毒、有害或过量的必需金属离子，常常选择合适的配体或螯合剂与其结合生成无毒的可溶的配合物后排出体外，这种方法称为螯合疗法或配位疗法，所用的螯合剂称为促排剂或解毒剂。临床上已广泛应用了这类金属的解毒剂，如用枸橼酸钠治疗铅中毒，使铅转变为稳定的无毒的可溶性 $[Pb(C_6H_5O_7)]^-$ 配离子从肾脏排出体外。一些常用的金属解毒剂见表 12-9。

表 12-9　常用的金属解毒剂

解毒剂	促排的金属	解毒剂	促排的金属
2,3-二巯丙醇(BAL)	Hg,Cd,As,Sb,Te 等	二苯硫腙	Tl,Zn
2,3-二巯基丙磺酸钠(DMPS)	Hg,Cd,As,Sb,Te 等	金黄素三羧酸	Be
$Na_2[CaEDTA]$	Pb,U,Co,Zn 等	二乙氨基二硫代甲酸钠	Ni
D-青霉胺	Cu	脱铁胺 B	Fe

(三) 配合物的消炎抗癌作用

自 1969 年 Rosenberg 发现了强烈抑制细胞分裂、广谱性的无机抗癌药顺式二氯二氨合铂(Ⅱ)(顺铂)以后，以金属配合物为基础的抗癌药物的研制有了明显的进展。顺式二氯二氨合铂(Ⅱ)作为第一代的抗癌药物，从 1978 年开始正式应用于临床，取得了良好的疗效。由于顺铂具有水溶性小、肾毒性大和缓解期短的缺点，自 20 世纪 70 年代以来，在配合物顺式二氯二氨合铂(Ⅱ)结构模式的启发下，人们广泛开展了研制抗癌金属配合物的探索工作。相继开发了卡铂等第二代铂(Ⅱ)系抗癌药物及活性更高的铂系金属(Pd、Ru、Rh)配合物抗癌药。目前,第三代铂(Ⅱ)系抗癌药物正陆续进入临床试验阶段。

在铂族金属配合物的启发下,人们又研制出多种消炎抗菌、抗病毒的金属配合物和一些有生物功能的配合物药物,如β-羟基喹啉和铁形成的配合物就有很强的抗菌作用;钒氧基皮考林配合物,具有与胰岛素相同的作用,对治疗糖尿病有广阔的应用前景。

知识拓展

治疗癌症的铂族金属配合物

铂族金属包括铂、钯、铑、铱、锇、钌六个元素。自1969年美国生理学家Rosenberg B首次报道了无机抗癌药物二氯二氨合铂(Ⅱ)(顺铂),铂族金属配合物的生物活性才逐渐引起人们的关注。

顺铂于1978年首先在美国批准临床使用,并迅速成为治疗癌症的佼佼者。1997年世界卫生组织曾对上百种抗癌药按疗效高低、副作用大小、市场占有率等进行综合评价,顺铂榜居第二,仅次于阿霉素,是治疗癌症的首选药物之一。现在临床采用的联合化疗方案中,70%~80%的方案以顺铂为主药或有顺铂参与配伍。其作用机制一般认为顺铂可与DNA双链上的核碱成交叉联结,主要与鸟嘌呤结合,也与胞嘧啶及腺嘌呤结合。引起DNA链间或链内交联,或形成DNA与蛋白质交联,进而抑制DNA和RNA的合成,并抑制细胞有丝分裂,作用较强而持久。属于细胞周期非特异性药物。该药抗瘤谱广,临床应用治疗睾丸肿瘤、卵巢癌、乳腺癌、膀胱癌疗效良好,对头颈部癌、肺癌、食管癌、肾癌、黑色素瘤、恶性淋巴瘤、软组织肿瘤均有一定疗效,也常用于癌性胸腹水的治疗。顺铂是第一个无机治疗药,它不但对癌症的治疗带来了一次革命,而且带动了一门新学科——生物无机化学的形成和发展。

卡铂,化学名为1,1-环丁二酸二氨合铂(Ⅱ),为第二代铂族抗癌药,于1984年在英国上市。卡铂保留了抗癌的活性基团$(NH_3)Pt^{2+}$,并引入了亲水性的1,1-环丁二酸做配体,溶解度大大改善,水溶性达到$17mg \cdot ml^{-1}$,比顺铂的溶解度($1mg \cdot ml^{-1}$)高17倍。同时由于螯环效应,它的稳定性(水合速率常数$K=1.6\times10^{-6}min^{-1}$)也大于顺铂($K=2.2\times10^{-3}min^{-1}$),因此卡铂的肾毒性和引发的恶心呕吐均低于顺铂。

现在顺铂、卡铂已成为治疗癌症最有效的药物之一,在世界范围内得到广泛的临床应用。同时铂族金属药物也是当前抗癌药最为活跃的研究和开发领域之一,新的铂族抗癌药如草酸铂、乙醇酸铂、乐铂等已推出,铂类药物的抗癌作用机制也有了进一步了解。目前第三代铂族抗癌药均已进入临床试验。钌的配合物作为光动力学治疗癌症的光敏剂已显示出较好的前景。

我国学者大都集中于斑蝥酸铂(Ⅱ)配合物的研究,先后合成了一系列以斑蝥酸为配体的铂类药物,并申报了发明专利。这类配合物的水溶性好,毒性低,抗癌作用强,很可能成为我国一类创新的抗癌药。

多核铂抗癌药是一种全新结构的药物,它的设计摆脱了原有的构效关系框架,可以说是铂类抗癌药研究的重大发展。现有的研究结果表明,它与DNA发生多点键合,键合能力强,对DNA模型结构破坏更加严重。因此其抗癌活性明显高于顺铂,同时与顺铂无交叉耐药性,是一个具有重大开发前景的新药,目前正在进行Ⅰ期临床研究。

我们坚信,在不久的将来,铂族金属配合物在防癌、治癌方面将会发挥更大的作用。

Summary

A complex ion (or complex molecule) is combined between central atom and ligands by coordination bond. The component of coordination compound with complex ion may be expressed as following:

$$\text{Coordination compound}\begin{cases}\text{Inner sphere}\left\{\begin{array}{l}\text{Central atom}\\ \text{Ligand}\end{array}\right\}\text{Coordination bond}\\ \text{Outer sphere}\end{cases}$$

The inner sphere and outer sphere of a coordination compound are combined by ionic bond.

The rules of nomenclature for coordination compounds are given according to the rules of nomenclature published by Chinese Chemical Association in 1980. A complex ion should be named according to the following order:

Number of ligand-Name of ligand-He-Name of central atom (oxidation number)

According to the valence bond theory of coordination compounds , central atom donates the vacant orbitals that must hybridize to form hybrid orbitals, while the ligands donates the unshared pairs of electrons . Then the unshared pairs of electrons of the coordination atom occupy the hybrid orbitals of the central atom to form coordination covalent bonds. When the central atoms are transition elements, usually their empty orbitals in valence shell involve $(n-1)$ d orbitals. Coordination compounds in which ligands electrons fill the $(n-1)$ d orbitals partly, the ns orbital and the np orbitals are called inner-orbital coordination compounds. Coordination compounds in which ligands electrons fill the ns orbital and the other outer orbitals(such as np orbitals and nd orbitals) are called outer-orbital coordination compounds.

Valence bond theory can illustrate well some characteristics of coordination compounds, involving their formations, spatial configurations, coordination numbers, magnetic properties and stabilities etc.

In crystal field theory the attraction between the central atom and ligands in the complex is considered to be purely electrostatic either ion-ion attraction between positive and negative ion, or ion-dipole attraction if the ligand is a neutral molecule. In the coordination compounds the central atom is located at electrostatic center of ligand field. Due to the effect of electrostatic field of ligands the outermost d orbitals energy level of central atom will split and the electrons rearrange to lead to increase the stability of the system. In an octahedral field for coordination number six, d-energy levels of central atom are split into two levels. The two orbitals of higher energy are called d_γ energy level and the three orbitals of lower energy are called d_ε energy level. If the electronic configuration of central atom is d^4-d^7, strong-field ligands and central atom will form low-spin complex , weak-field ligands and central atom will form high-spin complex.

Because of the crystal field splitting of d orbitals energy level the algebraic sum of $-0.4\Delta_o$ per electron in a d_ε energy level and $+0.6\Delta_o$ for per electron in d_γ energy level is defined as crystal field stabilization energy (CFSE). The more the energy decreases, the more stable the complex. In octahedral complexes, the total crystal field stabilization energy can be calculated by the formula,

$$\text{CFSE} = xE(d_\varepsilon) + yE(d_\gamma) + (n_2 - n_1)P$$

Crystal field theory can not only illustrate magnetic properties and configuration of coordination compounds but also explain the colour and absorption spectrum of coordination compounds.

In the complex ion solution the complex ion can dissociate partly to central ion and ligands. The coordination equilibrium exists in aqueous solution. The stability of complex ion is expressed by the equilibrium constant K_s. The larger the K_s the more stable the coordination ion.

Coordination equilibria are the same as other chemical equilibria, the equilibria shift when condition is changed. The acidity of solution, precipitate agents, oxidizing agents or reductant agents and other ligands can lead to the equilibria movement.

One central atom and polydentate can form chelates by coordination bond. Chelated complexes are more stable than similar complexes with unidentate ligangs.

Coordination compounds are used widely in medicine.

习　题

1. 解释下列名词：配位数、内轨配合物、外轨配合物、八面体场分裂能、晶体场稳定化能、螯合效应。
2. 命名下列配合物，并指出中心原子、配体、配位原子和配位数。
   (1) $Na_3[Ag(S_2O_3)_2]$　　(2) $[Co(en)_3]_2(SO_4)_3$
   (3) $K_2[Zn(OH)_4]$　　(4) $(NH_4)_2[PtCl_6]$
   (5) $[Cr(H_2O)_2Cl_2]Cl$　　(6) $[Pt(NH_3)_2Cl_2]$
   (7) $[CoCl_2(NH_3)_3H_2O]Cl$　　(8) $K[Cr(NCS)_4(NH_3)_2]$
3. 写出下列配合物的化学式
   (1) 六氰合铁(Ⅱ)酸钾　　(2) 三硝基·三氨合钴(Ⅲ)

(3) 三氯化五氨·一水合钴(Ⅲ)　　(4) 四氯·二氨合铬(Ⅲ)酸钾
(5) 氨基·硝基·二氨合铂(Ⅱ)　　(6) 四(异硫氰酸根)·二氨合铬(Ⅲ)酸铵

4. 请判断下列说法的对错。
(1) 中心原子的配位数即为配体的数目。
(2) 在配位化合物中只存在配位键。
(3) 外轨配合物的磁矩总是比内轨配合物的磁矩大。
(4) 中心原子在配体场作用下,其 d 轨道发生能级分裂,中心原子的氧化值愈高,则分裂能愈大。
(5) 中心原子 d 电子组态为 $d_\varepsilon^3 d_\gamma^0$ 和 $d_\varepsilon^6 d_\gamma^0$ 的正八面体配合物都是低自旋配合物。
(6) 可利用 K_s 直接比较同种类型配离子的稳定性。
(7) 溶液 pH 愈高,配离子愈稳定。

5. 有三种含钴的配合物,它们具有相同的化学组成,分子式均为 $CoCl_3 \cdot 6H_2O$。其中一种配合物的水溶液,用 $AgNO_3$ 可沉淀出所含 Cl^- 的 1/3;另一种用 $AgNO_3$ 可沉淀出所含 Cl^- 的 2/3,第三种用 $AgNO_3$ 可沉淀出所含全部 Cl^-。试写出这三种配合物的化学式并命名。

6. 已知$[PtCl_4]^{2-}$为平面正方形结构,$[HgCl_4]^{2-}$为正四面体结构,根据价键理论分析它们以何种杂化轨道成键。

7. 根据实测磁矩,推断下列配合物的中心原子的杂化类型和空间构型,并指出是内轨还是外轨配合物。
(1) $[Co(NCS)_4]^{2-}$　$\mu = 4.3\mu_B$　　(2) $[Fe(C_2O_4)_3]^3$　$\mu = 5.75\mu_B$
(3) $[Pt(NH_3)_4]^{2+}$　$\mu = 0\mu_B$　　(4) $[MnCl_4]^{2-}$　$\mu = 5.87\mu_B$

8. 已知$[Mn(H_2O)_6]^{2+}$比$[Cr(H_2O)_6]^{2+}$吸收可见光的波长要短些,指出哪一个的分裂能大些,并写出中心原子 d 电子在 d_ε 和 d_γ 能级的轨道上的排布情况。

9. 已知配离子$[Mn(H_2O)_6]^{2+}$中心原子的电子成对能 $P = 304.98kJ \cdot mol^{-1}$,分裂能 $\Delta_0 = 93.29\ kJ \cdot mol^{-1}$。
(1) 计算$[Mn(H_2O)_6]^{2+}$的晶体场稳定化能;
(2) 指出配离子的未成对电子数;
(3) 判断$[Mn(H_2O)_6]^{2+}$属高自旋还是低自旋配合物。

[0;5 个;高自旋]

10. 根据配合物的稳定常数,判断下列反应进行的方向。
(1) $[Ag(NH_3)_2]^+ + 2CN^- \rightleftharpoons [Ag(CN)_2]^- + 2NH_3$
(2) $[Cu(NH_3)_4]^{2+} + Cd^{2+} \rightleftharpoons [Cd(NH_3)_4]^{2+} + Cu^{2+}$
(3) $[FeF_6]^{3-} + 3C_2O_4^{2-} \rightleftharpoons [Fe(C_2O_4)_3]^{3-} + 6F^-$

11. 在 10.0ml $0.040mol \cdot L^{-1}$ $AgNO_3$ 溶液中加入 10.0ml $2.0mol \cdot L^{-1}$ NH_3 溶液,计算平衡时溶液中 NH_3、Ag^+和$[Ag(NH_3)_2]^+$的浓度。

{$[Ag^+] = 1.86 \times 10^{-9} mol \cdot L^{-1}$, $[NH_3] = 0.96 mol \cdot L^{-1}$, $[Ag(NH_3)_2^+] = 0.020 mol \cdot L^{-1}$}

12. 向含 $0.10mol \cdot L^{-1} NH_3$ 溶液和 $0.10mol \cdot L^{-1} NH_4Cl$ 溶液的混合溶液中,加入等体积 $0.010mol \cdot L^{-1}$ 的 $[Cu(NH_3)_4]SO_4$溶液,问是否有 $Cu(OH)_2$ 沉淀生成?

{$[OH^-] = 1.75 \times 10^{-5} mol \cdot L^{-1}$, $[Cu^{2+}] = 4.8 \times 10^{-15} mol \cdot L^{-1}$,没有 $Cu(OH)_2$ 沉淀生成}

13. 计算 298.15K 时,AgCl 在 1L $6mol \cdot L^{-1}$ NH_3 溶液中的溶解度。在上述溶液中加入 NaBr 固体使 Br^- 浓度为 $0.1mol \cdot L^{-1}$(忽略因加入 NaBr 所引起的体积变化),问有无 AgBr 沉淀生成?

[$S = 0.26mol \cdot L^{-1}$,有 AgBr 沉淀生成]

14. 298.15K 时,在 1L $0.05mol \cdot L^{-1}$ $AgNO_3$ 过量氨溶液中,加入固体 KCl,使 Cl^- 的浓度为 $9 \times 10^{-3} mol \cdot L^{-1}$(忽略因加入固体 KCl 而引起的体积变化),回答下列问题:
(1) 298.15K 时,为了阻止 AgCl 沉淀生成,上述溶液中 NH_3 分子浓度至少应为多少 $mol \cdot L^{-1}$?
(2) 298.15K 时,上述溶液中各成分的平衡浓度各为多少 $mol \cdot L^{-1}$?
(3) 298.15K 时,上述溶液中 $\varphi_{[Ag(NH_3)_2]^+/Ag}$ 为多少伏?

{(1) $0.58mol \cdot L^{-1}$; (2) $[Ag(NH_3)_2^+] = 0.05mol \cdot L^{-1}$, $[Ag^+] = 1.97 \times 10^{-8} mol \cdot L^{-1}$, $[NH_3] = 0.48mol \cdot L^{-1}$, $[Cl^-] = [K^+] = 9 \times 10^{-3} mol \cdot L^{-1}$; (3) 0.3438V}

(章小丽)

第十三章 滴定分析

分析化学是化学学科的一个重要分支,是获得物质化学组成和结构信息以及相关组分含量的科学。根据分析任务的不同,分析化学包括定性分析、定量分析、结构分析和形态分析。根据测定原理的不同,分析化学又可分为化学分析和仪器分析。化学分析是以物质的化学反应和相互的定量关系为基础的分析方法,一般适合于常量组分的测定。仪器分析是以物质的物理和物理化学性质为基础的分析方法,一般适合于微量、痕量组分的测定或结构分析。

滴定分析(titrimetric analysis)又称**容量分析**(volumetric analysis),是定量分析常用的化学分析方法之一。其方法简便、快速,并有足够的准确度(对于常量分析,相对误差一般在0.1%~0.2%左右),应用广泛,常在临床检验和医药卫生分析中用于测定常量组分,即分析组分的含量一般大于1%或取质量大于0.1g,体积大于10mL的试样。根据滴定反应的类型,常用的滴定分析法又可分为酸碱滴定法、氧化还原滴定法、配位滴定法和沉淀滴定法等。

第一节 滴定分析原理

一、滴定分析的基本概念

滴定分析是指将已知准确浓度的试剂溶液——**标准溶液**(standard solution),用滴定管滴加到一定量被测**试样**(sample)的溶液中,直到所加的标准溶液与被测物质按化学计量关系定量反应为止。然后根据所消耗的标准溶液(或滴定剂)的浓度和体积,计算被测物含量,我们称这个过程为**滴定**(titration)。当标准溶液与被测组分的反应恰好完全时,即为理论终点。此时滴定反应的定量关系成立,故称为**化学计量点**(stoichiometric point)。理论上滴定操作应在化学计量点停止,但许多滴定过程无法准确显示化学计量点的到达时刻,需借助**指示剂**(indicator)等辅助条件,在化学计量点附近产生诸如颜色变化或生成沉淀等易观察现象,示意滴定的完成,此时称为**滴定终点**(end point of titration)。

由于滴定终点常常与化学计量点不一致,由此而造成的分析误差称为**滴定误差**(titration error)。滴定终点与计量点愈吻合,分析结果愈准确,滴定误差愈小。滴定分析误差的大小从分析方法本身来说,一方面取决于滴定反应的完全程度,另一方面也与指示剂的选择恰当与否有关。

二、滴定分析反应的条件和要求

尽管化学反应的类型很多,但并不是所有化学反应都可作为滴定反应,滴定分析所采用的化学反应,必须具备以下条件:

(1) 反应必须按化学计量关系定量完成,无副反应发生,而且进行完全(通常要求达到99.9%左右),这是定量计算的基础。

(2) 反应必须迅速完成。对于速率较慢的反应,有时可通过加热或加催化剂等方法来加快反应速率。

(3) 必须有比较简便可靠的方法确定滴定终点。

凡能满足上述要求的反应,都能用标准溶液直接滴定分析组分,这类测定方法称为直接滴定法。但是,有些反应不能完全符合上述要求,因而不能采用直接滴定。如当反应较慢或反应物是固体或反应没有合适的指示剂时,可先加过量的标准溶液,使反应完全,此标准溶液的剩余量再用另一种标准溶液滴定,称为**返滴定法**(back titration)。例如,用HCl测定固体$CaCO_3$时,因$CaCO_3$的溶解度较小,它和HCl的反应很慢,不宜直接滴定。如果先加入一定量的过量HCl标准溶液并加热至$CaCO_3$完全溶解,然后用NaOH标准溶液滴定HCl的剩余量就可得到较好的结果。

三、滴定分析的类型和一般过程

根据滴定所依据的定量化学反应类型不同，较为常用的滴定分析有以下几种方法：

1. 酸碱滴定法(acid-base titration) 以质子转移反应为定量基础的滴定分析方法叫酸碱滴定法，可直接测定酸碱性物质的含量，也可间接测定能与酸碱性物质定量反应的其他物质的含量。

2. 氧化还原滴定法(oxidation-reduction titration) 以氧化还原反应为定量基础的滴定分析方法叫氧化还原滴定法，可直接测定具有氧化性或还原性的物质的含量，也可间接测定能与具有氧化性或还原性的物质定量反应的其他物质的含量。

3. 配位滴定法(complexometric titration) 以配位化学反应为定量基础的滴定分析方法叫配位滴定法，可以用来测定金属离子或配体的含量。

4. 沉淀滴定法(precipitation titration) 以沉淀反应为定量基础的滴定分析方法叫沉淀滴定法，常常用来测定 Ag^+ 离子、卤素离子和类卤素离子的含量。

滴定分析的过程一般包括三个主要部分，即标准溶液的配制、标准溶液的标定和试样组分含量的测定。

在滴定分析中，无论采用何种滴定方式，都离不开标准溶液，否则无法计算分析结果。标准溶液的配制方法分为直接配制法和间接配制法。如果试剂稳定且纯度高，则用直接法配制：即准确称取定量的一级标准试剂，溶解后转移至容量瓶中定容，即得已知准确浓度的标准溶液。能用于直接配制标准溶液的物质，称为**一级标准物质***(primary standard substance)(又称基准物质)。如果试剂不够纯或不稳定，则用间接法配制：即先配成与所需溶液浓度相近似的溶液，然后用一级标准物质测定其准确浓度。利用一级标准物质或已知准确浓度的溶液来确定标准溶液浓度的操作过程称为**标定**(standardization)。一级标准物质必须具备下列条件：

(1) 物质的组成应与它的化学式完全符合。若有结晶水，结晶水的组成也必须与化学式相符合。

(2) 物质纯度应足够高，一般要求在 99.9% 以上，所含杂质应不影响分析的准确性。

(3) 物质在一般情况下应该很稳定，不易吸收空气中的水分和二氧化碳，也不易被空气氧化。

(4) 物质参加反应时，应按化学反应式所表示的化学计量关系进行，没有副反应。

(5) 物质最好具有较大的摩尔质量，这样可以降低称量误差。

第二节 分析结果的误差和有效数字

一、误差产生的原因和分类

物理量的测量值不可能与真实值绝对一致，测量值只能随着人类对客观世界认识能力的发展和仪器精确度的提高而无限接近于真实值。由于对试样的分析测定通常由多个步骤和对多种物理量的测量而完成，加之受到费用、时间等诸多因素的制约，因此测量或测定的结果总是存在着或多或少的不可靠性和不确定性，即总是存在着或大或小的实验误差，简称**误差**(error)。

在定量分析中产生误差的原因很多，根据其性质和来源的不同，一般可分为**系统误差**(systematic error)和**偶然误差**(accidental error)。

(一) 系统误差

系统误差是指在分析过程中，由于某些固定的原因所造成的误差，在同一条件下重复测定时会重复出现，因而也称为可测误差。它的主要来源有以下几方面：

---

* 化学试剂的规格按含量高低，一般依次分为四个等级：

优级纯 Guarantee Reagent(缩写 G. R)，又称保证试剂，用绿色标签。

分析纯 Analytical Reagent(缩写 A. R)，又称分析试剂，用红色标签。

化学纯 Chemical Pure(缩写 C. P)，用蓝色标签。

实验试剂 Laboratory Reagent(缩写 L. R)，用黄色标签。

1. 方法误差 由于分析方法本身不够完善而引起的误差。例如，滴定分析反应进行不完全，有干扰物质存在，滴定终点与化学计量点不一致，以及有副反应发生等，导致测定结果系统地偏高或偏低。

2. 仪器误差和试剂误差 由于测定所用仪器不够准确而引起的误差称为仪器误差。例如，分析天平的砝码生锈、容量仪器刻度不准等。而所用试剂或蒸馏水中含有微量杂质或干扰物质而引起的误差称为试剂误差。

3. 操作误差 指在正常操作情况下由于分析人员主观因素造成的误差，如操作者对颜色的敏感程度不同造成对终点到达的判断误差等。

系统误差一般可通过对照试验、空白试验、校正仪器和改进分析方法等手段来发现和排除。

（二）偶然误差

偶然误差是由一些难以控制的偶然因素所引起的，又称不可测误差。如在分析测定时，环境温度、湿度和气压等条件的微小波动和仪器性能的微小改变都会产生偶然误差。偶然误差造成测量值时大时小，时正时负，无法加以校正。但在平行条件下进行多次测定则可发现其统计规律：①绝对值相同的正负误差出现的机会相等；②小值误差出现的机会多，大值误差出现的机会少，且特别大的误差出现的机会非常小。因此，增加测定次数可使偶然误差的算术平均值趋于零。在消除了系统误差的前提下，通常可用多次测定结果的平均值代替真实值。

除了系统误差和偶然误差之外，在分析过程中还会遇到由于过失或差错造成的所谓“过失误差”。其实这是一种错误，不同于上面讨论的两类误差。它是由于操作者责任心不强、粗心大意或违反操作规则等原因造成的。例如，加错试剂、读错刻度、记录或计算错误等。这种由于过失而造成的错误是可以避免的，因此，不在误差的讨论范围之内。

二、分析结果的评价

（一）准确度与误差

分析结果的**准确度**（accuracy）是指测定值（x）与真实值（T）之间的接近程度。准确度的高低用误差来衡量，误差是指测定值与真实值之差。误差越小，表示分析结果的准确度越高。

误差可分为**绝对误差**（E）和**相对误差**（E_r），分别表示为

$$E = x - T \tag{13.1}$$

$$E_r = \frac{E}{T} \times 100\% \tag{13.2}$$

相对误差能反映出误差在真实值中所占的比例，对于比较测定结果的准确度更为合理。因此，通常用相对误差来表示分析结果的准确度。误差有正值和负值之分，分别表示测定结果偏高或偏低于真实值。

例 13-1 用分析天平称取硼砂两份，其质量分别为 2.3480g 和 0.2348g，假定这两份硼砂的真实质量分别为 2.3478g 和 0.2346g，试计算它们的绝对误差和相对误差。

解 绝对误差分别为

$$E_1 = 2.3480\text{g} - 2.3478\text{g} = 0.0002\text{g}$$

$$E_2 = 0.2348\text{g} - 0.2346\text{g} = 0.0002\text{g}$$

相对误差分别为

$$E_{r1} = \frac{0.0002\text{g}}{2.3478\text{g}} \times 100\% = 0.009\%$$

$$E_{r2} = \frac{0.0002\text{g}}{0.2346\text{g}} \times 100\% = 0.09\%$$

由上述计算可知：尽管两份样品称量的绝对误差相同，但质量较大者相对误差较小，准确度较高。

（二）精密度与偏差

分析样品含量的真实值通常是未知的，所以无法求得分析结果的准确度。一般用**精密度**（precision）来判断分析结果的好坏。精密度是指多次平行测定结果相互接近的程度，用**偏差**（deviation）来衡量测定结果的重现性。某单次测定值（x）与多次测定值的算术平均值（$\bar{x}$）的差值叫**绝对偏差**（d），即

$$d = x - \bar{x} \tag{13.3}$$

偏差愈小，表明分析结果的精密度愈高，测定结果的重现性愈好。

在实际分析工作中，常用绝对**平均偏差**（$\bar{d}$）、**相对平均偏差**（d_r）、**标准偏差**（s）和**相对标准偏差**（RSD）来表示分析结果的精密度。

$$\bar{d} = \frac{|d_1| + |d_2| + |d_3| + \cdots + |d_n|}{n} \tag{13.4}$$

$$d_r = \frac{\bar{d}}{\bar{x}} \times 100\% \tag{13.5}$$

$$s = \sqrt{\frac{d_1^2 + d_2^2 + d_3^2 + \cdots + d_n^2}{n - 1}} \tag{13.6}$$

$$RSD = \frac{s}{\bar{x}} \times 100\% \tag{13.7}$$

上式中 $|d|$ 表示绝对偏差的绝对值，n 为测定次数。

偏差与误差虽有性质相似之处，但我们只能说误差越小准确度越高，而从偏差的大小不能判断准确度的高低。精密度高并不一定意味着准确度高，而分析结果的准确度高，则一定要以高精密度为基础。

所有能产生误差的因素都会影响结果的准确度，而精密度的大小仅仅是由偶然误差的大小所决定的。所以，如果精密度高而准确度不高时，通常是由于存在系统误差的缘故，可从这方面寻找原因加以消除。

应该指出的是，尽管误差和偏差含义不同，但由于任何物质含量的真实值实际上是无法知道的，因此，一般所知道的“真实值”就是采用各种分析方法进行多次平行分析所得到的相对正确的“真实值”。用这种相对的真实值计算所得误差严格说来仍是偏差。所以在实际工作中，有时并不严格区分误差和偏差。

三、提高分析结果准确度的方法

前面讨论了误差的产生，在此基础上，结合实际情况，简要地讨论如何减小分析过程中的系统误差和偶然误差。

（一）选择合适的分析方法

各种分析方法的准确度和灵敏度是不同的，不同的定量分析方法有不同的适用范围，因此，选择分析方法必须适当。滴定分析法准确度高，适合于质量分数 $\omega > 1\%$ 的常量分析，但是其灵敏度较低；对于 $\omega < 1\%$ 的微量组分，其相对误差较大，需要采用准确度虽稍差，但灵敏度高的仪器分析方法。另外，从分析方法本身考虑，由于分析方法不完善引起的方法误差是系统误差的重要来源，应尽可能找出原因，设法减免。如在滴定分析中选择更合适的指示剂，减小终点误差，消除干扰离子的影响等。

（二）减小测量误差

为了保证分析结果的准确度，必须尽量减小测量误差。例如，使用万分之一分析天平称取试样时，其称量的绝对误差为 ±0.0001g。但用差减法取试样时，需称量两次，其两次称量的最大误差可达 ±0.0002g。为使两次称量的相对误差不超过 0.1%，则称取试样的质量至少应为 0.0002g（绝对误差）/0.1%（相对误差）=0.2g。可见，为减小称量的相对误差，称取试样的质量不宜过小。如果需要相同物质的量的物质，其摩尔质量较大的物质所称取的质量就大，所引起称量的相对误差就小。又如，在滴定分析中，常量滴定管读数的绝对误差为 ±0.01ml，在一次滴定中，需读数两次，其两次读数的误差可能达到 ±0.02ml。为使滴定管两次读数的相对误差小于 0.1%，则由滴定管滴定的体积必须在 20ml 以上。

（三）增加平行测定次数，减小偶然误差

偶然误差是随机的，但正负误差概率均等，可以通过增加平行测定次数来抵消。对同一试样，通常要求平行测定 3～5 次，然后取其平均值，在获得较高的精密度基础上，获得较准确的分析结果。

（四）消除系统误差

系统误差是引起分析结果不准确的主要原因，通常根据具体情况，采用不同的方法来检验和消除系统误差，提高分析结果的准确度。

1. 仪器校准 由于仪器不准而引起的系统误差，可通过校准仪器来消除或减小。在精确的分析中，砝码、滴定管和移液管等仪器都必须进行校准，并采用校准值计算分析结果。

2. 空白试验 由试剂或器皿带进杂质所造成的系统误差，一般可作空白试验来扣除。所谓空白试验，就是在不加试样的情况下，按照分析试样同样的条件、方法、步骤进行分析称为空白试验，所得结果称为空白值。从试样的分析结果中扣除空白值，就能得到更准确的分析结果。

3. 对照试验 将已知准确含量的标准试样与被测试样按照相同的方法和条件进行平行分析称为对照试验。通常可用标准试样对照或与经典可靠分析方法对照，将测定结果与可信度高的对照试验结果相比较，利用所得分析误差，判断测定中有无系统误差及其大小，校正试样的测定结果，从而使测定结果更接近真实值。

四、有效数字及其运算规则

（一）有效数字的概念

有效数字（significant figure）是指实际能测量到的具有实际意义的数字，它包括所有的准确数字和一位可疑数字，可疑数字的误差为 ±1。

有效数字中保留的一位可疑数字通常是根据测量仪器的最小分度值估计的，反映了仪器实际达到的精度。例如用万分之一分析天平称得某样品质量为 1.2345g，其中"1.234"是准确的，最后一位"5"是可疑的，反映了所用分析天平能准至 0.0001g，它可能有 ±0.0001g 的误差，样品实际质量是在 1.2345g ± 0.0001g 范围内的某一值。再比如常量滴定管读数误差 ±0.01mL，所以其读数应记录到小数点第二位，比如 18.26ml，其中"18.2"是准确的，而末位的"6"是估计的。

有效数字的表示中，从 0～9 这 10 个数字，只有"0"作为定位时是非有效数字。例如某溶液的体积，以 ml 作单位时为 20.60ml，若以 L 作为单位时则为 0.020 60L，后者在 2 前的"0"只起定位作用，不是有效数字。0.020 60 有四位有效数字。可见，在第一个非零数字（1～9）前的"0"均为非有效数字，在数字（1～9）中间和有小数点时末尾的"0"均为有效数字。

还应注意，像 3800 这样的数字，有效数字的位数比较模糊。为了准确表述有效数字，应该根据实际的有效数字的位数，使用**科学计数法**（scientific notation）。科学计数法用一位整数，若干位小数和 10 的幂次表示有效数字。如 3.6×10^3（两位有效数字），3.60×10^3（三位有效数字），3.600×10^3（四位有效数字）。

化学中常见的 pH、pK 及 lg$c$ 等对数值，其有效数字的位数仅取决于小数部分的位数，因为整数部分只与其对应真数中的 10 的方次有关。如 pH = 11.20，换算为 H^+ 浓度时，应为 $[H^+] = 6.3\times10^{-12}\text{mol}\cdot\text{L}^{-1}$，有效数字的位数是二位，不是四位。

在计算过程中，还会遇到一些非测量值（如倍数、分数等），它们的有效数字的位数可以认为是无限多位的。此外，一般计算时也不考虑某些常数的有效数字位数。

（二）有效数字的修约规则

修约是指当各测定值和计算值的有效位数确定之后，对它后面的多余的数字进行取舍，这一过程称为**"修约"**（rounding），通常按"四舍六入五留双"规则进行处理。即：当被修约的数小于或等于 4 时舍弃，大于或等于 6 时则进位；当被修约的数为 5 而后面无其他数字时，若保留数是偶数（包括 0）则舍去，是奇数则进位，使整理后的最后一位为偶数；当被修约的数为 5 而后面有数字（0 除外）时，该数字总比 5 大，以进位为宜。例如，将 2.16、2.349、2.35、2.45、2.851 修约为 2 位有效位数时，结果分别为 2.2、2.3、2.4、2.4、2.9。

对原始数据只能做一次修约。例如，欲将 4.149 修约为 2 位有效数字，不能先修约为 4.15，再进而修约为 4.2，而只能一次修约为 4.1。

（三）有效数字的计算规则

1. 加减运算 加减运算所得结果的有效数字位数以参加运算各数字中精度最低，即小数点后位数最少的数为准。例如：

$$0.0122+12.32+1.23956=0.01+12.32+1.24=13.57$$。

2. 乘除运算 乘除运算所得结果的有效数字位数以参加运算各数字中相对误差最大，即有效数字位数最少的数为准。例如：

$$0.0122\times12.32\times1.23956=0.0122\times12.3\times1.24=0.186$$。

在运算过程中，若某一个数的首位是8或9时，则有效数字的位数可多算一位。例如，9.26虽只有3位有效数字，但已接近10.00，故可看作是4位有效数字。

使用计算器处理结果时，只对最后结果进行修约，不必对每一步的计算数字进行取舍。

第三节 酸碱滴定法

一、酸碱指示剂

（一）酸碱指示剂的变色原理

酸碱指示剂（acid-base indicator）是一类在特定的pH范围内，能随着pH的改变而改变颜色的试剂。酸碱指示剂一般是有机弱酸（如酚酞、石蕊等）或有机弱碱（如甲基橙、甲基红等）。它们在溶液中都存在酸式（即弱酸结构）和碱式（即弱碱结构）两种形式，而且这两种形式具有不同的颜色。当溶液的pH变化时，指示剂得失质子，酸式和碱式相互转变，从而引起颜色变化。

酸碱指示剂的酸式（用HIn代表）和碱式（用In^-代表）在溶液中存在质子转移平衡：

$$\underset{(\text{酸式})}{HIn}+H_2O \rightleftharpoons H_3O^+ + \underset{(\text{碱式})}{In^-}$$

酸式和碱式各具有特殊的颜色，称为双色指示剂（如甲基橙）

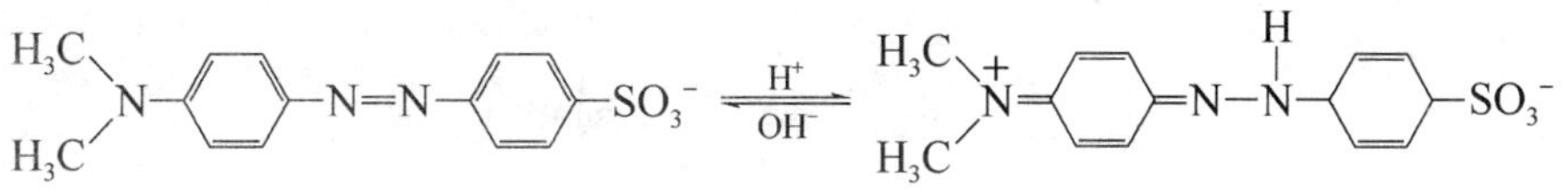

黄色　　　　红色

如果只其一有颜色，称为单色指示剂（如酚酞）

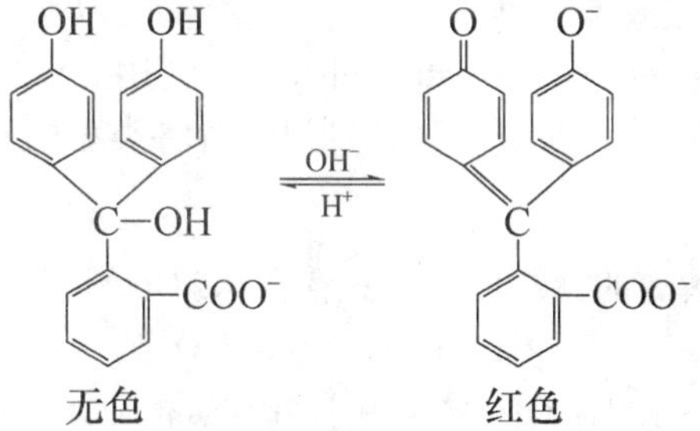

无色　　　　红色

由上述酸碱指示剂在溶液中的质子转移平衡可得

$$K_{HIn}=\frac{[H_3O^+][In^-]}{[HIn]} \tag{13.8}$$

式中：K_{HIn}是酸碱指示剂的解离常数，简称指示剂酸常数

$$[H_3O^+]=K_{HIn}\times\frac{[HIn]}{[In^-]} \tag{13.9}$$

两边各取负对数，则得

$$pH=pK_{HIn}+\lg\frac{[In^-]}{[HIn]} \tag{13.10}$$

由上式可知，$[In^-]$与$[HIn]$的比值决定于溶液的pH。因此，指示剂在溶液中显现的颜色是随着pH

的变化而变化的。这就是酸碱指示剂的变色原理。

（二）酸碱指示剂的变色范围和变色点

一般认为，当$[In^-]/[HIn] \geqslant 10$时，人的视觉只能察觉到$In^-$的颜色；当$[In^-]/[HIn] \leqslant 0.1$时，人的视觉只能察觉HIn的颜色；当$0.1 < [In^-]/[HIn] < 10$时，人的视觉能观察到指示剂颜色随pH的变化而变化。这就是说，当$pK_{HIn} - 1 < pH < pK_{HIn} + 1$时，人的视觉才能观察到指示剂在溶液中颜色的变化。因此，溶液的$pH = pK_{HIn} \pm 1$，称为指示剂的**变色范围**（color change interval）。当$pH = pK_{HIn}$时，$[In^-] = [HIn]$，指示剂的颜色为两种等量成分的混合色，此时溶液的pH为酸碱指示剂的**变色点**（color change point）。如甲基橙的变色点$pH = pK_{HIn} = 3.7$，理论计算变色范围为pH＝2.7～4.7。但是由于人的视觉对不同颜色的敏感程度不同，实际观察的变色范围并非与理论完全一致。如甲基橙的实际变色范围为pH＝3.1～4.4。多数指示剂的实际变色范围都不足2个pH单位。几种常用的酸碱指示剂及变色范围列于表13-1。

表13-1　常用的酸碱指示剂及变色范围

指示剂	变色范围pH	变色点$pH = pK_{HIn}$	酸色	过渡色	碱色
百里酚蓝（第一次变色）	1.2～2.8	1.7	红色	橙色	黄色
甲基橙	3.1～4.4	3.7	红色	橙色	黄色
溴酚蓝	3.1～4.6	4.1	黄色	蓝紫	紫色
溴甲酚绿	3.8～4.5	4.9	黄色	绿色	蓝色
甲基红	4.4～6.2	5.0	红色	橙色	黄色
溴百里酚蓝	6.0～7.6	7.3	黄色	绿色	蓝色
中性红	6.8～8.0	7.4	红色	橙色	黄色
酚酞	8.0～9.6	9.1	无色	粉红	红色
百里酚蓝（第二次变色）	8.0～9.6	8.9	黄色	绿色	蓝色
百里酚酞	9.4～10.6	10.0	无色	淡蓝	蓝色

二、滴定曲线和指示剂的选择

在酸碱滴定中，必须选择合适的指示剂，使滴定终点与计量点尽量吻合，以减少滴定误差。为此，应当了解滴定过程中溶液pH的变化情况，尤其是在计量点前后滴加少量酸或碱标准溶液所引起溶液pH的变化。以滴定过程中所加入的酸或碱标准溶液的量为横坐标，以所得混合溶液的pH为纵坐标，所绘制的关系曲线称为**酸碱滴定曲线**（acid-base titration curve）。利用此曲线就可正确地选择指示剂，使指示剂的变色点与滴定反应的计量点尽量相符。下面分别讨论各种类型酸碱滴定的曲线和指示剂的选择。

（一）强酸、强碱的滴定

强酸与强碱在溶液中是全部解离的，酸以H^+形式存在，碱OH^-以形式存在，故滴定时的基本反应式为

$$H^+ + OH^- = H_2O$$

1. 滴定曲线　以$0.1000mol \cdot L^{-1}$ NaOH溶液滴定20.00ml $0.1000mol \cdot L^{-1}$ HCl溶液为例，说明滴定过程中溶液pH的变化规律。现将整个滴定过程分为四个阶段加以讨论。

（1）滴定前：溶液的pH取决于HCl的初始浓度

$$[H^+] = 0.1000mol \cdot L^{-1}$$

$$pH = 1.00$$

（2）滴定开始至计量点前：溶液的pH取决于剩余的HCl的物质的量和溶液的体积。当滴入19.80ml NaOH溶液（相对误差为－1%）时，溶液的$[H^+]$为

$$[H^+] = \frac{0.1000mol \cdot L^{-1} \times (20.00ml - 19.80ml)}{20.00ml + 19.80ml} = 5.02 \times 10^{-4} mol \cdot L^{-1}$$

$$pH = 3.30$$

当滴入19.98mL NaOH溶液（相对误差为－0.1%）时，溶液的$[H^+]$为

$$[H^+]=\frac{0.1000mol\cdot L^{-1}\times(20.00ml-19.98ml)}{20.00ml+19.98ml}$$

$$=5.0\times10^{-5}mol\cdot L^{-1}$$

$$pH=4.3$$

（3）滴定至计量点时：滴入的 20.00ml NaOH 与 20.00ml HCl 恰好反应完全，溶液呈中性。

$$[H^+]=[OH^-]=1.00\times10^{-7}mol\cdot L^{-1}$$

$$pH=7.00$$

（4）滴定至计量点后：NaOH 溶液过量，溶液的组成为 NaCl + NaOH，溶液的 pH 取决于过量的 NaOH 的物质的量和溶液的体积。

当滴入 20.02mL NaOH 溶液（相对误差为 +0.1%）时，溶液的$[OH^-]$为

$$[OH^-]=\frac{0.1000mol\cdot L^{-1}\times(20.02ml-20.00ml)}{20.02mL+20.00ml}=5.0\times10^{-5}mol\cdot L^{-1}$$

$$pOH=4.3$$

$$pH=14-4.3=9.7$$

按上述方法计算出的溶液 pH，均列于表 13-2 中。

表 13-2 用 0.1000mol·L^{-1}NaOH 滴定 20.00ml 0.1000mol·L^{-1}HCl 溶液 pH 的变化

加入 NaOH/mL	中和百分数/%	剩余 HCl/mL	过量 NaOH/mL	pH
0.00	0.00	20.00		1.00
18.00	90.00	2.00		2.28
19.80	99.00	0.20		3.30
19.96	99.80	0.04		4.00
19.98	99.90	0.02		4.3
20.00	100.0	0.00		7.00
20.02	100.1		0.02	9.7
20.04	100.2		0.04	10.00
20.20	101.0		0.20	10.70
22.00	110.0		2.00	11.70
40.00	200.0		20.00	12.50

以 NaOH 溶液的加入量为横坐标，对应溶液的 pH 为纵坐标作图，即得滴定曲线，如图 13-1 所示。

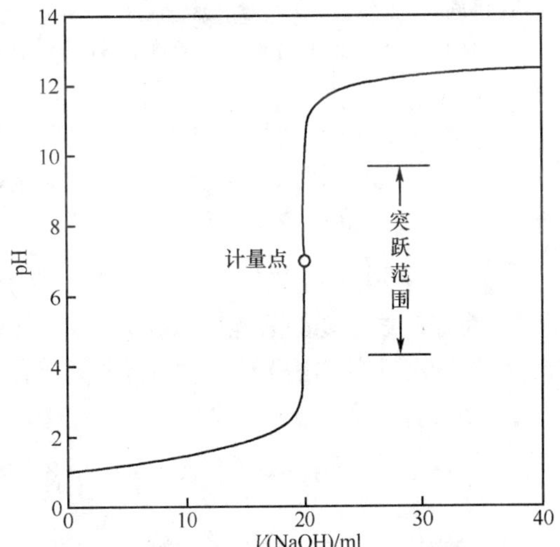

图 13-1 0.1000mol·L^{-1}NaOH 溶液滴定 20.00ml 0.1000mol·L^{-1}HCl 的滴定曲线

从表 13-2 和图 13-1 中可以发现：从滴定开始到加入 19.80ml NaOH 溶液时，溶液 pH 从 1.00 增大到 3.30，pH 仅改变了 2.30 个单位，所以曲线前段较平坦。再滴入 0.18ml（共滴入 19.98ml）NaOH 溶液，pH 就改变了一个单位，变化速度加快了。再滴入 0.02ml（约半滴，共滴入 20.00ml）NaOH 溶液，正好是滴定的计量点，此时 pH 迅速增至 7.00。再滴入 0.02ml NaOH 溶液，pH 又迅速增至 9.7。此后再过量的 NaOH 溶液所引起的 pH 变化愈来愈小，故曲线又转为平缓。

由此可见，在计量点附近仅仅从剩余的 0.02ml HCl 溶液到过量 0.02ml NaOH 溶液，即滴定误差从 −0.1% 到 +0.1%，溶液的 pH 则从 4.3 猛增到 9.7，pH 改变了 5.4 个单位。这种 pH 的急剧改变，称为**滴定突跃**（titration jump），简称突跃。突跃所在的 pH 范围，称为滴定突跃范围，简称**突跃范围**，即滴定曲线中段垂直部分。

在分析化学中，习惯上把计量点前后相对误差从 −0.1% 到 +0.1% 范围内溶液 pH 的变化范围称为酸碱滴定的突跃范围。突跃范围是选择指示剂的依据。

2. 指示剂的选择 显然,理想的指示剂应恰好在反应的计量点变色,但实际上这样的指示剂很难找到,而且也没有必要。选择指示剂的原则是:指示剂在滴定误差不超过 ±0.1% 的突跃范围内能发生颜色的变化,即指示剂的变色范围在突跃范围内或至少占据突跃范围的一部分。根据这一原则,由于强酸强碱滴定的 pH 突跃范围为 4.3~9.7,所以,甲基橙(3.1~4.4)、酚酞(8.0~9.6)、甲基红(4.4~6.2)等都可选作强碱与强酸滴定的指示剂(图 13-2)。

在实际滴定中,指示剂的选择还应考虑人的视觉对颜色变化的敏感性。如酚酞由无色变为粉红色,甲基橙由黄色变为橙色容易辨别。即颜色由浅到深,人的视觉较敏感。因此,用强碱滴定强酸时,常选用酚酞作指示剂;而用强酸滴定强碱时,常选用甲基橙作指示剂。

3. 突跃范围与酸碱浓度的关系 突跃范围的大小,与滴定剂和试样的浓度有关。例如,分别用 $1.000mol \cdot L^{-1}$、$0.1000mol \cdot L^{-1}$、$0.01000mol \cdot L^{-1}$的 NaOH 溶液滴定相应浓度的 HCl 溶液,所得突跃范围分别为 pH=3.3~10.7、4.3~9.7 和 5.3~8.7,如图 13-3 所示。可见,酸碱浓度降低 10 倍时,突跃范围将减少 2 个 pH 单位,由于滴定突跃范围小了,指示剂的选择就受到限制。因而在选择指示剂时应考虑酸、碱浓度对突跃范围的影响。

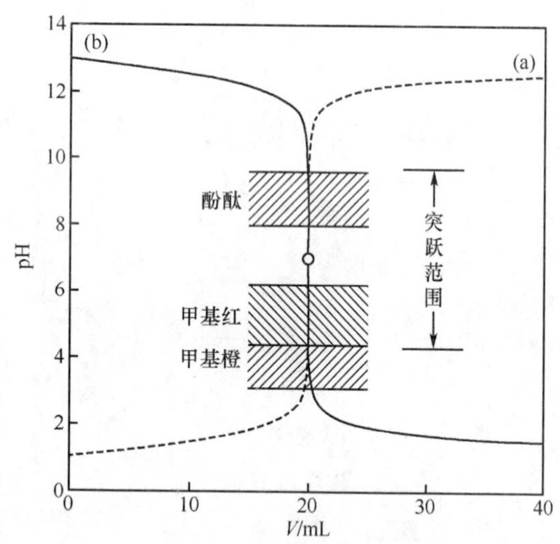

图 13-2 强酸和强碱的滴定曲线

(a) $0.1000mol \cdot L^{-1}$NaOH 溶液滴定 20.00ml $0.1000mol \cdot L^{-1}$HCl;

(b) $0.1000mol \cdot L^{-1}$HCl 溶液滴定 20.00ml $0.1000mol \cdot L^{-1}$NaOH

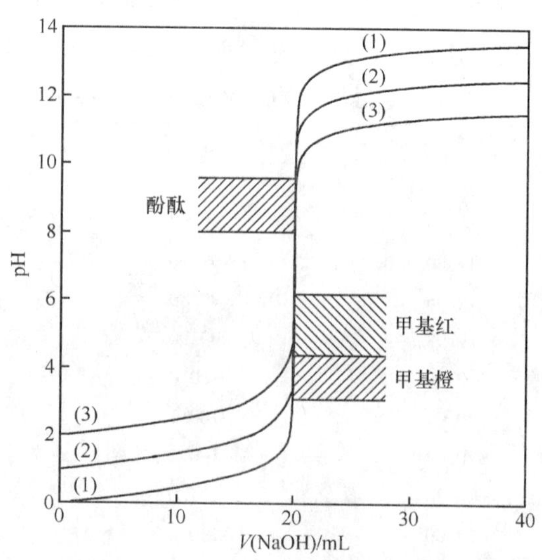

图 13-3 突跃范围与酸碱浓度的关系

(1)$1.000mol \cdot L^{-1}$;(2)$0.1000mol \cdot L^{-1}$;

(3)$0.010\ 00mol \cdot L^{-1}$的 NaOH 滴定相应浓度的 HCl

一般情况下,不宜使用浓度太小的标准溶液,样品溶液也不应太稀。应该注意,酸碱浓度过高虽然有利于指示剂的选择,但每滴溶液中所含的滴定剂的物质的量较多,滴定的误差就较大。通常,酸碱滴定过程中,滴定剂和样品的浓度一般在 $0.1 \sim 0.5mol \cdot L^{-1}$之间。

(二)一元弱酸和一元弱碱的滴定

1. 滴定曲线 弱酸只能用强碱来滴定,如以 $0.1000mol \cdot L^{-1}$NaOH 滴定 20.00ml $0.1000mol \cdot L^{-1}$HAc 为例,讨论滴定过程中溶液 pH 的变化规律。与强酸滴定强碱相似,整个滴定过程也分为四个阶段加以讨论。

(1)滴定前:溶液是 $0.1000mol \cdot L^{-1}$HAc,溶液中 H^+浓度为

$$[H^+]=\sqrt{K_a \cdot c}=\sqrt{1.75\times10^{-5}\times0.1000mol \cdot L^{-1}}=1.3\times10^{-3}mol \cdot L^{-1}$$

$$pH=2.87$$

(2)滴定开始至计量点前:溶液中过量的 HAc 及反应产物 NaAc 组成了一个缓冲体系,溶液中$[H^+]$可用下式计算

$$[H_3O^+]=K_a\times\frac{[HAc]}{[Ac^-]}$$

$$pH=pK_a+\lg\frac{[Ac^-]}{[HAc]}$$

当滴入 19.98ml NaOH 溶液(相对误差为 -0.1%)时,溶液的[HAc]和$[Ac^-]$分别为

$$[HAc]=\frac{0.1000mol \cdot L^{-1}\times 0.02ml}{20.00ml+19.98ml}=5\times 10^{-5}mol \cdot L^{-1}$$

$$[Ac^-]=\frac{0.1000mol \cdot L^{-1}\times 19.98ml}{20.00ml+19.98ml}=5.00\times 10^{-2}mol \cdot L^{-1}$$

$$pH=4.756+\lg\frac{5.00\times 10^{-2}mol \cdot L^{-1}}{5\times 10^{-5}mol \cdot L^{-1}}=7.8$$

（3）滴定至计量点时：滴入的20.00ml NaOH 与20.00ml HAc 恰好反应完全，得到0.050 00mol · L^{-1}的 NaAc 溶液，溶液中[OH^-]可用下式计算

$$[OH^-]=\sqrt{K_b \cdot c}=\sqrt{5.6\times 10^{-10}\times 0.050\,00mol \cdot L^{-1}}=5.33\times 10^{-6}mol \cdot L^{-1}$$

$$pOH=5.27$$

$$pH=14-5.27=8.73$$

（4）滴定至计量点后：NaOH 溶液过量，溶液的组成为 NaAc + NaOH，溶液的 pH 取决于过量的 NaOH 的物质的量和溶液的体积。当滴入20.02mL NaOH 溶液（相对误差为 +0.1%）时，溶液的[OH^-]为

$$[OH^-]=\frac{0.1000mol \cdot L^{-1}\times(20.02ml-20.00ml)}{20.02ml+20.00ml}=5.0\times 10^{-5}mol \cdot L^{-1}$$

$$pOH=4.3$$

$$pH=14-4.3=9.7$$

按上述方法计算出的溶液 pH，均列于表13-3 中。以 NaOH 溶液的加入量为横坐标，对应溶液的 pH 为纵坐标作图，即得滴定曲线，如图13-4 所示。

表13-3　0.1000mol · L^{-1} NaOH 滴定20.00ml 0.1000mol · L^{-1} HAc 溶液 pH 的变化

加入 NaOH/mL	中和百分数/%	剩余 HAc/mL	过量 NaOH/mL	pH
0.00	0.00	20.00		2.87
18.00	90.00	2.00		5.70
19.80	99.00	0.20		6.73
19.98	99.90	0.02		7.8
20.00	100.0	0.00		8.73
20.02	100.1		0.02	9.7
20.20	101.0		0.20	10.70
22.00	110.0		2.00	11.70
40.00	200.0		20.00	12.50

2. 滴定曲线的特点和指示剂的选择　比较图13-4 和表13-3，可以看出强碱滴定一元弱酸有以下特点：滴定以前，0.1000mol · L^{-1} HAc 溶液中的 pH = 2.87，比0.1000mol · L^{-1}HCl 溶液中的值约大2 个 pH 单位。滴定开始至计量点前的曲线两端坡度较大，但其中部较平缓。滴定开始时，生成的 NaAc 抑制了 HAc 的解离，溶液中的[H^+]降低较迅速，于是出现坡度较大的曲线部分；随着滴定的进行，形成缓冲溶液，且溶液中 Ac^-与 HAc 的浓度比值越接近于1，缓冲能力越强，使溶液 pH 的变化幅度越小，从而出现较平坦的曲线部分；继续滴定，溶液中 Ac^-与 HAc 的浓度相差越来越大，缓冲能力减小，使溶液 pH 的变化幅度变大，因而又出现坡度较大的曲线部分；接近计量点时，HAc 浓度已很低，这时滴加 NaOH 溶液将引起溶液 pH 较大的改变，因此出现坡度更大的曲线部分，即已临近滴定突跃；滴定达计量点时，

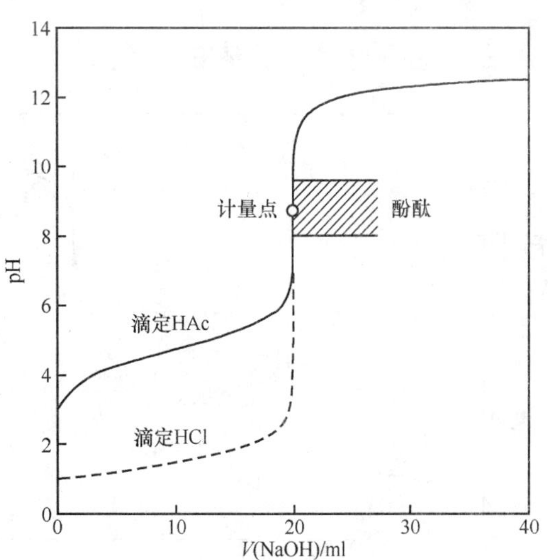

图13-4　0.100 0mol · L^{-1}NaOH 滴定20.00ml 0.100 0mol · L^{-1}HAc

HAc 与 NaOH 恰好反应完全生成 NaAc，而 Ac^- 是弱碱，pH 在 8.73。计量点附近的 pH 突跃是 7.8 ~ 9.7，这个滴定突跃范围比相同浓度的强碱滴定强酸的突跃范围小得多。

根据滴定突跃范围，应选择在碱性范围内变色的指示剂。在酸性范围内变色的指示剂，如甲基橙、甲基红等，都不能用作 NaOH 滴定的 HAc 指示剂，否则将引起很大的滴定误差。酚酞、百里酚酞和百里酚蓝等的变色范围恰好在突跃范围之内，所以是合适的指示剂。

3. 滴定突跃与弱酸强度的关系 图 13-5 是用 0.1000mol·L^{-1}NaOH 溶液滴定 0.1000mol·L^{-1}各种不同强度弱酸的滴定曲线，可以看出，K_a 值愈大，突跃范围愈大；K_a 值愈小，突跃范围愈小。当弱酸的浓度为 0.1000mol·L^{-1}，$K_a \leqslant 10^{-7}$时，其滴定突跃已不明显，用一般的指示剂是无法确定滴定终点的。因此，弱酸能否用强碱直接进行滴定是有条件的。实验表明，当弱酸的 $c_aK_a \geqslant 10^{-8}$时，才能用强碱准确滴定弱酸。

强酸滴定一元弱碱与强碱滴定一元弱酸的情况类似。如用 0.1000mol·L^{-1} HCl 滴定 20.00ml 的 0.1000mol·$L^{-1}$$NH_3 \cdot H_2O$ 溶液，滴定曲线如图 13-6 所示。可以看出，强酸滴定一元弱碱的滴定曲线的形状与强碱滴定一元弱酸的形状类似，位置对称相反；滴定突跃的 pH 范围为 4.3 ~ 6.3，在酸性范围内；计量点的 pH 为 5.28，溶液呈弱酸性。因此，应选择在酸性范围内变色的指示剂，如甲基橙、甲基红等。

强酸滴定弱碱的突跃范围的大小也与弱碱的强度及其浓度有关。所以用强酸直接滴定弱碱时，通常也以 $c_bK_b \geqslant 10^{-8}$作为能否用强酸直接准确滴定弱碱的依据。

弱酸与弱碱相互滴定，由于反应定量不严格或无明显的滴定突跃，一般没有实用意义。

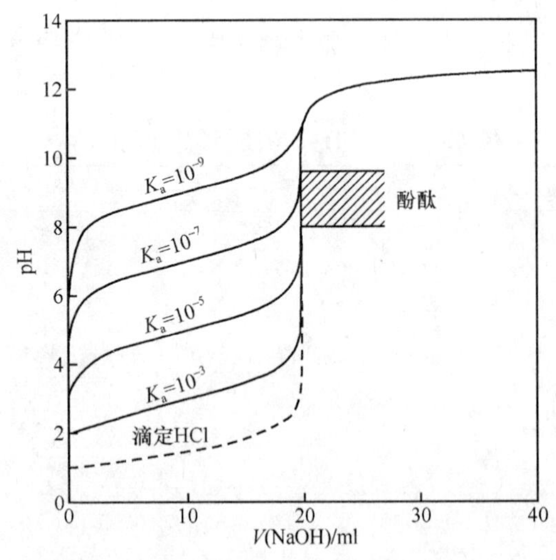

图 13-5 0.100 0mol·L^{-1} NaOH 滴定 20.00ml 0.100 0mol·L^{-1}各种不同强度弱酸

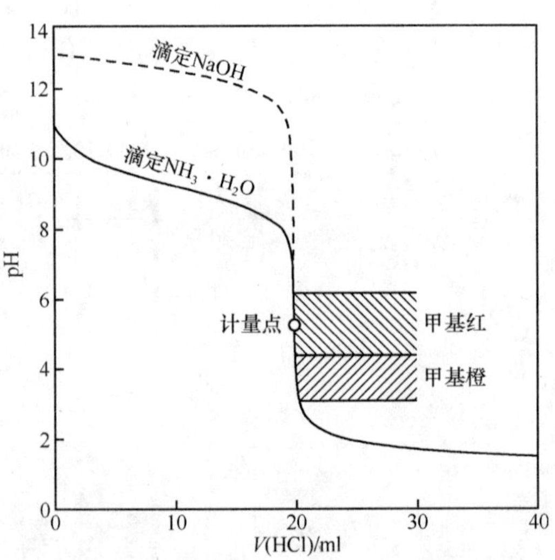

图 13-6 0.100 0mol·L^{-1}HCl 滴定 20.00ml 0.100 0mol·$L^{-1}$$NH_3 \cdot H_2O$

（三）多元酸和多元碱的滴定

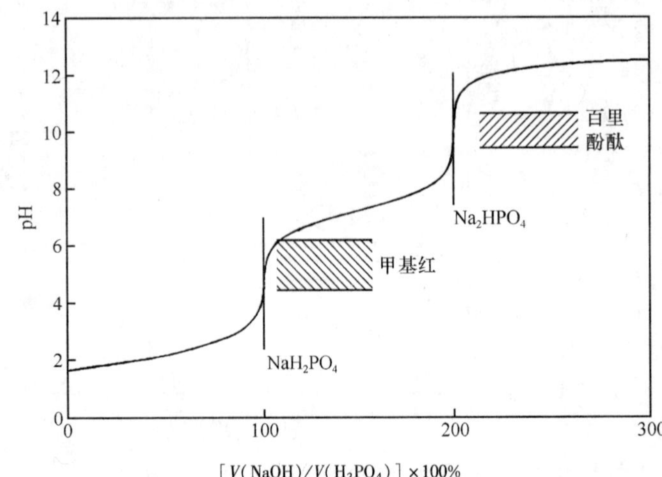

图 13-7 0.100 0mol·L^{-1}NaOH 溶液滴定 0.100 0mol·$L^{-1}$$H_3PO_4$

1. 多元酸的滴定 常见的多元酸多为弱酸或中强酸，用强碱滴定时，其滴定是分步进行的。例如，用 0.100 0mol·L^{-1}NaOH 溶液滴定 0.100 0mol·$L^{-1}$$H_3PO_4$，其滴定分三步进行：

$$H_3PO_4 + NaOH = NaH_2PO_4 + H_2O$$

$$NaH_2PO_4 + NaOH = Na_2HPO_4 + H_2O$$

$$Na_2HPO_4 + NaOH = Na_3PO_4 + H_2O$$

在这一滴定过程中，溶液 pH 的计算比较复杂，通常可采用 pH 计直接测定并记录其滴定过程中 pH 的变化，从而绘制滴定曲线，如图 13-7 所示。

H_3PO_4 是三元酸，其滴定反应分三步进行，但在如图 13-7 中显示的滴定突跃只有两个而不是三个。对于多元酸的滴定，各步滴定反应是否有突跃，也就是能否用强碱直接进行滴定，应根据下列原则判断：

（1）根据 $c_aK_a \geq 10^{-8}$的原则，判断各步反应是否能进行准确滴定。

（2）根据多元酸相邻两级 K_a 的比值是否大于 10^4，判断能否进行分步滴定。

H_3PO_4 的 K_{a1}、K_{a2}、K_{a3}分别为 7.52×10^{-3}、6.23×10^{-8}、2.20×10^{-13}，如果其浓度为 $0.1 mol \cdot L^{-1}$，其 c_aK_{a1}、c_aK_{a2}、c_aK_{a3}分别大于、近于和远远小于 10^{-8}，并且 K_{a1}/K_{a2}、K_{a2}/K_{a3}都大于 10^4，所以第一步和第二步的滴定反应都有较明显的突跃，可用 NaOH 溶液直接进行分步滴定，而第三步的滴定反应没有明显的突跃，无法用 NaOH 溶液直接进行滴定。

准确计算多元酸的滴定曲线涉及比较复杂的数学处理，这里不加介绍。在酸碱滴定分析的实际工作中，为了选择指示剂，一般只需计算计量点时 pH，然后据此选择合适的指示剂。如 H_3PO_4 的滴定过程中有两个突跃，即有两个计量点，其 pH 可近似计算如下。

达到第一计量点时，产物为 NaH_2PO_4，溶液的 pH 为

$$pH = \frac{1}{2}(pK_{a1} + pK_{a2}) = \frac{1}{2} \times (2.16 + 7.21) = 4.68$$

因此，这一步滴定可选择甲基红作指示剂，终点由红变黄。

达到第二计量点时，产物为 Na_2HPO_4，溶液的 pH 为

$$pH = \frac{1}{2}(pK_{a2} + pK_{a3}) = \frac{1}{2} \times (7.21 + 12.32) = 9.76$$

所以，这一步滴定可选择百里酚酞作指示剂，终点由无色变为浅蓝色。

第三计量点，由于 K_{a3}太小，无法用 NaOH 溶液直接进行滴定。但可加入 $CaCl_2$ 以沉淀 PO_4^{3-}，即可将 H^+释放出来，这样第三个 H^+就可以准确滴定了。

2. 多元碱的滴定 多元碱一般是指多元酸与强碱作用所生成的盐，如 Na_2CO_3、$Na_2B_4O_7$ 等。

例如用 HCl 溶液滴定 Na_2CO_3 时，滴定反应分步进行：

$$CO_3^{2-} + H^+ \longrightarrow HCO_3^-$$
$$HCO_3^- + H^+ \longrightarrow H_2CO_3$$

CO_3^{2-} 和 HCO_3^- 的离解常数分别为

$$K_{b1} = K_w/K_{a2} = 1.00 \times 10^{-14}/(4.70 \times 10^{-11}) = 2.13 \times 10^{-4}$$
$$K_{b2} = K_w/K_{a1} = 1.00 \times 10^{-14}/(4.50 \times 10^{-7}) = 2.22 \times 10^{-8}$$

多元碱能否用强酸直接准确滴定，判断的原则与多元酸的滴定类似，即

（1）根据 $c_bK_b \geq 10^{-8}$的原则，判断各步反应是否能进行准确滴定。

（2）根据多元酸相邻两级 K_b 的比值是否大于 10^4，判断能否进行分步滴定。

如上述滴定，两步反应的 c_bK_b 大于或近于 10^{-8}，并且 K_{b1}/K_{b2}近于 10^4，所以，Na_2CO_3 可用 HCl 溶液直接进行分步滴定。

达到第一计量点时，产物为 $NaHCO_3$，溶液的 pH 近似值为

$$pH = \frac{1}{2}(pK_{a1} + pK_{a2}) = \frac{1}{2} \times (6.35 + 10.33) = 8.34$$

一般可选择酚酞作指示剂。但由于 K_{b1}/K_{b2}近于 10^4，差别不大，加之 HCO_3^- 的缓冲作用，突跃不太明显，终点误差较大。为了准确判断第一终点，通常采用 $NaHCO_3$ 溶液作参比溶液，或使用混合指示剂。如果采用甲酚红与百里酚蓝混合指示剂指示终点，其变色范围为 pH = 8.2 ~ 8.4，可减少误差。

达到第二计量点时，产物为 H_2CO_3，它在溶液中主要是以溶解状态的 CO_2 形式存在，常温下其饱和溶液的浓度约为 $0.40 mol \cdot L^{-1}$，所以这时溶液的酸度为

$$[H^+] = \sqrt{K_{a1} \cdot c} = \sqrt{4.5 \times 10^{-7} \times 0.04 mol \cdot L^{-1}} = 1.3 \times 10^{-4} mol \cdot L^{-1}$$
$$pH = 3.9$$

这一步滴定选用甲基橙作指示剂是适宜的。但 CO_2 易形成过饱和溶液，滴定过程中生成的 H_2CO_3 只能慢慢地转变为 CO_2，这样就使溶液的酸度稍稍增大，终点提前出现。因此，滴定快到终点时，应剧烈摇动溶液，或加热煮沸使 CO_2 逸出，冷却后再继续滴定至终点。

三、酸碱标准溶液的配制与标定

（一）酸标准溶液

用来配制酸标准溶液的强酸有盐酸和硫酸，以盐酸最为常用。浓盐酸易逸出 HCl 气体，所以不能直接配成准确浓度的溶液，而是先配成近似于所需浓度（一般为 $0.100\,0\text{mol}\cdot\text{L}^{-1}$）的溶液，然后用一级标准物质标定。

最常用于标定盐酸溶液的一级标准物质是无水碳酸钠（Na_2CO_3）或硼砂（$Na_2B_4O_7\cdot10H_2O$）。碳酸钠容易制得纯品、价廉，但有较强的吸湿性，且能吸收 CO_2，所以用前必须在 270℃ ±10℃加热约 1 小时，稍冷后置于干燥器中冷至室温备用。硼砂的定量组成含有结晶水，当相对湿度小于 39% 时易风化失去部分结晶水，因此须保存在相对湿度为 60% 的恒湿器中。

例 13-2 称取分析纯 Na_2CO_3 1.0129g，配成一级标准物质溶液 200.0ml，用来标定近似浓度为 $0.1\text{mol}\cdot\text{L}^{-1}$ 的 HCl 溶液，测得一级标准物质溶液 20.00ml 恰好与 HCl 溶液 18.86ml 反应完全。求此 HCl 溶液的准确浓度。

解 滴定反应为

$$Na_2CO_3 + 2HCl \xlongequal{} H_2CO_3 + 2NaCl$$

一级标准物质溶液 20.00ml 中 Na_2CO_3 的质量

$$m(Na_2CO_3) = 1.0129\text{g} \times 20.00\text{ml}/200.0\text{ml} = 0.1023\text{g}$$

根据上述反应的计量关系，得

$$c(HCl) = 2 \times 0.1023\text{g}/(0.01886\text{L} \times 106.0\text{g}\cdot\text{mol}^{-1}) = 0.1023\text{mol}\cdot\text{L}^{-1}$$

此 HCl 溶液的准确浓度为 $0.1023\text{mol}\cdot\text{L}^{-1}$。

用来配制碱标准溶液的物质有 NaOH、KOH 和 $Ba(OH)_2$，其中 NaOH 较为常用。但它也有较强的吸湿性，且能吸收 CO_2，所以也只能先配成近似于所需浓度（一般为 $0.1000\text{mol}\cdot\text{L}^{-1}$）的溶液，然后用一级标准物质标定。

标定 NaOH 溶液常用结晶草酸（$H_2C_2O_4\cdot2H_2O$）或邻苯二甲酸氢钾（$KHC_8H_4O_4$）作一级标准物质。后者易制得纯品、稳定，摩尔质量较大，所以是标定 NaOH 溶液较好的一级标准物质，其反应式为

$$KHC_8H_4O_4 + NaOH \xlongequal{} KNaC_8H_4O_4 + H_2O$$

在计量点时，溶液的 pH 约为 9.1，可选用酚酞作指示剂。

结晶草酸相当稳定，但摩尔质量较小。草酸是二元酸，K_{a1}、K_{a2} 分别为 5.90×10^{-2}、6.46×10^{-5}，但由于 K_{a1}、K_{a2} 比值小于 10^4，因此用它标定 NaOH 溶液时只有一个突跃，反应式为

$$H_2C_2O_4 + 2NaOH \xlongequal{} Na_2C_2O_4 + 2H_2O$$

计量点时，溶液的 pH 约为 8.4，可选用酚酞指示剂指示滴定终点。

酸、碱标准溶液经分别标定后，可互相滴定比较，以判断标定的正确性。

（二）应用实例

酸碱滴定法应用广泛。下面以乙酰水杨酸和混合碱的含量测定为例，说明酸碱滴定法的某些应用。

1. 乙酰水杨酸（阿司匹林）含量的测定 乙酰水杨酸是一种常用的解热镇痛药，其分子中含有羧基，可用 NaOH 标准溶液直接滴定，滴定反应方程式为

$$C_6H_4(COOH)(OCOCH_3) + NaOH \xlongequal{<10℃} C_6H_4(COONa)(OCOCH_3) + H_2O$$

准确称量一定量的乙酰水杨酸试样，用纯净水溶解后，加 2 滴酚酞指示剂，用 NaOH 标准溶液进行滴定。当滴定至溶液由无色变成粉红色，并且 30 秒不退色，即为终点。根据试样的质量、NaOH 标准溶液的浓度和所消耗的 NaOH 溶液的体积，就可计算乙酰水杨酸的含量。

因乙酰水杨酸分子中酯基（—$OCOCH_3$）易发生水解，为防止乙酰水杨酸在滴定时发生水解而使测定结果偏高，滴定时要在乙醇溶液中进行，并且控制滴定温度在 10℃以下。

例 13-3 称取 0.3886g 乙酰水杨酸（$C_9H_8O_4$）样品，加 20ml 乙醇溶解后，加 2 滴酚酞指示剂，在不超过 10℃ 的温度下，用 0.100 2mol·L^{-1} NaOH 标准溶液进行滴定。滴至终点时消耗 20.06ml NaOH 溶液，试计算该样品中乙酰水杨酸的质量分数。

解 根据滴定反应的化学方程式，NaOH 与乙酰水杨酸的计量关系为

$$n(C_9H_8O_4)=n(NaOH)=c(NaOH)\cdot V(NaOH)$$

乙酰水杨酸的质量分数为

$$\omega(C_9H_8O_4)=\frac{c(NaOH)\cdot V(NaOH)\cdot M(C_9H_8O_4)}{m(\text{样品})}$$

$$=\frac{0.1002\text{mol}\cdot L^{-1}\times 20.26\text{mL}\times 186.1\text{g}\cdot\text{mol}^{-1}}{0.3886\text{g}\times 1000}=0.972$$

2. 混合碱的分析 混合碱通常是指 NaOH 与 Na_2CO_3 或 $NaHCO_3$ 与 Na_2CO_3 的混合物。通常采用双指示剂法测定其含量。下面以分析 NaOH 与 Na_2CO_3 的含量为例：

准确称取一定量的试样溶解后，加酚酞作指示剂，用 HCl 标准溶液进行滴定至红色刚消失，记录消耗 HCl 体积 V_1（ml），此时 NaOH 全部被中和，Na_2CO_3 被中和成 $NaHCO_3$。然后加甲基橙指示剂滴定至橙红色，记录消耗 HCl 体积 V_2（ml）。显然 V_2 是滴定 $NaHCO_3$ 所消耗的 HCl 体积。

NaOH 和 Na_2CO_3 的质量分数分别为：

$$\omega(NaOH)=\frac{c(HCl)\cdot(V_1-V_2)\cdot M(NaOH)}{m(\text{样品})}$$

$$\omega(Na_2CO_3)=\frac{c(HCl)\cdot V_2\cdot M(Na_2CO_3)}{m(\text{样品})}$$

$NaHCO_3$ 和 Na_2CO_3 混合物的分析方法与 NaOH 与 Na_2CO_3 的分析方法类似，请同学们推导出其质量分数的表达式。

第四节 氧化还原滴定法

氧化还原滴定法（oxidation-reduction titration）是以氧化还原反应为基础的滴定分析方法。利用氧化还原滴定法不仅可以直接测定许多具有氧化性或还原性的物质，还可以间接测定一些本身没有氧化性或还原性但能与氧化剂或还原剂定量反应的物质。但并非所有氧化还原反应都可用作滴定分析，只有满足下列要求的氧化还原反应才能用于氧化还原滴定分析。

（1）被滴定的物质必须处于适合滴定的氧化态或还原态。

（2）氧化还原反应必须定量进行，并有足够大的反应平衡常数 K，一般认为 $K\geqslant 10^6$ 的氧化还原滴定反应可用于滴定分析。

（3）氧化还原反应必须有较快的反应速率，特别是直接滴定更应如此。

（4）氧化还原反应必须有合适的指示剂指示滴定终点。

通常根据所用的氧化剂标准溶液将氧化还原滴定法进行分类，如**高锰酸钾法**（potassium permanganate method）、**碘量法**（iodimetry）、重铬酸钾法、溴酸盐法、铈量法等，本节介绍高锰酸钾法和碘量法。

一、高锰酸钾法

（一）概述

高锰酸钾法是指以高锰酸钾为滴定剂的氧化还原滴定法。$KMnO_4$ 是常用的氧化剂之一，它的氧化能力和还原产物会随着溶液的酸度不同而有所不同。

在酸性溶液中，MnO_4^- 是强氧化剂，本身被还原为 Mn^{2+}。其半反应为

$$MnO_4^-+8H^++5e \rightleftharpoons Mn^{2+}+4H_2O \qquad \varphi^{\ominus}=1.507V$$

在弱酸性、中性或弱碱性溶液中，MnO_4^- 的氧化能力降低，本身被还原为褐色的 MnO_2。其半反应为

$$MnO_4^- + 2H_2O + 3e \rightleftharpoons MnO_2\downarrow + 4OH^- \qquad \varphi^{\ominus} = 0.595V$$

在强碱性溶液中，MnO_4^- 的氧化能力进一步降低，本身被还原为 MnO_4^{2-}。其半反应为

$$MnO_4^- + e \rightleftharpoons MnO_4^{2-} \qquad \varphi^{\ominus} = 0.558V$$

利用高锰酸钾标准溶液进行滴定时，一般在强酸溶液中进行，所用的强酸通常是硫酸，而不能选用硝酸和盐酸作为酸化试剂，原因是硝酸有氧化性，可能与被测物反应；盐酸有还原性，可能被高锰酸钾氧化。硫酸的适宜浓度为 $0.5 \sim 1mol \cdot L^{-1}$。

$KMnO_4$ 本身呈紫红色，只要 MnO_4^- 的浓度达到 $2\times10^{-6}mol \cdot L^{-1}$ 就能显示其紫红色，其还原产物 Mn^{2+} 几乎无色，因此用高锰酸钾标准溶液滴定无色或浅色溶液时，一般不需另加指示剂。

利用高锰酸钾作氧化剂可直接滴定还原性物质。如 H_2O_2、亚铁盐、草酸盐等；也可用返滴定法测定一些不能用高锰酸钾溶液直接滴定的氧化性物质，如测定 MnO_2 的含量时，可在硫酸溶液中加入一定量过量的草酸钠标准溶液，待 MnO_2 和 $C_2O_4^{2-}$ 作用完毕后，用 $KMnO_4$ 标准溶液滴定过量的 $C_2O_4^{2-}$，由 $Na_2C_2O_4$ 的总量减去剩余量，就可以算出与 MnO_2 作用所消耗掉的 $Na_2C_2O_4$ 的量，从而求出 MnO_2 的量。

此外，含有 Ba^{2+}、Ca^{2+}、Zn^{2+} 等非氧化还原性物质的含量，可用间接法测定。如测定 Ca^{2+} 时，可先将 Ca^{2+} 沉淀为 CaC_2O_4，再用稀硫酸将沉淀溶解，然后用 $KMnO_4$ 标准溶液滴定溶液中的 $C_2O_4^{2-}$，即可间接求得 Ca^{2+} 的含量。

（二）$KMnO_4$ 标准溶液的配制与标定

1. $KMnO_4$ 标准溶液的配制 $KMnO_4$ 试剂中常含有少量 MnO_2 杂质，而且蒸馏水中也常含微量有机杂质能还原 $KMnO_4$，故不能直接配制其标准溶液。通常是先配制成一近似浓度的 $KMnO_4$ 溶液，然后标定。为使 $KMnO_4$ 溶液浓度稳定，常将配好的溶液加热至沸，并保持微沸 1 小时，然后放置 2～3 天，并用烧结的砂心漏斗过滤，以除去 MnO_2。通常配制的 $KMnO_4$ 溶液浓度约 $0.02mol \cdot L^{-1}$。储存于棕色玻璃瓶中。

2. $KMnO_4$ 溶液的标定 标定 $KMnO_4$ 溶液常用的一级标准物质有 $Na_2C_2O_4$、$H_2C_2O_4 \cdot 2H_2O$ 及纯 Fe 等，其中以草酸钠最为常用，标定反应的方程式为

$$2MnO_4^- + 5C_2O_4^{2-} + 16H^+ = 2Mn^{2+} + 10CO_2\uparrow + 8H_2O$$

此反应在常温下起始速率较慢。为了加速其反应，可将 $Na_2C_2O_4$ 溶液预热到 70～80℃后再滴定。如果溶液的温度高于 90℃，草酸可能部分发生分解。但是，滴定反应开始后，溶液中会产生少量的 Mn^{2+}，Mn^{2+} 能催化上述滴定反应（称为自催化反应），使其反应速率大大加快。当滴定至溶液呈粉红色并在 30 秒内不褪色，即达到滴定终点。根据称取的 $Na_2C_2O_4$ 的质量和滴定所消耗的 $KMnO_4$ 溶液的体积，即可计算出 $KMnO_4$ 溶液的准确浓度。

$$c(KMnO_4) = \frac{2\times m(Na_2C_2O_4)}{5\times M(Na_2C_2O_4)V(KMnO_4)}$$

（三）高锰酸钾法应用示例

1. H_2O_2 的测定 H_2O_2 可用 $KMnO_4$ 标准溶液在酸性溶液中直接滴定，反应方程式为

$$2MnO_4^- + 5H_2O_2 + 6H^+ = 2Mn^{2+} + 5O_2\uparrow + 8H_2O$$

此反应在常温下可在硫酸介质中顺利进行，滴定反应开始时反应速率较慢，当 Mn^{2+} 生成后，Mn^{2+} 催化上述滴定反应，使其反应速率加快。当滴定至溶液呈粉红色并在 30 秒内不褪色，即达到滴定终点。根据 $KMnO_4$ 标准溶液的准确浓度和滴定所消耗的 $KMnO_4$ 溶液的体积，即可计算出 H_2O_2 的准确浓度。

$$c(H_2O_2) = \frac{5\times c(KMnO_4)\cdot V(KMnO_4)}{2\times V(H_2O_2)}$$

2. 化学耗氧量的测定 化学耗氧量（chemical oxygen demand，COD）是水体受还原性物质（主要是有机物）污染程度的综合性指标。它是指在特定条件下，用一种强氧化剂定量地氧化水体中可还原性物质（有机物和无机物）时所消耗的氧化剂的量，以每升多少毫克表示（$O_2 mg \cdot L^{-1}$）。测定时，在水样中加入适量的硫酸及一定量的过量的 $KMnO_4$ 溶液，于沸水浴中加热，使其中的还原性物质氧化完全。剩余的 $KMnO_4$ 用一定量过量的 $Na_2C_2O_4$ 还原，再用 $KMnO_4$ 标准溶液返滴定。该法主要用于地表水、饮用水和轻度污染的生活污水的 COD 测定。

二、碘 量 法

（一）概述

碘量法是以 I_2 的氧化性和 I^- 的还原性为基础的氧化还原滴定分析方法，其基本反应为

$$I_2 + 2e \rightleftharpoons 2I^- \qquad \varphi^{\ominus} = 0.5355V$$

$\varphi^{\ominus}$值中等大小，所以 I_2 是一种中等强度的氧化剂，它能与较强的还原剂作用；而 I^- 又是一种中等强度的还原剂，能与许多氧化剂作用。

碘量法可分为直接碘量法和间接碘量法。标准电极电位比 $\varphi^{\ominus}_{I_2/I^-}$ 低的还原性物质适用直接碘量法，即可直接用 I_2 标准溶液滴定。$S_2O_3^{2-}$、Sn^{2+} 等即可以此法滴定。直接碘量法只能在酸性或中性溶液中进行，因为在碱性溶液中，I_2 发生如下反应

$$3I_2 + 6OH^- = IO_3^- + 5I^- + 3H_2O$$

由于 I_2 所能氧化的物质不多，所以直接碘量法的应用比较有限。

标准电极电位比 $\varphi^{\ominus}_{I_2/I^-}$ 高的氧化性物质适用间接碘量法，即先使其与过量的 I^- 作用，使一部分 I^- 被定量地氧化成 I_2，然后用 $Na_2S_2O_3$ 标准溶液滴定所生成的 I_2，即可求出这些氧化性物质的物质的量。

间接碘量法以下列反应为基础

$$I_2 + 2S_2O_3^{2-} = S_4O_6^{2-} + 2I^-$$

反应必须在弱酸性或中性溶液中进行。由于 I_2 有挥发性，所以间接碘量法最好在碘量瓶中进行，且滴定时不要剧烈摇动溶液。

碘量法中用淀粉作指示剂。在 I^- 的作用下，淀粉可与 I_2 作用形成蓝色配合物，其灵敏度很高。在间接碘量法中，淀粉指示剂应在临近终点（溶液呈黄色）时加入，因为 I_2 浓度较高时，可被淀粉牢固地吸附而难于与 $Na_2S_2O_3$ 立即作用，致使终点延迟。

（二）标准溶液的配制和标定

1. 碘标准溶液的配制和标定 由于碘有挥发性和腐蚀性，不宜在分析天平上称量。一般用间接方法配制碘标准溶液，然后标定。固体 I_2 在水中的溶解度很小，可加入 KI，使其形成 I_3^- 配离子，不但增加了 I_2 的溶解度，而且降低了 I_2 的挥发性。配成的碘溶液，既可用 $Na_2S_2O_3$ 标准溶液标定，也可用一级标准物质标定。常用的一级标准物质为 As_2O_3。As_2O_3 难溶于水，易溶于 NaOH 溶液，生成易溶的 Na_3AsO_3。

$$As_2O_3 + 6OH^- = 2AsO_3^{3-} + 3H_2O$$

$As_2O_3^{3-}$ 和 I_2 的反应为

$$AsO_3^{3-} + I_2 + H_2O = AsO_4^{3-} + 2I^- + 2H^+$$

总反应式为

$$As_2O_3 + 2I_2 + 6OH^- = 2AsO_4^{3-} + 4I^- + 4H^+ + H_2O$$

反应达计量点时，有下列计量关系

$$c(I_2) = \frac{2m(As_2O_3)}{M(As_2O_3) \cdot V(I_2)}$$

2. 硫代硫酸钠标准溶液的配制和标定 硫代硫酸钠（$Na_2S_2O_3 \cdot 5H_2O$）为无色晶体，常含有少量的杂质（如 S、Na_2SO_3、Na_2CO_3 和 S^{2-} 等），同时易风化、潮解，不能直接配制标准溶液。$Na_2S_2O_3$ 水溶液不稳定，原因是水中的 CO_2、O_2 和细菌能分别分解和氧化 $Na_2S_2O_3$，因此需用新煮沸过的冷蒸馏水配制溶液，并加少量的 Na_2CO_3 作稳定剂，保持溶液 pH 在 9~10，放置 8~9 天后进行滴定。可用碘标准溶液或一级标准物质标定。常用的一级标准物质为 $K_2Cr_2O_7$。在酸性溶液中，一定量的 $K_2Cr_2O_7$ 与过量的 KI 作用生成一定量 I_2，再用 $Na_2S_2O_3$ 溶液滴定。反应为

$$K_2Cr_2O_7 + 6KI + 14HCl = 2CrCl_3 + 3I_2 + 8KCl + 7H_2O$$

$$I_2 + 2Na_2S_2O_3 = 2NaI + Na_2S_4O_6$$

当反应达计量点时，存在下列计算关系

$$c(Na_2S_2O_3) = \frac{6m(K_2Cr_2O_7)}{M(K_2Cr_2O_7) \cdot V(Na_2S_2O_3)}$$

(三) 碘量法应用示例

1. 直接碘量法测定维生素 C 的含量 维生素 C($C_6H_8O_6$)即抗坏血酸(ascorbic acid),有较强的还原性,能被 I_2 定量氧化成脱氢抗坏血酸($C_6H_6O_6$)

$$C_6H_8O_6 + I_2 = C_6H_6O_6 + 2HI$$

从上式看,碱性条件更有利于反应进行。但维生素 C 的还原性很强,在碱性溶液中易被空气中的氧氧化,所以在滴定时需加入一些 HAc,使溶液保持一定的酸度,以减少维生素 C 受 I_2 以外的氧化剂作用的影响。当反应达计量点时,存在下列计算关系

$$n(C_6H_8O_6) = n(I_2)$$

$$\omega(C_6H_8O_6) = \frac{c(I_2) \cdot V(I_2) \cdot M(C_6H_8O_6)}{m(\text{样品})}$$

2. 间接碘量法测定次氯酸钠含量 次氯酸钠为杀菌剂,在酸性溶液中能将 I^- 氧化成 I_2,后者可用 $Na_2S_2O_3$ 标准溶液滴定,有关反应如下

$$NaClO + 2HCl = Cl_2 + NaCl + H_2O$$

$$Cl_2 + 2KI = I_2 + 2KCl$$

$$I_2 + 2Na_2S_2O_3 = 2NaI + Na_2S_4O_6$$

从反应方程式看,当反应达计量点时,存在下列计算关系

$$n(NaClO) = n(Cl_2) = n(I_2) = n(2Na_2S_2O_3)$$

$$m(NaClO) = \frac{c(Na_2S_2O_3) \cdot V(Na_2S_2O_3) \cdot M(NaClO)}{2}$$

第五节 配位滴定法

一、概 述

配位滴定法(complexometric titration)是指以配位反应为基础的滴定分析方法。用于配位滴定的配位剂可分为无机配位剂与有机配位剂,能用于滴定分析的无机配位剂很少,一般多为有机配位剂。有机配位剂大多是多齿配体,能与金属离子形成具有环状结构的螯合物。此时,称该配位剂为螯合剂。常用的螯合剂是乙二胺四乙酸(ethylenediaminetetraacetic acid),简称 EDTA,用 H_4Y 表示其分子式。由于乙二胺四乙酸在水中的溶解度较小,通常使用的是它的二钠盐($Na_2H_2Y \cdot 2H_2O$),一般也称为 EDTA。

以螯合反应为基础的滴定分析方法称为**螯合滴定**(chelatometric titration),以 EDTA 为螯合剂的滴定分析方法又称 EDTA **滴定法**。

EDTA 滴定反应的特点是:①EDTA 具有很强的配位性能,几乎能与所有的金属离子形成螯合物,形成的螯合物一般十分稳定;②不论金属原子的价数多少,它们与 EDTA 一般是以 1:1 螯合,即 M + Y = MY(略去电荷);③形成的螯合物易溶于水;④EDTA 与无色的金属离子配位时,则形成无色的螯合物,与有色的金属离子配位时,一般可形成颜色更深的螯合物。

乙二胺四乙酸(H_4Y)有 2 个氨基和 4 个羧基,为四元酸。氨基具有碱性,两个羧基上的 H 转移至 N 原子上,形成双极离子。在 pH<2 溶液中,可以接受两个质子形成 H_6Y^{2+},这样 EDTA 就相当于六元酸。在水溶液中存在六级解离平衡。因此,EDTA 在水溶液中可以有 H_6Y^{2+}、H_5Y^+、H_4Y、H_3Y^-、H_2Y^{2-}、HY^{3-}、Y^{4-} 七种存在形式。当溶液的 pH 不同时,各种存在形式的摩尔分数也不同,并且 EDTA 滴定中一般只有 Y^{4-} 能与金属离子螯合。

二、滴定时干扰因素的控制

溶液中 MY 的稳定性除决定于 K_s(MY)的大小外,还与溶液的酸度有关。MY 也和其他配离子一样,溶液 pH 愈低,Y^{4-} 与 H^+ 结合成难解离的 HY^{3-}、H_2Y^{2-}、H_3Y^-,致使滴定过程中生成的 MY 发生解离。pH 增大时,虽生成弱酸的能力减弱,但金属离子与 OH^- 结合成氢氧化物沉淀倾向增强,MY 也不稳定。

所以 EDTA 滴定过程中选择合适的 pH 是十分重要的。在表 13-4 列出了一些金属离子被 EDTA 滴定的最低 pH。为了保持滴定过程中 pH 基本稳定,在滴定前必须加入合适的缓冲溶液。

表 13-4 一些金属离子能被 EDTA 滴定的最低 pH

金属离子	$\lg K_s(MY)$	最低 pH	金属离子	$\lg K_s(MY)$	最低 pH
Mg^{2+}	8.64	9.7	Zn^{2+}	16.4	3.9
Ca^{2+}	11.0	7.5	Pb^{2+}	18.3	3.2
Mn^{2+}	13.8	5.2	Ni^{2+}	18.56	3.0
Fe^{2+}	14.33	5.0	Cu^{2+}	18.7	2.9
Al^{3+}	16.11	4.2	Hg^{2+}	21.8	1.9
Co^{2+}	16.31	4.0	Sn^{2+}	22.1	1.7
Cd^{2+}	16.4	3.9	Fe^{3+}	24.23	1.0

溶液中若有可能与金属离子配位的其他配位剂(L)存在时,同样会影响 MY 的稳定性,这种由于其他配位剂存在使金属离子参加主反应能力降低的现象称为**配位效应**。ML_n 的 $K_s(ML_n)$ 愈大,配位效应愈强。如在 pH = 5 ~ 6 时,用 EDTA 标准溶液滴定 Al^{3+} 时,若溶液中如有 F^-,F^- 可与 Al^{3+} 形成 K_s 很大的 $[AlF_6]^{3-}$,从而影响 AlY^- 的形成,使结果偏低。但在 pH = 10 时滴定 Zn^{2+},NH_3-NH_4Cl 缓冲液中的 NH_3 并不影响滴定,因 $[Zn(NH_3)_4]^{2+}$ 的 K_s 相对较小,终点时,Y^{4-} 可从 $[Zn(NH_3)_4]^{2+}$ 中把 Zn^{2+} 夺取过来,形成稳定的 ZnY^{2-}。

三、金属离子指示剂

配位滴定终点可用金属离子指示剂指示,金属离子指示剂简称**金属指示剂**(metallochromic indicator)。**金属指示剂**是一类能与金属离子形成有色配合物的水溶性有机染料。它们必须具备下列条件:①与金属离子形成的配合物(MIn)的颜色与指示剂(In)的颜色应显著不同;②显色反应灵敏、迅速,有良好的变色可逆性。③显色配合物的稳定性要适当。它既要有足够的稳定性,又要应比 MY 的稳定性差。如果稳定性太低,就会提前出现终点,而且变色不敏锐;如果稳定性太高,就会使终点拖后,甚至有可能使 EDTA 不能夺出其中的金属离子,显色反应失去可逆性,无法显色滴定终点。④金属指示剂应比较稳定,便于储藏和使用。

现以常用的金属指示剂铬黑 T 为例,说明金属指示剂的变色原理和滴定终点的判断。

铬黑 T 为弱酸性偶氮染料,可用符号 Na_2HIn 表示。它在水溶液中存在下列解离平衡

$$H_2In^- \underset{pK_2=6.3}{\overset{-H^+}{\rightleftharpoons}} HIn^{2-} \underset{pK_3=11.6}{\overset{-H^+}{\rightleftharpoons}} In^{3-}$$

(紫红色)　　(蓝色)　　(橙色)

pH < 6.3　　pH = 6.3 ~ 11.6　　pH > 11.6

在 pH < 6.3 和 pH > 11.6 时,指示剂本身的颜色与金属离子形成配合物 MY 的酒红色无明显区别,故终点无法判断;在 pH 为 6.3 ~ 11.6 时,铬黑 T 显蓝色,与形成配合物的酒红色有明显区别,则终点时颜色变化明显。因此,用铬黑 T 作指示剂时最适宜的 pH 为 9.0 ~ 10.5,一般用 NH_3-NH_4Cl 缓冲溶液控制溶液 pH 在 10.0 左右进行滴定。铬黑 T 可用作滴定 Mg^{2+}、Zn^{2+}、Pb^{2+}、Cd^{2+}、Hg^{2+} 等离子时的指示剂。以 EDTA 滴定 Mg^{2+} 为例,其变色情况为

滴定前:　$Mg^{2+} + HIn^{2-} \rightleftharpoons H^+ + MgIn^-$(酒红色)

滴定过程中:　$Mg^{2+} + HY^{3-} \rightleftharpoons MgY^{2-} + H^+$

终点时:　$MgIn^- + HY^{3-} \rightleftharpoons MgY^{2-} + HIn^{2-}$

(酒红色)　　(蓝色)

金属指示剂的种类较多,除铬黑 T 外,还有二甲酚橙、钙指示剂、酸性铬蓝 K、PAN 等,在此不一一叙述。

四、标准溶液的配制与标定

(一) EDTA 标准溶液的配制与标定

一般采用间接法配制 EDTA 标准溶液,先用 EDTA 二钠盐配成近似浓度的溶液,然后用分析纯的 Zn、$ZnSO_4$、$CaCO_3$、$MgCO_3$ 等一级标准物质配成标准溶液,以铬黑 T 为指示剂,用 NH_3-NH_4Cl 缓冲液调节 pH=10 左右进行标定,EDTA 标准溶液常用浓度为 $0.01\sim0.05mol\cdot L^{-1}$。

(二) Zn 标准溶液的配制与标定

Zn 标准溶液可采取直接法配制 准确称取一定量分析纯 Zn 粒,用 HCl 溶解后直接配制;也可用分析纯 $ZnSO_4$ 直接配制。或者用间接法配制,先配成近似浓度的溶液,然后用 EDTA 标准溶液标定。

五、配位滴定法的应用

用 EDTA 标准溶液可以直接滴定许多种金属离子,在医药分析中,广泛应用于 Ca^{2+}、Mg^{2+}、Al^{3+} 和 Bi^{3+} 等无机药物含量的测定。含 Ca^{2+} 的药物比较多,如葡萄糖酸钙、乳酸钙和氨基酸钙等。药典多采用 EDTA 滴定法测量其含量。测量葡萄糖酸钙时,准确称取一定量葡萄糖酸钙试样,加含 MgY 的 NH_3-NH_4Cl 缓冲液调节 pH 至 10 左右,以铬黑 T 为指示剂,用 EDTA 标准溶液进行滴定,葡萄糖酸钙的质量分数计算如下

$$\omega(C_{12}H_{22}O_{14}Ca\cdot H_2O)=\frac{c(EDTA)\cdot V(EDTA)\cdot M(C_{12}H_{22}O_{14}Ca\cdot H_2O)}{m(\text{样品})}$$

第六节 沉淀滴定法

沉淀滴定(precipitation titration)是指以沉淀反应为基础的滴定分析方法,但目前应用于沉淀滴定分析的反应一般是测定卤素离子 Cl^-、Br^-、I^- 及 SCN^- 等类卤素离子的银盐沉淀反应,故又称为**银量法**。除了直接测定这些离子含量外,还可间接测定经过预处理能够释放出上述离子的有机物的含量以及测定 Ag^+ 的含量。例如人体血清中 Cl^- 的测定、饮用水中 Cl^- 的监测以及一些药物中卤素的测定。常用的银量法又根据所用指示剂的不同,分为 Mohr 法、Volhard 法和 Fajans 法。

一、Mohr 法

用 K_2CrO_4 作指示剂的银量法称为 **Mohr 法**。莫尔法通常以 $AgNO_3$ 为标准溶液,在中性或弱酸性(pH=6.5~pH 10.5)条件下测定 Cl^- 和 Br^-。

例如,在含有 Cl^- 的中性溶液中,以 K_2CrO_4 作指示剂,用 $AgNO_3$ 为标准溶液滴定,由于 AgCl 的溶解度比 Ag_2CrO_4 的溶解度小,根据分步沉淀原理,溶液中首先析出 AgCl 沉淀,当 AgCl 定量沉淀后,过量一滴 $AgNO_3$ 溶液与 CrO_4^{2-} 生成砖红色沉淀,指示到达滴定终点。滴定反应和指示剂反应分别为

滴定反应: $Ag^+ + Cl^- = AgCl\downarrow$(白)

指示剂反应: $2Ag^+ + CrO_4^{2-} = Ag_2CrO_4\downarrow$(砖红色)

需注意的是:①Mohr 法应在中性或弱酸性条件下进行。一般控制在 pH=6.5~10.5,酸性过强或碱性过强分别会对 CrO_4^{2-} 和 Ag^+ 的浓度造成影响而产生误差。如果试液中有铵盐存在,要求溶液的酸度范围更窄,pH=6.5~7.2,以防形成 $Ag(NH_3)_2^+$,使 AgCl 及 Ag_2CrO_4 的溶解度增大,影响滴定。②应设法除去或掩蔽样品中能与 Ag^+ 形成沉淀的阴离子和能与 CrO_4^{2-} 生成沉淀的阳离子。③Mohr 法适于测定 Cl^- 和 Br^-,不适于测定 I^- 及 SCN^-,这是因为 AgI 及 AgSCN 具有强烈的吸附作用,使 I^- 和 SCN^- 无法继续与 Ag^+ 结合,使终点提前且不明显,故 Mohr 法通常不能对 I^- 和 SCN^- 进行定量测定。

$AgNO_3$ 标准溶液可用一级标准物质和不含卤素离子的蒸馏水直接配制，也可用间接法配制，然后用一级标准物质 NaCl 标定。$AgNO_3$ 标准溶液应保存在棕色试剂瓶中避光保存。

二、Volhard 法

用铁铵矾作指示剂的银量法称为 Volhard 法。与莫尔法不同，Volhard 法适用于在强酸性条件下的测定，通常在 0.1～0.3mol·L^{-1} 的 HNO_3 介质中进行。以铁铵矾[$NH_4Fe(SO_4)_2$]为指示剂，分为直接滴定法和返滴定法。

1. 直接滴定法用于测定 Ag^+ 在 HNO_3 介质中用 KSCN 或 NH_4SCN 标准溶液滴定 Ag^+，当 AgSCN 定量沉淀完全后，过量的 SCN^- 与指示剂中的 Fe^{3+} 形成红色配合物，指示到达滴定终点。

2. 返滴定法用于测定卤素离子 在 HNO_3 酸化的含卤素离子的试样中加入已知过量的 $AgNO_3$ 标准溶液，以铁铵矾为指示剂，用 NH_4SCN 标准溶液返滴定过量的 Ag^+，生成 AgSCN 沉淀，当 Ag^+ 与 SCN^- 反应完全以后，过量的 NH_4SCN 溶液与 Fe^{3+} 形成红色配合物，指示终点已到。

由于 AgCl 的溶解度比 AgSCN 的溶解度大，因此过量的 SCN^- 将与 AgCl 发生反应，使 AgCl 转化为溶解度更小的 AgSCN。所以，在用返滴定法测定 Cl^- 时，应采取返滴定前滤除沉淀或加入硝基苯等有机溶剂隔离沉淀的方法，防止 AgCl 转化为 AgSCN。

测定 I^- 离子时，应先加入过量的 $AgNO_3$ 标准溶液，使 AgI 沉淀完全后再加入铁铵矾指示剂，以避免 Fe^{3+} 将 I^- 氧化为 I_2。

Volhard 法的最大优点是可以在酸性溶液中进行滴定，许多弱酸根离子如 PO_4^{3-}、AsO_4^{3-}、CrO_4^{3-} 等都不干扰测定，因而方法的选择性较高。

NH_4SCN 在通常条件下难以达到一级标准物质的要求，故不能直接配制成标准溶液，一般用 $AgNO_3$ 标准溶液标定。

三、Fajans 法

用吸附指示剂指示滴定终点的银量法称为 **Fajans 法**。常见的吸附指示剂是一类有色的有机化合物，在溶液中指示剂应以阴离子形式 In^- 存在，在化学计量点前，溶液中卤素阴离子过量而使沉淀因选择性吸附构晶离子即卤素阴离子而带负电荷。当化学计量点到达乃至 Ag^+ 稍过量时，沉淀表面的吸附的构晶离子转变为 Ag^+ 离子，此时沉淀表面吸附离子的电性改变，指示剂阴离子 In^- 在沉淀表面吸附，可能由于形成某种化合物而导致指示剂分子结构的改变，因而引起颜色的变化，指示终点到达。

为使指示剂呈离子状态，测定时应根据指示剂的不同控制适当的酸度。表 13-5 列出了一些常用的吸附指示剂及测定条件。除酸度条件外，还应注意吸附指示剂离子的电荷应与滴定剂离子的电荷相反。

表 13-5 常用的吸附指示剂及测定条件

指示剂	被测离子	滴定剂	测定条件(pH)
荧光黄	Cl^-、Br^-、I^-	$AgNO_3$	7～10
二氯荧光黄	Cl^-、Br^-、I^-	$AgNO_3$	4～10
曙红	Cl^-、Br^-、SCN^-	$AgNO_3$	2～10
溴甲酚氯	SCN^-	$AgNO_3$	4～5
甲基紫	Ag^+	NaCl	酸性介质
罗丹明 6G	Ag^+	NaBr	酸性介质
钍试剂	SO_4^{2-}	$BaCl_2$	1.5～3.5
溴酚蓝	Hg_2^{2+}	NaCl、NaBr	酸性介质

采用吸附指示剂还应注意以下几个因素：

(1) 由于颜色变化发生在沉淀表面，因此应尽可能使沉淀的比表面大一些，即沉淀的颗粒要小一些。

因此，可加入糊精作为保护胶体，阻止卤化银凝聚，以保持较大的表面积。

(2) 溶液的浓度不能太低，因为浓度太低时，沉淀很少，观察终点比较困难。

(3) 滴定过程中应尽量避光，以免卤化银在强光下分解为银，所产生的黑色影响观察。

(4) 新生成沉淀对指示剂的吸附能力应略低于对被测离子的吸附，否则指示剂离子可在化学计量点前进入吸附层使终点提前。但沉淀对指示剂的吸附能力也不能太弱，否则会造成终点拖后。常用指示剂和卤素离子的吸附能力为

$$I^- > \text{二甲基二碘荧光黄} > Br^- > \text{曙红} > Cl^- > \text{荧光黄}$$

Summary

Titration is a quantitative measurement of an analyte in solution by completely reacting with a reagent. The point at which all of the analyte is consumed is called the endpoint and is determined by some type of indicator that is also present in the solution. For acid-base titrations, indicators are available that color changes when the pH changes. When all of the analyte is neutralized, further addition of the titrant causes the pH of the solution to change and causing the color of the indicator to change. The analyte concentration is calculated from the reaction stoichiometry and the amount of reagent that was required to react with all of the analyte. By using of the reaction, titration is classified as acid-base titration, redox titration, complexometric titration, precipitation titration and so on.

In acid-base titration, acids and bases react until one of the reactants is consumed completely. A solution of base of known concentration can therefore be used to titrate an acid solution of unknown concentration. Likewise, an acid solution of known concentration can be used to titrate a base solution of unknown concentration. Acid-base titrations consist of strong acid titration and weak acid titration. There are titration curves in the process of titration. Titration curves show how the pH of an acid or base changes as it is neutralized. The curve is usually obtained by calculation or by placing a glass electrode into the titration flask and recording the pH as the titration standard solution is added. The rate of change of pH during titration, particularly close to the equivalence point, is of prime importance on the accuracy of the titration. There, in order to choose which indicator is best for the acid-base process of interest, it is important to consider the pH range over which titration curves. The end point might differ slightly from the equivalence point, and the difference between the equivalence point and the end point is called the titration error. The titration error will usually be negligible if a suitable indicator is available for use. In the case of titration between strong base and strong acid, the result would in a sharp colour change for any indicator in the pH region of about 4 ~ 10. In contrast, in the case of a week acid and strong base, the curve is much shallower, covering a pH range of about just 2. And in order to get a sharp end point for this titration, an indicator working in the pH range of about 8 ~ 10 must be selected.

In redox titration, oxidant and reductant react that colour change is displayed generally by reactant itself. For example, MnO_4^- titrations the color change between purple and colorless. Dilute sulphuric acid is always added because MnO_4^- is a better oxidizing agent in acid condition and the end point occurs when the color changes from purple to colorless or from colorless to a faint pink. Similarly, Iodine which is brown in solution is titrated against thiosulfate solution. Here the end point occurs when the solution goes from pale yellow to colorless. This change can be made more obvious by adding some starch solution once the iodine has reached a straw color. The starch forms a blue compound with the iodine which disappears as iodine is used up.

In complexometric titration, complexes form in a fixed stoichiometry so a standard solution of a ligand can be used to titrate a metal ion in solution. Similarly, a standard solution of a metal ion can been served as the titrant for the species acting as a ligand. Ethylenediaminetetraacetic acid (EDTA) is a common chelate because it makes 6 bonds with metal ions to form 1∶1 complexes with large formation constants. A metal ion indicator is a compound whose color changes when it binds to a metal ion. As EDTA is added, it reacts first with the free, colorless metal ion, and then with the small amount of red MIn complex. The change from the red of the MIn complex to the blue of unbound indicator indicates the end point of the titration. Ca^{2+} and Mg^{2+} can be titrated using EDTA as the titrant and indicator because the EDTA binds Ca^{2+} and Mg^{2+} more strongly than the indicator. At the end point, the EDTA will bind all of the metal, leaving the indicator with no metal ions. A solution containing indicator will turn from red to blue.

In a precipitation titration, the stoichiometric reaction is a reaction which produces in solution a slightly soluble salt that precipitates out. To determine the concentration of chloride ion in a particular solution, one could titrate this solution with a solution of a silver salt, such as silver nitrate, whose concentration is known. The precipitation titration is classically including Mohr method, Volhard method and Fajans method.

习　　题

1. 什么叫做滴定分析？根据滴定反应的类型，它的主要方法有哪些？
2. 什么叫做标准溶液？如何配制标准溶液？
3. 什么叫基准物质？基准物质应具备哪些条件？
4. 能用于滴定分析的化学反应，必须满足哪些条件？
5. 何谓酸碱滴定的 pH 突跃范围？影响强酸(碱)和一元弱酸(碱)滴定突跃范围的因素有哪些？
6. 选择酸碱指示剂的依据是什么？化学计量点的 pH 与选择酸碱指示剂有何关系？
7. 为什么可以用氢氧化钠直接准确滴定乙酸而不能直接准确滴定硼酸？为什么可以用盐酸直接准确滴定硼砂而不能直接准确滴定乙酸钠？
8. EDTA 与金属离子形成的配合物有哪些特点？
9. 说明金属离子指示剂的变色原理及其应具备的条件。
10. 将下列数字修约到小数点后第三位：

(1) 6.141 56　　(2) 3.716 6　　(3) 1.501 50　　(4) 4.214 50

(5) 2.321 5　　(6) 1.112 501　　(7) 7.293 499　　(8) 0.512 5

[(1)6.142;(2)3.717;(3)1.502;(4)4.214;(5)2.322;(6)1.113;(7)7.293;(8)0.512]

11. 根据有效数字的计算规则，计算下列结果：

(1) $6.563 \div 1.1 - 1.25 =$

(2) $1.0 \times 10^{-2} \times 1.335 + 2.05 =$

(3) $pK_a = 10.00, K_a =$

(4) $0.325 \times 2.124 \div 2.2 \times 12.38 =$

[(1)4.8;(2)2.06;(3)1.0×10^{-10};(4)3.7]

12. 某化验员用滴定分析法测量某药物中主成分的质量分数，称取 0.3426g 此药物，最后计算其主成分的质量分数为 0.971 8，问此结果是否合理？应如何表示？

[不合理;0.972]

13. 一般分析天平的绝对误差为 ±0.0001g，试用计算说明：为保证称量的相对误差低于 0.1%，为什么用减量法称取试样时，至少应称试样 0.2g。
14. 计算用 0.010 00mol·L^{-1}HCl 溶液滴定 20.00ml 0.010 00mol·L^{-1}NaOH 溶液时的 pH 突跃范围。

[pH = 8.7 ~ 5.3]

15. 下列酸碱能否用强碱或强酸溶液直接准确滴定？

(1) 0.10mol·L^{-1}HCN　　(2) 0.10mol·L^{-1}HF

(3) 0.10mol·L^{-1}NaAc　　(4) 0.10mol·L^{-1}NH_4Cl

16. 某试样中含有 Na_2CO_3、$NaHCO_3$ 和不与酸反应的杂质，称取该样品 0.7126g 溶于水，用 0.201 8mol·L^{-1}的 HCl 溶液滴定至酚酞的红色褪去，计用去 HCl 溶液的体积 V_1 为 21.23ml。加入甲基橙指示剂后，继续用 HCl 标准溶液滴定至由黄色变为橙色，又用去 HCl 溶液的体积 V_2 为 28.34ml。计算样品中两种主要成分的质量分数。

[$\omega(Na_2CO_3) = 0.637\,3$; $\omega(NaHCO_3) = 0.169\,2$]

17. 称取 0.5689 基准物质邻苯二甲酸氢钾($KHC_8H_4O_4$)，标定 0.1mol·L^{-1}的 NaOH 溶液，消耗 24.23mL NaOH 溶液。计算 NaOH 标准溶液的准确浓度。

[0.1150mol·L^{-1}]

18. 精密称取维生素 C($C_6H_8O_6$)样品 02896g。加新煮沸并冷却后的纯净水 100ml 及稀醋酸 10ml。加入淀粉指示剂,用 0.051 23mol · L^{-1}的 I_2 标准溶液滴定,达到滴定终点时用去 18.27ml。计算维生素 C 样品的质量分数。

[0.5546]

19. 准确称取 1.3491g $H_2C_2O_4 \cdot 2H_2O$,溶解后转移至 200ml 容量瓶中定容。移取 20.00ml 于锥形瓶中,用 $KMnO_4$ 溶液进行滴定,用去 20.08ml $KMnO_4$ 溶液。计算 $KMnO_4$ 溶液的准确浓度。

[0.021 32mol · L^{-1}]

20. 测定血液中 Ca^{2+} 的浓度时,常将其沉淀为 CaC_2O_4,然后将沉淀溶解于 H_2SO_4 溶液中,再用 $KMnO_4$ 标准溶液进行滴定。取 10.00ml 血液试样按上述方法处理后,用 0.001 000mol · $L^{-1}$$KMnO_4$ 溶液滴定,用去 10.02ml。计算此血液试样中 Ca^{2+} 的浓度。

[0.002 505mol · L^{-1}]

(李东辉)

第十四章　可见-紫外分光光度法

分光光度法(spectrophotometry)是基于溶液中物质分子或离子的吸收光谱和光吸收定律，借助分光光度计对物质进行定性、定量分析的一种分析方法。测定时所用光源波长在380～780nm的称为**可见分光光度法**(visible spectrophotometry)；波长在10～380nm的称为**紫外分光光度法**(ultraviolet spectrophotometry)，以近紫外波长200～380nm最为常用；波长在780～3×10^5nm的称为**红外分光光度法**(infrared spectrophotometry)。作为常用的检测手段，分光光度法具有灵敏度和准确度高、选择性好、仪器简单、操作便捷、易于自动化等特点，特别适合微量和痕量分析，广泛应用于医药、生物、环境、食品、化工等众多领域。

本章主要讨论可见分光光度法，对紫外分光光度法仅作简要介绍。

第一节　物质的吸收光谱

一、物质对光的选择性吸收

物质对光的吸收是物质与电磁辐射相互作用的结果。组成物质的分子、原子或离子等微观粒子都具有不同的运动状态以及相应的电子结构和能级，当一束光照射到某物质或溶液时，这些粒子与光子便发生相互作用，此时粒子中处于一定能级的电子吸收光子能量($h\nu$)后从低能轨道跃迁到高能轨道，相应地粒子也由基态转变为激发态。在这个过程中物质便对光产生吸收。处于激发态的粒子具有较高的能量，为不稳定状态，其存在时间极短(约10^{-8}s)，瞬间即回到稳定的基态，同时将所吸收的能量以热的形式释放出来。

$$M_{基态}+h\nu\rightarrow M^*_{激发态}$$

理论和实验表明，微观粒子的能级是量子化不连续的，只有当光子能量与被照射粒子的基态和激发态之间的能量差(ΔE)相等时光子能量才能被吸收，因此物质能够选择性地吸收特定的光子能量。不同的粒子之间结构上存在差异，相应的ΔE也不一样，因而各种物质在选择性吸收不同光子能量时就产生了不同波长或频率的吸收谱线。可见，物质微观结构的能量量子化是导致物质对光具有选择性吸收的本质原因。吸收谱线的波长λ或频率ν与跃迁前后的能量差ΔE之间服从Planck条件，即能量与波长成反比，被吸收光的能量越高，则对应的吸收光的波长越短。

$$\Delta E=E_2-E_1=h\nu=h\frac{c}{\lambda}$$

具有单一波长的光称为**单色光**(monochromatic light)，由不同波长组成的光称为**复色光**(polychromatic light)。白光(日光、白炽灯光等)是复色光，通过棱镜可色散成红、橙、黄、绿、青、蓝、紫等多种色光。若将其中某两种色光按适当强度比例混合后能得到白光，则称这两种色光为**互补色光**(complementary light)。在图14-1中，直线上的两种色光为互补色光，如绿光与紫光互补，青光与红光互补等。各种色光的波长范围不同，但它们之间并无明显界限，例如蓝光与绿光之间有不同色调的蓝绿光。

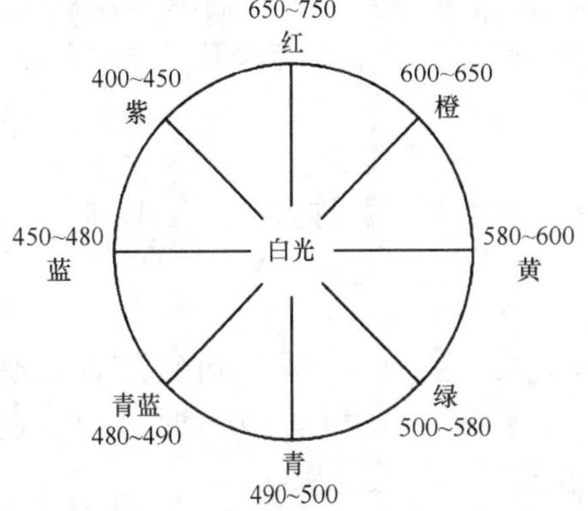

图14-1　可见光区互补色光示意图(λ/nm)

由于物质对光的选择性吸收，因此在白光照射下溶液若选择吸收了白光中的某种色光，其补色光就透过溶液而使溶液呈现出透过光的颜色，即溶液的颜色是所吸收光的补色光的颜色。例如$KMnO_4$溶液中，MnO_4^-离子能选择吸收白光中的大部分绿光而让其补色光紫光透过，故$KMnO_4$溶液呈紫色。应当注意，物质的颜色往往不是单一波长的色光，而是一个波长带的混合色光。

二、物质的吸收光谱

溶液对光选择性吸收的性质，可用不同波长的单色光依次照射溶液来加以研究。将各种波长的单色光分别通过某一固定浓度的某物质溶液，测量溶液对各单色光的吸收程度，即**吸光度** A(absorbance)，以波长 λ 为横坐标 A 为纵坐标作图，所得 A-λ 曲线称为**吸收光谱**(absorption spectrum)或**吸收曲线**(absorption curve)。图 14-2 为 $KMnO_4$ 溶液的吸收光谱，由该图可见：不同波长下溶液的吸收强度不同，吸光度最大处(吸收峰)的波长称为最大吸收波长 λ_{max}，在 λ_{max} 处进行测定，灵敏度最高。相同波长下溶液浓度愈大吸光度愈大，但几种浓度下测得的吸收光谱形状相似，λ_{max} 均相同。各种浓度的 $KMnO_4$ 溶液其 λ_{max} 均为 525nm，表明该溶液最容易特征性地吸收波长为 525nm 附近的光。

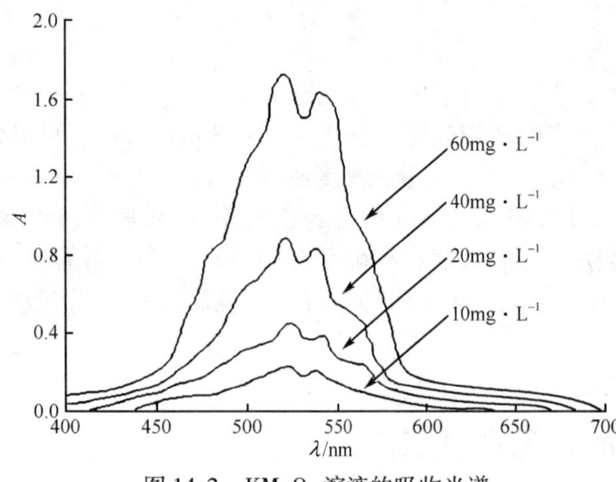

图 14-2　$KMnO_4$ 溶液的吸收光谱

不同物质的吸收光谱其形状和 λ_{max} 往往是不同的，因此吸收光谱和 λ_{max} 是分光光度法进行定性分析的重要依据，而相同波长下溶液吸光度随溶液浓度增大而增大的关系则是分光光度法进行定量分析的基础。

第二节　分光光度法基本原理

一、透光率和吸光度

盛装待测溶液和参比溶液的容器称为**吸收池**(absorption cell)或比色皿，它由光学玻璃制成。如图 14-3 所示，一束强度为 I_0 的平行单色光垂直照射到浓度为 c、液层厚度为 b 的某一均匀非散射溶液时，光的一部分被溶液吸收，一部分透过溶液，还有一部分被器皿表面反射。设吸收光强度为 I_a，透射光强度为 I_t，反射光强度为 I_r，则

$$I_0 = I_a + I_t + I_r \tag{14.1}$$

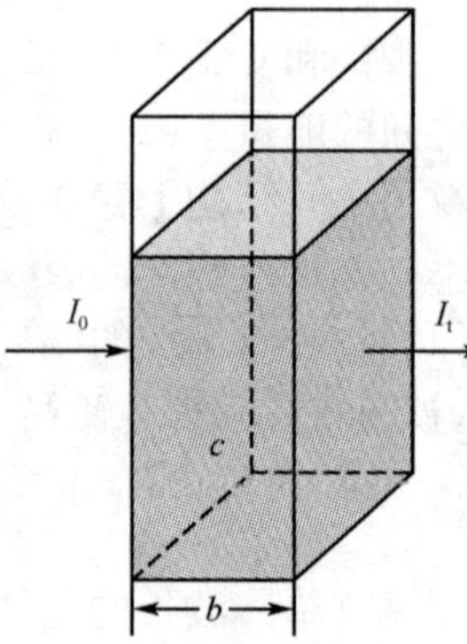

在分光光度法中，实际测量时均采用相同材料和厚度的吸收池，因而 I_r 基本不变，其影响可以相互抵消，则式(14.1)可简化为

$$I_0 = I_a + I_t \tag{14.2}$$

式(14.2)表明，I_0 一定时，I_a 越大则 I_t 就越小，相反，I_a 越小则 I_t 就越大。因此，测量 I_t 的大小可以表示溶液对光的吸收能力。但实际上为了求得溶液浓度与吸收光强度之间的简单函数关系，定义了**透光率** T(transmittance)和吸光度 A。

图 14-3　光吸收示意图

透射光强度 I_t 与入射光强度 I_0 之比称为透光率 T(或百分透光率 $T\%$)，即

$$T = \frac{I_t}{I_0} \qquad 或\ T\% = \frac{I_t}{I_0} \times 100\% \tag{14.3}$$

透光率的负对数称为吸光度 A，即

$$A = -\lg T = -\lg \frac{I_t}{I_0} = \lg \frac{I_0}{I_t} \tag{14.4}$$

从式(14.3)和式(14.4)可知，T 愈大则 A 愈小，溶液对光的吸收愈少，反之 T 愈小则 A 愈大，溶液对光的吸收愈多。当 $T\% = 100\%$ 时，$A = 0$，光完全透过，溶液对光完全不吸收，而 $T\% = 0$ 时，$A = \infty$，光完全不透过，溶液对光完全吸收。

二、Lambert-Beer 定律

溶液对光的吸收除了与吸光物质本性有关外，还与溶液浓度、液层厚度、入射光波长和温度等因素有关。Lambert 和 Beer 分别于 1760 年和 1852 年研究了吸光度与液层厚度和溶液浓度之间的定量关系，综合他们的研究成果可以得出：在一定温度下，当一束平行单色光通过某一有色溶液时，吸光度 A 与液层厚度 b 和溶液浓度 c 成正比，即

$$A = kbc \tag{14.5}$$

式(14.5)为 **Lambert-Beer 定律**(Lambert-Beer law)的数学表达式，该定律是分光光度法定量分析的理论基础。式中 k 称为吸光系数，是溶液中吸光物质在一定波长下的特征常数，与物质本性、入射光波长、溶剂、温度、溶液浓度表示方法等有关。k 数值上等于单位浓度和单位液层厚度时溶液的吸光度，k 值越大溶液对入射光越容易吸收，测定灵敏度越高。根据所选用的溶液浓度单位和液层厚度单位不同，吸光系数通常有以下三种表示方法。

1. 摩尔吸光系数 当溶液浓度采用物质的量浓度($mol \cdot L^{-1}$)表示、液层厚度的单位为 cm 时，则 k 用 ε 来表示。此时 Lambert-Beer 定律可写为

$$A = \varepsilon bc \tag{14.6}$$

式中 ε 称为**摩尔吸光系数**(molar absorptivity)，单位为 $L \cdot mol^{-1} \cdot cm^{-1}$。$\varepsilon$ 数值上等于一定温度下溶液浓度为 $1mol \cdot L^{-1}$ 和液层厚度为 1cm 时溶液的吸光度。

2. 质量吸光系数 当溶液浓度采用质量浓度 ρ($g \cdot L^{-1}$)表示、液层厚度的单位为 cm 时，则 k 用 a 来表示。此时 Lambert-Beer 定律可写为

$$A = ab\rho \tag{14.7}$$

式中 a 称为**质量吸光系数**(mass absorptivity)，单位为 $L \cdot g^{-1} \cdot cm^{-1}$。设被测物质的摩尔质量为 M，则同一物质的质量吸光系数 a 与摩尔吸光系数 ε 之间的换算关系为

$$\varepsilon = aM \tag{14.8}$$

3. 比吸光系数 当化合物组成不明确时，摩尔质量无从知道，物质的量浓度也就无法确定，故不能使用摩尔吸光系数。为此，医药学上常使用**比吸光系数**(specific absorptivity) $E_{1cm}^{1\%}$ 来表示 k。比吸光系数是指 100ml 溶液中含被测物质 1g 和液层厚度为 1cm 时的吸光度值。对同一物质，$E_{1cm}^{1\%}$ 与 a 和 ε 之间的换算关系分别为

$$a = 0.1E_{1cm}^{1\%}; \qquad \varepsilon = 0.1E_{1cm}^{1\%}M \tag{14.9}$$

应用 Lambert-Beer 定律时应注意以下几点：

(1) Lambert-Beer 定律仅适用于单色光和稀溶液。若入射光单色性差，溶液浓度太高，都会偏离 Lambert-Beer 定律，降低测定结果精度和准确度。在可见光区测定时，被测溶液必须具有颜色。

(2) 摩尔吸光系数通常是指最大吸收波长处的 ε_{max}，并可由纯物质的稀溶液测得。在分光光度法分析中，光度分析的**灵敏度**(sensitivity)也常用 ε 来表征。ε 数值愈大则吸光物质对入射光的吸收愈强，其测定的灵敏度愈高。通常，当满足 $\varepsilon \geqslant 10^3$ 时即可有效地进行分光光度法测定。此外，光度分析的灵敏度还可以用 Sandell 灵敏度 S 来表示，其定义是当仪器检测限 $A = 0.001$ 时单位截面积光程内所能检测出的物质的最低含量，单位为 $\mu g \cdot cm^{-2}$。这两种灵敏度的关系为 $S = \dfrac{M}{\varepsilon}$。

(3) 实际工作中所用吸收池厚度通常是恒定一致的，其定量关系遵守 Beer 定律，即在一定波长下吸光度与溶液浓度成正比。

$$A = kbc = k'c \tag{14.10}$$

另外，透光率与溶液浓度(或液层厚度)之间的指数函数关系为

$$-\lg T = kbc \quad 或 \quad T = 10^{-kbc} \tag{14.11}$$

(4) 当溶液中存在多种吸光物质($i = 1, 2, \cdots, n$)时，只要同一波长下各共存物质互不影响，即不因共存物的存在而改变各物质本身的吸光系数，则多组分溶液的吸光度符合线性加和性原理。这时，在第 j 个波长 λ_j 下所测多组分溶液的总吸光度 A_j 等于该波长下溶液中各组分的吸光度 A_{ij} 之和，即

$$A_j = \sum_{i=1}^{n} A_{ij} = b\sum_{i=1}^{n} \varepsilon_{ij}c_i \quad (j = 1, 2, \cdots, m) \tag{14.12}$$

吸光度的这种线性加和性原理，是分光光度法实现混合物中多组分同时测定的基础。实际应用时，应使选取的测定波长数目 $m \geqslant n$，然后根据式(14.12)联立方程组求解即可。

例 14-1 某化合物摩尔质量为 $251\text{g} \cdot \text{mol}^{-1}$，用乙醇溶剂配成浓度 $0.150\text{mmol} \cdot \text{L}^{-1}$ 的溶液，在 480nm 波长处用 2.00cm 吸收池测得透光率为 39.8%，求该化合物的 ε 和 a。

解 根据 Lambert-Beer 定律 $A = \varepsilon bc$，则

$$\varepsilon_{480\text{nm}} = \frac{A}{bc} = \frac{-\lg T}{bc} = \frac{-\lg 0.398}{2.00\text{cm} \times 1.50 \times 10^{-4}\text{mol} \cdot \text{L}^{-1}} = 1.33 \times 10^{3}\text{L} \cdot \text{mol}^{-1} \cdot \text{cm}^{-1}$$

$$a_{480\text{nm}} = \frac{\varepsilon_{480\text{nm}}}{M} = \frac{1.33 \times 10^{3}\text{L} \cdot \text{mol}^{-1} \cdot \text{cm}^{-1}}{251\text{g} \cdot \text{mol}^{-1}} = 5.30\text{L} \cdot \text{g}^{-1} \cdot \text{cm}^{-1}$$

例 14-2 用邻二氮菲法测铁，已知 Fe^{2+} 的质量浓度为 $5.0 \times 10^{-4}\text{g} \cdot \text{L}^{-1}$。用 2.00cm 吸收池于波长 508nm 处测得吸光度为 0.19，试求其摩尔吸光系数和比吸光系数。

解 Fe^{2+} 的物质的量浓度为

$$c = \frac{5.0 \times 10^{-4}\text{g} \cdot \text{L}^{-1}}{55.85\text{g} \cdot \text{mol}^{-1}} = 8.9 \times 10^{-6}\text{mol} \cdot \text{L}^{-1}$$

根据 Lambert-Beer 定律 $A = \varepsilon bc$，则

$$\varepsilon = \frac{A}{bc} = \frac{0.19}{2.00\text{cm} \times 8.9 \times 10^{-6}\text{mol} \cdot \text{L}^{-1}} = 1.1 \times 10^{4}\text{L} \cdot \text{mol}^{-1} \cdot \text{cm}^{-1}$$

$$E_{1\text{cm}}^{1\%} = 10 \times \frac{\varepsilon}{M} = 10 \times \frac{1.1 \times 10^{4}\text{L} \cdot \text{mol}^{-1} \cdot \text{cm}^{-1}}{55.85\text{g} \cdot \text{mol}^{-1}} = 2.0 \times 10^{3}\text{L} \cdot \text{g}^{-1} \cdot \text{cm}^{-1}$$

第三节 可见分光光度法

一、可见分光光度计

分光光度计(spectrophotometer)是通过测量溶液对光的吸光度或透光率来对物质进行定性定量分析的仪器，其型号繁多，质量和价格差别悬殊，但基本工作原理相似，组成部件主要包括：光源→单色光器→吸收池→光电检测器→信号处理及显示器等。

可见分光光度计以可见光为光源，按照光路系统大致可分为单光束、双光束、单波长、双波长以及各种组合方式。国产单光束单波长的 721 型和 722 型可见分光光度计，具有体积小、性能稳定、价格便宜、操作简便等特点，使用最为广泛。

1. 光源 光源(light source)是提供入射光的装置，应有足够辐射强度和稳定性，发光面积应较小，需用聚光镜将光集中于单色光器的进光狭缝。可见分光光度计采用固体炽热发光的钨灯作光源，可发射 320～3200nm 的连续光谱，适用范围为 360～1000nm。现在，仪器大都改用发光效率更高、使用寿命更长的卤钨灯。

2. 单色光器 单色光器(monochromator)是将光源发出的连续光谱按波长顺序色散并从中分离出一定宽度谱带的装置，由棱镜或光栅(已普遍采用)等色散元件以及狭缝、凹面准直镜、凸轮和波长盘等机构组成。光源发出的光由入光狭缝进入，经准直镜变成平行反射光投射于棱镜。棱镜固定在圆形活动板上，通过杠杆与带有波长盘的凸轮相连，转动波长盘时棱镜相应转动，即可选择经棱镜色散后的光使其返回准直镜并聚焦于出光狭缝，从而获得所需波长的单色光。

棱镜由光学玻璃制成，可见分光光度计常用 Curnu 棱镜或 Littrow 棱镜。光在不同介质中传播速度不同，从一种介质进入另一种介质时发生折射，波长愈短传播速度愈慢，折射率愈大。所以，白光从空气中进入棱镜后便按波长由长到短的顺序色散成连续光谱(图 14-4)。在 Littrow 棱镜中，棱镜背面镀有铝层反光层，能将色散光经铝层反射后以相反方向通过同一棱镜，起到自动消除双折射影响的作用。

光栅是具有密刻等距平行条纹的光学元件，其分光原理是利用狭缝衍射后光的干涉作用，使不同波

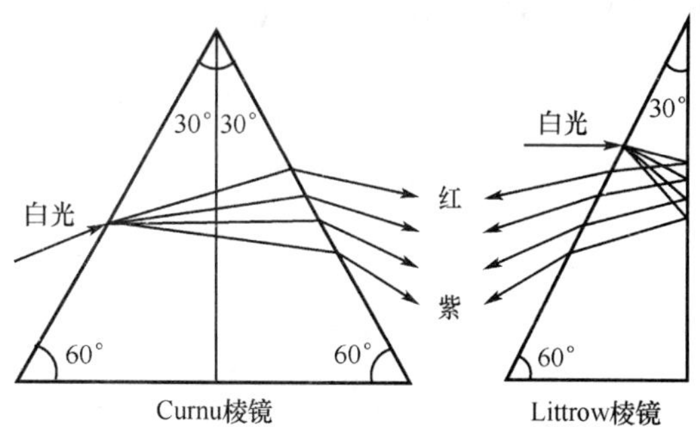

图 14-4　白光在棱镜中的色散

长的光具有不同的方向而起到色散作用。光栅具有色散均匀、呈线性、工作波段广、分辨本领高、便于测量自动化等优点，多为较高档仪器采用。

狭缝也是精密部件，其宽度直接影响分光质量。狭缝太宽则单色光不纯，狭缝太窄则光通量过小，都将影响测定准确度。因此，狭缝宽度应适中，一般以减小狭缝宽度时试样吸光度不再改变时的宽度为宜。由于分子吸收光谱的吸收峰比较宽和平滑，一般情况下带宽 2 ~ 6nm 对分析结果影响不大。

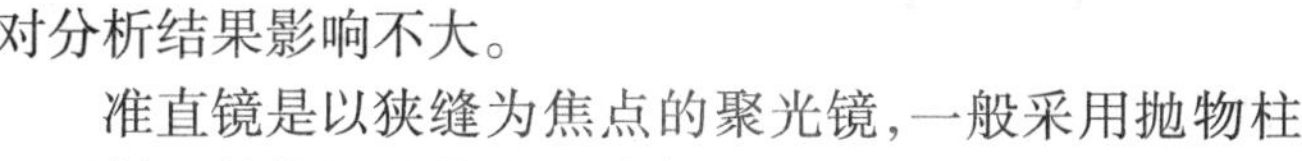

准直镜是以狭缝为焦点的聚光镜，一般采用抛物柱面反射。其作用是将进入单色器的发散光变成平行光，并将色散后的平行单色光聚集于出光狭缝。

3. 吸收池　吸收池是用来盛装溶液并提供一定吸光厚度的器皿，由无色透明、厚薄均匀、能耐腐蚀的光学玻璃制成。测定中同时配套使用的一组吸收池，其厚度应一致，透光率相对误差应≤0. 5% 。吸收池的透光面应严格平行并保持洁净透明，切勿用手接触或用粗糙滤纸揩擦。吸收池的液层厚度有多种规格，可根据需要选用。

4. 光电检测器　**光电检测器**(photoelectric detector)是测量单色光透过溶液后光强度变化的装置，它能将光能转换为易于测量的电信号输出。目前，可见分光光度计已广泛采用由封装了丝状阳极和凹形阴极的真空二极管构成的**光电管**(phototube)(图 14-5)作为光电检测器。光电管中阴极凹面的涂层为光敏性碱金属或碱金属氧化物(如氧化铯等)，当光照射到阴极时，其表面金属物质发射电子并流向电势较高的阳极而产生电流。照射光愈强，阴极表面发射的电子愈多，产生的光电流也愈大。由于光电管的内阻很高，产生的电流容易被放大，因此即使入射光强度较弱时也能进行测定。光电管的优点是灵敏度高，不易疲劳。

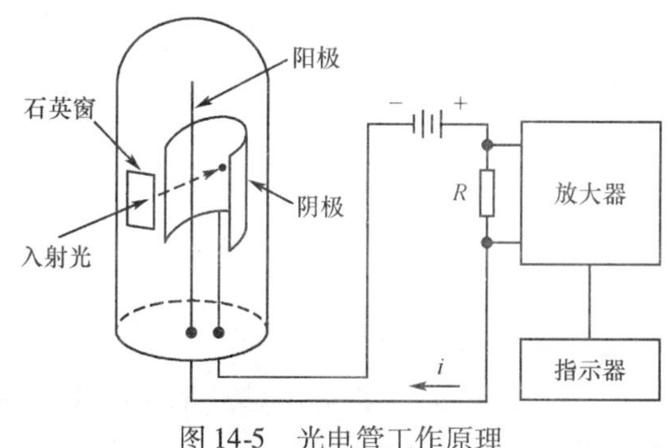

图 14-5　光电管工作原理

5. 指示器　**指示器**(indicator)的作用是以适当方式显示或记录输出的测量信息。透射光射到光电管上产生的光电流，经高阻值电阻后电位降较大，输出的光电流很弱(约 1×10^{-6}A)，需经放大器放大后才能输入指示器。在指示器上可直接读取吸光度和透光率等数据，其显示方式有指针式微安电表和数字显示等类型。在 721 型分光光度计的微安电表读数标尺(图 14-6)上，透光率刻度是等分的且由左向右增大，但吸光度刻度则不均等且由右向左增大。722 型分光光度计则采用数字显示，并可打印数据。

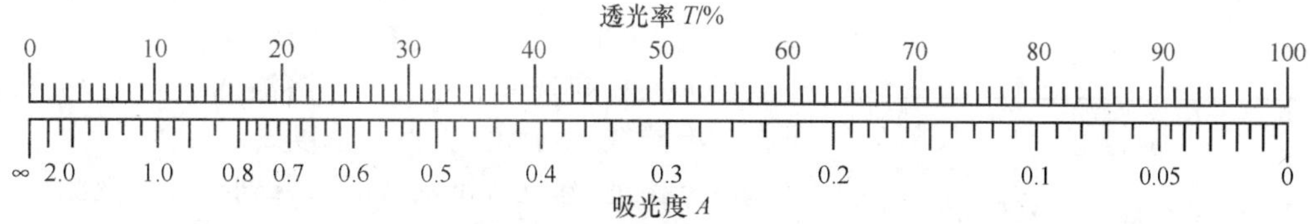

图 14-6　吸光度和透光率标尺

722 型分光光度计的工作原理与 721 型的基本相似，但采用了单色性更好的光栅进行分光，且采用数字显示，其操作更加简便，数据稳定性和重现性更好。图 14-7 所示为 722 型分光光度计光学系统的工作原理。光源(1)发出的连续光经滤光片(2)选择和聚光透镜(3)汇聚后，投向单色光器的进光狭缝(4)；此狭缝处于聚光镜和准直镜(7)的焦平面上，因此进入单色光器的复色光通过平面反射镜(6)反射到准直镜，变成平行光射向光栅(8)；光栅色散得到系列连续单色光谱，并由光栅反射回准直镜，准直镜再将其汇聚于单色光器的出光狭缝(10)。然后，通过聚光镜(11)射入吸收池(12)中的待测溶液，透过光再经光门(13)射向光电管(14)的阴极凹面。最后，光电管产生的测量电信号经放大器放大后在指示器上直接以数字方式显示出来。

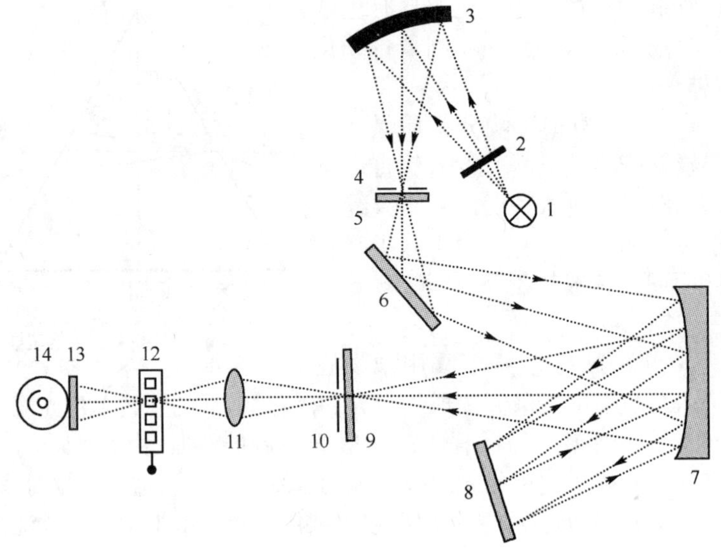

图 14-7　722 型分光光度计光学系统图

1-光源;2-滤光片;3-聚光镜;4,10-进光、出光狭缝;5,9-保护玻璃;6-平面反射镜;7-准直镜;8-光栅;11-聚光镜;12-吸收池;13-光门;14-光电管

二、测 定 方 法

可见分光光度法主要用于定量分析,测定方法主要有标准曲线法、标准对照法、差示分光光度法、比吸光系数比较法和双波长法等。

(一) 标准曲线法

标准曲线法(standard curve method)又称**校正曲线法**(calibration curve method),是最常用的定量方法,一般包括三个基本步骤:

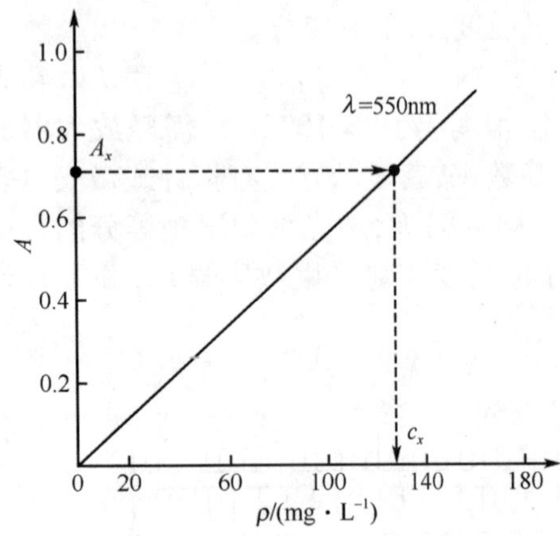

图 14-8　维生素 B_{12} 的标准曲线

(1) 配制系列标准溶液,依次以不同波长测定浓度最大的标准溶液的吸光度,绘制吸收光谱,以确定工作波长(常选 λ_{max})。该过程也称为**扫描**(scanning)。

(2) 在工作波长下,依次测定各标准溶液的吸光度,以标准溶液浓度为横坐标,吸光度为纵坐标作图,可得一条通过坐标原点的 A-c 直线,即**标准曲线**(standard curve)或**工作曲线**(working curve)。标准曲线是确定试样溶液浓度的定量参考依据。图 14-8 所示为维生素 B_{12} 的标准曲线。

(3) 在相同条件下测定试样溶液的吸光度 A_x,根据 A_x 即可在标准曲线上得到试样溶液浓度 c_x。

更严格地,建立标准曲线时对系列标准溶液测得的数据应采用最小二乘法进行线性拟合,得到标准曲线回归方程

$$A = a' + b'c \tag{14.13}$$

$$a' = \frac{\sum_{i=1}^{n} c_i \sum_{i=1}^{n} A_i c_i - \sum_{i=1}^{n} c_i^2 \sum_{i=1}^{n} A_i}{\left(\sum_{i=1}^{n} c_i\right)^2 - n\sum_{i=1}^{n} c_i^2}; \qquad b' = \frac{\sum_{i=1}^{n} c_i \sum_{i=1}^{n} A_i - n\sum_{i=1}^{n} A_i c_i}{\left(\sum_{i=1}^{n} c_i\right)^2 - n\sum_{i=1}^{n} c_i^2}$$

再将试样溶液的 A_x 代入式(14.13),解出待测浓度 c_x。理论上 $a'=0$,但实际测量中 a' 常常是不为零的很小值,这便是系统误差。标准曲线回归方程是否通过坐标原点,与所用试剂、溶液中其他物质以及吸收池厚度不均匀等因素有关,采用适宜的空白溶液作对照,可以减免这些影响,减小对坐标原点的偏离。

标准曲线是根据一系列数据作出的,其结果更为准确可靠。标准曲线法对于经常性批量测定十分方便,但应注意在相同条件下测量,溶液浓度应符合 Beer 定律的线性范围。另外,由于仪器之间存在着性

能差异，因此在更换仪器或经维修和重新校正波长后，必须重建标准曲线。

（二）标准对照法

标准对照法又称标准品对比法，其方法是先配制一份与试样溶液浓度 c_x 相近的标准溶液（浓度 c_s），在工作波长和相同条件下分别测定溶液吸光度 A_s 和 A_x，按下式即可求出试样溶液浓度。

$$c_x = \frac{A_x}{A_s} \times c_s \tag{14.14}$$

标准对照法适用于非经常性的分析工作，其结果的可靠性较标准曲线法低。为了减小测定误差，要求 $A-c$ 曲线线性良好，所配标准溶液浓度应尽可能与试样溶液浓度一致。

（三）差示分光光度法

溶液过浓或过稀时吸光度会很高或很低，此时由仪器测量光度误差造成的浓度相对误差将大大增加，采用**差示分光光度法**（differential spectrophotometry）可以弥补这一缺陷。其方法是，采用比试样溶液浓度稍小或稍大的标准溶液作参比溶液，调节参比溶液的透光率到100%，这样测得的表观吸光度 A_r 实际上是试样溶液吸光度 A_x 与参比溶液吸光度 A_s 的差值。在常见的高吸光度差示法中，$c_s < c_x$，则有

$$A_r = (A_x - A_s) = \varepsilon b(c_x - c_s) = \varepsilon b\Delta c \tag{14.15}$$

式(14.15)表明，A_r 与两溶液的浓度差 Δc 成正比。以不同浓度的标准溶液与参比溶液的 Δc 为横坐标，相应的吸光度差 A 为纵坐标作图，可得一直线，即差示法工作曲线。根据相同条件下所测试样溶液的表观吸光度，即可从工作曲线上查得相应的 Δc。由于 c_s 已知，故可求出试样溶液浓度，即 $c_x = c_s + \Delta c$。

差示法实质上是充分利用仪器灵敏度，通过扩展读数标尺来提高测定结果准确度的，原理见图14-9。设非差示法测得某标准溶液 $T_s\% = 10\%$ $(A = 1.0)$，试样溶液 $T_x\% = 7\%$ $(A = 1.55)$，吸光度均大于1.0，读数误差很大。若采用差示法，将该标准溶液作为参比，调节透光率到100% $(A = 0)$，则试样溶液透光率也相应被扩展为70% $(A = 0.155)$，相当于把标尺放大了10倍，从而有效地提高了测量精密度和准确度，拓展了分光光度法的应用范围。另一方面，差示法中即使 Δc 很小，若测量误差为 $\mathrm{d}c$，固然$\frac{\mathrm{d}c}{\Delta c}$会相当大，但最后测定结果的相对误差是$\frac{\mathrm{d}c}{\Delta c + c_s}$，由于 c_s 很大而且是准确的，所以测定结果准确度仍然很高。

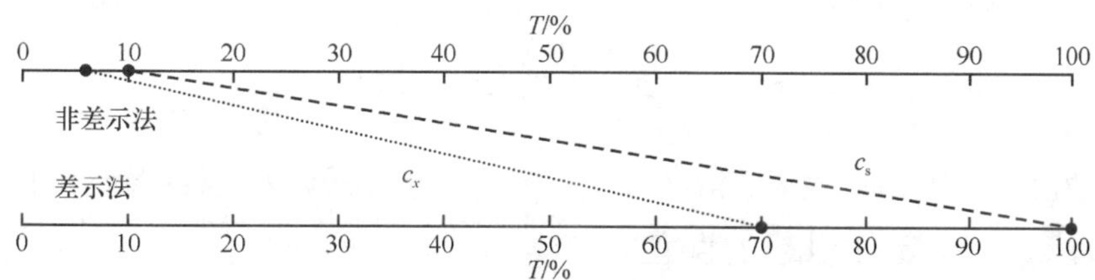

图14-9 差示分光光度法标尺扩展原理示意图

（四）比吸光系数比较法

比吸光系数比较法是利用标准 $E_{1cm}^{1\%}$ 值来进行定量的，中国药典（2005年版）规定部分药物采用此法测定。方法是将试样的比吸光系数与标准物质的比吸光系数（可从手册查得）进行比较，计算出样品含量（质量分数或体积分数）。例如，标准呋喃妥因 $E_{1cm,367nm}^{1\%} = 766$，相同条件下测得呋喃妥因试样 $E_{1cm,367nm}^{1\%} = 739$，故该试样中呋喃妥因的质量分数为$\frac{739}{766} = 0.945$。

（五）双波长法

两种组分共存且吸收光谱相互重叠时，利用**双波长法**（double wavelength method）通过寻找干扰组分的等吸收点（等吸收测定法），可以消除干扰组分的影响。如图14-10所示，苯酚（a）和2,4,6-三氯苯酚（b）混合溶液（a+b）的吸收光谱相互重叠，当以b的最大吸收波长 λ_2(270nm)为工作波长测定混合溶液中的b时，组分a为干扰组分，此时若再选择 λ_1(286nm)为参比波长，就可消除a的干扰，实现单组分测定。

设 λ_2 和 λ_1 下所测混合溶液的吸光度为 A_2 和 A_1，背景吸收为 A_{s2} 和 A_{s1}，则有

$$A_1 = A_{a1} + A_{b1} + A_{s1}$$

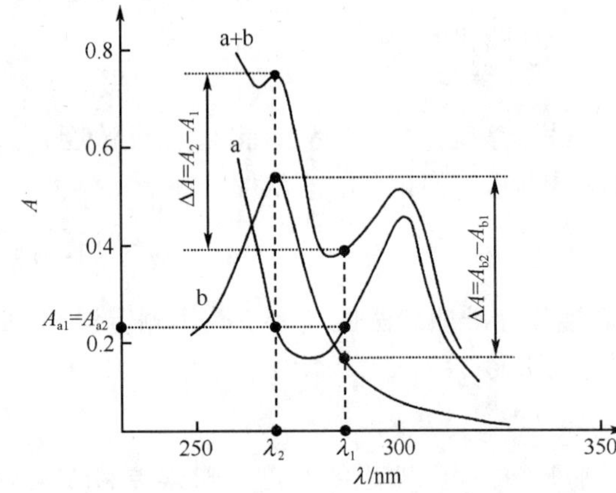

图 14-10 双波长等吸收测定法原理示意图

$$A_2 = A_{a2} + A_{b2} + A_{s2}$$

由于 a 在 λ_1 和 λ_2 两波长下的吸光度相等，即 $A_{a1} = A_{a2}$，若令 $A_{s1} = A_{s2}$，则

$$\Delta A = A_2 - A_1 = (A_{a2} - A_{a1}) + (A_{b2} - A_{b1}) + (A_{s2} - A_{s1}) = (A_{b2} - A_{b1})$$

$$\Delta A = (\varepsilon_{b2} - \varepsilon_{b1})bc_b \qquad (14.16)$$

由式(14.16)可见，两波长下混合溶液的吸光度差完全由 b 提供信息，消除了 a 的干扰，ΔA 与 b 的浓度 c_b 成正比。同理，适当选择 b 具有等吸收的两个波长，也可对 a 定量测定。应注意，选择的两个波长应尽量接近，这样可认为背景吸收相等，背景吸收才能抵消；同时，待测组分的 ΔA 应足够大，以获得较高灵敏度。

当干扰组分吸收曲线在测量波长范围内无吸收峰时，不存在等吸光度的两个波长，这时可用**系数倍率法**（K-ratio spectrophotometry）并采用双波长分光光度计来完成。设被测组分为 b，干扰组分为 a，使 λ_2 和 λ_1 分别通过吸收池，得到混合溶液吸光度 A_2 和 A_1，然后由函数放大器分别放大 k_2 和 k_1 倍，由此得到差示信号 S

$$S = k_1A_1 - k_2A_2 = k_1(A_{a1} + A_{b1}) - k_2(A_{a2} + A_{b2})$$

$$S = k_1A_{a1} + k_1A_{b1} - k_2A_{a2} - k_2A_{b2}$$

调节放大信号，选取 k_2 和 k_1，使之满足

$$\frac{k_1}{k_2} = \frac{A_{a2}}{A_{a1}}$$

此时组分 a 在 λ_2 和 λ_1 处显示等同信号，即 $k_1A_{a1} - k_2A_{a2} = 0$，因此有

$$S = k_1A_{b1} - k_2A_{b2} = (k_1\varepsilon_1 - k_2\varepsilon_2)bc_b$$

可见，S 只与 b 组分浓度 c_b 有关，从而测出混合溶液中组分 b 的含量。

第四节 分光光度法的误差和分析条件的选择

一、分光光度法的误差

分光光度法的误差按其来源，主要有溶液偏离 Beer 定律引起的误差、仪器误差和主观误差。

（一）溶液偏离 Beer 定律引起的误差

理论上 Beer 定律是一条通过原点的直线，当溶液偏离 Beer 定律时线性较差，特别是浓度较高时可明显看到向浓度轴弯曲（负偏离，最为常见）或向吸光度轴弯曲（正偏离）。产生偏离的原因主要有化学因素和光学因素。

1. 化学因素 溶液中吸光物质不稳定，因浓度改变而发生解离、缔合、溶剂化等，都会致使溶液吸光度改变。例如，在 450nm 处测量 $K_2Cr_2O_7$ 溶液的吸光度时，溶液中存在如下平衡

$$Cr_2O_7^{2-}(\text{橙色}) + H_2O \rightleftharpoons 2HCrO_4^- \rightleftharpoons 2CrO_4^{2-}(\text{黄色}) + 2H^+$$

当溶液浓度或酸度改变时，平衡发生移动，由于 $Cr_2O_7^{2-}$ 和 CrO_4^{2-} 在该波长下的摩尔吸光系数不同，吸光度与浓度就不成线性关系，因而偏离 Beer 定律。

由化学因素引起的偏离，有时可通过控制溶液条件设法减免。该例中，若在强酸性溶液中测定 $Cr_2O_7^{2-}$，或在强碱性溶液中测定 CrO_4^{2-}，都可减免偏离。

2. 光学因素 Beer 定律仅适用于单色光，但实际上由分光光度计单色光器获得的是**通带宽度**（bandpass width）很窄的近似单色光，由于物质对谱带中各波长的吸光系数不

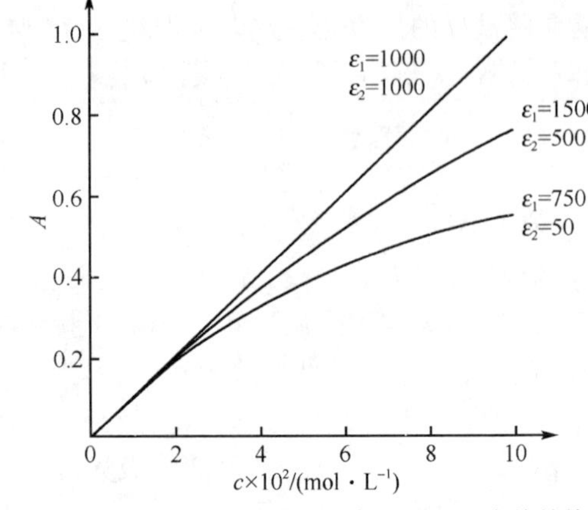

图 14-11 两种吸光系数的混合光对 Beer 定律的偏离

同，便出现溶液对 Beer 定律的偏离。理论和实践证明，单色光纯度越差，吸光系数差值（负偏离的 $\Delta\varepsilon<0$）越大，偏离程度越大（图 14-11）。

（二）仪器测定误差

仪器测定误差（instrumental deviation）是分光光度计本身产生的误差，可因光源不稳定、光电管灵敏性差、光电流测量及读数不准、吸收池厚度不均匀等因素引起，它使测得的透光率与真实值相差 ΔT，从而导致浓度误差 Δc。透光率测量误差 ΔT 是由仪器精度确定的常数，一般约为 $\pm0.002\sim\pm0.01$。透光率的精度不是透光率的函数，也不能代表测定结果的精度。测定结果的精度常用浓度相对误差 $\frac{\Delta c}{c}$ 表示，由 Beer 定律可导出 $\frac{\Delta c}{c}$ 与溶液透光率 T 的关系为

$$\frac{\Delta c}{c}=\frac{0.4343\Delta T}{T\lg T} \qquad (14.17)$$

若取 $\Delta T=0.01$，将不同 T 值代入式（14.17）计算出相应的 $\frac{\Delta c}{c}$，以 $T\times100$ 为横坐标，$\frac{\Delta c}{c}$ 为纵坐标作图，即可得到如图 14-12 所示的曲线。

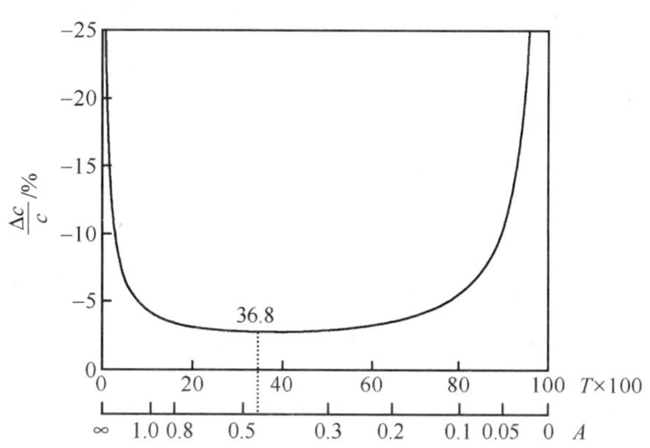

图 14-12　浓度测量误差与透光率的关系

由图 14-12 可见，ΔT 相同时不同透光率所引起的浓度相对误差是不同的。透光率很大或很小都会产生较大误差，只有在 $T\%=20\%\sim65\%$（$A=0.2\sim0.7$）的范围内，浓度相对误差才较小，$T\%=36.8\%$（$A=0.4343$）时，浓度相对误差最小。

（三）主观误差

由于操作不当引起的误差称为主观误差。未按相同条件和步骤处理标准溶液和试样溶液，如显色剂用量、放置时间、反应温度等不同引起的误差。为尽可能减免这类误差，应严格按要求仔细操作。

二、分析条件的选择

（一）显色剂和显色反应条件的选择

可见分光光度法测定对象为有色溶液，如待测溶液无色或颜色很浅，必须加入特定试剂使待测组分转变成有色或深色物质。这种使待测组分颜色发生转变的反应称为**显色反应**（chromogenic reaction），能与待测物质反应生成有色或深色物质的试剂称为**显色剂**（chromogenic reagent）。显色反应主要有配位反应和氧化还原反应两大类，多为配位反应。

1. 显色剂　常用的显色剂有硫氰酸盐、磺基水杨酸、邻二氮菲、丁二酮肟和二苯硫腙等多种。无机显色剂生成的配合物稳定性差，测定灵敏度不高，选择性差，应用不多。大多数有机显色剂与金属离子可生成极其稳定的配合物，具有特征颜色，选择性好，测量灵敏度高，应用广泛。选择合适的显色剂是提高测定灵敏度和准确度的重要环节，显色剂应具备下列条件：

（1）灵敏度高。要求被测物浓度很低时，显色剂也能与之产生明显颜色，在可见光区有较强吸收。例如，$[Fe(SCN)_6]^{3-}$ 的 $\varepsilon=5.6\times10^3$，而 8-羟基喹啉铁的 $\varepsilon=5.59\times10^4$，若用 8-羟基喹啉作为 Fe^{3+} 的显色剂，测定灵敏度比用 SCN^- 高 10 倍左右。

（2）选择性好。显色剂应尽可能只与被测物显色，或与被测物所显颜色应与其他共存物所显颜色有明显区别，以避免共存物的干扰。

（3）生成的有色物质应有确定的组成和足够的稳定性，以保证测量过程中溶液的吸光度保持不变，测定重现性好，误差小。

（4）在测定波长处显色剂应无明显吸收。通常要求显色剂与显色反应产物应有明显颜色差别，两者最大吸收波长之差应大于 60nm，利于减小试剂空白值，显色时颜色变化鲜明，提高准确度。

2. 显色反应条件　显色反应一般是可逆反应，测定显色反应达到平衡时溶液的吸光度是获得准确

结果的重要条件。影响显色反应的主要因素有显色剂用量、溶液酸度、显色时间及温度等，可通过实验确定适宜的显色反应条件。

（1）显色剂用量。为使反应进行完全，显色剂应过量，但用量过多可能发生副反应或改变化合物组成，使溶液颜色发生变化。通常稳定性较高的配合物，显色剂稍微过量即可，而某些不稳定或形成逐级配合物的反应，应严格控制显色剂用量。在其他条件不变的情况下，通过改变显色剂用量，测定吸光度，绘制吸光度-显色剂浓度曲线，可确定合适的显色剂用量。图 14-13（Ⅰ）所示曲线是最常见的情况，图中 a ~ b段吸光度趋于稳定，可在此范围选择适宜的显色剂用量。对于图 14-13（Ⅱ）所示曲线，吸光度稳定的 d ~ e 段较窄，这种情况类似于 SCN^- 与 Mo^{5+} 的配合反应

$$[Mo(SCN)_3]^{2+}（浅红）\rightleftharpoons [Mo(SCN)_5]（橙红）\rightleftharpoons [Mo(SCN)_6]^-（浅红）$$

当 SCN^- 浓度太低或太高时，将分别生成低配位数或高配位数的浅红色配合物，使吸光度下降。因此，测定 $[Mo(SCN)_5]$ 的吸光度时，显色剂用量应严格控制在 d ~ e 段的狭窄范围内。

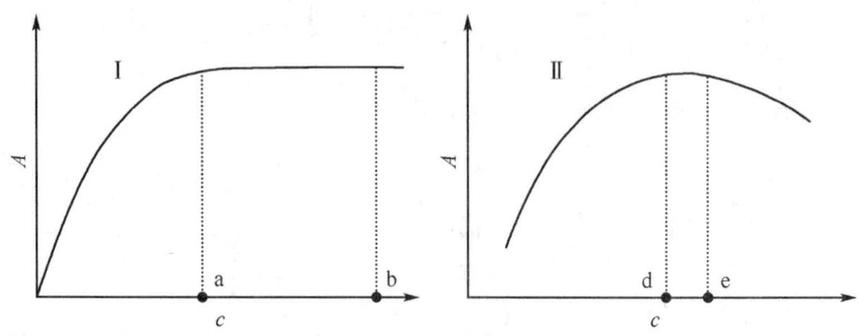

图 14-13　吸光度与显色剂浓度的关系

（2）溶液酸度。显色剂多为有机弱酸（以 HL 表示），酸度改变常常会影响显色剂的平衡浓度，进而影响显色反应的程度。

$$HL \rightleftharpoons H^+ + L^-$$

$$M^{n+} + nL^- \rightleftharpoons ML_n（有色物）$$

式中 M^{n+} 为被测物离子。酸度愈低，有色物浓度愈大，有利于显色反应进行，但有时酸度过低会形成金属氢氧化物沉淀。如在不同酸度下，磺基水杨酸阴离子 Sal^{2-} 可与 Fe^{3+} 形成配位比为 1∶1、1∶2 和 1∶3 的三种不同颜色的配合物，即 pH = 1.8 ~ 2.5 时得到紫红色的 $[Fe(Sal)]^+$，pH = 4 ~ 8 时得到橙色的 $[Fe(Sal)_2]^-$，pH = 8 ~ 11 时得到黄色的 $[Fe(Sal)_3]^{3-}$；而 pH > 12 时则生成 $Fe(OH)_3$ 沉淀。

有些显色剂本身就是酸碱指示剂，能在酸度不同的溶液中呈现不同的颜色。其他类型的显色反应，如氧化还原反应、缩合反应等，对酸度往往也有一定要求。大多数高价金属离子，如 Fe^{3+}、Al^{3+}、Bi^{3+}、Th^{4+} 等，在碱度较高时会产生氢氧化物沉淀。参照上述方法，通过实验绘制吸光度-pH 曲线，可从曲线中的平坦区域确定适宜的酸度范围，并常采用缓冲溶液来控制酸度。

（3）显色反应时间。各种显色反应的速度差别较大，使反应达到最大吸光度所需时间也不同；有些显色反应的生成物不太稳定，可因空气氧化、光照射等而分解，经一段时间后溶液吸光度会逐渐降低。因此，应根据实际情况通过实验作出吸光度-时间曲线，才能确定适宜的显色时间范围。

（4）显色反应温度。大多数显色反应在室温下进行；有些在室温下反应较慢，需加热才能较快完成，然后冷却至室温进行测定；有些有色物质在温度偏高时易分解等等。对不同的反应，通过实验绘制吸光度-温度曲线，选择吸光度较大时的温度进行显色。

此外，显色剂和试剂的加入顺序对实验结果也会产生影响。

（二）测量条件的选择

为了使分光光度法有较高的灵敏度和准确度，除了选择适宜的显色剂和显色反应条件外，选择适宜的吸光度测量条件也极为重要。

1. 入射光波长的选择　溶液中无干扰物质存在时，通常按照“最大吸收”原则选择 λ_{max} 作为工作波长，此时吸光系数最大，测定灵敏度最高。图 14-14 表明，选用 $\Delta\lambda_1$ 波段的单色光，吸光度随波长变化小且与浓度线性关系好，而选用陡峭部分 $\Delta\lambda_2$ 波段的单色光，则因单色光不纯和吸光系数变化较大所引起的对 Beer 定律的偏离较大，测定误差大。

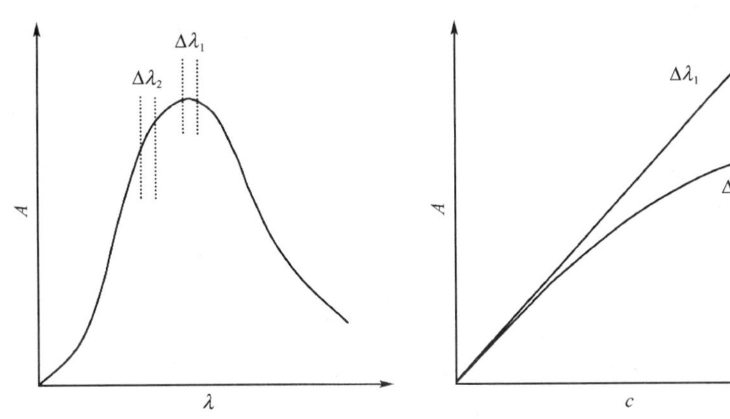

图 14-14 入射光的选择对 Beer 定律的影响

溶液中有干扰物质共存时，应按“干扰小、吸收大”的原则选择入射光波长，即在干扰最小的前提下选择吸光度较大的波长作入射光。图 14-15 所示为 a、b 两种物质的吸收光谱，它们的吸收光谱部分重叠，若选择在 λ_2 处测定 b 物质，虽然灵敏度有所降低，但避免了 a 物质的干扰，仍可得到相当准确的结果。

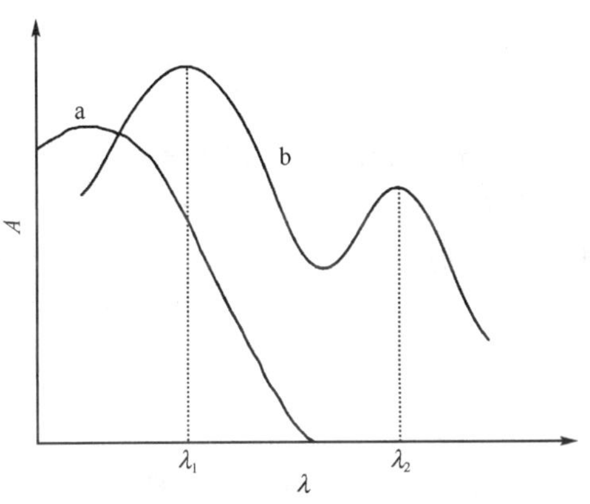

图 14-15 物质 a 和 b 的吸收光谱

2. 吸光度读数范围的选择 吸光度读数较大或较小时，测量误差都较大。因此，实际工作中常通过调节溶液浓度或选择适宜厚度的吸收池，将溶液透光率控制在 20% ~ 65% 之间，或吸光度在 0.2 ~ 0.7 之间，此时测量误差约为 1% 。

3. 参比溶液的选择 空白溶液选择不当，会使标准曲线远离坐标原点或线性关系不佳，而空白溶液选择得当，可消除吸收池壁、试剂及溶剂等背景吸收所引起的系统误差，确保结果准确可靠。常用的参比溶液有以下几种，可根据实际情况合理选择。

(1) 溶剂空白。显色剂及制备试液的其他试剂均无色，且溶液中除被测物外无其他有色物质干扰时，可用纯溶剂作为参比溶液，称为溶剂空白。可消除溶剂、吸收池等因素的影响。

(2) 试剂空白。显色剂或其他试剂有吸收时，可将在相同测定条件下加入各种试剂(不加试样溶液)配成的溶液作为参比溶液，称为试剂空白。它相当于标准曲线法中浓度为“0”的标准溶液，可消除显色剂和其他试剂对测量的影响。

(3) 试样空白。试样基体有色(如含有其他有色离子)，但显色剂无色，且不与除被测物外的其他成分显色时，则用不加显色剂但按显色反应相同条件加入试样溶液和各种试剂配成的溶液作为参比溶液，称为试样空白。

(4) 平行操作空白。用不含待测组分的试样，在相同条件下与待测试样同时进行处理，以此得到的溶液作为参比溶液，称为平行操作空白。例如，进行体内药物浓度监测时，取正常人血样与待测血药的血样进行平行处理，用前者得到的溶液作为参比溶液。

(三) 共存干扰离子的掩蔽

被测试样中往往含有其他共存离子，它们或是有颜色或是能与显色剂反应形成有色物质，干扰测定。通常利用配合反应，使加入的**掩蔽剂**(masking reagent)只与干扰离子发生反应生成稳定的无色配合物，消除干扰离子的影响。如用二硫腙作显色剂测定 Pb^{2+} 时，试样中 Fe^{3+}、Al^{3+}、Cu^{2+}、Zn^{2+}、Cd^{2+} 等有干扰。加入适量 KCN 和枸橼酸盐，则 Cu^{2+}、Zn^{2+} 和 Cd^{2+} 可与 CN^- 生成稳定的 $[Cu(CN)_4]^{2-}$、$[Zn(CN)_4]^{2-}$ 和 $[Cd(CN)_4]^{2-}$，而 Fe^{3+} 和 Al^{3+} 则与枸橼酸根形成稳定的配离子，从而掩蔽了干扰离子。

此外，控制溶液酸度使显色剂仅与被测物质反应；利用氧化还原反应改变干扰离子价态；预先通过离子交换、沉淀分离或溶剂萃取等方法分离干扰离子，均是消除干扰离子影响的有效途径。

第五节　可见分光光度法的应用

可见分光光度法应用范围广，不仅用于无机离子和有机物微量组分测定，还可用于测定酸碱解离常数、配合物组成和稳定常数等。

一、人血浆中无机磷含量的测定

正常人血浆中无机磷含量，成人为 30～45mg·L^{-1}，儿童为 45～65mg·L^{-1}。在无蛋白质的血浆滤液中，无机磷可与钼酸铵形成磷钼酸铵，经还原剂作用，磷钼酸铵被还原成钼蓝（组成可能为 $3Mo_2O_5 \cdot 2MoO_3$），而钼酸铵不被还原。故可利用溶液显蓝色，采用可见分光光度法测定。反应为

$$7PO_4^{3-} + 12(NH_4)_6Mo_7O_{24} + 36H_2O \rightarrow 7(NH_4)_3PO_4 \cdot 12MoO_3 + 51NH_4^+ + 72OH^-$$

$$(NH_4)_3PO_4 \cdot 12MoO_3 \xrightarrow{\text{还原剂}} \text{钼蓝}(3Mo_2O_5 \cdot 2MoO_3)$$

二、多组分的同时测定

溶液中同时存在浓度为 c_1、c_2、…c_n 的 n 个互不作用的吸光物质组分时，首先将每一组分的标准溶液在 m 个波长处求得 ε_{ij} 值，然后依次选择 m 个波长 λ_1、λ_2、…λ_m，测定混合溶液的吸光度 A_{λ_1}、A_{λ_2}、…A_{λ_m}，根据吸光度线性加和性可建立起式(14.18)所示的线性方程组，联立求解，即可得到各组分浓度。

$$\begin{cases} A_{\lambda_1} = A_{11} + A_{21} + \cdots + A_{n1} = b(\varepsilon_{11}c_1 + \varepsilon_{21}c_2 + \cdots + \varepsilon_{n1}c_n) \\ A_{\lambda_2} = A_{12} + A_{22} + \cdots + A_{n2} = b(\varepsilon_{12}c_1 + \varepsilon_{22}c_2 + \cdots + \varepsilon_{n2}c_n) \\ \cdots\cdots \\ A_{\lambda_m} = A_{1m} + A_{2m} + \cdots + A_{nm} = b(\varepsilon_{1m}c_1 + \varepsilon_{2m}c_2 + \cdots + \varepsilon_{nm}c_n) \end{cases} \tag{14.18}$$

对于 $m=n$ 的经典计算方法，m 个波长位置选择适当与否，对分析结果的准确性有很大影响。最简单的是 $m=n=2$ 的双组分重叠，可选择两个吸收光谱的峰值波长作为混合物的测量波长，联立求解二元方程组，便可求出每个浓度。

例 14-3　钴、镍离子与某显色剂形成的配合物的吸收光谱相互重叠，在 510nm 处，它们的 $\varepsilon_{510,Co}$ = 36 400，$\varepsilon_{510,Ni}$ = 550；在 656nm 处，$\varepsilon_{656,Co}$ = 1240，$\varepsilon_{656,Ni}$ = 17 500。现有钴、镍离子混合试样，用 1.00cm 吸收池在 510nm 和 656nm 处测得吸光度依次为 0.476 和 0.347，求混合试样中钴、镍离子的浓度各为多少？

解　已知 b = 1cm；设钴、镍离子的浓度为 c_{Co} 和 c_{Ni}，根据吸光度的加和性，有

$$\begin{cases} A_{510nm} = b(\varepsilon_{510,Co} \times c_{Co} + \varepsilon_{510,Ni} \times c_{Ni}) \\ A_{656nm} = b(\varepsilon_{656,Co} \times c_{Co} + \varepsilon_{656,Ni} \times c_{Ni}) \end{cases}$$

$$\begin{cases} 0.476 = 1.00\text{cm} \times (36\,400\text{L} \cdot \text{mol}^{-1} \cdot \text{cm}^{-1} \times c_{Co} + 550\text{L} \cdot \text{mol}^{-1} \cdot \text{cm}^{-1} \times c_{Ni}) \\ 0.347 = 1.00\text{cm} \times (1240\text{L} \cdot \text{mol}^{-1} \cdot \text{cm}^{-1} \times c_{Co} + 17\,500\text{L} \cdot \text{mol}^{-1} \cdot \text{cm}^{-1} \times c_{Ni}) \end{cases}$$

解方程组求得，$c_{Co} = 1.28 \times 10^{-5}$ mol·L^{-1}，$c_{Ni} = 1.83 \times 10^{-5}$ mol·L^{-1}。

建立方程组时也可使用 $m>n$。这类方程组求解常用多元校准方法，如**多元线性回归**(multiple linear regression)、**Kalman 滤波**(Kalman filtering)、**主成分回归**(principal component regression)等，由于计算复杂，往往运用 MATLAB、SPSS、SAS 等软件借助计算机求解。

三、酸碱指示剂解离常数的测定

酸碱指示剂大多是有机弱酸或弱碱，若它们的酸式色与碱式色颜色不同，且吸收光谱不重叠，就能应用可见分光光度法来测定解离常数。该法对于水中溶解度较小的有机弱酸或弱碱尤其适用，也可用于研究化合物顺式与反式平衡。

例如,双色指示剂甲基橙在 $pH<3.1$ 时主要以酸式 HIn 存在,$pH>4.4$ 时主要以碱式 In^- 存在,$pH=3.1\sim4.4$ 时则以酸式和碱式混合形式存在。酸式结构为醌式,显红色,最大吸收波长 $\lambda_1=520nm$;碱式为偶氮结构,显黄色,最大吸收波长 $\lambda_2=430nm$,甲基橙的解离常数可按下述方法求得。

$$(CH_3)_2N^+=\langle\rangle=N-NH-\langle\rangle-SO_3^- \underset{H^+}{\overset{OH^-}{\rightleftharpoons}} (CH_3)_2N-\langle\rangle-N=N-\langle\rangle-SO_3^-$$

酸式(红色,λ_1=520nm)　　　碱式(黄色,λ_2=430nm)

根据平衡原理,$HIn \rightleftharpoons In^- + H^+$,有

$$K_a=\frac{[In^-][H^+]}{[HIn]}$$

$$pK_a=pH-\lg\frac{[In^-]}{[HIn]} \tag{14.19}$$

测定分两步:

(1) 配制一系列总浓度相等而 pH 已知但不相同(用缓冲溶液控制)的溶液,在 λ_1 和 λ_2 处分别测得 HIn 与 In^- 共存时的吸光度 A_{λ_1} 和 A_{λ_2}。

(2) 高酸度下,弱酸几乎只以酸式形式存在,而低酸度下则几乎只以碱式形式存在,因此在波长 λ_1 和 λ_2 下测定时,强酸性溶液可测得摩尔吸光系数 $\varepsilon_{HIn,\lambda_1}$ 和 $\varepsilon_{HIn,\lambda_2}$,强碱性溶液可测得 $\varepsilon_{In^-,\lambda_1}$ 和 $\varepsilon_{In^-,\lambda_2}$,若吸收池厚度 $b=1$,则有

$$\begin{cases}A_{\lambda_1}=\varepsilon_{HIn,\lambda_1}[HIn]+\varepsilon_{In^-,\lambda_1}[In^-]\\A_{\lambda_2}=\varepsilon_{HIn,\lambda_2}[HIn]+\varepsilon_{In^-,\lambda_2}[In^-]\end{cases}$$

联立求解可解出[HIn]及[In^-],将其代入式(14.19)即可求得解离常数 K_a。

四、配合物组成的测定

分光光度法是研究配合平衡十分有效的方法,用以测定配合物组成和稳定常数。其方法有多种,以连续浓度变化法应用最为广泛。连续浓度变化法是通过连续改变显色剂和金属离子的物质的量浓度,并使两者浓度之和(总浓度)保持为常数来进行测定的,适用于解离度小、配位比低的配合物体系。

设金属离子 M 与配体 L(显色剂)的配合反应为

$$mM+nL \rightleftharpoons M_mL_n$$

配制系列溶液,改变 c_M 与 c_L 的比值,使 $(c_M+c_L)=c'$(常数)。在配合物 M_mL_n 的最大吸收波长下(M 和 L 无吸收)测定各溶液的吸光度 A,当 A 达到最大值时,则 M_mL_n 浓度最大。例如,以 A 对 c_M/c' 作图,得到图 14-16 所示的连续变化曲线。根据图上两侧直线外推交点所对应的 c_M/c' 值,得到最大吸光度时所对应的 c_M/c' 为 0.5,即 $c_M/(c_M+c_L)=0.5$,故所测配合物组成 $m/n=c_M/c_L=1$,即配合物的组成比为 1∶1。

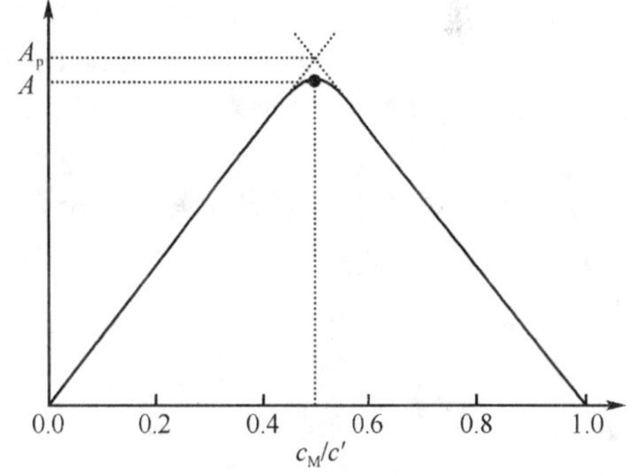

图 14-16　连续浓度变化法

配合物稳定常数可以利用曲线转折点附近曲线的弯曲程度来计算。曲线转折点的实测吸光度 A 与两条直线外推交点的吸光度 A_p 之间的差值,反映了配合物的稳定程度,差值愈小,配合物愈稳定。配合物的稳定常数 K_s 表示为

$$K_s=\frac{[M_mL_n]}{[M]^m[L]^n} \tag{14.20}$$

配合物的解离度 α 由下式给出

$$\alpha=\frac{c-[M_mL_n]}{c}=\frac{A_p-A}{A_p} \tag{14.21}$$

各物种平衡浓度 $[M_mL_n]=(1-\alpha)c$,$[M]=m\alpha c$,$[L]=n\alpha c$,代入式(14.20)和式(14.21)得

$$K_s=\frac{(1-\alpha)c}{(m\alpha c)^m(n\alpha c)^n}=\frac{1-\alpha}{m^mn^n\alpha^{(m+n)}c^{(m+n-1)}}=\frac{\dfrac{A}{A_p}}{m^mn^n\left(1-\dfrac{A}{A_p}\right)^{(m+n)}c^{(m+n-1)}} \tag{14.22}$$

若配合物不解离,则转折点浓度即为总浓度 c,其吸光度应为 A_p;但实际上配合物存在离解,离解平衡时吸光度为曲线顶点对应的吸光度,即实测吸光度 A。将 A_p 和 A 代入式(14-21),可得到配合物的解离度 α,通过配合反应式和相交点对应的 c_L 和 c_M,可计算出不离解时配合物的浓度 c,再由式(14.22)即可计算出 K_s 值。

第六节 紫外分光光度法简介

许多物质在可见光区无吸收或吸收不明显,而在近紫外光区(200~380nm)有特征吸收,这些物质可采用紫外分光光度法进行测定。紫外分光光度法测定使用的仪器,一般也能用于可见分光光度法,其精度比单纯可见分光光度计高,不仅可作定量测定、定性分析、纯度鉴定、某些物理化学常数的测定,还可与其他分析方法配合,用以推断有机化合物的分子结构。

一、紫外-可见分光光度计

751G 型分光光度计属于单光束棱镜式分光光度计,波长范围 200~1000nm,可用于紫外和可见光区的定性、定量分析,仪器光学系统如图 14-17 所示。光源配有氢灯和钨灯各 1 只,可根据需要转换。在紫外光区 200~400nm 测定时,用氢灯作光源,以 GD-5 紫敏光电管(适用波长范围 200~625nm)作检测器;在可见光区测定时,用钨灯作光源,以 GD-6 红敏光电管(适用波长范围 625~1000nm)作检测器,可通过手柄转换。

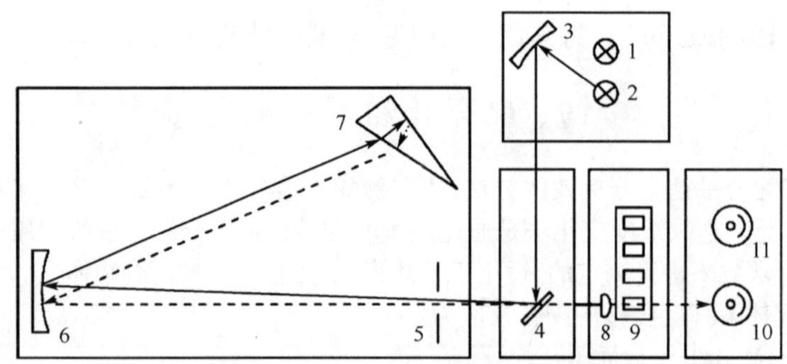

图 14-17 751G 型分光光度计光学系统示意图

1,2-光源;3-凹面镜;4-平面反光镜;5-狭缝;6-准直镜;7-棱镜;8-透镜;9-吸收池;10,11-紫敏、红敏光电管

光源(2)发出的光经凹面镜(3)反射成平行光,到达平面反光镜(4)转折 90 度后通过狭缝(5)至准直镜(6),反射到石英棱镜(7),色散后的单色光再经准直镜(6)聚焦至出光狭缝(5),经透镜(8)后通过吸收池(9),透射光进入光电管(10 或 11)。被测试液的透光率和吸光度可直接读出。

玻璃能吸收紫外光,因此紫外分光光度计中的棱镜、透镜、氢灯、光电管和吸收池等部件,均须采用紫外光易透过的石英制造。

二、紫外分光光度法的应用

(一)定性鉴别

不同化合物都有其特征吸收光谱,根据化合物的紫外吸收光谱,如吸收峰的波长、形状、数目、强度和相应的吸光系数等,可以进行物质的鉴定。一般是将试样和标准品相同条件下的吸收光谱进行比对,或与相同条件下的文献标准谱图比较,若两者完全相同,则可能为同一种化合物;如两者有明显差别,肯定不是同一种物质。但应注意,紫外光谱只能表现化合物的生色团和分子母核,因此紫外光谱相同的两种物质,结构不一定相同,例如甲苯和乙苯。通常可比较 λ_{max}、$\varepsilon_{\lambda_{max}}$(或 $a_{\lambda_{max}}$、$E_{1cm,\lambda_{max}}^{1\%}$)以及吸光度比值等进行鉴别。

1. 比较 λ_{max}、$\varepsilon_{\lambda_{max}}$(或 $a_{\lambda_{max}}$、$E_{1cm,\lambda_{max}}^{1\%}$) 分子主要官能团相同的两种物质可产生类似的吸收光谱,所以 λ_{max} 只能作为鉴别的参考,必须进一步比较吸光系数方能得出结论。例如,醋酸可的松与醋酸泼尼松

在无水乙醇中的 λ_{max} 均为 238 ± 1nm，单凭 λ_{max} 无法鉴别，但醋酸可的松的 $a_{238nm}=39.0L \cdot g^{-1} \cdot cm^{-1}$，醋酸泼尼松的 $\alpha_{238nm}=38.5L \cdot g^{-1} \cdot cm^{-1}$，借此可以区别。

2. 比较吸光度(或吸光系数)的比值 当物质紫外光谱有 2 个以上吸收峰时，可根据不同吸收峰处吸光度比值进行鉴别。例如，维生素 B_{12} 在 278nm、361nm 及 550nm 波长处共有 3 个吸收峰，中国药典(2005 版)规定其吸光度比值应为

$$\frac{A_{361}}{A_{278}}=1.70 \sim 1.88 \quad ; \quad \frac{A_{361}}{A_{550}}=3.15 \sim 3.45$$

(二) 定量测定

近紫外区光的吸收仍符合 Lambert-Beer 定律，其定量测定方法与可见分光光度法相同。可见-紫外分光光度计比普通可见分光光度计精密度更高，常用比较法进行测定，无标准品可供比较时，也可按文献吸光系数及其相同条件进行测定。根据 Lambert-Beer 定律，由吸光度及试样溶液的配制组成标度可计算出样品的吸光系数，代入下式即可计算样品含量。

$$\text{样品质量分数}=\frac{E_{1cm,\lambda_{max},样}^{1\%}}{E_{1cm,\lambda_{max},标}^{1\%}}=\frac{\alpha_{\lambda_{max},样}}{\alpha_{\lambda_{max},标}}$$

例 14-4 已知维生素 B_{12} 的 $a_{361nm}=20.7L \cdot g^{-1} \cdot cm^{-1}$，精密称取样品 30.0mg，加水溶解后稀释至 1000ml，在波长 361nm 处用 1.00cm 吸收池测得样品吸光度为 0.618，计算样品溶液中维生素 B_{12} 的质量分数。

解 根据 Lambert-Beer 定律

$$A=a_{361nm,样}bc$$

所以

$$a_{361nm,样}=\frac{A}{bc}=\frac{0.618}{1.00cm \times \frac{30.0mg}{1000ml}}=20.6L \cdot g^{-1} \cdot cm^{-1}$$

已知维生素 B_{12} 的 $a_{361nm,标}=20.7L \cdot g^{-1} \cdot cm^{-1}$，则样品溶液的质量分数为

$$\omega_{VB_{12}}=\frac{a_{361nm,样}}{a_{361nm,标}}=\frac{20.6L \cdot g^{-1} \cdot cm^{-1}}{20.7L \cdot g^{-1} \cdot cm^{-1}}=0.995$$

例 14-5 在两个波长下，用 1.00cm 厚的吸收池测得酶与腺苷酸(AMP)混合体系的吸光度为 $A_{280nm}=0.46$ 和 $A_{260nm}=0.58$，试计算各组分浓度。(已知 $\varepsilon_{280nm,酶}=2.96 \times 10^4L \cdot g^{-1} \cdot cm^{-1}$，$\varepsilon_{260nm,酶}=1.52 \times 10^4L \cdot g^{-1} \cdot cm^{-1}$；$\varepsilon_{280nm,AMP}=2.4 \times 10^3L \cdot g^{-1} \cdot cm^{-1}$，$\varepsilon_{260nm,AMP}=1.5 \times 10^4L \cdot g^{-1} \cdot cm^{-1}$)

解 设酶、AMP 的浓度分别为 $c_{酶}$、c_{AMP}，根据吸光度的加和性，有

$$A_{260nm}=0.58=1.52 \times 10^4L \cdot mol^{-1} \cdot cm^{-1} \times 1.00cm \times c_{酶}+1.5 \times 10^4L \cdot mol^{-1} \cdot cm^{-1} \times 1.00cm \times c_{AMP}$$

$$A_{280nm}=0.46=2.96 \times 10^4L \cdot mol^{-1} \cdot cm^{-1} \times 1.00cm \times c_{酶}+2.4 \times 10^3L \cdot mol^{-1} \cdot cm^{-1} \times 1.00cm \times c_{AMP}$$

解方程得 $c_{酶}=1.4 \times 10^{-5}mol \cdot L^{-1}$，$c_{AMP}=2.5 \times 10^{-5}mol \cdot L^{-1}$。

(三) 有机化合物的结构分析

紫外吸收光谱是由分子中生色基团和助色基团引起的，虽然它不能反映整个分子特征，但对判断化合物中是否含某种生色基团，生色基团之间的共轭关系，不饱和结构骨架以及结构互变异构等具有重要作用。根据紫外吸收峰的强弱和数目，可推断化合物中可能存在的取代基的位置、种类和数目等。例如，化合物在 200 ~ 800nm 范围内无吸收，则不含直链共轭体系或环状共轭体系；在 210 ~ 250nm 有吸收，便可能含有两个共轭单位；在 250 ~ 300nm 有弱吸收，表示有羰基存在等等。

1. 推断化合物骨架 天然有机化合物柑橘素结构复杂，实验测得其紫外吸收光谱有 3 个吸收峰，分别位于 288nm、314nm(屈折)和 253nm 波长处。与同类型已知化合物 2,4-二羟基乙酰苯[吸收峰波长为 277nm、310nm(屈折)和 249nm]和 2,4,6-三羟基乙酰苯[吸收峰波长为 286nm、312nm(屈折)和 250nm]比较，提示柑橘素的紫外吸收与 2,4,6-三羟基乙酰苯相似，据此可推断柑橘素(A)含有 2,4,6-三羟基乙酰苯(B)的骨架。

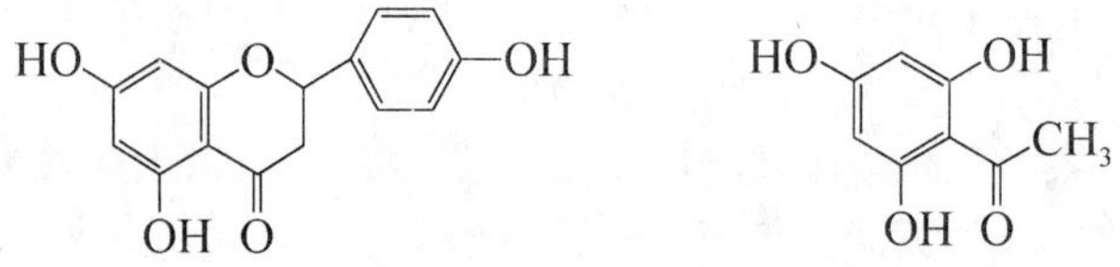

(A)　　　　(B)

2. 推断异构体结构　松香酸(Ⅰ)和左旋松香酸(Ⅱ)的 λ_{max} 分别为 238nm 和 273nm，相应的 ε 分别为 15 100L·mol^{-1}·cm^{-1}和 7100L·mol^{-1}·cm^{-1}。

(Ⅰ)　　　　(Ⅱ)

知识拓展

流动注射分析

流动注射分析(flow injection analysis，FIA)由丹麦技术大学的 Ruzicka 和 Hansen 于 1975 年提出，是一种崭新的非平衡态动态分析技术，其定义是，向流路中注入一个明确的流体带，在连续非隔断载流中分散而形成浓度梯度，从此浓度梯度中获得信息的技术。

与其他分析技术相比，FIA 并不局限于改善分析方法的某个侧面，如发展某种检测原理、分离技术，或提高分析速度、简化分析手续等，而是涉及分析过程的各个方面。FIA 具有检测精度高、分析速度快、试样和试剂消耗少、设备简单、适应广泛，可自行组装并能与其他分析仪器联用等显著优点，因此发展迅速。FIA 不仅是实时在线检测的理想工具，实际上已成为研究化学动力学、过程控制、生物技术和生命科学的重要手段。

FIA 的典型系统(图 14-18)包括：载流驱动系统(蠕动泵)、注样阀、微型反应器、流通式检测器(紫外-可见分光光度计、原子吸收光度计、荧光计等)以及信号记录等装置。蠕动泵驱动载液以恒速流过细微管路；注入阀将一定体积试样溶液重现地注入连续载液中，流经微型反应器时与载流相混合，并与载液(或试剂)中某些组分反应；反应产物流经流通式检测器时被检测；检测器和信号记录装置测量和记录响应数据。

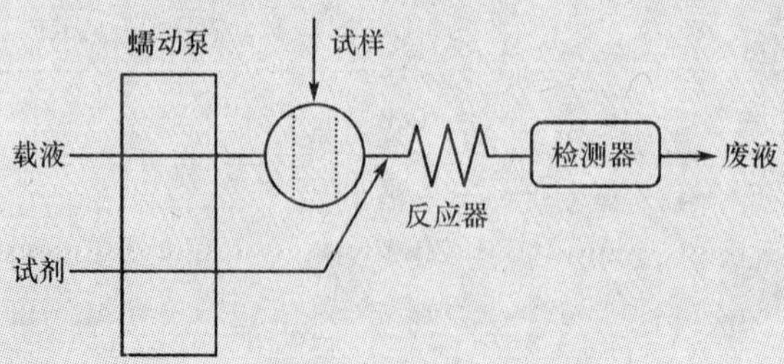

图 14-18　FIA 系统基本流路图

1990 年，Ruzicka 和 Marshall 在 FIA 的基础上又提出了**顺序注射分析**(sequential injection analysis，SIA)。SIA 系统(图 14-19)包括单通道高精度双向泵(如带三通阀的注射泵)、储存管、多通道选择阀和检测器，系统核心部件是多通道选择阀。此阀的各个通道分别与检测器、样品、试剂等通道相连，公共通道与一个可抽吸和推动液体的注射泵相通。通过泵的作用，顺序从不同通道吸入一定体积的区带到泵与阀之间的储存管中，然后将这些溶液区带推至检测器。在这一过程中，样品和试剂的区带之间在管道中由于径向和轴向分散作用而互相渗透，引起试剂与样品带的重叠和混合，试剂与样品发生反应而形成反应产物。多通道选择阀内部有细微管道，管道的一端始终与阀中央的公共通道相连，另一端则可以在人为控制或计算机控制下切换到别的通道口，使公共通道与其互通，从而使注射泵能依次完成吸入试样、试剂及推送液体到检测器等动作。在检测器中，可以得到与正常流动注射分析中类似的峰型信号。

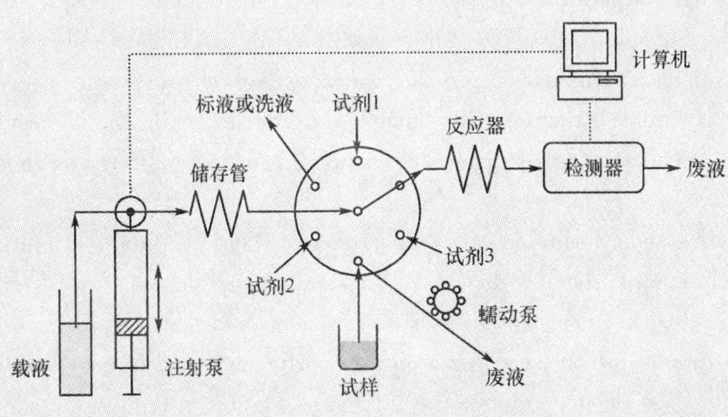

图 14-19 SIA 系统基本流路图

与 FIA 相比，SIA 具有以下特点：①硬件简单可靠；计算机控制方便，样品与试剂混合程度、反应时间等可完全用软件控制，最大程度减少了人为干预，容易实现集成化和微型化。②可用同一装置完成不同分析项目而无需改变流路设置，特别适于过程分析和多组分同时测定。③样品和试剂消耗很少，适于长时间监测和试剂昂贵、样品来源局限的分析。

作为新一代 FIA 分析技术，SIA 是流动分析最活跃的领域之一。目前，按自动化程度高低，流动注射分析仪器可分为四代：流动注射（1 代）、顺序注射（2 代）、微珠注射（3 代）和阀上实验室（4 代）。但严格说来，**微珠注射**（bead injection）和**阀上实验室**（lab-on-valve）都属于顺序注射，只是其微型化、自动化和集成化程度更高。

Summary

Spectrophotometry is an often used analytical method based on light absorption properties of a substance and the Lambert-Beer Law, $A = kbc$. This method is used to identifying of and/or quantitative analysis of a substance.

When a light beam is let pass through a solution and a photon encounters an analyte molecule being studied, there is a chance the analyte will absorb the photons. The energy $h\nu$ of photons absorbed by the analyte be equal to energy difference between a ground and an excited state in a substance. This energy gap varies in discrete substances depending on their varied eletronic structures. Thus a specific substance absorbs light at a wavelength. This property of a substance is referred to its light selectivity. White light is a mixture of all of the wavelengths in the visible range (380nm ~ 780nm). A prism or a diffraction grating separates white light into its various colors. If some of the light is absorbed by a substance, the reflected or transmitted light has the complementary color of the absorbed light, so that the substance displays this color.

There are mainly two kinds of absorption spectrometers. Visible absorption spectrometer utilizes visible light source such as a tungsten lamp, while ultraviolet absorption spectrometer uses light source at wavelength 200nm ~ 380nm commonly from a hydrogen lamp. A spectrophotometer uses an arrangement of prisms, mirrors, and slits to select light of a desired wavelength and to direct it toward a sample compartment and a detector. A monochromatic light is generated by a continuous adjustable prism to provide the required wavelength at which the measurement is carried out. The detector electronically measures the intensity of the light striking it. A sample is placed in the light path, and the instrument compares the intensity of the light going through the sample (I) to the intensity observed without the sample (I_0). The effect is measured either as transmittance (T, the percentage of light that goes through the sample) or as the absorbance (A, representing the amount of light absorbed by the sample).

In analyzing a new sample, a chemist first determines the sample's absorbance spectrum. A curve plotted in absorbance (A) as longitudinal axes and wavelength (λ) as transverse axes is called an absorption spectrum. The curve shows how the extent to which a sample absorbs light depends strongly upon the wavelength of light. For this reason, spectrophotometry is performed using monochromatic light. Monochromatic light is light in which all photons have the same wavelength. In the spectrum, the wavelength at which the absorbance is maximum is the maximum absorption wavelength, written as λ_{max}. This wavelength is characteristic of each compound and provides information on the electronic structure of the analyte. In order to obtain the highest sensitivity and to minimize deviations from the Beer Law, analytical measurements are made usually using light with a wavelength of λ_{max}.

In practice, a series of standard solutions are prepared. A standard solution is a solution in which the analyte concentration is accurately known. The absorbances of the standard solutions are measured and used to prepare a calibration curve which in this case is a plot of absorbance vs concentration. The points of data obtained from the standard should yield a straight line on the calibration curve. The slope and intercept of that line provide a relationship between absorbance and concentration. The unknown solution is then analyzed. The absorbance of the unknown solution is used in conjunction with the calibration curve to determine the concentration of the analyte.

To increase sensitivity and precision of a measurement, it is important to take account the following aspects: ①Select a proper wavelength, usually at λ_{max}. ②In absorption range $A = 0.2 \sim 0.7$ or $T\% = 20\% \sim 65\%$. ③Select a proper indicator or dye for the chromogenic reaction of metal ion. ④Using proper conditions for coloring reaction, for example, ligand concentration, solution acidity, reactive time and temperature.

习　题

1. 什么是吸收光谱？什么是标准曲线？各有什么实际应用？如何选择最佳测定条件？
2. 在分光光度法中，为什么必须用单色光作为入射光？怎样选择合适的单色光波长？
3. 符合 Lambert-Beer 定律的某有色溶液，当溶液浓度增大时，λ_{max}、T、A 和 ε 各有何变化？当溶液浓度不变而改变吸收池厚度时，上述物理量各有何变化？
4. 为减少测量误差，应使吸光度读数处在 0.2 ~ 0.7 之内。现有一化合物，其摩尔质量为 125g · mol^{-1}，摩尔吸光系数为 2.5×10^5L · mol^{-1} · cm^{-1}，今欲准确配制该化合物溶液 1.00L，使其在稀释 200 倍后，于 1.00cm 吸收池中测得的吸光度 $A = 0.600$，问应称取该化合物多少克？

   [0.0600g]
5. 某有色溶液符合 Lambert-Beer 定律，当溶液组成标度为 c 时，透光率为 65%，相同条件下当溶液组成标度为 $2c$ 时，其透光率是多少？

   [42.25%]
6. 有一浓度为 2.0×10^{-4}mol · L^{-1}的有色溶液，当 $b_1 = 3.00$cm 时，测得 $A_1 = 0.120$；将其加入等体积水稀释后，在相同波长下改用 $b_2 = 5.00$cm 的吸收池测定，测得 $A_2 = 0.200$。试通过计算说明此时溶液是否服从 Lambert-Beer 定律？

   [$\varepsilon_1 \neq \varepsilon_2$，故不服从]
7. 已知某化合物的摩尔质量为 251g · mol^{-1}。将此化合物用乙醇作溶剂配成浓度为 0.150mmol · L^{-1}的溶液，在 480nm 波长处用 2.00cm 吸收池测得透光率为 39.8%。求此化合物在上述条件下的摩尔吸光系数 ε 及质量吸光系数 a。

   [(1)1.33×10^3L · mol^{-1} · cm^{-1}(2)5.30L · g^{-1} · cm^{-1}]
8. 称取某含锰试样 0.500 0g 溶于酸中，其中锰被氧化为高锰酸根。在容量瓶中将其配成 100.00mL 溶液，在 520nm 波长处用 2.00cm 吸收池进行测定，测得该溶液的吸光度为 0.62。已知锰的摩尔质量为 55g · mol^{-1}，高锰酸根在 520nm 处的 $\varepsilon = 238\ 5$L · mol^{-1} · cm^{-1}，计算试样中锰的质量分数。

   [1.43×10^{-3}]
9. 以二硫腙为显色剂，用可见分光光度法测定浓度为 7.7×10^{-6}mol · L^{-1}的 Pb^{2+} 溶液，用 2.00cm 吸收池和在波长 520nm 处测得溶液的吸光度为 0.721。现有一含 Pb^{2+} 的未知浓度溶液，在相同条件下测得透光率为 23.0%，计算该未知溶液的浓度。

   [6.8×10^{-6}mol · L^{-1}]
10. 某含胺试样用苦味酸（$M = 229$g · mol^{-1}）处理后，转化为胺苦味酸盐（1∶1 加成化合物）。在波长

380nm 处，该胺苦味酸盐 95% 乙醇溶液的 $\varepsilon_{380nm}=1.35\times10^4 L\cdot mol^{-1}\cdot cm^{-1}$。现将 0.024 3g 胺苦味酸盐溶于 95% 乙醇溶液中，准确配制成 1.00L 溶液，在波长 380nm 处用 1.00cm 吸收池测得其吸光度为 0.648，试计算此胺的摩尔质量。

[$277g\cdot mol^{-1}$]

11. 维生素 C$E_{1cm}^{1\%}=560L\cdot g^{-1}\cdot cm^{-1}$。称取维生素 C 不纯样品 0.0500g 溶于浓度为 0.01$mol\cdot L^{-1}$的 H_2SO_4 溶液 100.00ml 中，再取出 2.00ml 溶液稀释成 100.00ml，用 1.00cm 石英吸收池进行测定，在 $\lambda_{max}=245nm$ 处测得吸光度为 0.551，求样品中维生素 C 的质量分数。

[98.4%]

12. 尿液中的磷可用钼酸胺处理，再与氨基萘酚磺酸形成钼蓝，在波长 690nm 处进行分光光度法测定。某病人 24h 排尿 1270ml，取 1.00ml 尿样，用上述方法显色后稀释至 50.00ml，在 1.00cm 吸收池处测得吸光度为 0.625。另外，取 1.00ml 磷（以 P 计算）标准溶液（$c_s=6.46\times10^{-5}mol\cdot L^{-1}$）代替尿样进行同样处理，相同条件下测得吸光度为 0.410。试计算该病人每天从尿液中排出的磷的质量（以 P 计算）。

[$3.88\times10^{-3}g$]

（龙建君）

参考文献

曹宗顺．1991．胶体化学与医学研究．化学通报．(10)：21

陈启元，梁逸曾．2003．医科大学化学．北京：化学工业出版社

陈宗祺，杨孔章．1988．胶体化学发展简史．化学通报．3(6)：56

邓勃．1995．分析测试数据的统计处理方法．北京：清华大学出版社

董元彦，左贤云，邬荆平等．2000．无机及分析化学．北京：科学出版社

方禹之．2002．分析科学与分析技术．上海：华东师范大学出版社

傅献彩．1999．大学化学．北京：高等教育出版社

郭秀英，刘洛生．2001．医用基础化学．北京：科学出版社

胡常伟．2006．基础化学．四川：四川大学出版社

揭念芹．2000．基础化学．北京：科学出版社

李发美．2003．分析化学．第5版．北京：人民卫生出版社

林冬．2002．基础化学．大连：大连理工大学出版社

罗勤慧，沈孟长．1987．配位化学．南京：江苏科学技术出版社

祁嘉义．2003．基础化学．北京：高等教育出版社

铁步荣，邵丽心．2002．无机化学．北京：科学出版社

魏祖期．2008．基础化学．第7版．北京：人民卫生出版社

吴性良．2004．分析化学原理．北京：化学工业出版社

席晓岚．2007．基础化学．北京：科学出版社

徐春祥．2007．基础化学．第2版．北京：高等教育出版社

徐志固．1987．现代配位化学．北京：化学工业出版社

许善锦．2001．无机化学．北京：人民卫生出版社

闫福林，刘振岭，董丽．2005．医学化学．天津：天津科学技术出版社

杨频，高飞．2002．生物无机化学原理．北京：科学出版社

张天蓝．2008．无机化学．第5版．北京：人民卫生出版社

浙江大学普通化学教研组．1982．原子结构．北京：人民教育出版社

周祖康，马季铭译．(美)Hiemenz PC 著．1986．胶体与表面化学原理．北京：北京大学出版社

邹学贤．2002．分析化学．北京：人民卫生出版社

Petrucci R H.(彼得勒塞)Harwood W S.(哈伍德)Herring F G.(赫林)．2004．General Chemistry：Principles and Modern Applications(普通化学原理与应用)．第8版(影印版)．北京：高等教育出版社

附　录

附录Ⅰ　国际单位制(SI)

表Ⅰ-1　SI 基本单位

量的名称	单位名称	单位符号
长　度	米	m
质　量	千克(公斤)	kg
时　间	秒	s
电　流	安[培]	A
热力学温度	开[尔文]	K
物质的量	摩[尔]	mol
发光强度	坎[德拉]	cd

表Ⅰ-2　包括 SI 辅助单位在内的具有专门名称的 SI 导出单位

量的名称	SI 导出单位		
	名称	符号	用 SI 基本单位和 SI 导出单位表示
[平面]角	弧度	rad	1 rad = 1m/m = 1
立体角	球面度	sr	1 sr = 1 m²/m² = 1
频　率	赫[兹]	Hz	1 Hz = 1 s⁻¹
力,重力	牛[顿]	N	1 N = 1 kg · m/s²
压力,压强,应力	帕[斯卡]	Pa	1 Pa = 1 N/m²
能[量],功,热量	焦[耳]	J	1 J = 1 N · m
功率,辐[射能]通量	瓦[特]	W	1 W = 1 J/s
电荷[量]	库[仑]	C	1 C = 1 A · s
电压,电动势,电位	伏[特]	V	1 V = 1 W/A
电　容	法[拉]	F	1 F = 1 C/V
电　阻	欧[姆]	Ω	1 Ω = 1 V/A
电　导	西[门子]	S	1 S = 1 Ω⁻¹
磁通[量]	韦[伯]	Wb	1 Wb = 1 V · S
磁通[量]密度	特[斯拉]	T	1T = 1 Wb/m²
电　感	亨[利]	H	1 H = 1 Wb/A
摄氏温度	摄氏度	℃	1 ℃ = 1 K
光通量	流[明]	lm	1 lm = 1 cd · sr
[光]照度	勒[克斯]	lx	1 lx = 1 lm/m²
[放射性]活度	贝可[勒尔]	Bq	1 Bq = 1 s⁻¹
吸收剂量 比授[予]能 比释功能	戈[瑞]	Gy	1Gy = 1 J/kg
剂量当量	希[沃特]	Sv	1Sv = 1 J/kg

表Ⅰ-3　SI 词头

因数	词头名称		符号
	英文	中文	
10^{24}	yotta	尧[它]	Y
10^{21}	zetta	泽[它]	Z
10^{18}	exa	艾[克萨]	E
10^{15}	peta	拍[它]	p
10^{12}	tera	太[拉]	T
10^{9}	giga	吉[咖]	G
10^{6}	mega	兆	M
10^{3}	kilo	千	k
10^{2}	hecto	百	h

续表

因数	词头名称		符号
	英文	中文	
10^{1}	deca	十	da
10^{-1}	deci	分	d
10^{-2}	centi	厘	c
10^{-3}	milli	毫	m
10^{-6}	micro	微	μ
10^{-9}	nano	纳[诺]	n
10^{-12}	pico	皮[可]	p
10^{-15}	femto	飞[姆托]	f
10^{-18}	atto	阿[托]	a
10^{-21}	zepto	仄[普托]	z
10^{-24}	yocto	[科托]	y

表 I-4　可与国际单位制单位并用的我国法定计量单位

量的名称	单位名称	单位符号	与 SI 单位的关系
时　间	分	min	1 min = 60s
	[小]时	h	1 h = 60 min = 3 600s
	日,(天)	d	1 d = 24h = 86 400s
[平面]角	度	°	1° = (π/180) rad
	[角]分	'	1' = (1/60)° = (π/10 800) rad
	[角]秒	"	1" = (1/60)' = (π/648 000) rad
体　积	升	l,L	$1l = 1dm^3$
质　量	吨	t	$1t = 10^3 kg$
	原子质量单位	u	$1u \approx 1.660\ 540 \times 10^{-27} kg$
旋转速度	转每分	r/min	1 r/min = (1/60) s
长　度	海里	n mile	1n mile = 1 852 m (只用于航程)
速　度	节	kn	1kn = 1n mile/h = (1 852/3 600) m/s (只用于航行)
能	电子伏	eV	$1eV \approx 1.602\ 177 \times 10^{-19} J$
级　差	分贝	dB	
线密度	特[克斯]	tex	$1\ tex = 10^{-6} kg/m$
面　积	公顷	hm^2	$1\ hm^2 = 10^4 m^2$

附录Ⅱ　常用的物理常数

量的名称	符号	数值	单位
电磁波在真空中的速度	c, c_0	299 792 458	$m \cdot s^{-1}$
真空导磁率	μ_0	$4\pi \times 10^{-7}$ $1.256\ 637 \times 10^{-6}$	$H \cdot m^{-1}$
真空介电常数 $\varepsilon_0 = 1/\mu_0 c_0{}^2$	ε_0	$10^7/(4\pi \times 299\ 792\ 458^2)$ $8.854\ 188 \times 10^{-12}$	$F \cdot m^{-1}$
引力常量 $F = Gm_1 m_2/r^2$	G	$(6.672\ 59 \pm 0.000\ 85) \times 10^{-11}$	$N \cdot m^2 \cdot kg^{-2}$
普朗克常量 $\eta = h/2\pi$	h η	$(6.626\ 075\ 5 \pm 0.000\ 004\ 0) \times 10^{-34}$ $(1.054\ 572\ 66 \pm 0.000\ 000\ 63) \times 10^{-34}$	J · s J · s
元电荷	e	$(1.602\ 177\ 33 \pm 0.000\ 000\ 49) \times 10^{-19}$	C
电子[静]质量	m_e	$(9.109\ 389\ 7 \pm 0.000\ 005\ 4) \times 10^{-31}$ $(5.485\ 799\ 03 \pm 0.000\ 000\ 13) \times 10^{-4}$	kg u

续表

量的名称	符号	数值	单位
质子[静]质量	m_p	$(1.672\ 623\ 1 \pm 0.000\ 001\ 0) \times 10^{-27}$ $(1.007\ 276\ 470 \pm 0.000\ 000\ 012)$	kg u
精细结构常数 $\alpha = \frac{e^2}{4\pi\varepsilon_0 hc}$	α	$(7.297\ 353\ 08 \pm 0.000\ 000\ 33) \times 10^{-3}$	1
里德伯常量 $R_\infty = \frac{e^2}{8\pi\varepsilon_0 \alpha_0 hc}$	R_∞	$(1.097\ 373\ 153\ 4 \pm 0.000\ 000\ 001\ 3) \times 10^{7}$	m^{-1}
阿伏伽德罗常数 $L = N/n$	L, N_A	$(6.022\ 136\ 7 \pm 0.000\ 003\ 6) \times 10^{23}$	mol^{-1}
法拉第常数 $F = Le$	F	$(6.648\ 530\ 9 \pm 0.000\ 002\ 9) \times 10^{4}$	$C \cdot mol^{-1}$
摩尔气体常数 $pV_m = RT$	R	$(8.314\ 510 \pm 0.000\ 070)$	$J \cdot mol^{-1} \cdot K^{-1}$
玻耳兹曼常数 $k = R/T$	k	$(1.380\ 658 \pm 0.000\ 012) \times 10^{-23}$	$J \cdot K^{-1}$
斯忒藩－玻耳兹曼常量 $\sigma = \frac{2\pi^5 k^4}{15h^3 c^2}$	σ	$(5.670\ 51 \pm 0.000\ 19) \times 10^{-8}$	$W \cdot m^{-2} \cdot K^{-4}$
质子质量常量	m_u	$(1.660\ 540\ 2 \pm 0.000\ 001\ 0) \times 10^{-27}$	kg

附录Ⅲ 平衡常数

表Ⅲ-1 水的离子积常数

温度/℃	pK_W	温度/℃	pK_W	温度/℃	pK_W
0	14.938	35	13.685	75	12.711
5	14.727	40	13.542	80	12.613
10	14.528	45	13.405	85	12.520
15	14.340	50	13.275	90	12.431
18	14.233	55	13.152	95	12.345
20	14.167	60	13.034	100	12.264
25	13.995	65	12.921	125	11.911
30	13.836	70	12.814	150	11.637

表Ⅲ-2 弱电解质在水中的解离常数

化合物	化学式	温度/℃	分步	K_a*(或 K_b)	pK_a(或 pK_b)
砷酸	H_3AsO_4	25	1	5.5×10^{-3}	2.26
			2	1.7×10^{-7}	6.76
			3	5.1×10^{-12}	11.29
亚砷酸	H_2AsO_3	25	—	5.1×10^{-10}	9.29
硼酸	HBO_3	20	1	5.4×10^{-10}	9.27
			2		>14
碳酸	H_2CO_3	25	1	4.5×10^{-7}	6.35
			2	4.7×10^{-11}	10.33
铬酸	H_2CrO_4	25	1	1.8×10^{-1}	0.74
			2	3.2×10^{-7}	6.49

续表

化合物	化学式	温度/℃	分步	K_a *（或 K_b）	pK_a（或 pK_b）
氢氟酸	HF	25	—	6.3×10^{-4}	3.20
氢氰酸	HCN	25	—	6.2×10^{-10}	9.21
氢硫酸	H_2S	25	1	8.9×10^{-8}	7.05
			2	1.2×10^{-13}	12.90
过氧化氢	H_2O_2	25	—	2.4×10^{-12}	11.62
次溴酸	HBrO	25	—	2.0×10^{-9}	8.55
次氯酸	HClO	25	—	3.9×10^{-8}	7.40
次碘酸	HIO	25	—	3×10^{-11}	10.5
碘酸	HIO_3	25	—	1.6×10^{-1}	0.78
亚硝酸	HNO_2	25	—	5.6×10^{-4}	3.25
高碘酸	HIO_4	25	—	2.3×10^{-2}	1.64
磷酸	H_3PO_4	25	1	6.9×10^{-3}	2.16
		25	2	6.1×10^{-8}	7.21
		25	3	4.8×10^{-13}	12.32
正硅酸	H_4SiO_4	30	1	1.2×10^{-10}	9.9
			2	1.6×10^{-12}	11.8
			3	1×10^{-12}	12
			4	1×10^{-12}	12
硫酸	H_2SO_4	25	2	1.0×10^{-2}	1.99
亚硫酸	H_2SO_3	25	1	1.4×10^{-2}	1.85
			2	6×10^{-7}	7.2
氨水	NH_3	25	—	1.8×10^{-5}	4.75
氢氧化钙	Ca^{2+}	25	2	4×10^{-2}	1.4
氢氧化铝	Al^{3+}	25	—	1×10^{-9}	9.0
氢氧化银	Ag^{+}	25	—	1.0×10^{-2}	2.00
氢氧化锌	Zn^{2+}	25	—	7.9×10^{-7}	6.10
甲酸	HCOOH	25	1	1.8×10^{-4}	3.75
乙(醋)酸	CH_3COOH	25	1	1.75×10^{-5}	4.756
丙酸	C_2H_5COOH	25	1	1.3×10^{-5}	4.87
一氯乙酸	$CH_2ClCOOH$	25	1	1.4×10^{-3}	2.85
草酸	$C_2H_2O_4$	25	1	5.6×10^{-2}	1.25
			2	1.5×10^{-4}	3.81
柠檬酸	$C_6H_8O_7$	25	1	7.4×10^{-4}	3.13
			2	1.7×10^{-5}	4.76
			3	4.0×10^{-7}	6.40
巴比土酸	$C_4H_4N_2O_3$	25	1	9.8×10^{-5}	4.01
甲胺盐酸盐	$CH_3NH_2\cdot HCl$	25	1	2.2×10^{-11}	10.66
二甲胺盐酸盐	$(CH_3)_2NH\cdot HCl$	25	1	1.9×10^{-11}	10.73
乳酸	$C_6H_3O_3$	25	1	1.4×10^{-4}	3.86
乙胺盐酸盐	$C_2H_5NH_2\cdot HCl$	20	1	2.2×10^{-11}	10.66
苯甲酸	C_6H_5COOH	25	1	6.25×10^{-5}	4.204
苯酚	C_6H_5OH	25	1	1.0×10^{-10}	9.99
邻苯二甲酸	$C_8H_6O_4$	25	1	1.14×10^{-3}	2.943
			2	3.70×10^{-6}	5.432
Tris-HCl		37	1	1.4×10^{-8}	7.85
氨基乙酸盐酸盐	$H_2NCH_2COOH\cdot 2HCl$	25	1	4.5×10^{-3}	2.35
			2	1.6×10^{-10}	9.78

表Ⅲ-3　一些难溶化合物的溶度积(298.15K)

化合物	K_{sp}	化合物	K_{sp}	化合物	K_{sp}
AgAc	1.94×10^{-3}	AgI	8.52×10^{-17}	Ag_2CrO_4	1.12×10^{-12}
AgBr	5.35×10^{-13}	$AgIO_3$	3.17×10^{-8}	Ag_2S	6.3×10^{-50}
$AgBrO_3$	5.38×10^{-5}	AgSCN	1.03×10^{-12}	Ag_2SO_3	1.50×10^{-14}
AgCN	5.97×10^{-17}	Ag_2CO_3	8.46×10^{-12}	Ag_2SO_4	1.20×10^{-5}
AgCl	1.77×10^{-10}	$Ag_2C_2O_4$	5.40×10^{-12}	Ag_3AsO_4	1.03×10^{-22}

续表

化合物	K_{sp}	化合物	K_{sp}	化合物	K_{sp}
Ag_3PO_4	8.89×10^{-17}	CuI	1.27×10^{-12}	$MnCO_3$	2.24×10^{-11}
$Al(OH)_3$	1.1×10^{-33}	CuS	6.3×10^{-36}	$Mn(IO_3)_2$	4.37×10^{-7}
$AlPO_4$	9.84×10^{-21}	CuSCN	1.77×10^{-13}	$Mn(OH)_2$	2.06×10^{-13}
$BaCO_3$	2.58×10^{-9}	Cu_2S	2.5×10^{-48}	MnS	2.5×10^{-13}
$BaCrO_4$	1.17×10^{-10}	$Cu_3(PO_4)_2$	1.40×10^{-37}	$NiCO_3$	1.42×10^{-7}
BaF_2	1.84×10^{-7}	$FeCO_3$	3.13×10^{-11}	$Ni(IO_3)_2$	4.71×10^{-5}
$Ba(IO_3)_2$	4.01×10^{-9}	FeF_2	2.36×10^{-6}	$Ni(OH)_2$	5.48×10^{-16}
$BaSO_4$	1.08×10^{-10}	$Fe(OH)_2$	4.87×10^{-17}	α-NiS	3.2×10^{-19}
$BiAsO_4$	4.43×10^{-10}	$Fe(OH)_3$	2.79×10^{-39}	$Ni_3(PO_4)_2$	4.74×10^{-32}
CaC_2O_4	2.32×10^{-9}	FeS	6.3×10^{-18}	$PbCO_3$	7.40×10^{-14}
$CaCO_3$	3.36×10^{-9}	HgI_2	2.9×10^{-29}	$PbCl_2$	1.70×10^{-5}
CaF_2	3.45×10^{-11}	HgS	4×10^{-53}	PbF_2	3.3×10^{-8}
$Ca(IO_3)_2$	6.47×10^{-6}	Hg_2Br_2	6.40×10^{-23}	PbI_2	9.8×10^{-9}
$Ca(OH)_2$	5.02×10^{-6}	Hg_2CO_3	3.6×10^{-17}	$PbSO_4$	2.53×10^{-8}
$CaSO_4$	4.93×10^{-5}	$Hg_2C_2O_4$	1.75×10^{-13}	PbS	8×10^{-28}
$Ca_3(PO_4)_2$	2.07×10^{-33}	Hg_2Cl_2	1.43×10^{-18}	$Pb(OH)_2$	1.43×10^{-20}
$CdCO_3$	1.0×10^{-12}	Hg_2F_2	3.10×10^{-6}	$Sn(OH)_2$	5.45×10^{-27}
CdF_2	6.44×10^{-3}	Hg_2I_2	5.2×10^{-29}	SnS	1.0×10^{-25}
$Cd(IO_3)_2$	2.5×10^{-8}	Hg_2SO_4	6.5×10^{-7}	$SrCO_3$	5.60×10^{-10}
$Cd(OH)_2$	7.2×10^{-15}	$KClO_4$	1.05×10^{-2}	SrF_2	4.33×10^{-9}
CdS	8.0×10^{-27}	$K_2[PtCl_6]$	7.48×10^{-6}	$Sr(IO_3)_2$	1.14×10^{-7}
$Cd_3(PO_4)_2$	2.53×10^{-33}	$LiCO_3$	8.15×10^{-4}	$SrSO_4$	3.44×10^{-7}
$Co_3(PO_4)_2$	2.05×10^{-35}	$MgCO_3$	6.82×10^{-6}	$ZnCO_3$	1.46×10^{-10}
CuBr	6.27×10^{-9}	MgF_2	5.16×10^{-11}	ZnF_2	3.04×10^{-2}
CuC_2O_4	4.43×10^{-10}	$Mg(OH)_2$	5.61×10^{-12}	$Zn(OH)_2$	3×10^{-17}
CuCl	1.72×10^{-7}	$Mg_3(PO_4)_2$	1.04×10^{-24}	α-ZnS	1.6×10^{-24}

表Ⅲ-4 金属配合物的稳定常数

配体及金属离子	$\lg\beta_1$	$\lg\beta_2$	$\lg\beta_3$	$\lg\beta_4$	$\lg\beta_5$	$\lg\beta_6$
氨(NH_3)						
Co^{2+}	2.11	3.74	4.79	5.55	5.73	5.11
Co^{3+}	6.7	14.0	20.1	25.7	30.8	35.2
Cu^{2+}	4.31	7.98	11.02	13.32	12.86	
Hg^{2+}	8.8	17.5	18.5	19.28		
Ni^{2+}	2.80	5.04	6.77	7.96	8.71	8.74
Ag^{+}	3.24	7.05				
Zn^{2+}	2.37	4.81	7.31	9.46		
Cd^{2+}	2.65	7.75	6.19	7.12	6.80	5.14
氯离子(Cl^-)						
Sb^{3+}	2.26	3.49	4.18	4.72		
Bi^{3+}	2.44	4.7	5.0	5.6		
Cu^{+}		5.5	5.7			
Pt^{2+}		11.5	14.5	16.0		
Hg^{2+}	6.74	13.22	14.07	15.07		
Au^{3+}		9.8				
Ag^{+}	3.04	5.04				

续表

配体及金属离子	$\lg\beta_1$	$\lg\beta_2$	$\lg\beta_3$	$\lg\beta_4$	$\lg\beta_5$	$\lg\beta_6$
氰离子(CN^-)						
Au^+		38.3				
Cd^{2+}	5.48	10.60	15.23	18.78		
Cu^+		24.0	28.59	30.30		
Fe^{2+}						35
Fe^{3+}						42
Hg^{2+}				41.4		
Ni^{2+}				31.3		
Ag^+		21.1	21.7	20.6		
Zn^{2+}				16.7		
氟离子(F^-)						
Al^{3+}	6.10	11.15	15.00	17.75	19.37	19.84
Fe^{3+}	5.28	9.30	12.06			
碘离子(I^-)						
Bi^{3+}	3.63			14.95	16.80	18.80
Hg^{2+}	12.87	23.82	27.60	29.83		
Ag^+	6.58	11.74	13.68			
硫氰酸根(SCN^-)						
Fe^{3+}	2.95	3.36				
Hg^{2+}		17.47		21.23		
Au^+		23		42		
Ag^+		7.57	9.08	10.08		
硫代硫酸根($S_2O_3^{2-}$)						
Ag^+	8.82	13.46				
Hg^{2+}		29.44	31.90	33.24		
Cu^+	10.27	12.22	13.84			
醋酸根(CH_3COO^-)						
Fe^{3+}	3.2					
Hg^{2+}		8.43				
Pb^{2+}	2.52	4.0	6.4	8.5		
枸橼酸根(按L^{3-}配体)						
Al^{3+}	20.0					
Co^{2+}	12.5					
Cd^{2+}	11.3					
Cu^{2+}	14.2					
Fe^{2+}	15.5					
Fe^{3+}	25.0					
Ni^{2+}	14.3					
Zn^{2+}	11.4					
乙二胺($H_2NCH_2CH_2NH_2$)						
Co^{2+}	5.91	10.64	13.94			
Cu^{2+}	10.67	20.00	21.0			
Zn^{2+}	5.77	10.83	14.11			
Ni^{2+}	7.52	13.84	18.33			

续表

配体及金属离子	$\lg\beta_1$	$\lg\beta_2$	$\lg\beta_3$	$\lg\beta_4$	$\lg\beta_5$	$\lg\beta_6$
草酸根($C_2O_4^{2-}$)						
Cu^{2+}	6.16	8.5				
Fe^{2+}	2.9	4.52	5.22			
Fe^{3+}	9.4	16.2	20.2			
Hg^{2+}		6.98				
Zn^{2+}	4.89	7.60	8.15			
Ni^{2+}	5.3	7.64	~8.5			

附录Ⅳ 一些物质的基本热力学数据

表Ⅳ-1 298.15K 的标准摩尔生成焓、标准摩尔生成自由能和标准摩尔熵的数据

物质	$\frac{\Delta_f H_m^\ominus}{kJ \cdot mol^{-1}}$	$\frac{\Delta_f G_m^\ominus}{kJ \cdot mol^{-1}}$	$\frac{S_m^\ominus}{J \cdot K^{-1} mol^{-1}}$
Ag(s)	0	0	42.6
Ag^+(aq)	105.6	77.1	72.7
$AgNO_3$(s)	-124.4	-33.4	140.9
AgCl(s)	-127.0	-109.8	96.3
AgBr(s)	-100.4	-96.9	107.1
AgI(s)	-61.8	-66.2	115.5
Ba(s)	0	0	62.5
Ba^{2+}(aq)	-537.6	-560.8	9.6
$BaCl_2$(s)	-855.0	-806.7	123.7
$BaSO_4$(s)	-1473.2	-1362.2	132.2
Br_2(g)	30.9	3.1	245.5
Br_2(l)	0	0	152.2
C(dia)	1.9	2.9	2.4
C(gra)	0	0	5.7
CO(g)	-110.5	-137.2	197.7
CO_2(g)	-393.5	-394.4	213.8
Ca(s)	0	0	41.6
Ca^{2+}(aq)	-542.8	-553.6	-53.1
$CaCl_2$(s)	-795.4	-748.8	108.4
$CaCO_3$(calcite)	-1207.6	-1129.1	91.7
$CaCO_3$(aragonile)	-1207.8	-1128.2	88.0
CaO(s)	-634.9	-603.3	38.1
$Ca(OH)_2$(s)	-985.2	-897.5	83.4
Cl_2(g)	0	0	223.1
Cl^-(aq)	-167.2	-131.2	56.5
Cu(s)	0	0	33.2
Cu^{2+}(aq)	64.8	65.5	-99.6

续表

物质	$\frac{\Delta_f H_m^\ominus}{kJ \cdot mol^{-1}}$	$\frac{\Delta_f G_m^\ominus}{kJ \cdot mol^{-1}}$	$\frac{S_m^\ominus}{J \cdot K^{-1} mol^{-1}}$
$F_2(g)$	0	0	202.8
$F^-(aq)$	-332.6	-278.8	-13.8
Fe(s)	0	0	27.3
$Fe^{2+}(aq)$	-89.1	-78.9	-137.7
$Fe^{3+}(aq)$	-48.5	-4.7	-315.9
FeO(s)	-272.0	-251	61
$Fe_3O_4(s)$	-1118.4	-1015.4	146.4
$Fe_2O_3(s)$	-824.2	-742.2	87.4
$H_2(g)$	0	0	130.7
$H^+(aq)$	0	0	0
HCl(g)	-92.3	-95.3	186.9
HF(g)	-273.3	-275.4	173.8
HBr(g)	-36.3	-53.4	198.70
HI(g)	26.5	1.7	206.6
$H_2O(g)$	-241.8	-228.6	188.8
$H_2O(l)$	-285.8	-237.1	70.0
$H_2S(g)$	-20.6	-33.4	205.8
$I_2(g)$	62.4	19.3	260.7
$I_2(s)$	0	0	116.1
$I^-(aq)$	-55.2	-51.6	111.3
K(s)	0	0	64.7
$K^+(aq)$	-252.4	-283.3	102.5
KI(s)	-327.9	-324.9	106.3
KCl(s)	-436.5	-408.5	82.6
Mg(s)	0	0	32.7
$Mg^{2+}(aq)$	-466.9	-454.8	-138.1
MgO(s)	-601.6	-569.3	27.0
$MnO_2(s)$	-520.0	-465.1	53.1
$Mn^{2+}(aq)$	-220.8	-228.1	-73.6
$N_2(g)$	0	0	191.6
$NH_3(g)$	-45.9	-16.4	192.8
$NH_4Cl(s)$	-314.4	-202.9	94.6
NO(g)	91.3	87.6	210.8
$NO_2(g)$	33.2	51.3	240.1
Na(s)	0	0	51.3
$Na^+(aq)$	-240.1	-261.9	59.0
NaCl(s)	-411.2	-384.1	72.1
$O_2(g)$	0	0	205.2
$OH^-(aq)$	-230.0	-157.2	-10.8
$SO_2(g)$	-296.8	-300.1	248.2
$SO_3(g)$	-395.7	-371.1	256.8

续表

物质	$\frac{\Delta_f H_m^\ominus}{kJ \cdot mol^{-1}}$	$\frac{\Delta_f G_m^\ominus}{kJ \cdot mol^{-1}}$	$\frac{S_m^\ominus}{J \cdot K^{-1} mol^{-1}}$
Zn(s)	0	0	41.6
Zn^{2+}(aq)	-153.9	-147.1	-112.1
ZnO(s)	-350.5	-320.5	43.7
CH_4(g)	-74.6	-50.5	186.3
C_2H_2(g)	227.4	209.9	200.9
C_2H_4(g)	52.4	68.4	219.3
C_2H_6(g,benzene)	-84.0	-32.0	229.2
C_6H_6(g,benzene)	82.9	129.7	269.2
C_6H_6(l)	49.1	124.5	173.4
CH_3OH(g)	-201.0	-162.3	239.9
CH_3OH(l)	-239.2	-166.6	126.8
HCHO(g)	-108.6	-102.5	218.8
HCOOH(l)	-425.0	-361.4	129.0
C_2H_5OH(g)	-234.8	-167.9	281.6
C_2H_5OH(l)	-277.6	-174.8	160.7
CH_3CHO(l)	-192.2	-127.6	160.2
CH_3COOH(l)	-484.3	-389.9	159.8
H_2NCONH_2(s)	-333.1	-197.33	104.60
$C_6H_{12}O_6$(s)（葡萄糖）	-1273.3	-910.6	212.1
$C_{12}H_{22}O_{11}$(s)（蔗糖）	-2226.1	-1544.6	360.2

表Ⅳ-2　一些有机化合物的标准摩尔燃烧热

化合物	$\frac{\Delta_c H_m^\ominus}{kJ \cdot mol^{-1}}$	化合物	$\frac{\Delta_c H_m^\ominus}{kJ \cdot mol^{-1}}$
CH_4(g)	-890.8	HCHO(g)	-570.7
C_2H_2(g)	-1301.1	CH_3CHO(l)	-1166.9
C_2H_4(g)	-1411.2	CH_3COCH_3(l)	-1789.9
C_2H_6(g)	-1560.7	HCOOH(l)	-254.6
C_3H_8(g)	-2219.2	CH_3COOH(l)	-874.2
C_5H_{12}(l)	-3509.0	$C_{17}H_{35}COOH$ 硬脂酸(s)	-11281
C_6H_6(l)	-3267.6	$C_6H_{12}O_6$ 葡萄糖(s)	-2803.0
CH_3OH	-726.1	$C_{12}H_{22}O_{11}$ 蔗糖(s)	-5640.9
C_2H_5OH	-1366.8	$CO(NH_2)_2$ 尿素(s)	-632.7

附录Ⅴ　一些还原半反应的标准电极电位 $\varphi^\ominus$

(298.15K)

半反应	$\varphi^\ominus$/V	半反应	$\varphi^\ominus$/V
$Sr^+ + e^- \rightleftharpoons Sr$	-4.10	$Sn^{4+} + 2e^- \rightleftharpoons Sn^{2+}$	0.151
$Li^+ + e^- \rightleftharpoons Li$	-3.040 1	$Cu^{2+} + e^- \rightleftharpoons Cu^+$	0.153
$Ca(OH)_2 + 2e^- \rightleftharpoons Ca + 2OH^-$	-3.02	$Fe_2O_3 + 4H^+ + 2e^- \rightleftharpoons 2FeOH^+ + H_2O$	0.16

续表

半反应	$\varphi^{\ominus}$/V	半反应	$\varphi^{\ominus}$/V
$K^{+} + e^{-} \rightleftharpoons K$	-2.931	$SO_4^{2-} + 4H^{+} + 2e^{-} \rightleftharpoons H_2SO_3 + H_2O$	0.172
$Ba^{2+} + 2e^{-} \rightleftharpoons Ba$	-2.912	$AgCl + e^{-} \rightleftharpoons Ag + Cl^{-}$	0.222 33
$Ca^{2} + 2e^{-} \rightleftharpoons Ca$	-2.868	$As_2O_3 + 6H^{+} + 6e^{-} \rightleftharpoons 2As + 3H_2O$	0.234
$Na^{+} + e^{-} \rightleftharpoons Na$	-2.71	$HAsO_2 + 3H^{+} + 3e^{-} \rightleftharpoons As + 2H_2O$	0.248
$Mg^{2+} + 2e^{-} \rightleftharpoons Mg$	-2.372	$Hg_2Cl_2 + 2e^{-} \rightleftharpoons 2Hg + 2Cl^{-}$	0.268 08
$Mg(OH)_2 + 2e^{-} \rightleftharpoons Mg + 2OH^{-}$	-2.690	$Cu^{2+} + 2e^{-} \rightleftharpoons Cu$	0.341 9
$Al(OH)_3 + 3e^{-} \rightleftharpoons Al + 3OH^{-}$	-2.31	$Ag_2O + H_2O + 2e^{-} \rightleftharpoons 2Ag + 2OH^{-}$	0.342
$Be^{2+} + 2e^{-} \rightleftharpoons Be$	-1.847	$[Fe(CN)_6]^{3-} + e^{-} \rightleftharpoons [Fe(CN)_6]^{4-}$	0.358
$Al^{3+} + 3e^{-} \rightleftharpoons Al$	-1.662	$[Ag(NH_3)_2]^{+} + e^{-} \rightleftharpoons Ag + 2NH_3$	0.373
$Mn(OH)_2 + 2e^{-} \rightleftharpoons Mn + 2OH^{-}$	-1.56	$O_2 + 2H_2O + 4e^{-} \rightleftharpoons 4OH^{-}$	0.401
$ZnO + H_2O + 2e^{-} \rightleftharpoons Zn + 2OH^{-}$	-1.260	$H_2SO_3 + 4H^{+} + 4e^{-} \rightleftharpoons S + 3H_2O$	0.449
$H_2BO_3^{-} + 5H_2O + 8e^{-} \rightleftharpoons BH_4^{-} + 8OH^{-}$	-1.24	$IO^{-} + H_2O + 2e^{-} \rightleftharpoons I^{-} + 2OH^{-}$	0.485
$Mn^{2+} + 2e^{-} \rightleftharpoons Mn$	-1.185	$Cu^{+} + e^{-} \rightleftharpoons Cu$	0.521
$2SO_3^{2-} + 2H_2O + 2e^{-} \rightleftharpoons S_2O_4^{2-} + 4OH^{-}$	-1.12	$I_2 + 2e^{-} \rightleftharpoons 2I^{-}$	0.535 5
$PO_4^{3-} + 2H_2O + 2e \rightleftharpoons HPO_3^{2-} + 3OH^{-}$	-1.05	$I_3^{-} + 2e^{-} \rightleftharpoons 3I^{-}$	0.536
$SO_4^{2-} + H_2O + 2e^{-} \rightleftharpoons SO_3^{2-} + 2OH^{-}$	-0.93	$AgBrO_3 + e^{-} \rightleftharpoons Ag + BrO_3^{-}$	0.546
$2H_2O + 2e^{-} \rightleftharpoons H_2 + 2OH^{-}$	-0.827 7	$MnO_4^{-} + e^{-} \rightleftharpoons MnO_4^{2-}$	0.558
$Zn^{2+} + 2e^{-} \rightleftharpoons Zn$	-0.761 8	$AsO_4^{3-} + 2H^{+} + 2e \rightleftharpoons AsO_3^{2-} + H_2O$	0.559
$Cr^{3+} + 3e^{-} \rightleftharpoons Cr$	-0.744	$H_3AsO_4 + 2H^{+} + 2e^{-} \rightleftharpoons HAsO_2 + 2H_2O$	0.560
$AsO_4^{3-} + 2H_2O + 2e^{-} \rightleftharpoons AsO_2^{-} + 4OH^{-}$	-0.71	$MnO_4^{-} + 2H_2O + 3e^{-} \rightleftharpoons MnO_2 + 4OH^{-}$	0.595
$AsO_2^{-} + 2H_2O + 3e^{-} \rightleftharpoons As + 4OH^{-}$	-0.68	$Hg_2SO_4 + 2e^{-} \rightleftharpoons 2Hg + SO_4^{2-}$	0.612 5
$SbO_2^{-} + 2H_2O + 3e^{-} \rightleftharpoons Sb + 4OH^{-}$	-0.66	$O_2 + 2H^{+} + 2e^{-} \rightleftharpoons H_2O_2$	0.695
$SbO_3^{-} + H_2O + 2e^{-} \rightleftharpoons SbO_2^{-} + 2OH^{-}$	-0.59	$[PtCl_4]^{2-} + 2e^{-} \rightleftharpoons Pt + 4Cl^{-}$	0.755
$Fe(OH)_3 + e^{-} \rightleftharpoons Fe(OH)_2 + OH^{-}$	-0.56	$BrO^{-} + H_2O + 2e^{-} \rightleftharpoons Br^{-} + 2OH^{-}$	0.761
$2CO_2 + 2H^{+} + 2e^{-} \rightleftharpoons H_2C_2O_4$	-0.49	$Fe^{3+} + e^{-} \rightleftharpoons Fe^{2+}$	0.771
$B(OH)_3 + 7H^{+} + 8e^{-} \rightleftharpoons BH_4^{-} + 3H_2O$	-0.481	$Hg_2^{2+} + 2e^{-} \rightleftharpoons 2Hg$	0.797 3
$S + 2e^{-} \rightleftharpoons S^{2-}$	-0.476 27	$Ag^{+} + e^{-} \rightleftharpoons Ag$	0.799 6
$Fe^{2+} + 2e^{-} \rightleftharpoons Fe$	-0.447	$ClO^{-} + H_2O + 2e^{-} \rightleftharpoons Cl^{-} + 2OH^{-}$	0.81
$Cr^{3+} + e^{-} \rightleftharpoons Cr^{2+}$	-0.407	$Hg^{2+} + 2e^{-} \rightleftharpoons Hg$	0.851
$Cd^{2+} + 2e^{-} \rightleftharpoons Cd$	-0.403 0	$2Hg^{2+} + 2e^{-} \rightleftharpoons Hg_2^{2+}$	0.920
$PbSO_4 + 2e^{-} \rightleftharpoons Pb + SO_4^{2-}$	-0.358 8	$NO_3^{-} + 3H^{+} + 2e^{-} \rightleftharpoons HNO_2 + H_2O$	0.934
$Tl^{+} + e^{-} \rightleftharpoons Tl$	-0.336	$Pd^{2+} + 2e^{-} \rightleftharpoons Pd$	0.951
$[Ag(CN)_2]^{-} + e^{-} \rightleftharpoons Ag + 2CN^{-}$	-0.31	$Br_2(l) + 2e^{-} \rightleftharpoons 2Br^{-}$	1.066
$Co^{2+} + 2e^{-} \rightleftharpoons Co$	-0.28	$Br_2(aq) + 2e^{-} \rightleftharpoons 2Br^{-}$	1.087 3
$H_3PO_4 + 2H^{+} + 2e^{-} \rightleftharpoons H_3PO_3 + H_2O$	-0.276	$2IO_3^{-} + 12H^{+} + 10e^{-} \rightleftharpoons I_2 + 6H_2O$	1.195
$PbCl_2 + 2e^{-} \rightleftharpoons Pb + 2Cl^{-}$	-0.267 5	$ClO_3^{-} + 3H^{+} + 2e^{-} \rightleftharpoons HClO_2 + H_2O$	1.214
$Ni^{2+} + 2e^{-} \rightleftharpoons Ni$	-0.257	$MnO_2 + 4H^{+} + 2e^{-} \rightleftharpoons Mn^{2+} + 2H_2O$	1.224

续表

半反应	$\varphi^{\ominus}$/V	半反应	$\varphi^{\ominus}$/V
$V^{3+} + e^- \rightleftharpoons V^{2+}$	-0.255	$O_2 + 4H^+ + 4e^- \rightleftharpoons 2H_2O$	1.229
$CdSO_4 + 2e^- \rightleftharpoons Cd + SO_4^{2-}$	-0.246	$Cr_2O_7^{2-} + 14H^+ + 6e^- \rightleftharpoons 2Cr^{3+} + 7H_2O$	1.232
$Cu(OH)_2 + 2e^- \rightleftharpoons Cu + 2OH^-$	-0.222	$Tl^{3+} + 2e^- \rightleftharpoons Tl^+$	1.252
$CO_2 + 2H^+ + 2e^- \rightleftharpoons HCOOH$	-0.199	$2HNO_2 + 4H^+ + 4e^- \rightleftharpoons N_2O + 3H_2O$	1.297
$AgI + e^- \rightleftharpoons Ag + I^-$	-0.152 24	$HBrO + H^+ + 2e^- \rightleftharpoons Br^- + H_2O$	1.331
$O_2 + 2H_2O + 2e^- \rightleftharpoons H_2O_2 + 2OH^-$	-0.146	$HCrO_4^- + 7H^+ + 3e^- \rightleftharpoons Cr^{3+} + 4H_2O$	1.350
$Sn^{2+} + 2e^- \rightleftharpoons Sn$	-0.137 5	$Cl_2(g) + 2e^- \rightleftharpoons 2Cl^-$	1.358 27
$CrO_4^{2-} + 4H_2O + 3e^- \rightleftharpoons Cr(OH)_3 + 5OH^-$	-0.13	$ClO_4^- + 8H^+ + 8e^- \rightleftharpoons Cl^- + 4H_2O$	1.389
$Pb^{2+} + 2e^- \rightleftharpoons Pb$	-0.126 2	$HClO + H^+ + 2e^- \rightleftharpoons Cl^- + H_2O$	1.482
$O_2 + H_2O + 2e^- \rightleftharpoons HO_2^- + OH^-$	-0.076	$MnO_4^- + 8H^+ + 5e^- \rightleftharpoons Mn^{2+} + 4H_2O$	1.507
$Fe^{3+} + 3e^- \rightleftharpoons Fe$	-0.037	$MnO_4^- + 4H^+ + 3e^- \rightleftharpoons MnO_2 + 2H_2O$	1.679
$Ag_2S + 2H^+ + 2e^- \rightleftharpoons 2Ag + H_2S$	-0.036 6	$Au^+ + e^- \rightleftharpoons Au$	1.692
$2H^+ + 2e^- \rightleftharpoons H_2$	0.000 00	$Ce^{4+} + e^- \rightleftharpoons Ce^{3+}$	1.72
$Pd(OH)_2 + 2e^- \rightleftharpoons Pd + 2OH^-$	0.07	$H_2O_2 + 2H^+ + 2e^- \rightleftharpoons 2H_2O$	1.776
$AgBr + e^- \rightleftharpoons Ag + Br^-$	0.071 33	$Co^{3+} + e^- \rightleftharpoons Co^{2+}$	1.92
$S_4O_6^{2-} + 2e^- \rightleftharpoons 2S_2O_3^{2-}$	0.08	$S_2O_8^{2-} + 2e^- \rightleftharpoons 2SO_4^{2-}$	2.010
$[Co(NH_3)_6]^{3+} + e^- \rightleftharpoons [Co(NH_3)_6]^{2+}$	0.108	$F_2 + 2e^- \rightleftharpoons 2F^-$	2.866
$S + 2H^+ + 2e^- \rightleftharpoons H_2S(aq)$	0.142		

附录Ⅵ 希腊字母表

大写	小写	名称	读音	大写	小写	名称	读音
Α	α	alpha	[ˈælfə]	Ν	ν	nu	[nju:]
Β	β	beta	[ˈbi:tə; ˈbeitə]	Ξ	ξ	xi	[ksai; zai; gzai]
Γ	γ	gamma	[ˈgæmə]	Ο	ο	omicron	[ouˈmaikrən]
Δ	δ	delta	[ˈdeltə]	Π	π	pi	[pai]
Ε	ε	epsilon	[epˈsailnən; ˈepsilnən]	Ρ	ρ	rho	[rou]
Ζ	ζ	zeta	[ˈzi:tə]	Σ	σ,s	sigma	[ˈsigmə]
Η	η	eta	[ˈi:tə; ˈeitə]	Τ	τ	tau	[tɔ:]
Θ	θ	theta	[ˈθi:tə]	Υ	υ	upsilon	[ju:pˈsailən; ˈu:psilən]
Ι	ι	iota	[aiˈoutə]	Φ	φ	phi	[fai]
Κ	κ	kappa	[ˈkæpə]	Χ	χ	chi	[kai]
Λ	λ	lambda	[ˈlæmdə]	Ψ	ψ	psi	[psai]
Μ	μ	mu	[mju:]	Ω	ω	omega	[ˈoumigə]

中英文名词对照索引

E

F

G

H

J

K

L

M

N

O

P

Q

R

S

T

V

W

X

Y

Z